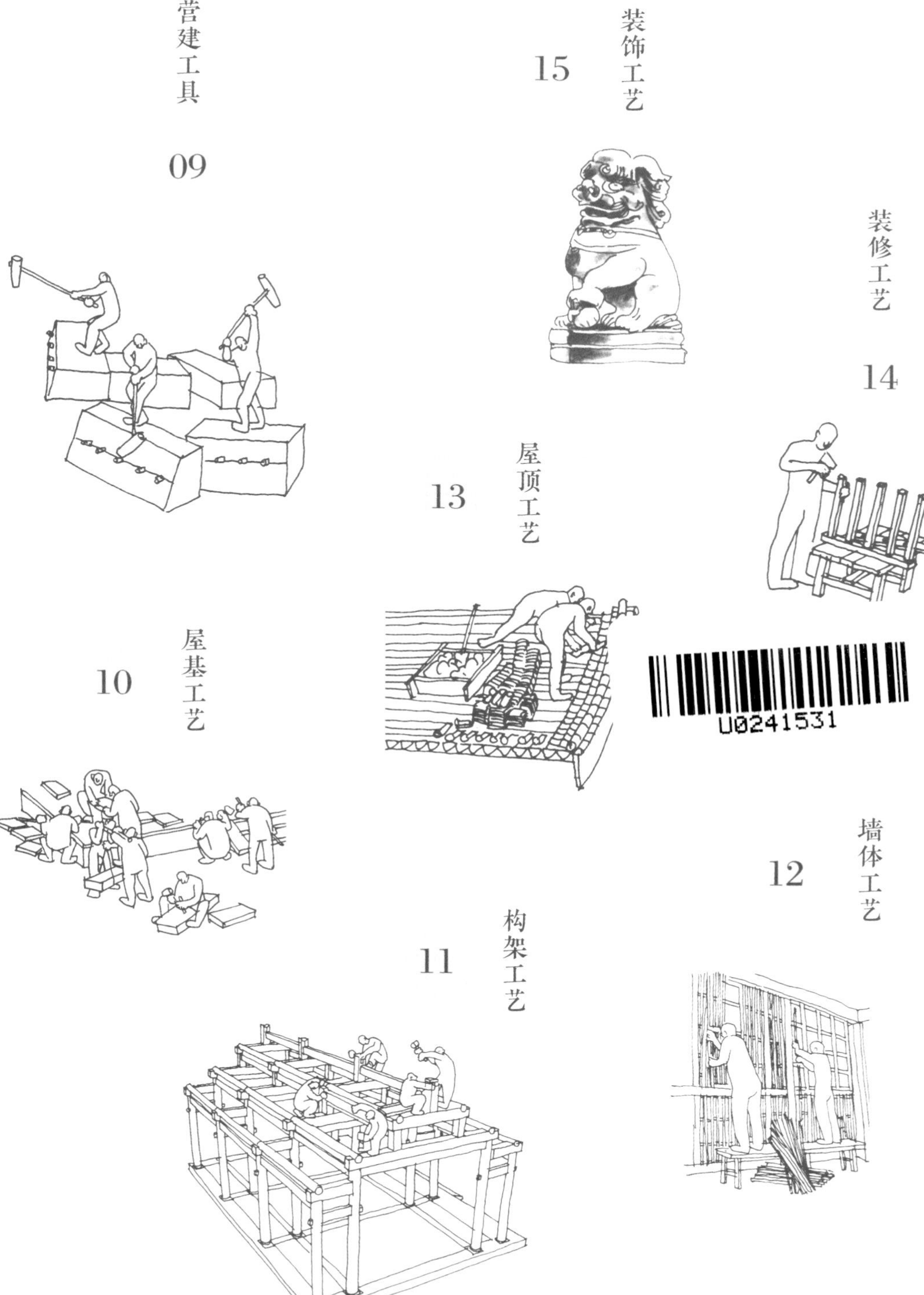
09
营建工具
10
屋基工艺
11
构架工艺
12
墙体工艺
13
屋顶工艺
14
装修工艺
15
装饰工艺
U0241531

造屋

图说中国传统村落民居营建

郝大鹏

刘贺玮　杨逸舟

绘
编

目录

肆 中国传统村落民居的营建工艺·造屋篇

前言

郝大鹏

本书以图说方式介绍中国传统村落民居的营建思想、建筑工艺及技术方法，研究对象为传统建筑中最为悠久、最为基本、最为广泛、数量规模最为庞大的类型——村落民居建筑。这种以木材为代表的木构建筑营造技艺体系延承了七千年，乃东方建筑文明的代表。传统村落民居伴随着传统农业社会数千年的历史，用进废退，成为今天之现实。因时代变迁、工业化的迅速发展等，手工建造工艺和技术工种渐渐从我们的视线中消失，历史遗存所剩无几。

传统民居营建工艺是民间工匠出于意匠，使用相应的工具或技术手段，按世代沿袭之方法完成的由材料采集至构件制作，至建筑安装成型，再至后期装修的全套过程，包含了工序、工具、材料、匠艺、习俗等层面的内容。这些是我们博大精深的文化之表现。

今天，当传统民间工艺逐渐被人遗忘之后，我们才发现它们所包含的文化内容如此之丰厚，涵盖范围如此之广阔，视之为中华文明的精神代表，当不为过。

2014 年我们承接了科技部“十二五”国家科技支撑计划的“传统村落民居营建工艺保护、传承与利用技术集成与示范”课题（2014BAL06B04），通过几年的努力，我们对传统营建工艺有了更多的了解和认识，对它的保护和传承也有了更强的责任感。我一直在想，有没有更直接、更有效的表达方式来便于它的传承和发扬？

《天工开物》一书给了我启示和引导，三百多年前古人就以图说的方式去记载古代民生的传统技艺和各种生产场景，这些生动的图样至今仍令人赏心悦目。我想，可阅读、可应用、易传播、广受众，这才是最有效的传承和保护。

最终，我们决定以图说的方式介绍中国传统村落民居的营建工艺思想、技术和方法，用四个部分，十七节，七百二十六项知识条目，以视觉图形的方法，详细介绍村落民居建屋技艺，用两千余幅图样呈现建造过程及场景，力图说明传统民居营建工艺的方法与结构。

以“造屋”作为书名，旨在展现“智者造物”的用心。“造屋”二字，强调的是传统营造思想所包含的自然观和方法论，正如《考工记》所载：“天有时，地有气，材有美，工有巧，合此四者，然后可以为良。”这正是东方文明“天人合一”的智慧。

在写作本书的过程中，我得到了许多朋友的鼓励和支持，特别是本课题研究组的同事们，他们的辛勤付出和相关的研究成果对本书的完成起着重要的作用，特别是潘召南、许亮、杨吟兵、龙国跃、赵宇、余毅、谢亚平、马敏、黄洪波、沈渝德、李敏等人，本人更是深表谢意。

造屋

基本形态

空间构成

空间特点

壹 —— 中国传统村落民居的空间构成

在中国传统建筑的各类型中，民居是最本质、最实用、最经济、最简洁的建筑。由于居民生活的多样化，民居也是最具变化性的建筑。我国传统民居长期以木构架营造房屋为主流，平房居多，层高一致，故其空间构成往往更多地表现为横向展开的平面构成。从立面的构成上看，单体建筑可水平划分为台基、屋身、屋顶三个部分。

传统民居中最常应用的规模计量单位就是“间架”。“间”是指开间，“架”是指屋架，或是指上面驮几根檩条的大梁，也就是代表了进深的长度。有了开间的大小、进深的长短，自然也就决定了一个可使用的结构空间的体量规模，一般称之为“一间”（房屋）。

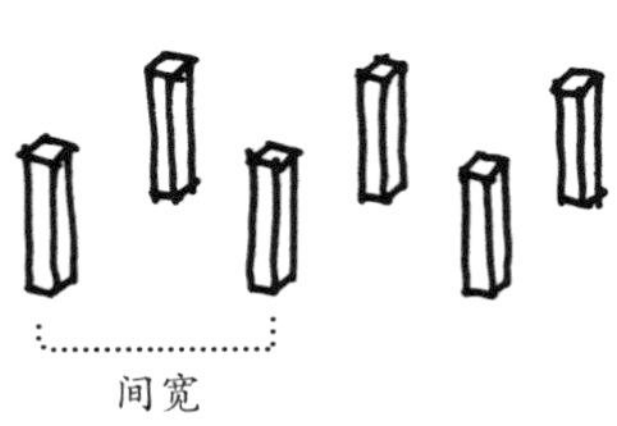

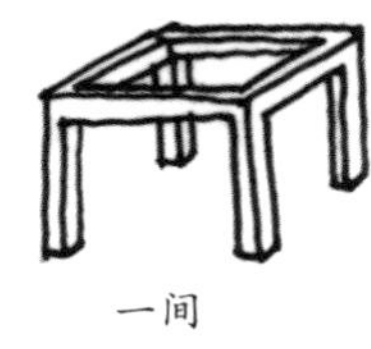

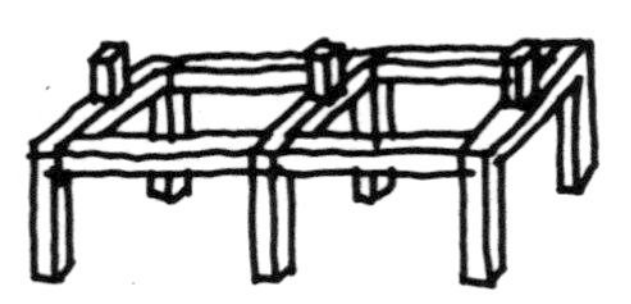

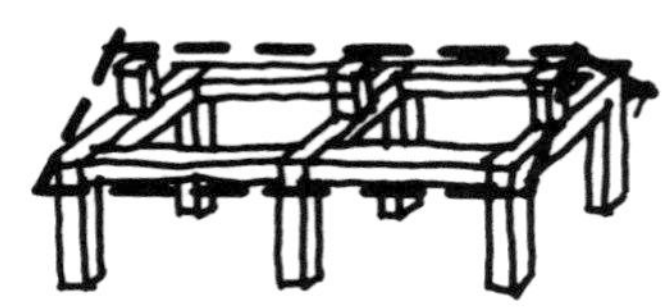

明间

普通居中开门的一间叫作明间。

次间

明间两旁为次间。

梢间

次间之外为梢间。

间

梢间之外为尽间。

“间”之外有柱无隔的称为“廊”。

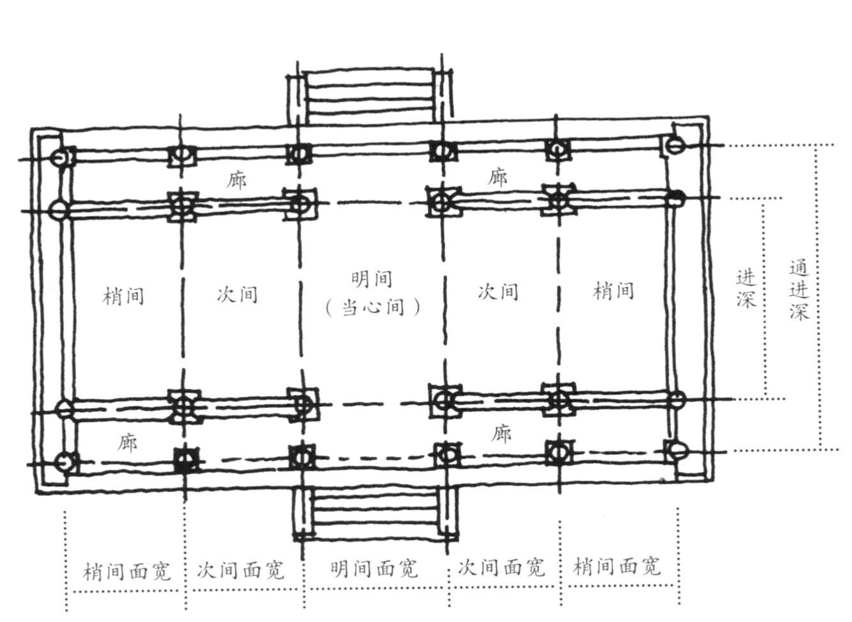

三分

从造型上看，中国传统古建筑明显分为三个部分：台基、屋身、屋顶，北宋著名匠师喻皓在《木经》中称之为“三分”，指出“凡屋有三分，自梁以上为上分，地以上为中分，阶为下分”。

“上分”指梁以上部分，即屋顶。

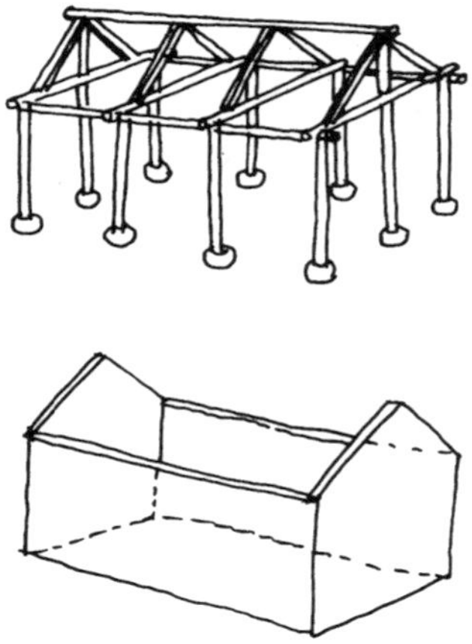

“中分”即屋身部分，民居的屋身通常由木构架与墙体部分组成。

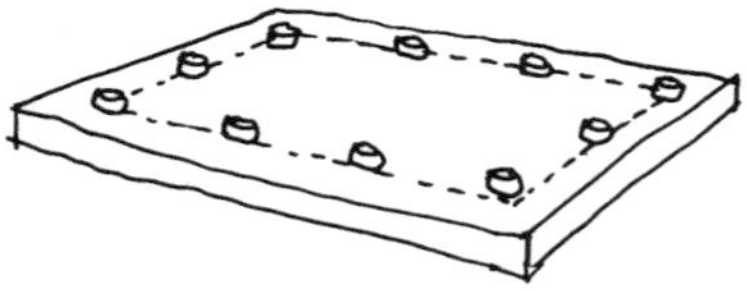

建筑的“下分”指的是基础、台基与地面三部分。

传统民居多以间为单位，联合数间共用一个屋顶组成一幢（或一栋）房屋，形成单体建筑。进而数幢单体建筑组合成为院落式群体建筑。院院相接，推演下去可以组成更大规模的群体建筑。

单体建筑 民 居

一般民居多采用横向联合数间的方式，并且多采用奇数间数，如一间、三间、五间等。常见的三间一字式的民居，以及在此基础上添加前厢屋、后厢屋、披屋等辅助用房而形成的曲尺形、门字形、H 字形单体房屋，在全国各地大量存在。

单体建筑民居地区俗名

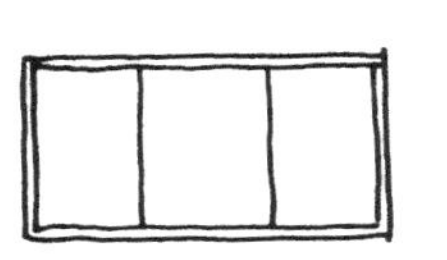	三间正房（北京、河北），独坊房（大理，单层），土库房、倒座房（大理，两层），三间一字屋（湘西土家族），一条龙（粤中），三间起（台湾，若为五间称五间起，七间称七间起），明三间（徽州※，两层），一条龙（台湾） ※徽州：古州名，所辖地域今分属安徽、江西两省。
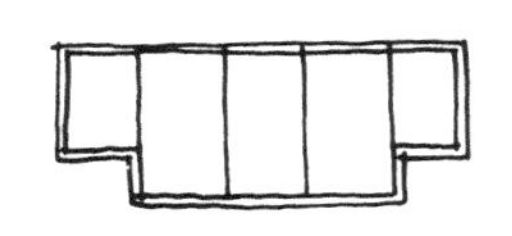	三间两耳房（北京）

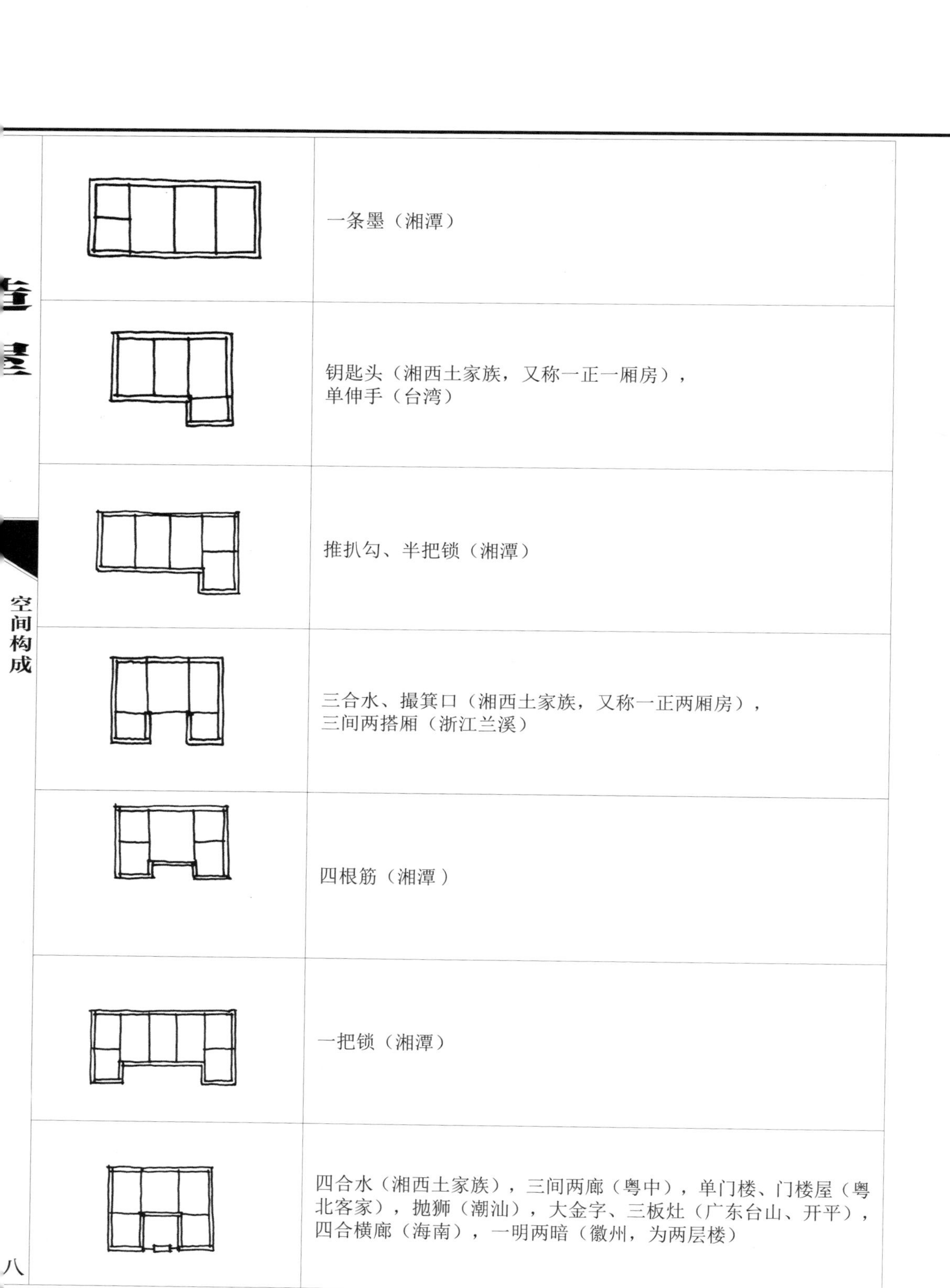

	一条墨（湘潭）
	钥匙头（湘西土家族，又称一正一厢房）， 单伸手（台湾）
	推扒勾、半把锁（湘潭）
	三合水、撮箕口（湘西土家族，又称一正两厢房）， 三间两搭厢（浙江兰溪）
	四根筋（湘潭）
	一把锁（湘潭）
	四合水（湘西土家族），三间两廊（粤中），单门楼、门楼屋（粤北客家），抛狮（潮汕），大金字、三板灶（广东台山、开平），四合横廊（海南），一明两暗（徽州，为两层楼）

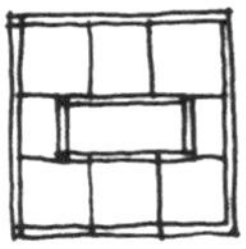	对合（浙江，若后厅为两层，则称前厅后堂楼）
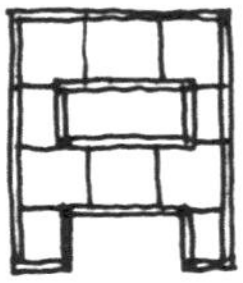	三间两进堂（徽州，两层）
	三间两进堂（徽州，两层）
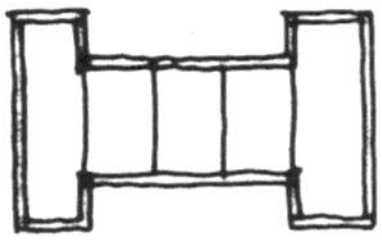	明三暗五（湘西土家族，两侧为披屋）
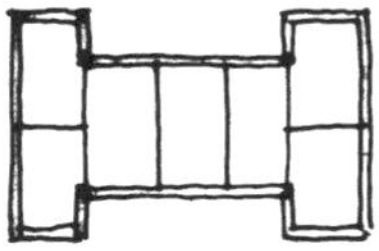	一担柴（湘潭）
	竹竿厝、竹篙厝（潮汕），直头屋、竹筒屋（粤中），手巾寮（福州），神后房（广州），长条街屋（台湾）
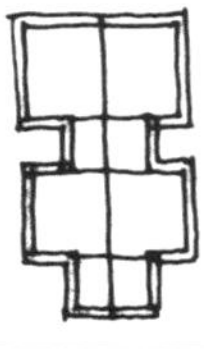	单佩剑（潮汕），明字屋（粤中），一正一偏（广州）

传统民居中以单体建筑组合成的群体，往往以方形或矩形的院落形式出现，即建筑围合着露天空间，也可称为“中庭”或“庭院”。这也是中国传统民居最重要的特色之一。

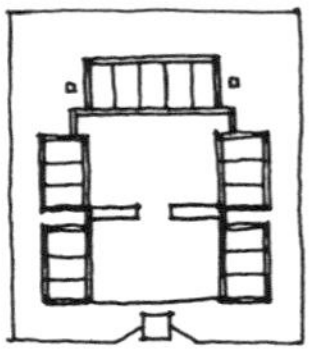

吉林 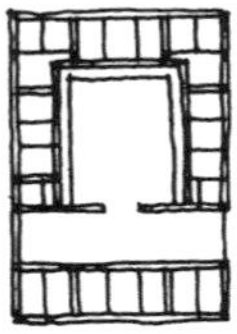　北京 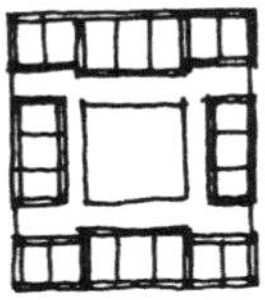　大理 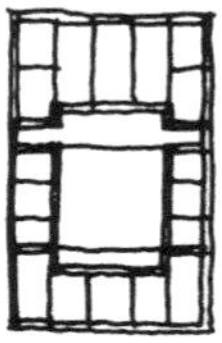　汉中

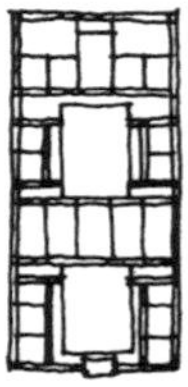

阆中 　凤凰 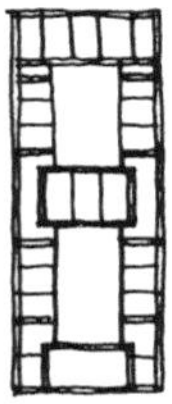　大同 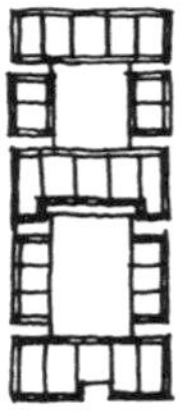　牟平

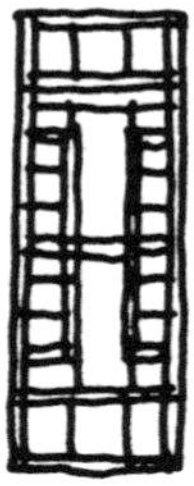

平遥 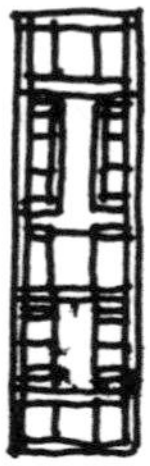　西安 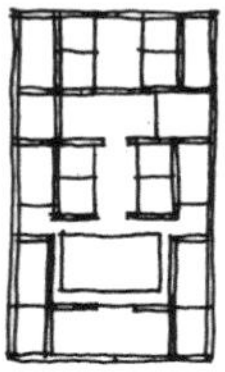　苏州 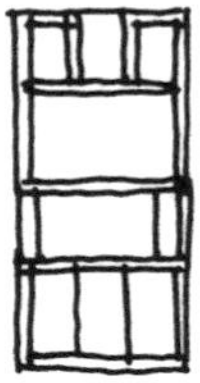　徽州

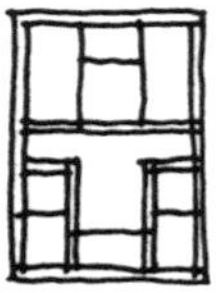

昆明 　粤中 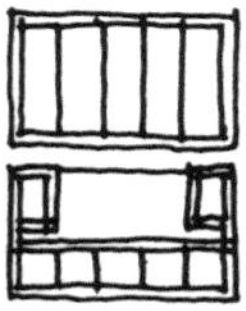　福州 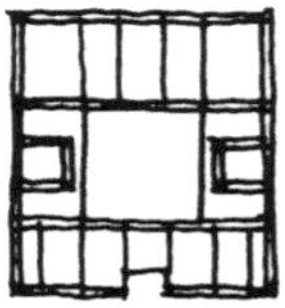　广汉

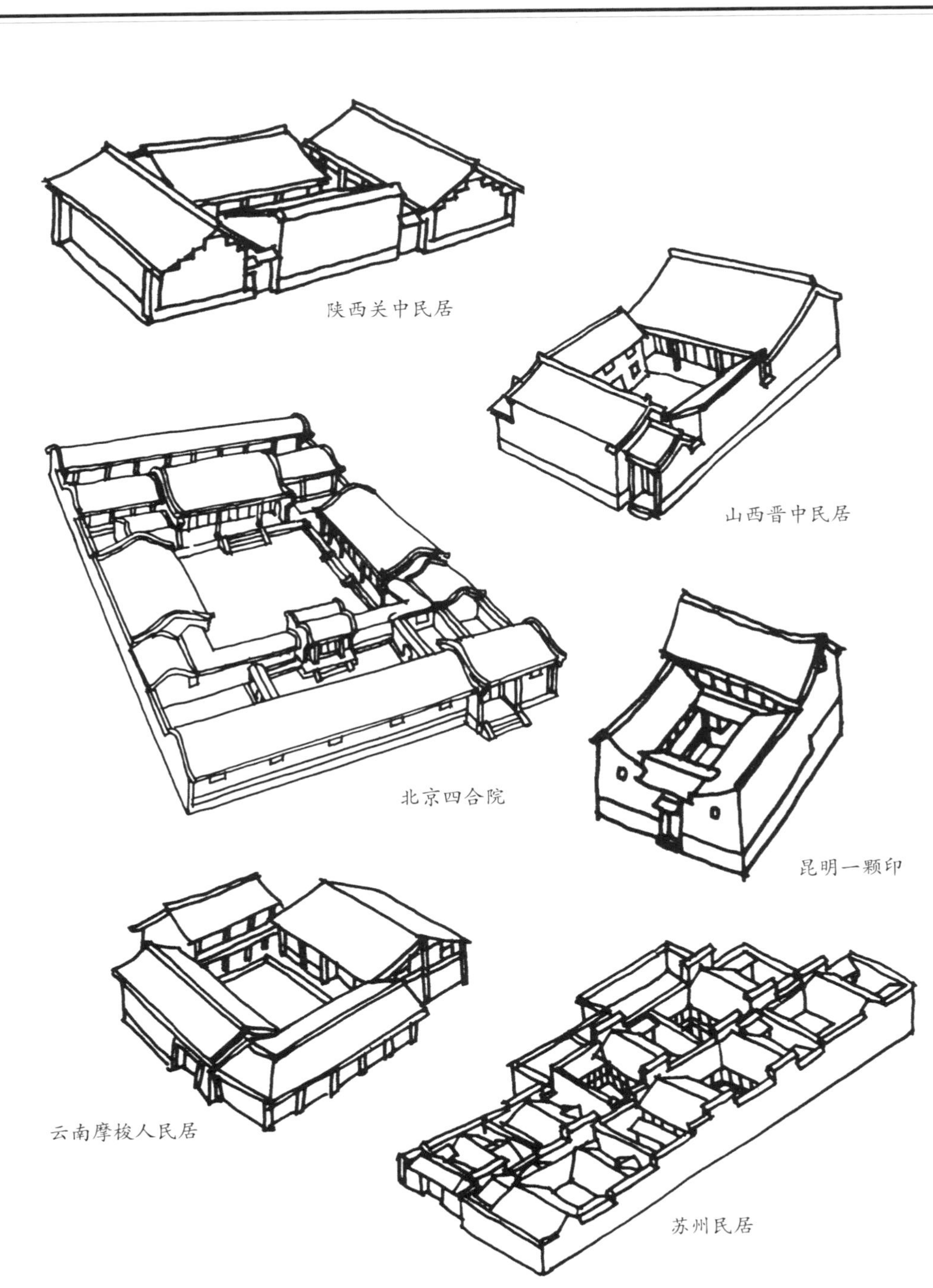
陕西关中民居
山西晋中民居
北京四合院
昆明一颗印
云南摩梭人民居
苏州民居

台湾民居

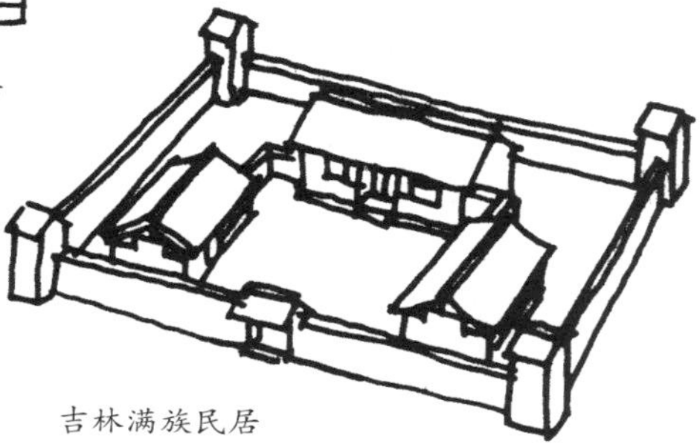

吉林满族民居

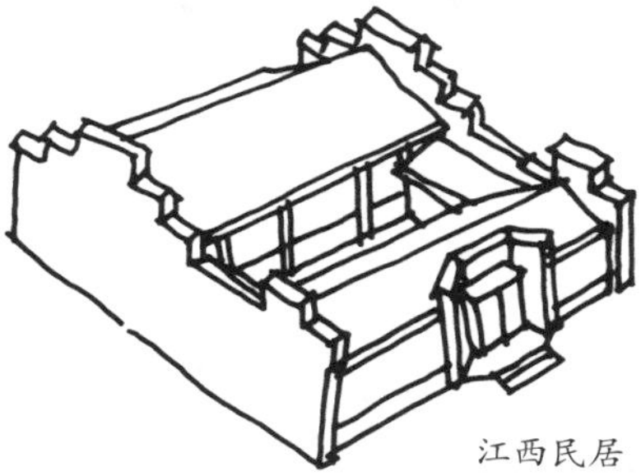

江西民居

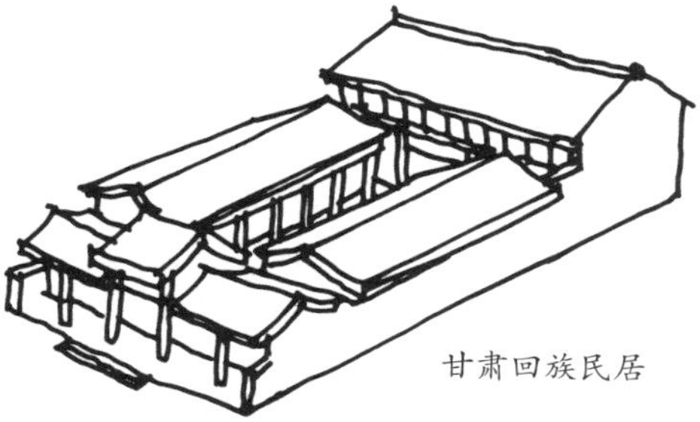

甘肃回族民居

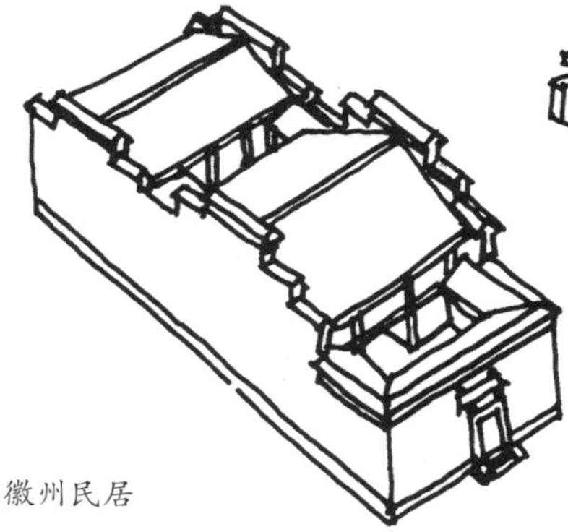

徽州民居

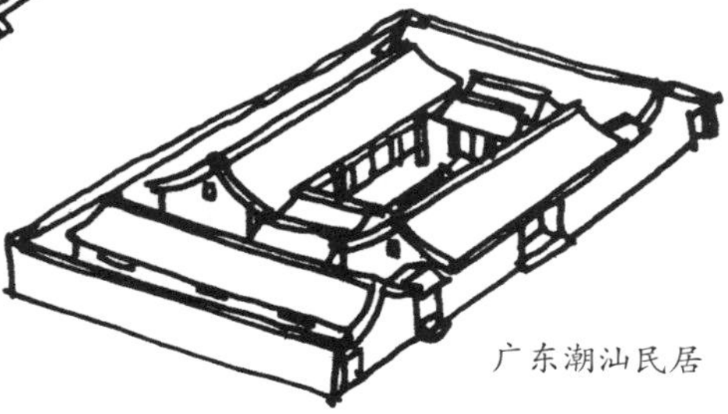

广东潮汕民居

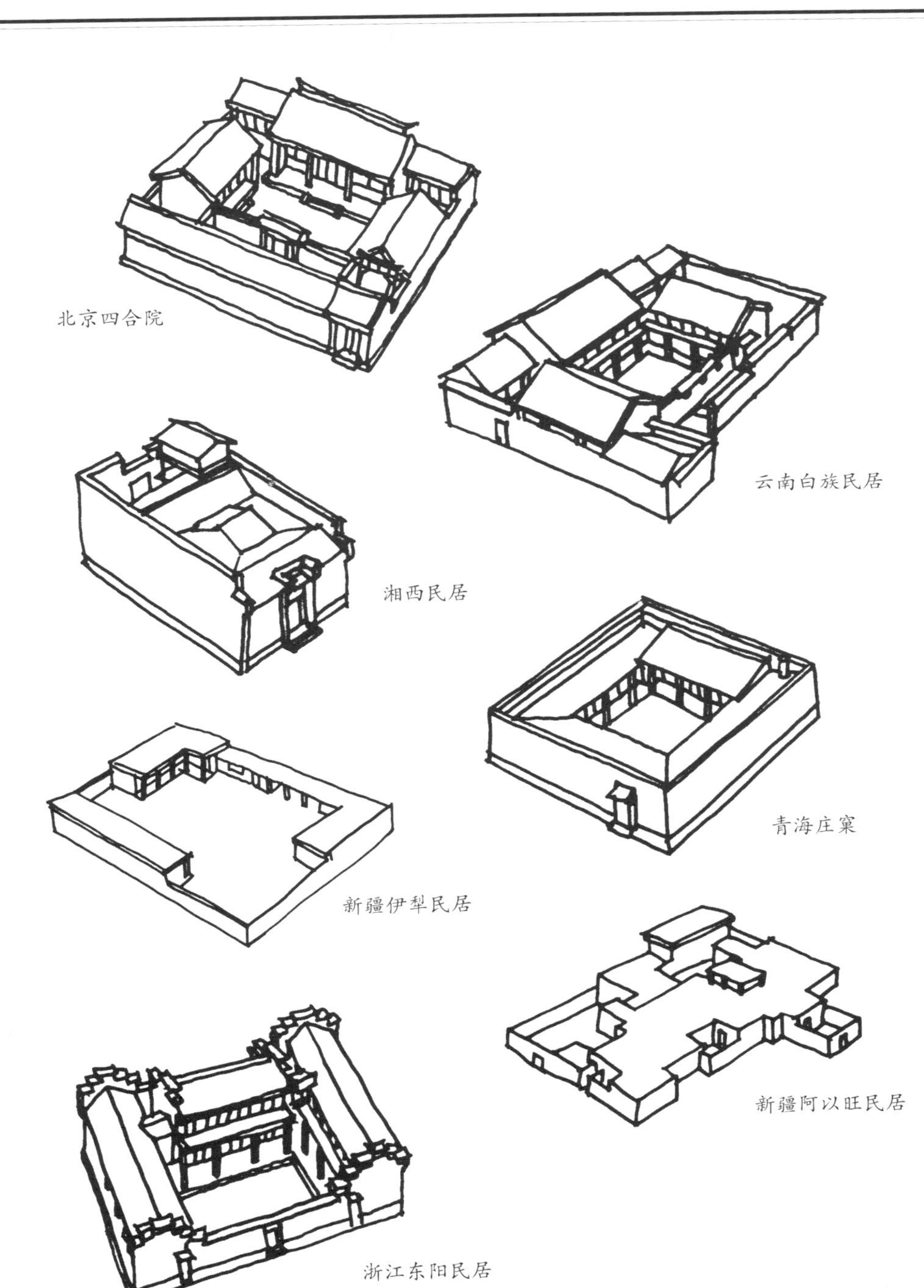

北京四合院

云南白族民居

湘西民居

青海庄窠

新疆伊犁民居

新疆阿以旺民居

浙江东阳民居

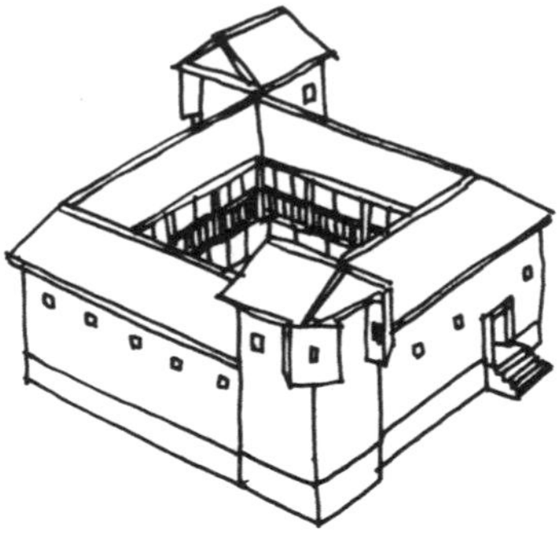

江西定南围屋

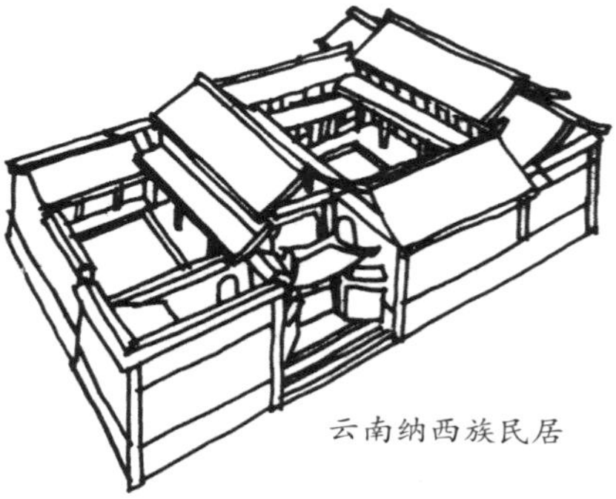

云南纳西族民居

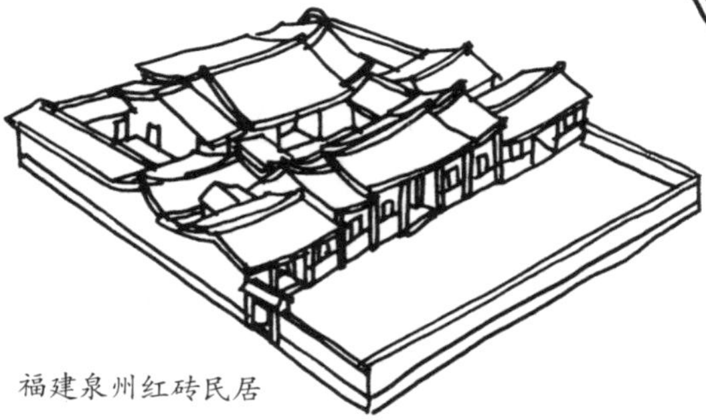

福建泉州红砖民居

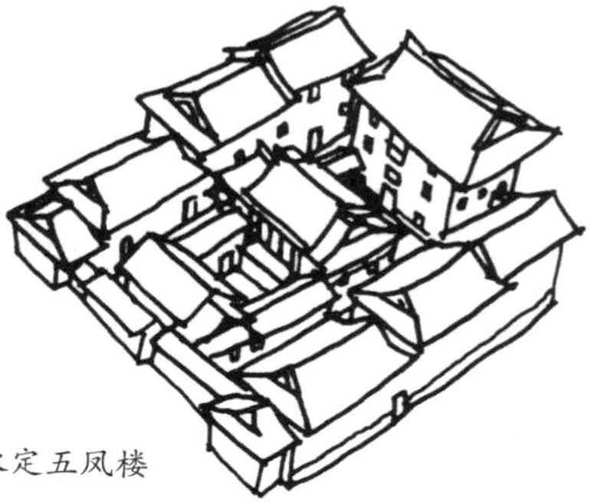

福建永定五凤楼

聚族

居

由于社会关系的影响，为了防御盗匪战乱等，同族各家庭往往聚居在一起，建造巨大的宅院，形成集合式住宅，这也是中国传统民居的一种特殊类型，其布局形制以传统的庭院式为基础，发展出各类式样，不拘一格。

空间特点

庭院、轴线、重复是中国传统民居建筑中经常运用的构图规律。这三者是形成全国从南到北众多民居统一风貌的主要因素，也是中国民居最显著的空间特色。

庭院

除了西南地区应用干栏建筑体系的少数民族建筑采用单幢建筑以外，中国传统民居皆是以建筑围合或院落的形态出现。庭院也是生活使用空间，在庭院里可以安排生产、起居、储藏、晾晒等多项用途，与室内空间共同构成统一的生活使用空间。由于围合的情况不同，庭院的形式也多种多样。

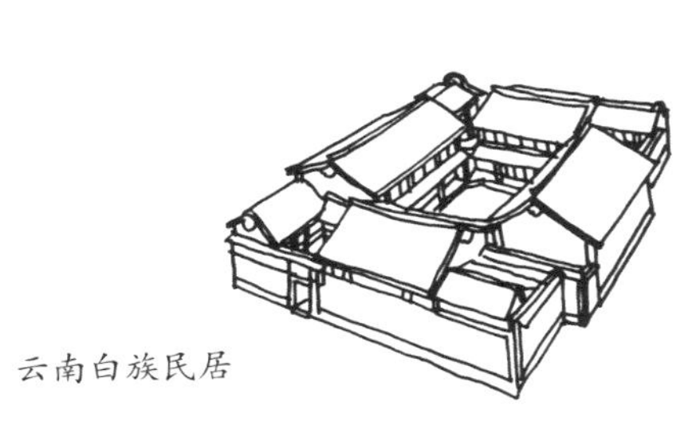

云南白族民居

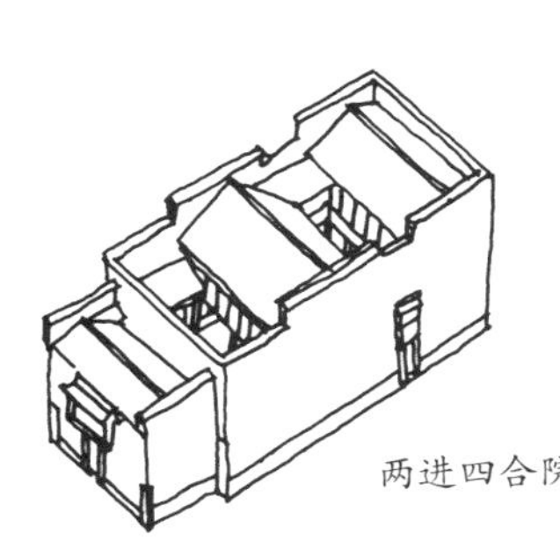

两进四合院式皖南民居

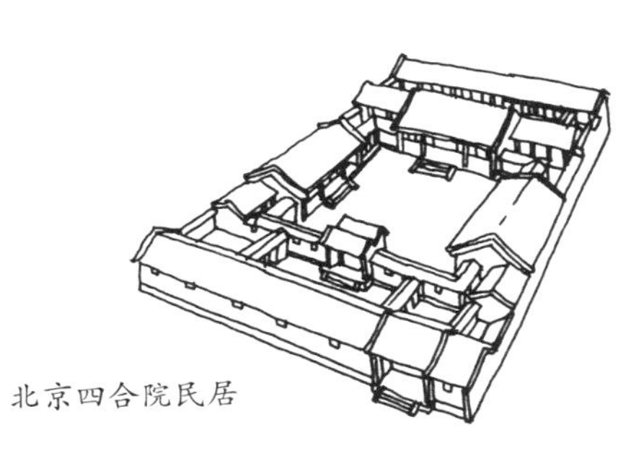

北京四合院民居

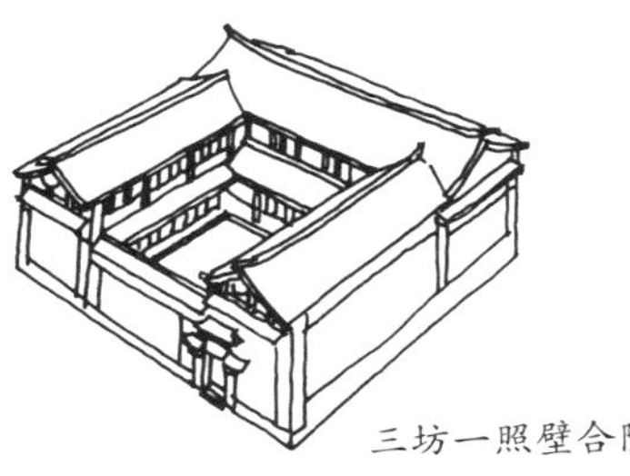

三坊一照壁合院式民居

轴线

稍具规模的中国传统民居的建筑排列皆呈中轴对称式，轴线使得民居布局完整统一，同时主从关系明确，并形成有规律的层次感，这些都有助于传统礼制思想的体现。

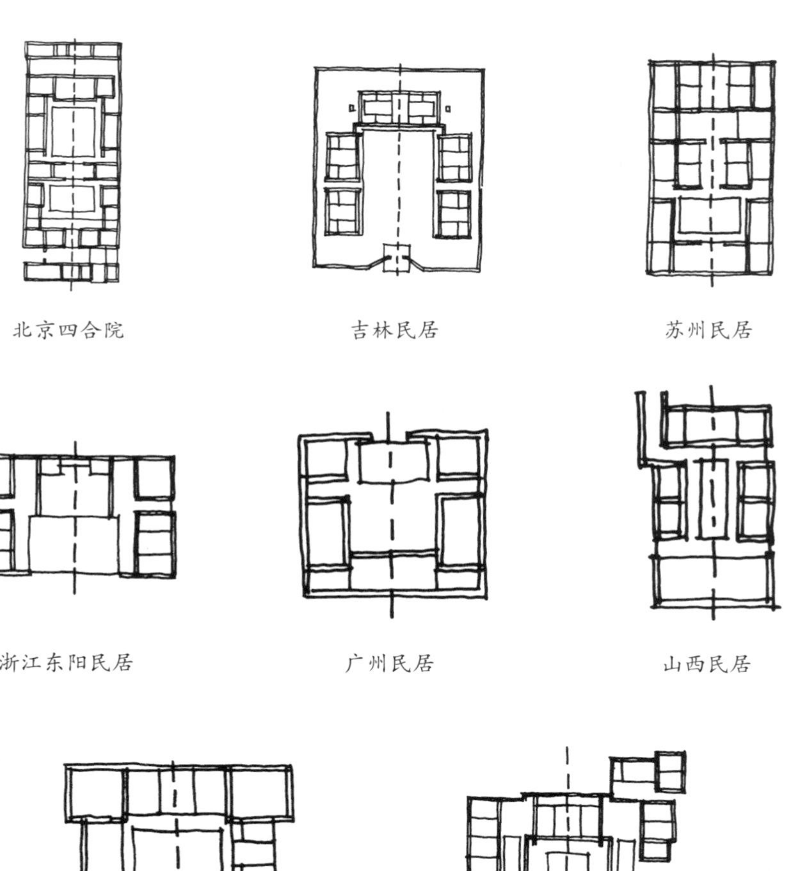

重复

所谓重复，是指一种布局形式被反复地使用。这种重复有两种情况，其一是一个地区或城镇，某种布局被反复使用，甚至形成当地的特色；其二，在某些规模巨大的宅第平面布局中，亦是利用某一种布局组合定式反复运用、巧妙组合，形成规模。

陕南民居

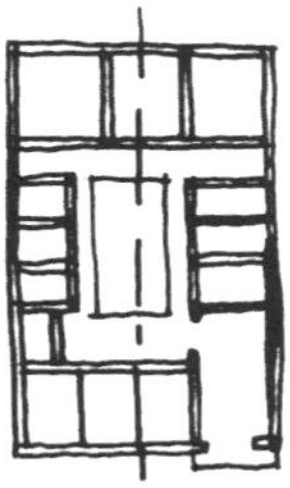

一进院 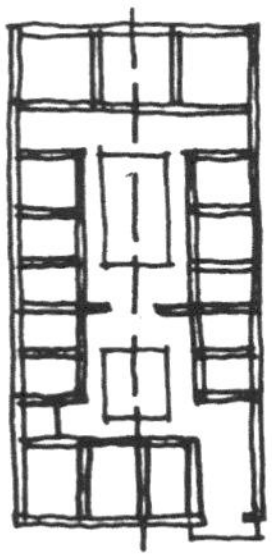　二进院 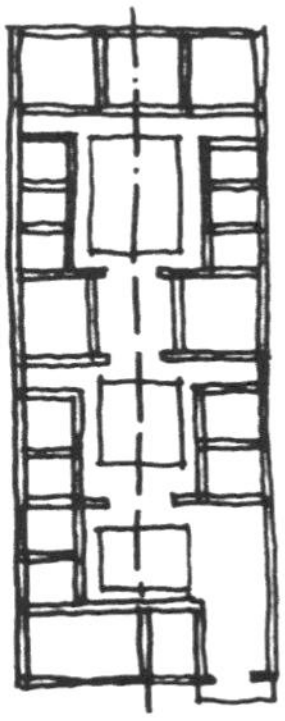　三进院

山西晋城民居

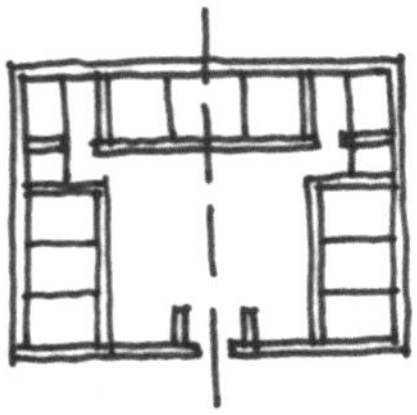

簸箕掌 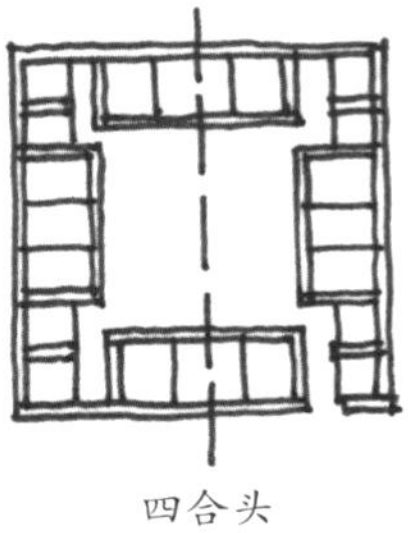　四合头

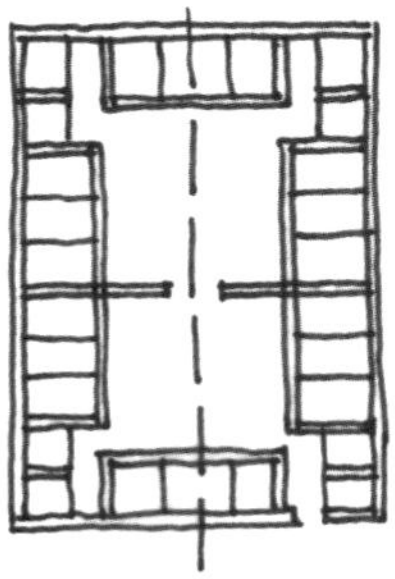

八卦院 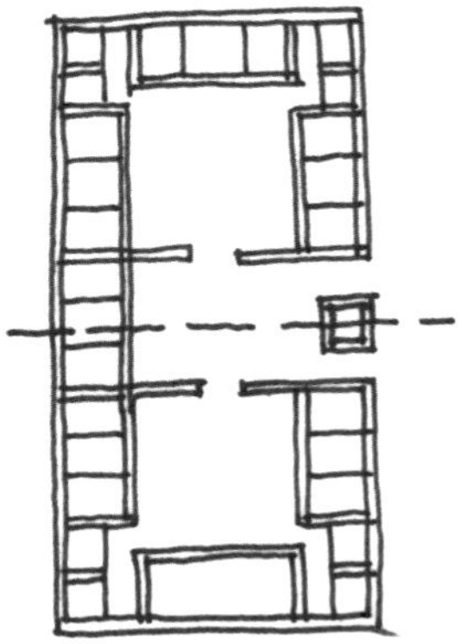　棋盘院

屋基构造

构架构造

墙体构造

屋顶构造

装修构造

榫卯构造

贰

中国传统村落民居的建筑构造

屋基构造

屋基

这里说的“屋基”主要包括基础、台基两个部分，“基础”是墙柱之下的结构部分，用来承担整个建筑的荷载并传至下部地基。“台基”将基础包裹在内，形成建筑的基座。

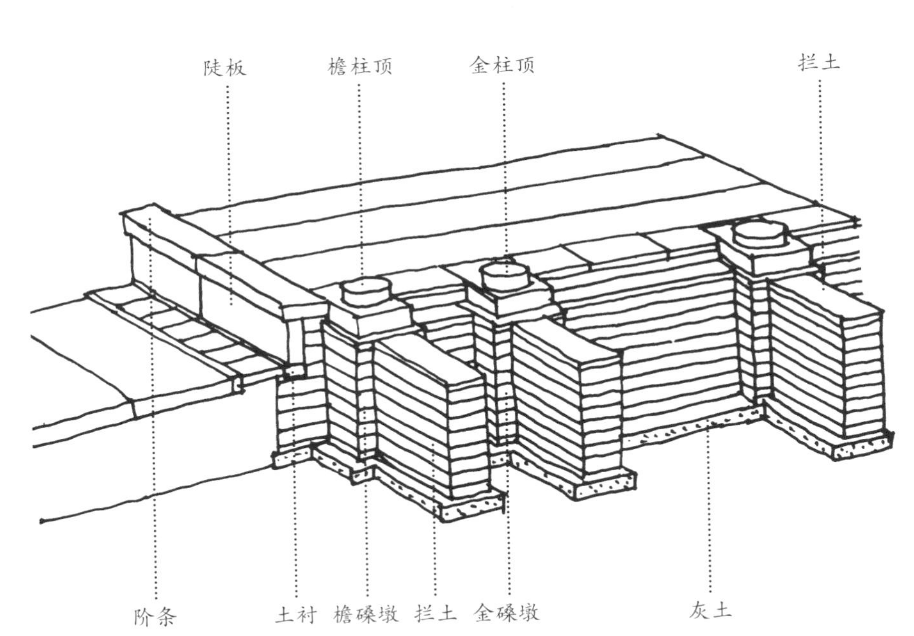

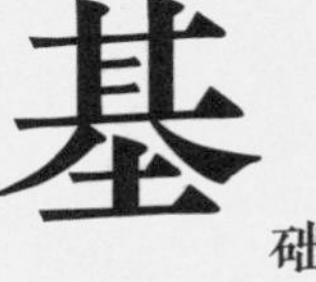

基础

传统民居的基础类型有素土夯实基础、灰土基础、天然石基础、砌筑基础等。其中砌筑基础主要由用砖或石砌筑的磉墩及砖磉之间的拦土墙组成。

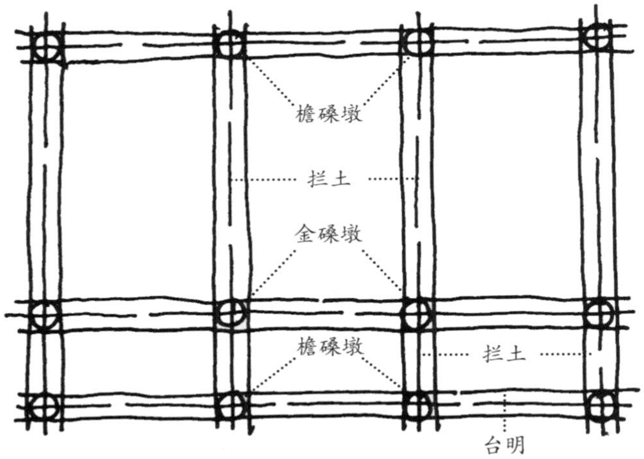

檐磉墩
拦土
金磉墩
檐磉墩
拦土
台明

阶条
方地砖
金磉墩
陡板
土衬
拦土
金柱顶
檐磉墩
拦土
灰土
檐磉墩
磉墩
拦土

磉墩及拦土

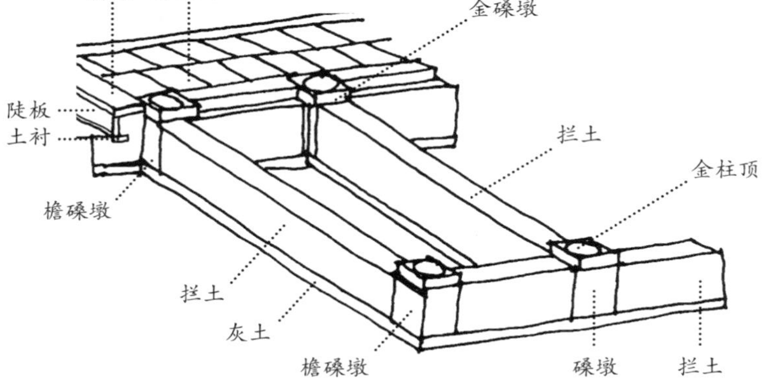

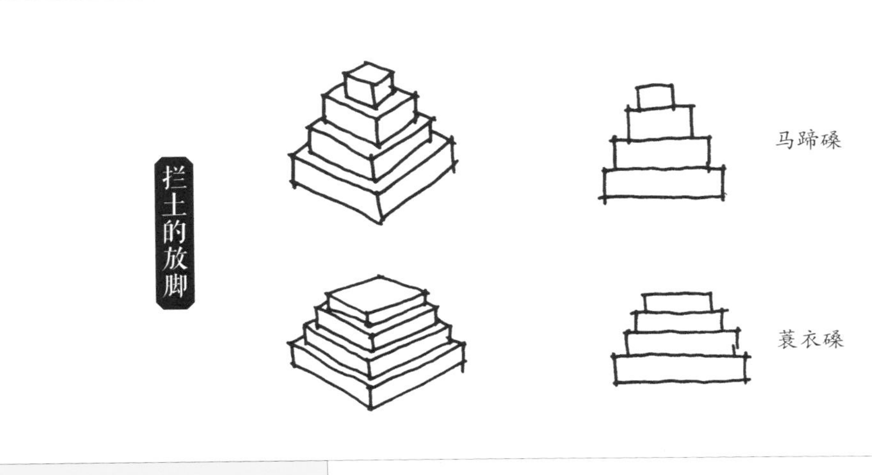

台基

普通民居中的台基按砌筑方式可分为砖砌台基、石砌台基、混合砌筑台基等。早期台基全部由夯土筑成，后来才外包砌砖石。台基有承托建筑物和防水隔潮的功能。一般台基的长、宽、高是由建筑物的规模决定的，各部位尺寸受房屋的出檐深浅和柱径大小制约。

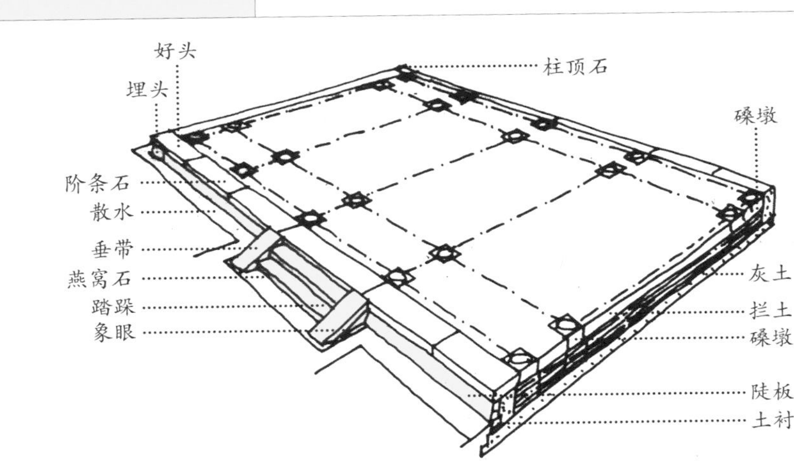

土衬石

土衬石一般应比室外地面高出1~2寸，应比陡板石宽出约2寸，宽出的部分叫“金边”。土衬石与陡板石可以平接，也可以“落槽”连接，“落槽”即按照陡板的宽度，在土衬石上凿出一道浅槽，陡板石就立在槽内。

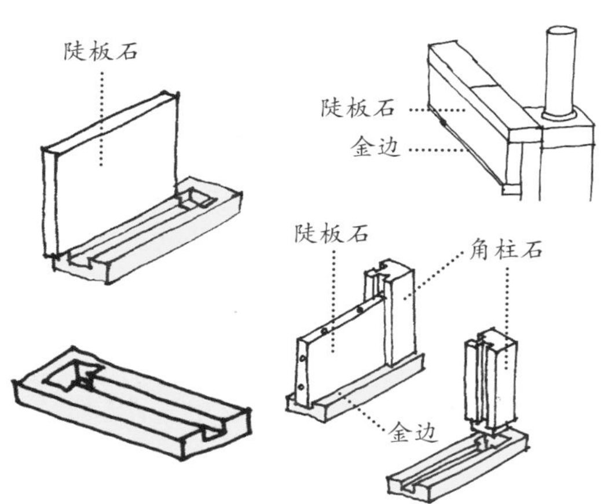

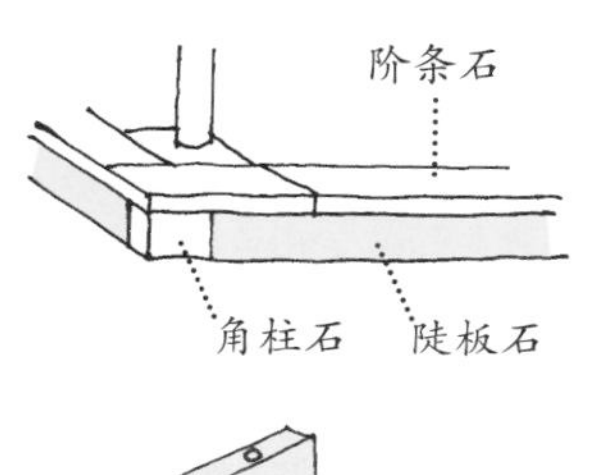

陡板石

阶条之下，土衬之上，是“陡板石”。陡板石是立砌镶贴在台明四周的砖砌体“背里砖”外皮，石的顶面和侧面可以剔凿插销孔，底面直接卡入土衬石落槽内。

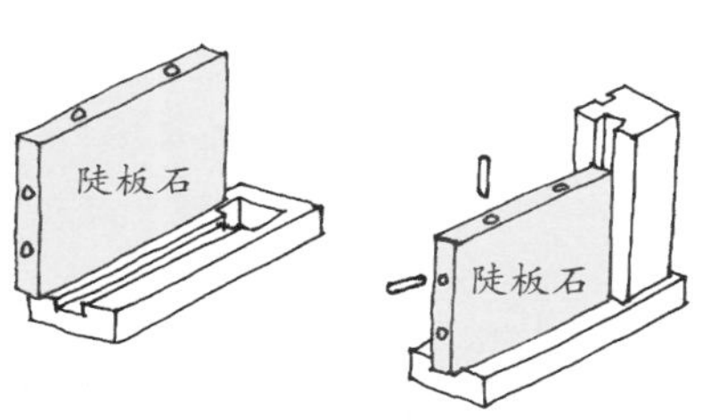

角柱石

转角处安置的角柱石也称埋头石。埋头按其部位可以分为出角埋头、入角埋头；构造形式可以分为单埋头、厢埋头、混沌埋头、如意埋头、琵琶埋头。

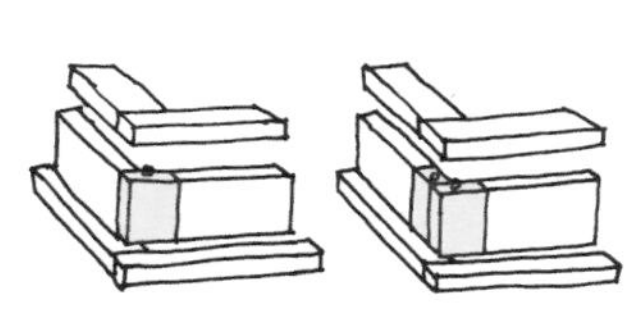
单埋头　厢埋头

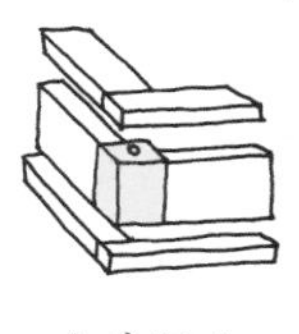
如意埋头

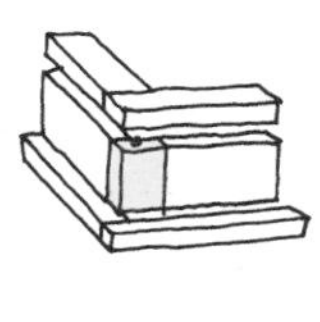
琵琶埋头

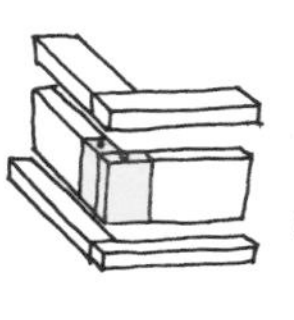
出角埋头

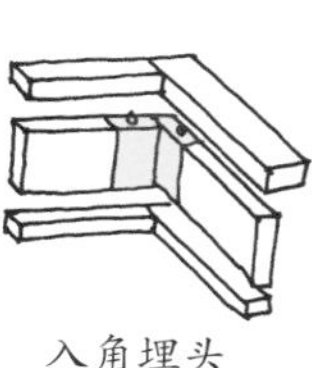
入角埋头

阶条石

台基四周沿边上平铺的石面谓之"阶条石"。阶条石是台基最后一层石活的总称。每块石活由于所处位置不同，有不同的名称，如好头石、落心石等。"好头石"位于前、后檐的两端，"坐中落心石"位于前、后檐的中间，"落心石"位于坐中落心石与好头石之间。

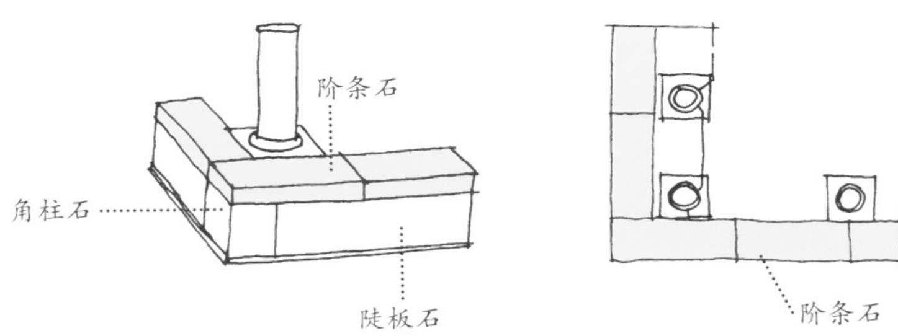

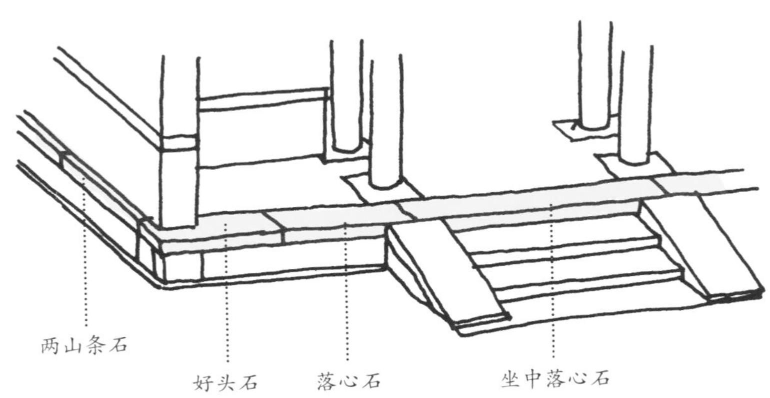

柱顶石

柱顶石是支承木柱的基石，又称柱础、鼓磴、磉石，主要起承传上部荷载、避免碰坏柱脚及防潮作用。其凸出地面的部分称鼓镜，一般为圆形，称为圆鼓镜，也可随柱形，如方柱下用方鼓镜。

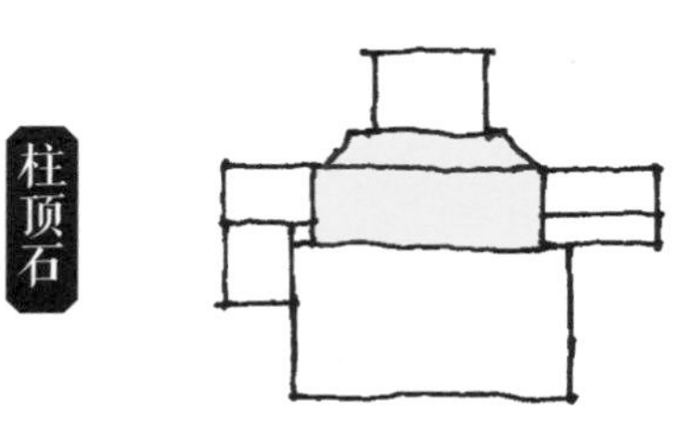

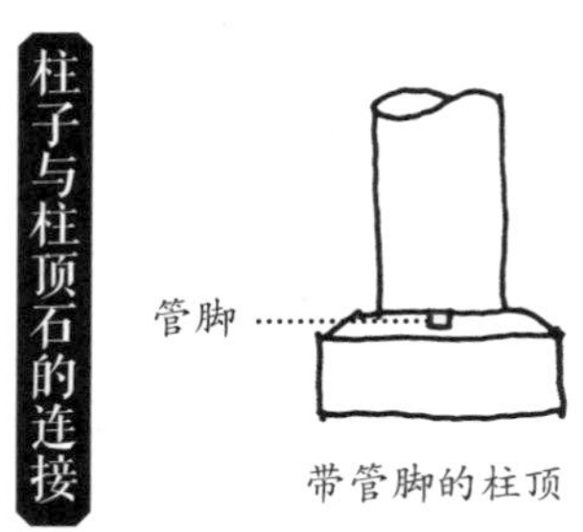

带管脚的柱顶

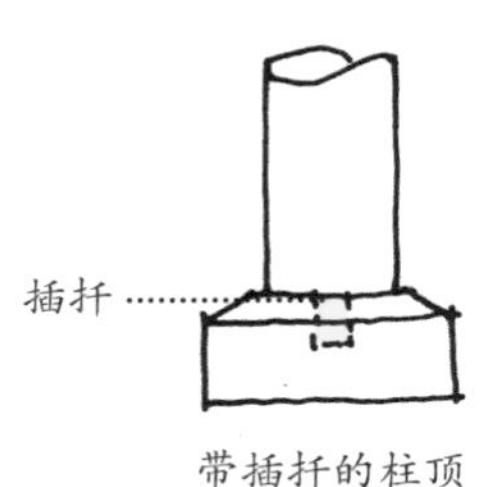

带插扦的柱顶

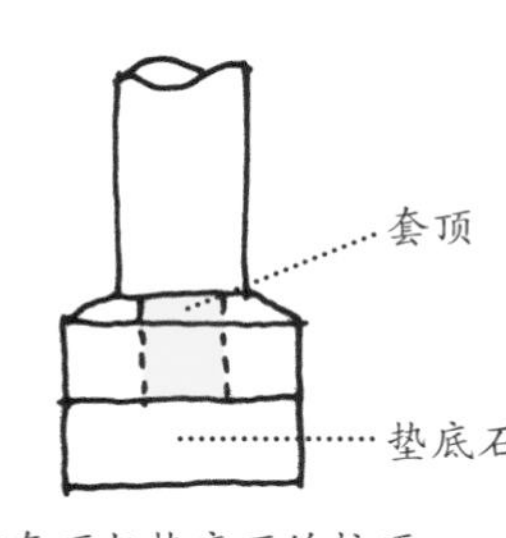

带套顶与垫底石的柱顶

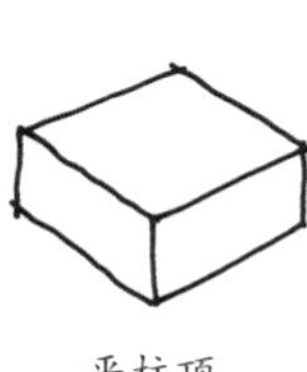

平柱顶

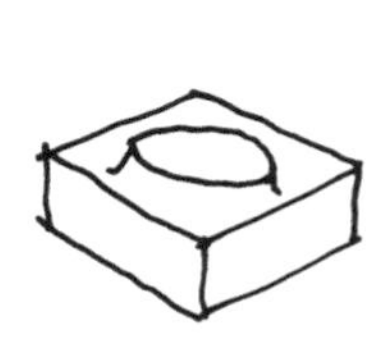

圆鼓镜柱顶

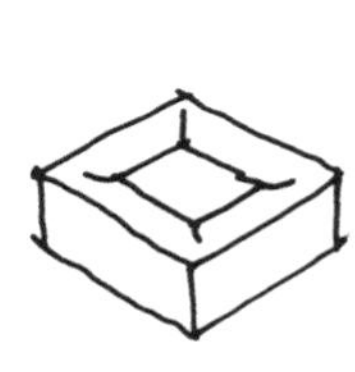

方鼓镜柱顶

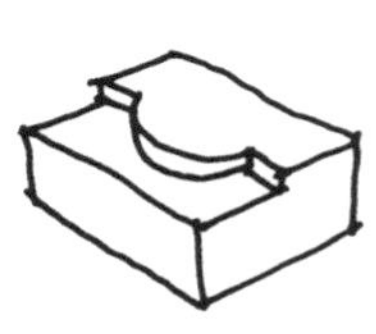

用于山墙的异形柱顶

踏 跺

一般台基前后或单面中间部分安置台阶为“踏跺”。踏跺即台阶，有垂带踏跺、如意踏跺和自然石踏跺等形式。

垂带踏跺

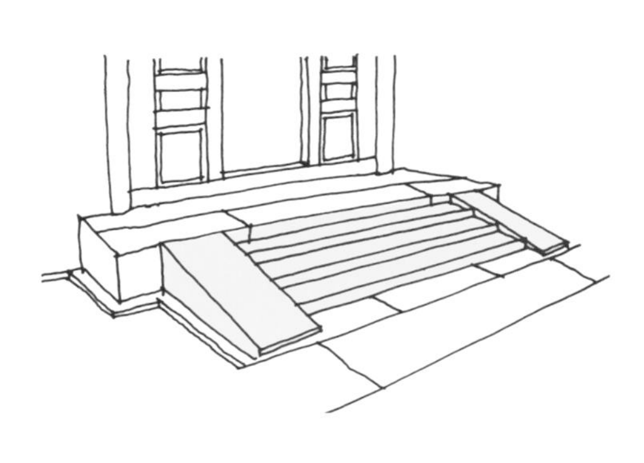

垂带踏跺是两侧做“垂带”的踏跺，是常见的踏跺形式。

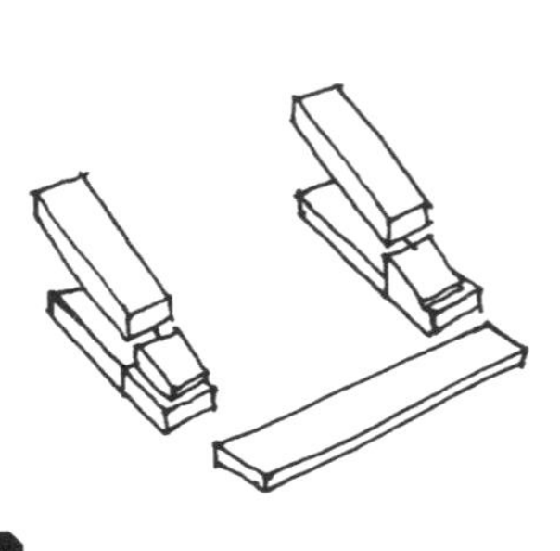

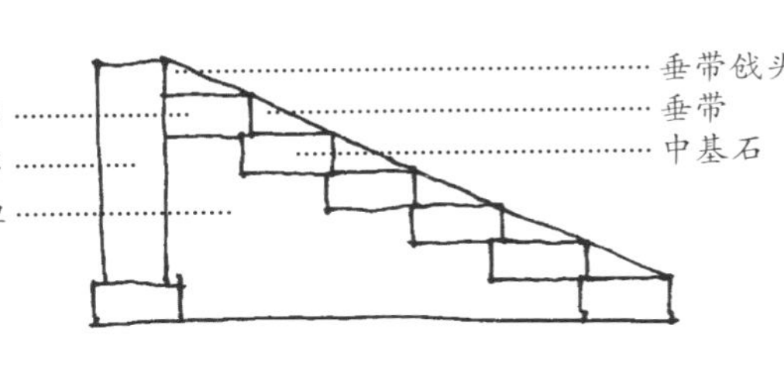

垂带踏跺的组成

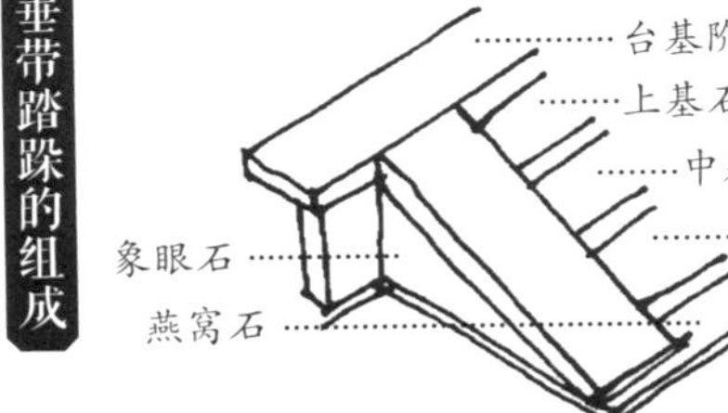

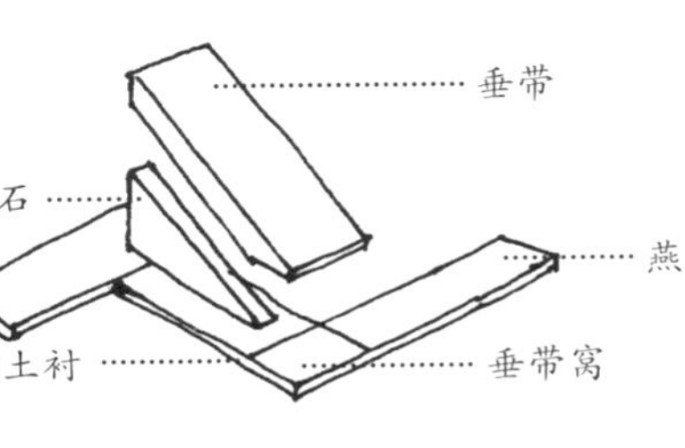

如意踏跺

如意踏跺是指不带垂带的踏跺，从三面都可以上人，是一种简便的作法。

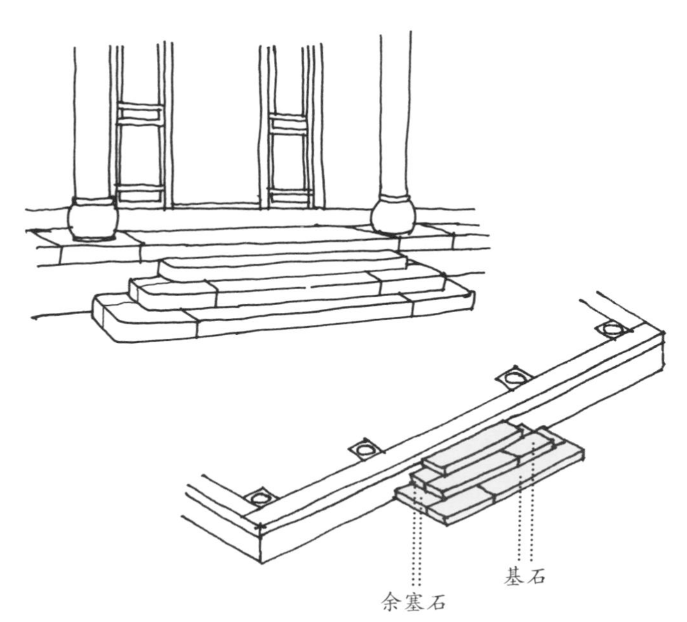

自然石踏跺

自然石踏跺也称“云步踏跺”，由未经加工的石料仿造自然山石码成。

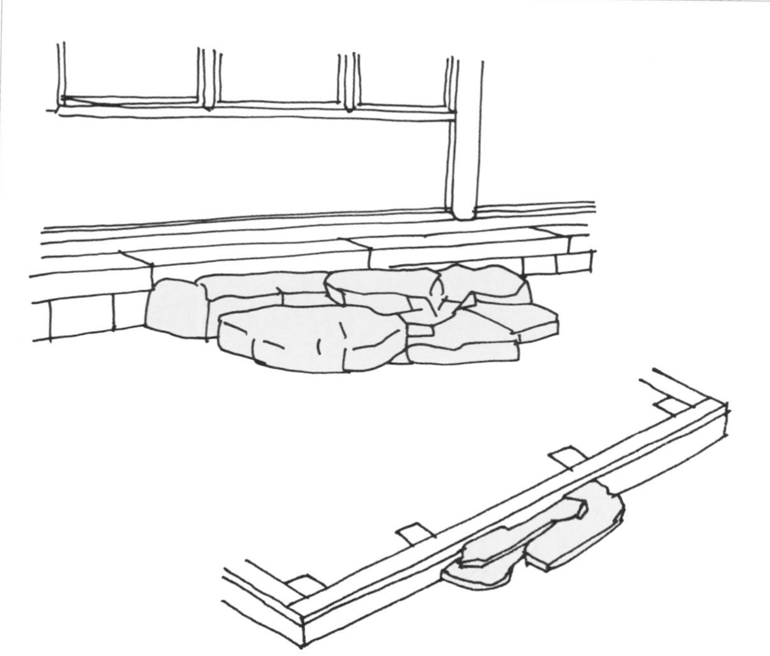

礓
磜

礓磜又叫“马尾礓磜”，其特点是剖面呈锯齿形。礓磜既可供人行走，又便于车辆行驶，因此多用于车辆经常出入的地方。礓磜可以单座独立使用，也可以连三使用，还可以与踏跺混用。

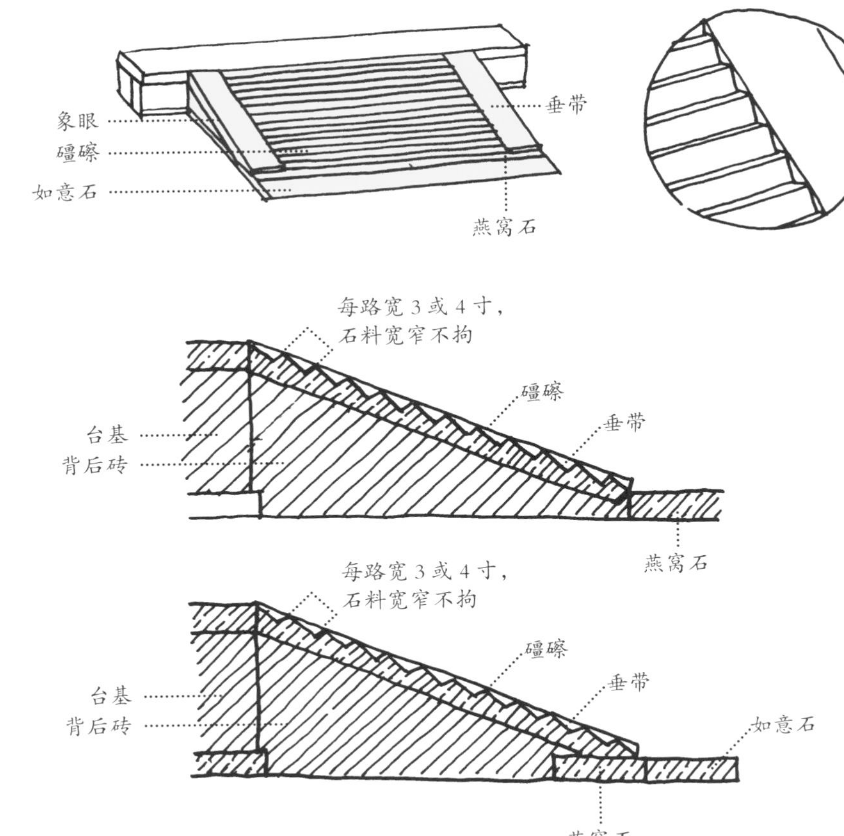

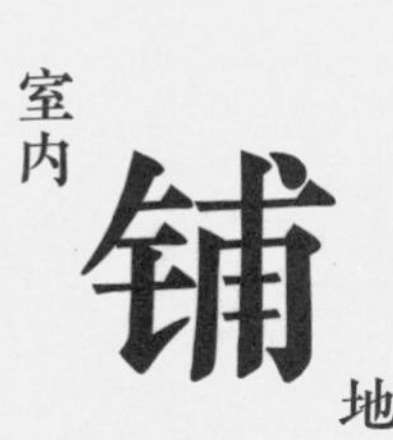

铺装地面的铺地材料有砖、石、三合土等。一般室内地面用石灰、砂子、卵石混合并夯实的为“三合土地面”，用长方形普通条砖铺砌的为“青砖墁地”，用专门烧制的大方砖铺砌的为“方砖墁地”。

砖地面排砖通则

室内砖墁地面常以室内中心线为起始，从中间向两边铺墁。对于方砖墁地应注意“中整边破”“首整尾破”，通缝必须顺中轴线方向。

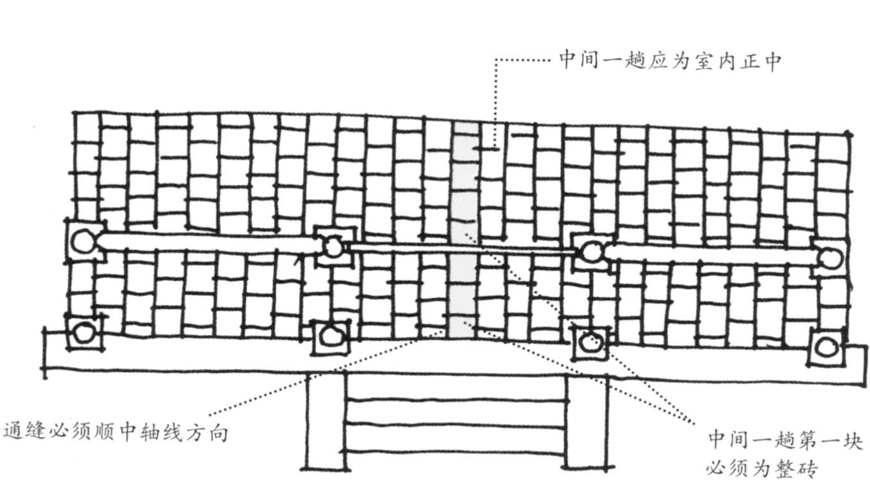

室内砖墁地面主要有方砖排砖和条砖排砖两种形式，条砖排砖形式有陡板面朝上和柳叶面朝上之分。陡板面朝上的排砖形式有十字缝、斜墁、拐子锦等，柳叶面朝上的排砖形式有直柳叶、斜柳叶、人字纹等。

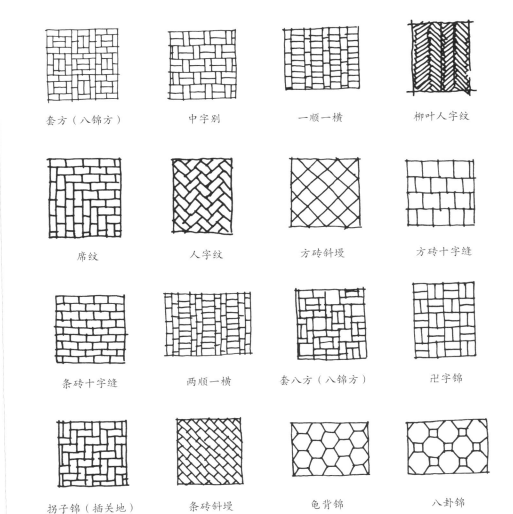

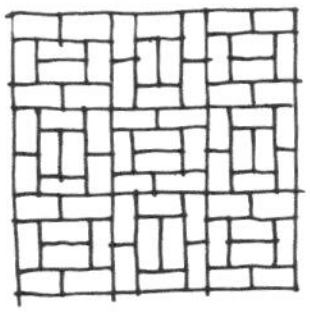

套方（八锦方） 　中字别 　一顺一横 　柳叶人字纹

席纹 　人字纹 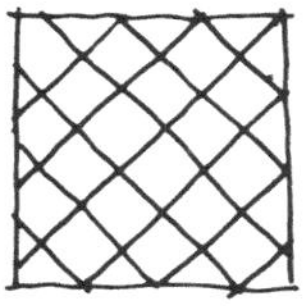　方砖斜墁 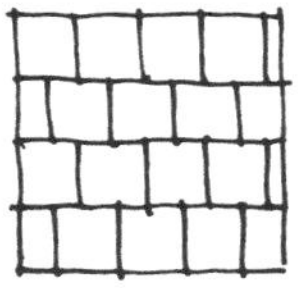　方砖十字缝

条砖十字缝 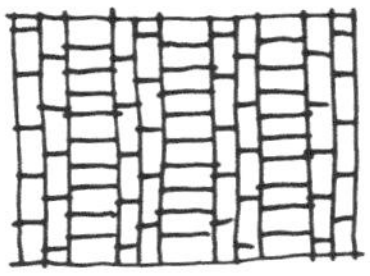　两顺一横 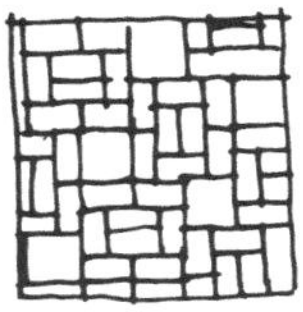　套八方（八锦方） 　卍字锦

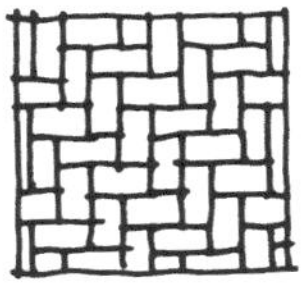

拐子锦（插关地） 　条砖斜墁 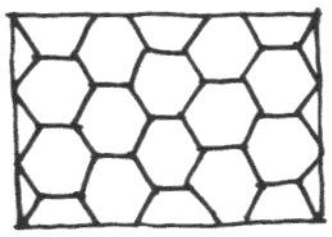　龟背锦 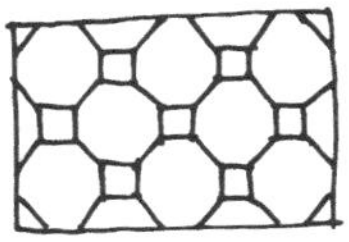　八卦锦

室外铺地

一般室外平台、甬路有用普通青砖或方砖墁地的，也有用大城砖做海墁地的，较高级的多采用条石、石板或片石、卵石铺地。另外，在建筑物台基周围有泛水的排水部分铺地墁砖为“散水”，以保护建筑台基基础不受雨水侵蚀。

散水

“散水”位于房屋周边和道路两边，用于排除雨水。

散水位置示意图

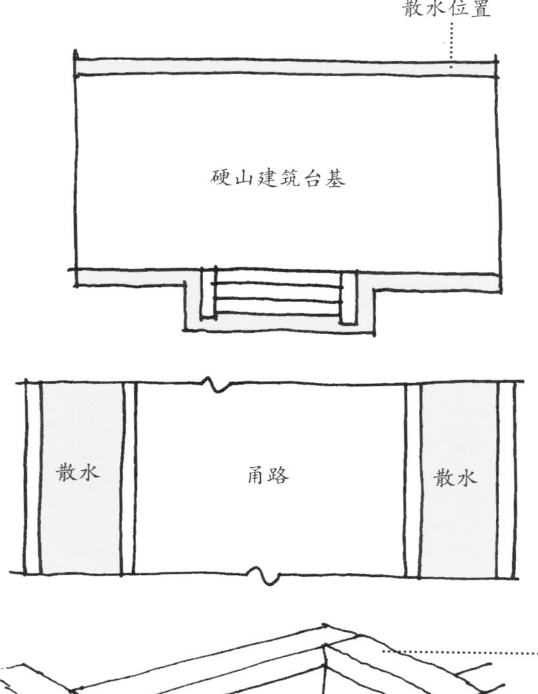

甬路散水砖的排列式样

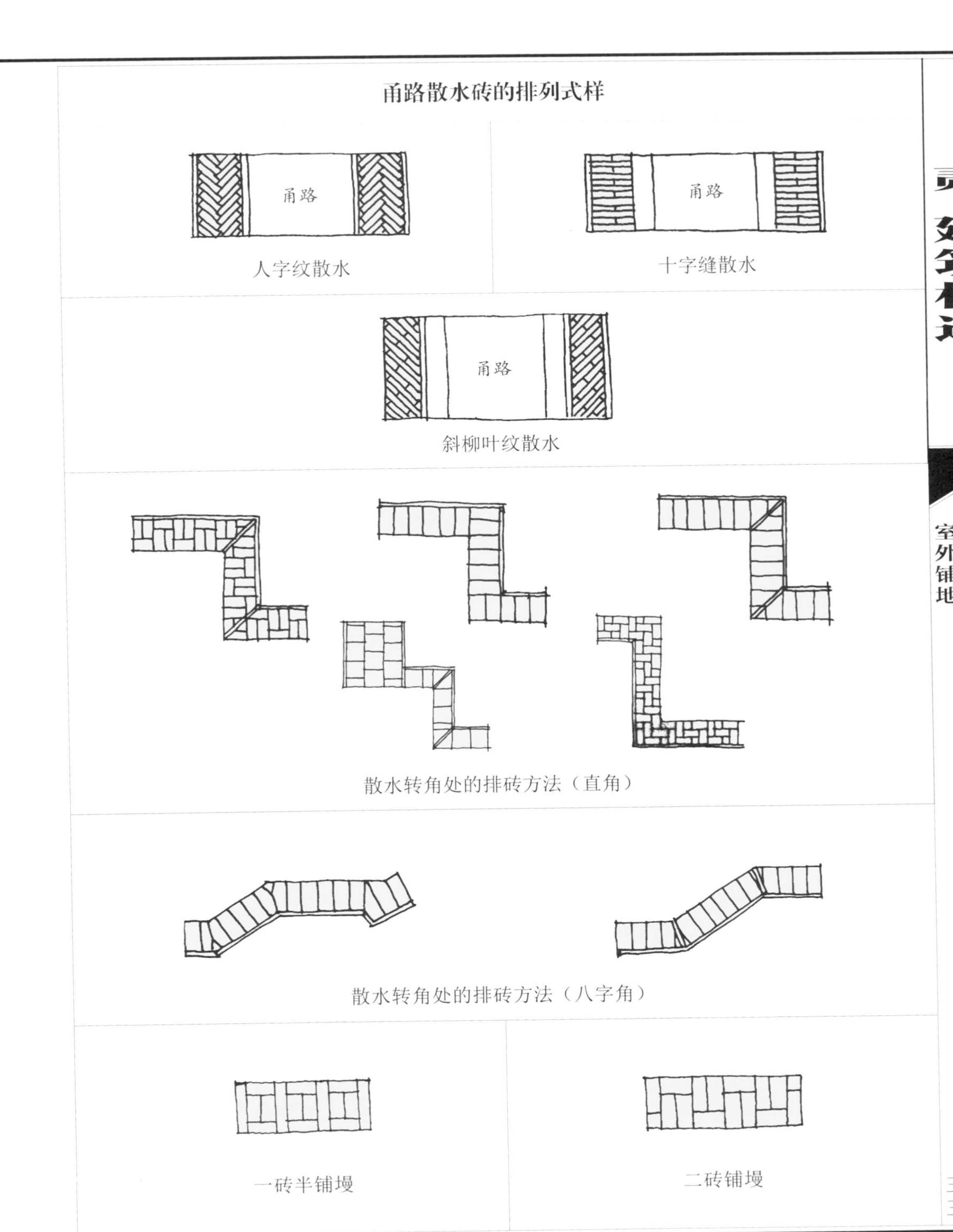

人字纹散水

十字缝散水

斜柳叶纹散水

散水转角处的排砖方法（直角）

散水转角处的排砖方法（八字角）

一砖半铺墁

二砖铺墁

甬路

庭院中铺装的步道，称为甬路。甬路铺墁的趟数一般为单数，如一趟、三趟、五趟等。甬路的交叉和转角部位的排砖方式，方砖常见“筛子底”和“龟背锦”，条砖多为“步步锦”和“人字纹”。

甬路排砖形式

横条砖甬路

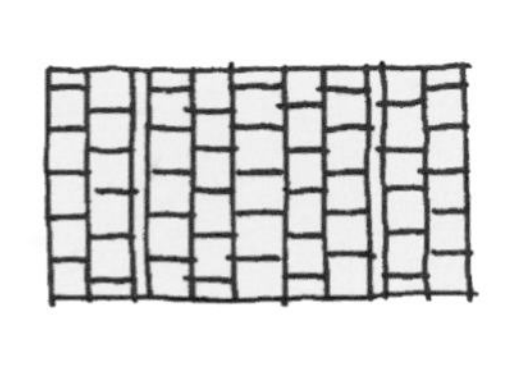

方砖甬路

直条砖甬路

条砖反正褥子面甬路

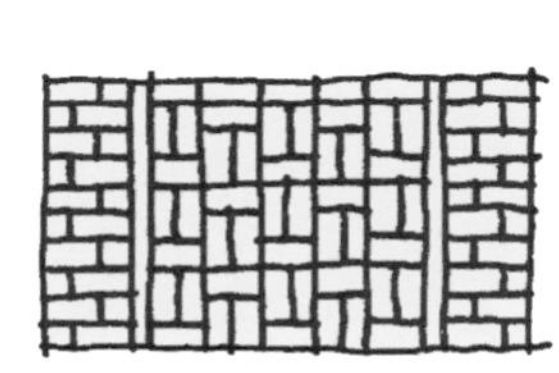

条砖倒顺褥子面甬路

三趟方砖甬路转角排砖方法

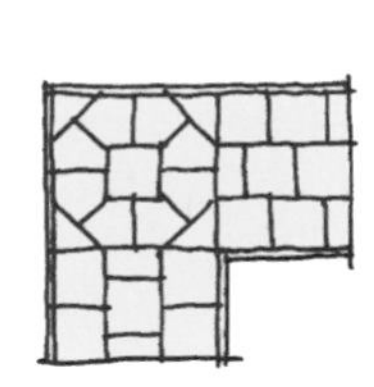

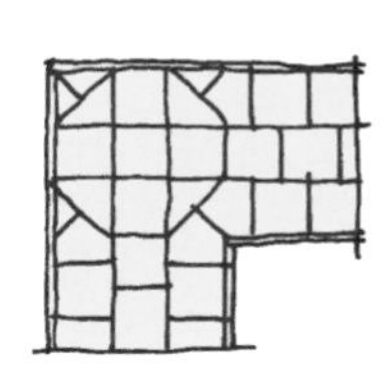

龟背锦

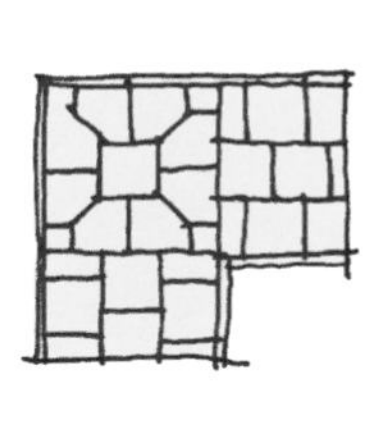

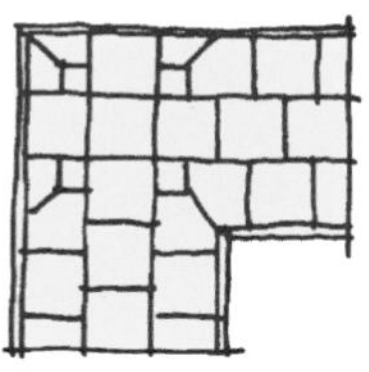

筛子底

五趟方砖甬路转角排砖方法

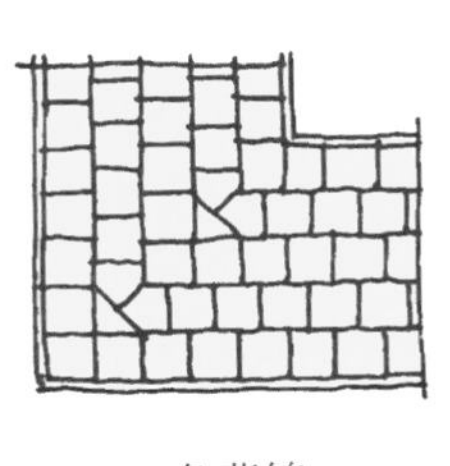
龟背锦

筛子底

条砖甬路的转角排砖方法

人字纹

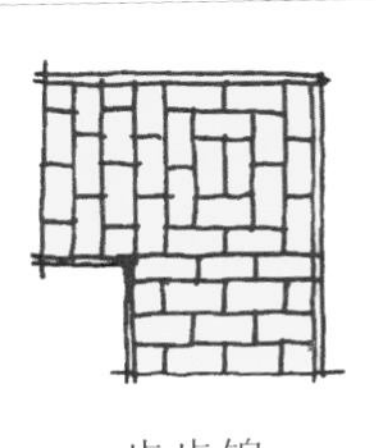
步步锦

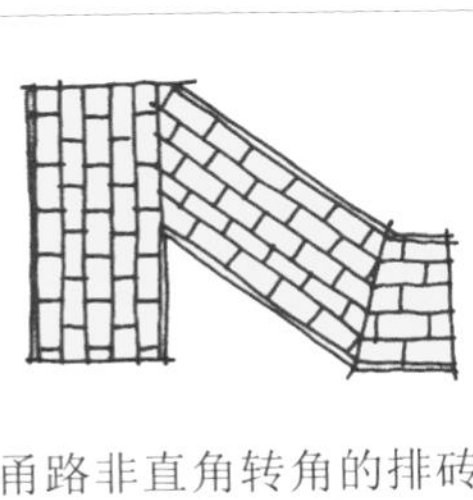
条砖甬路非直角转角的排砖方法

方砖甬路十字交叉排砖方法

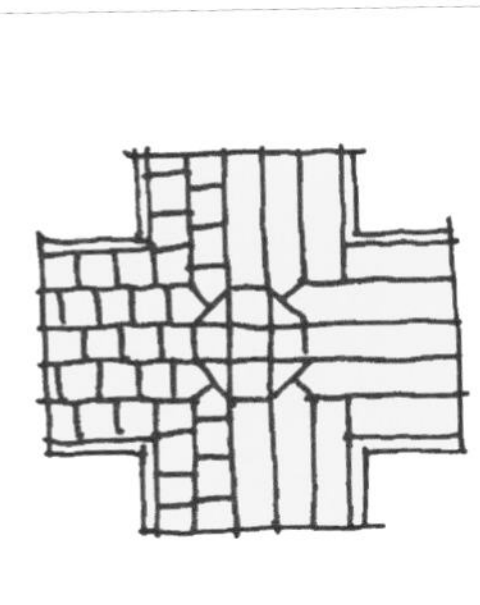

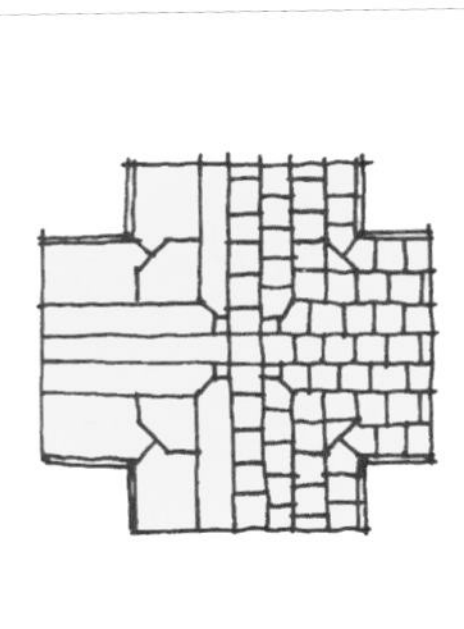

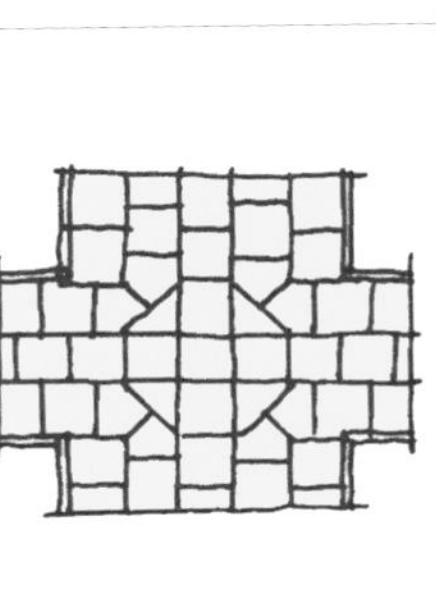

五路十字交叉龟背锦

七趟交叉筛子底加龟背锦

三五交叉龟背锦

墁

海墁是指除了甬路和散水之外的室外地面铺墁。

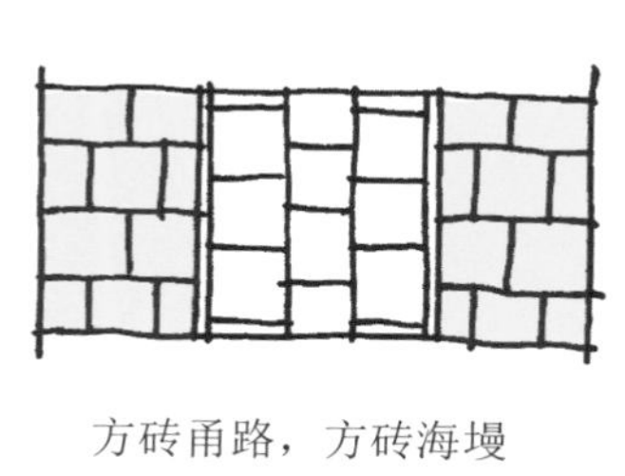

方砖甬路，方砖海墁

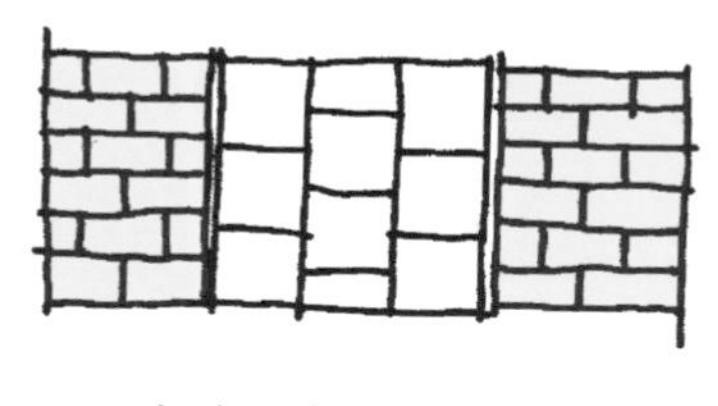

方砖甬路，条砖海墁

条砖甬路，条砖海墁

步步锦甬路，十字缝海墁

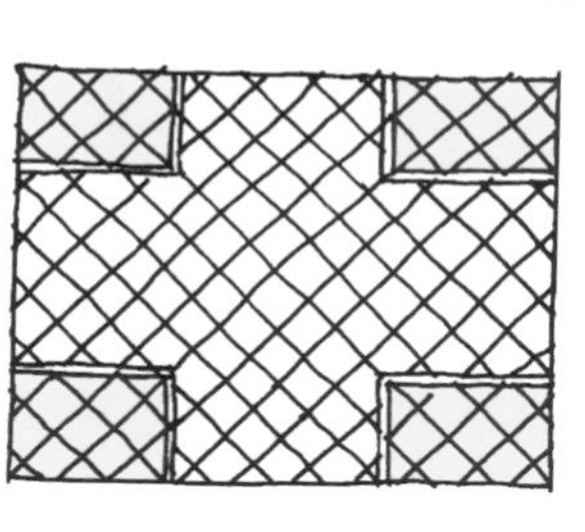

方砖斜墁甬路，方砖斜墁海墁

条砖海墁地面转角的排砖方法

构架构造

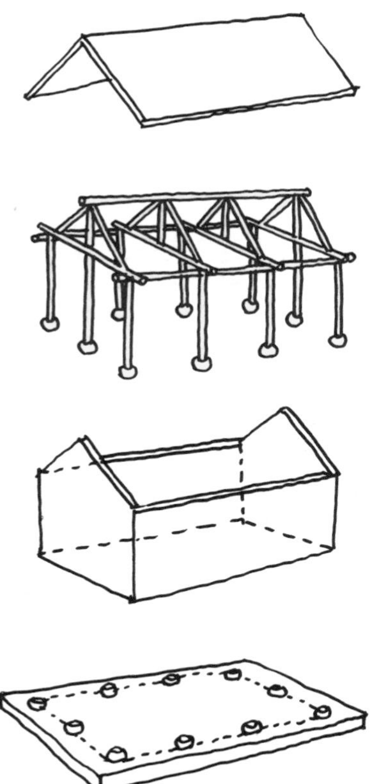

构架

在中国传统建筑中，“木构架”是最主要的建筑构造形式，木构架系统主要可分为抬梁式、穿斗式、干栏式等类型。

梁、枋、檩、椽为构架系统中的主要构件。梁的长短由建筑的进深决定，枋的长短由建筑的面阔决定，各种位置、不同尺度的梁枋檩构件，以榫卯方式连接组合形成框架体系。

柱子为支撑屋顶全部重量并传至基础的主要结构构件。

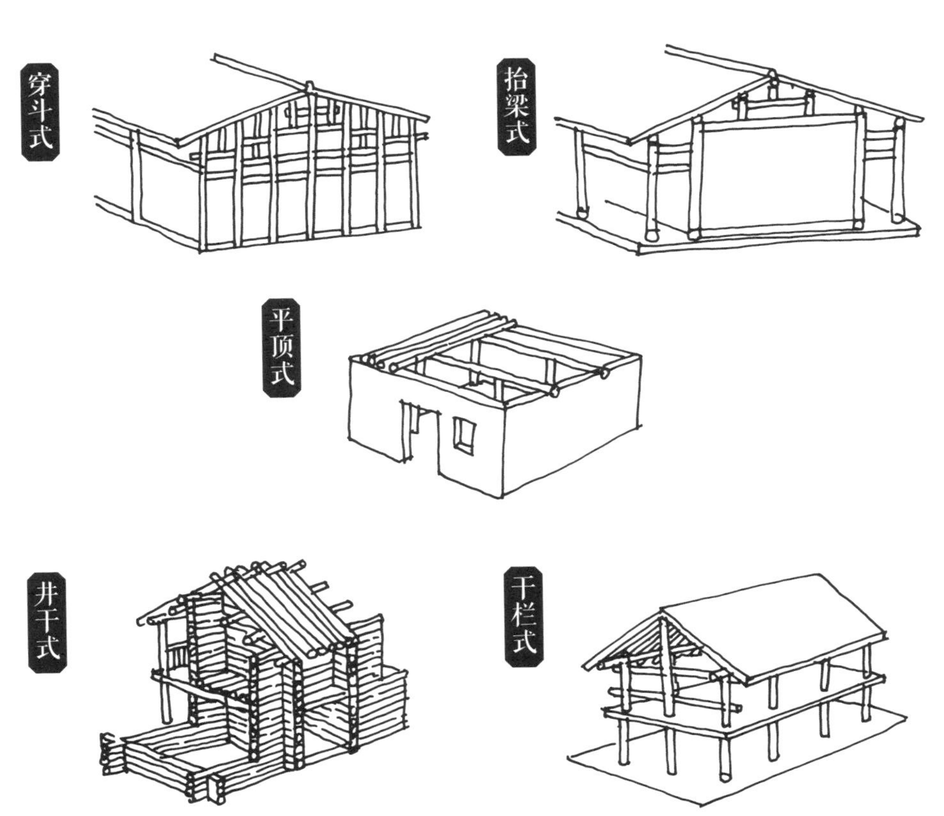

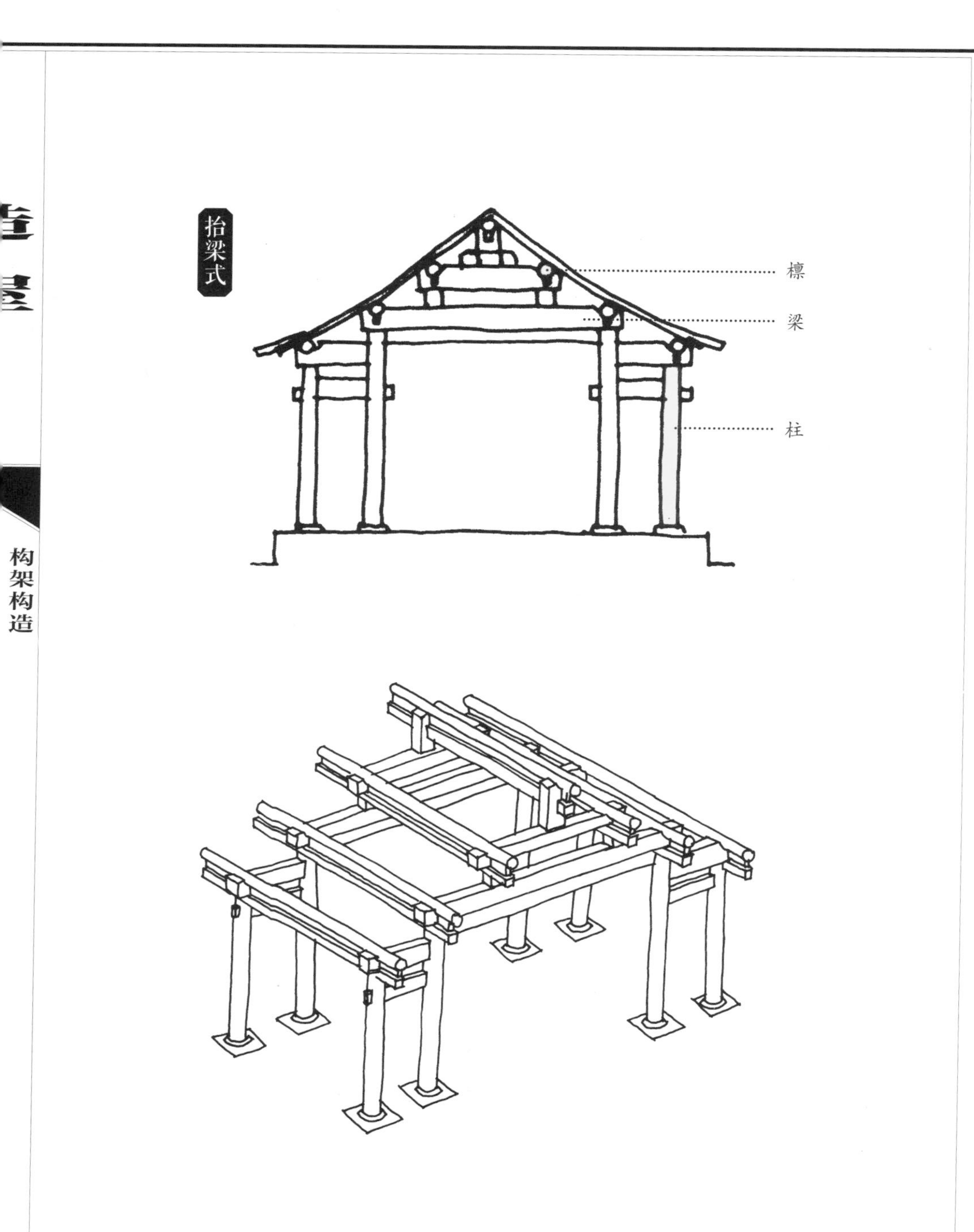
抬梁式
檩
梁
柱

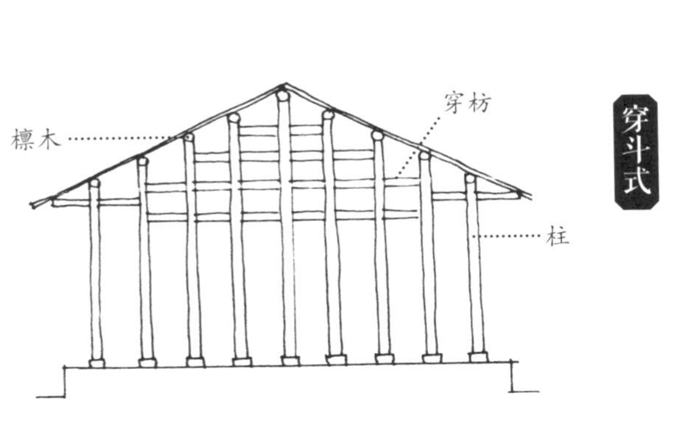

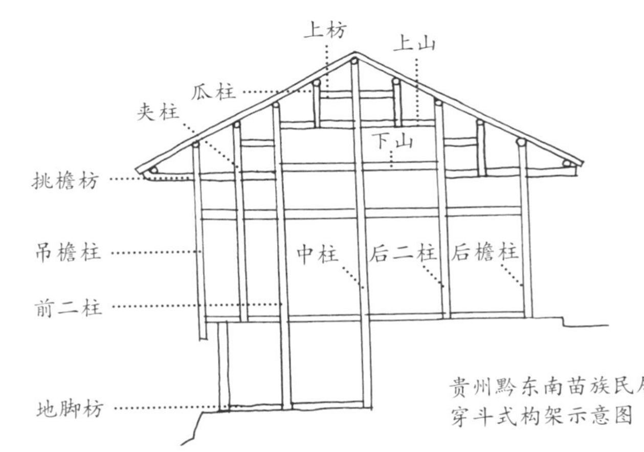

贵州黔东南苗族民居
穿斗式构架示意图

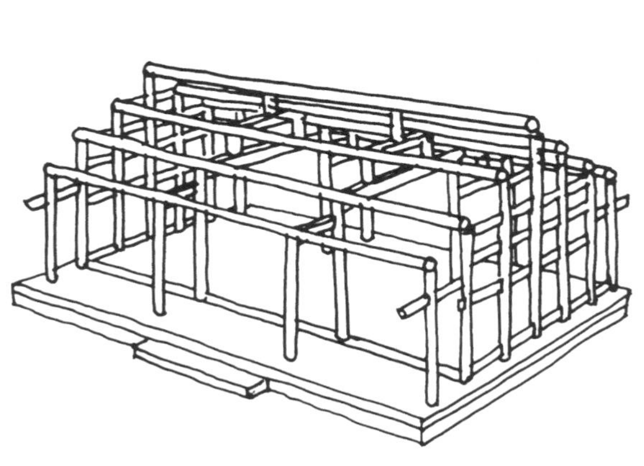

抬梁式构架

抬梁式构架又称“叠梁式”，是将整个进深长度的大梁放置在前后檐柱柱头上，大梁上皮在收进若干长度的地方（一步架）设置短柱（瓜柱）或木墩，短柱顶端放置稍短的二梁，如此类推，而将不同长度的几根梁木叠置起来，各梁的端部上置檩条，最后在最高的梁上设置脊瓜柱，顶置脊檩。

传统木作对各位置的梁柱构件皆有专用名称，一般以每根梁上所承载的檩条数目命名之。如三架梁、五架梁、七架梁。在纵向上，各榀屋架除由檩条拉

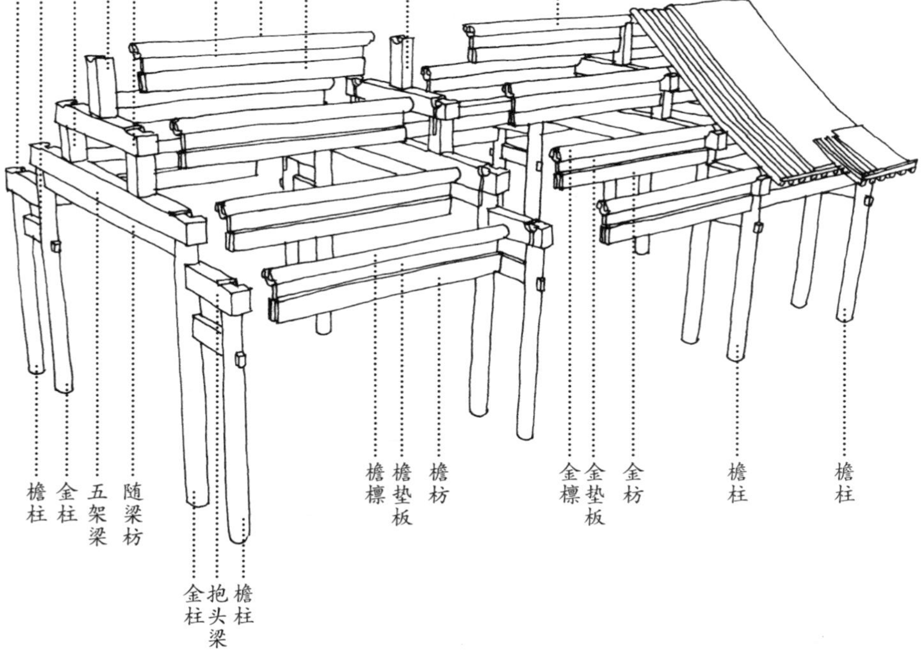

抱头梁
穿插枋
金瓜柱
脊瓜柱
三架梁
脊垫板
脊檩
脊枋
脊瓜柱
脊檩
檐柱
金柱
五架梁
随梁枋
金柱
抱头梁
檐柱
檐檩
檐垫板
檐枋
金檩
金垫板
金枋
檐柱
檐柱

接以外，檐柱柱头上有枋连接，各檩条之下尚有通长的枋木及垫板连接，共同构成整体框架。这种构架方式的木构件之间虽然无受力榫卯，但在厚重的屋面荷载重压之下，各构件紧紧连在一起，可形成稳定的整体。

抬梁式构架多用于北方寒冷地区，保温要求高，屋面苫背厚重，荷载大，因此梁柱断面皆较大。因北方民居多做吊顶以增加保暖功能，而将屋架部分遮盖起来，故抬梁式构架较少雕饰加工，保证材料完整。

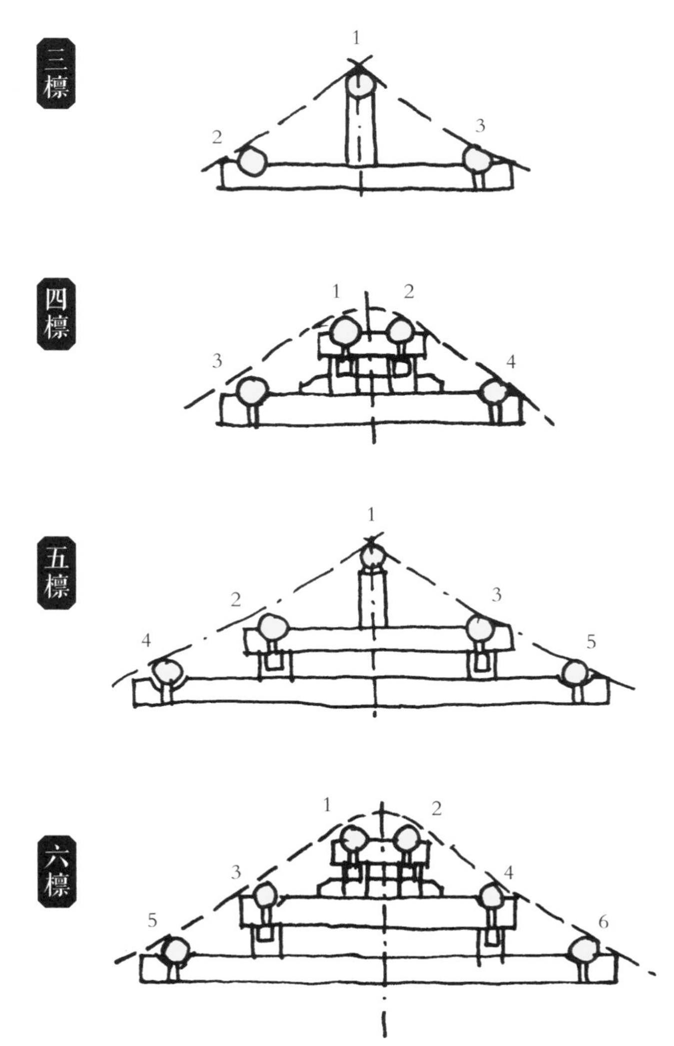

梁架

抬梁式构架中，主要的梁两端放在前后两金柱上，若没有廊就放在两檐柱上，梁的长短随进深定。梁上用两短柱或短墩支一根较短的梁，或再往上支，成为梁架。

梁的大小是按架数而定的。“架”是指梁上所托桁檩的多少，如七架梁承托七根檩，五架梁承托五根檩，三架梁承托三根檩。梁上所承托的这些檩，有一部分不是直接放在一根梁上，而是由几根梁组合形成的，如七架梁上，立有瓜柱，上托五架梁，五架梁上又立瓜柱，上托三架梁，三架梁上又立脊瓜柱。我们把经过组合后的这一组梁连同柱子叫作“梁架”。

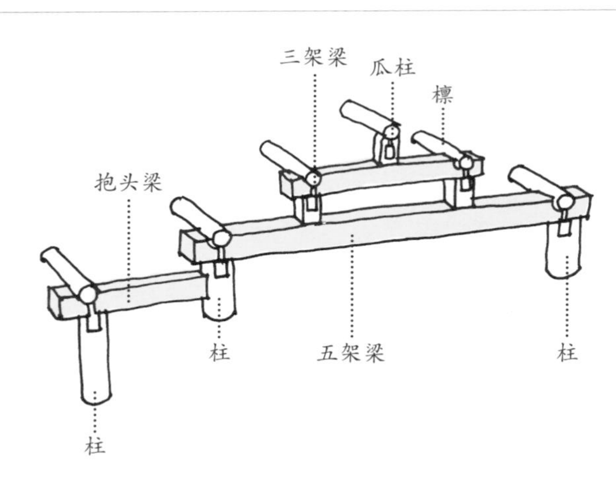

梁

“梁”为由支座或前后金柱直接支撑的、断面呈矩形、横直或曲形的木构件，一般安置在建筑的进深方向，是建筑的主要承重构件之一。

七架梁

梁上所承檩的数量为七，称为七架梁。

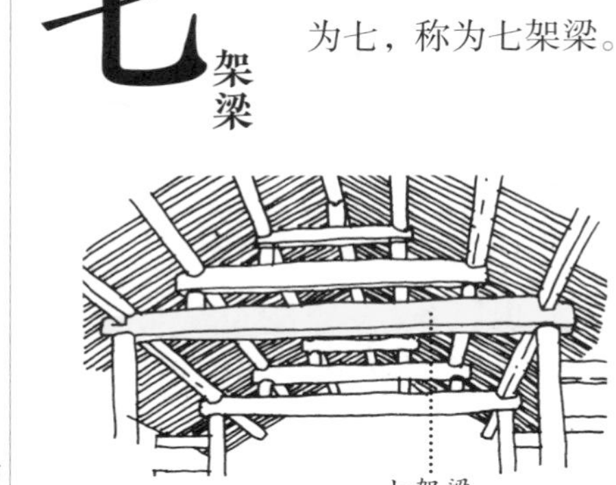

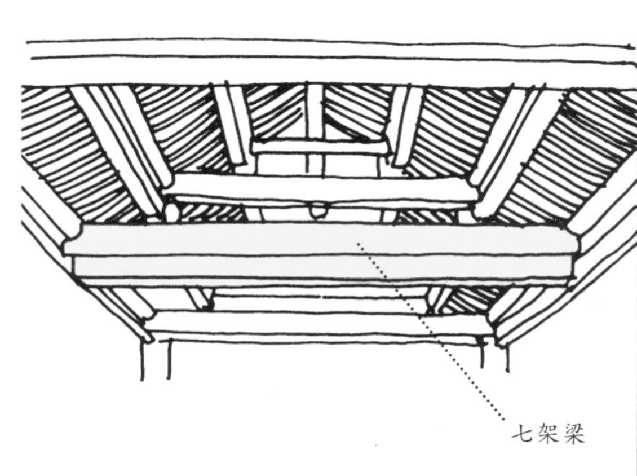

五架梁

梁上所承檩的数量为五，称为五架梁。五架梁梁头下皮与柱相交，其梁身上直接负有两根檩条和两根瓜柱。

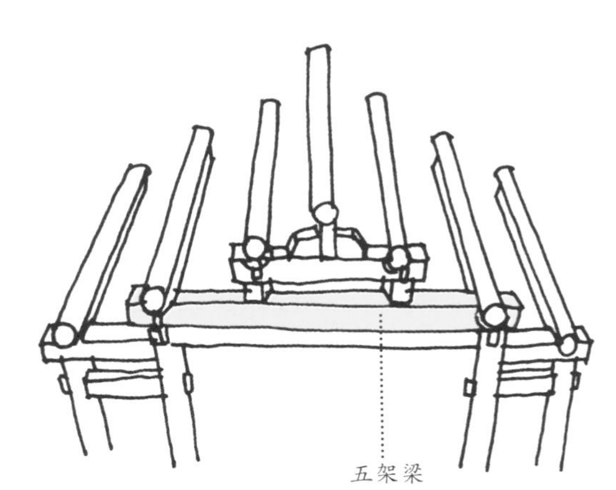

五架梁

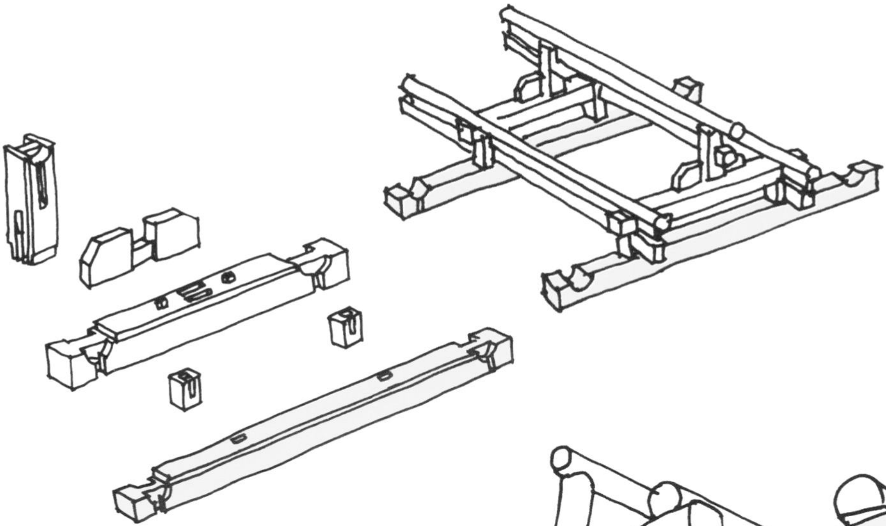

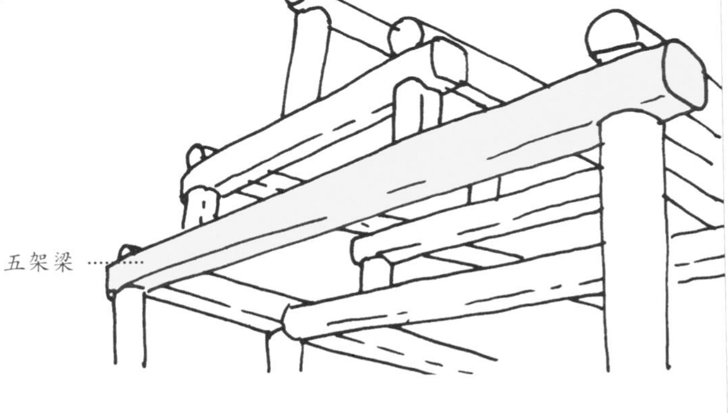

三 架梁

梁上所承檩的数量为三，称为三架梁。

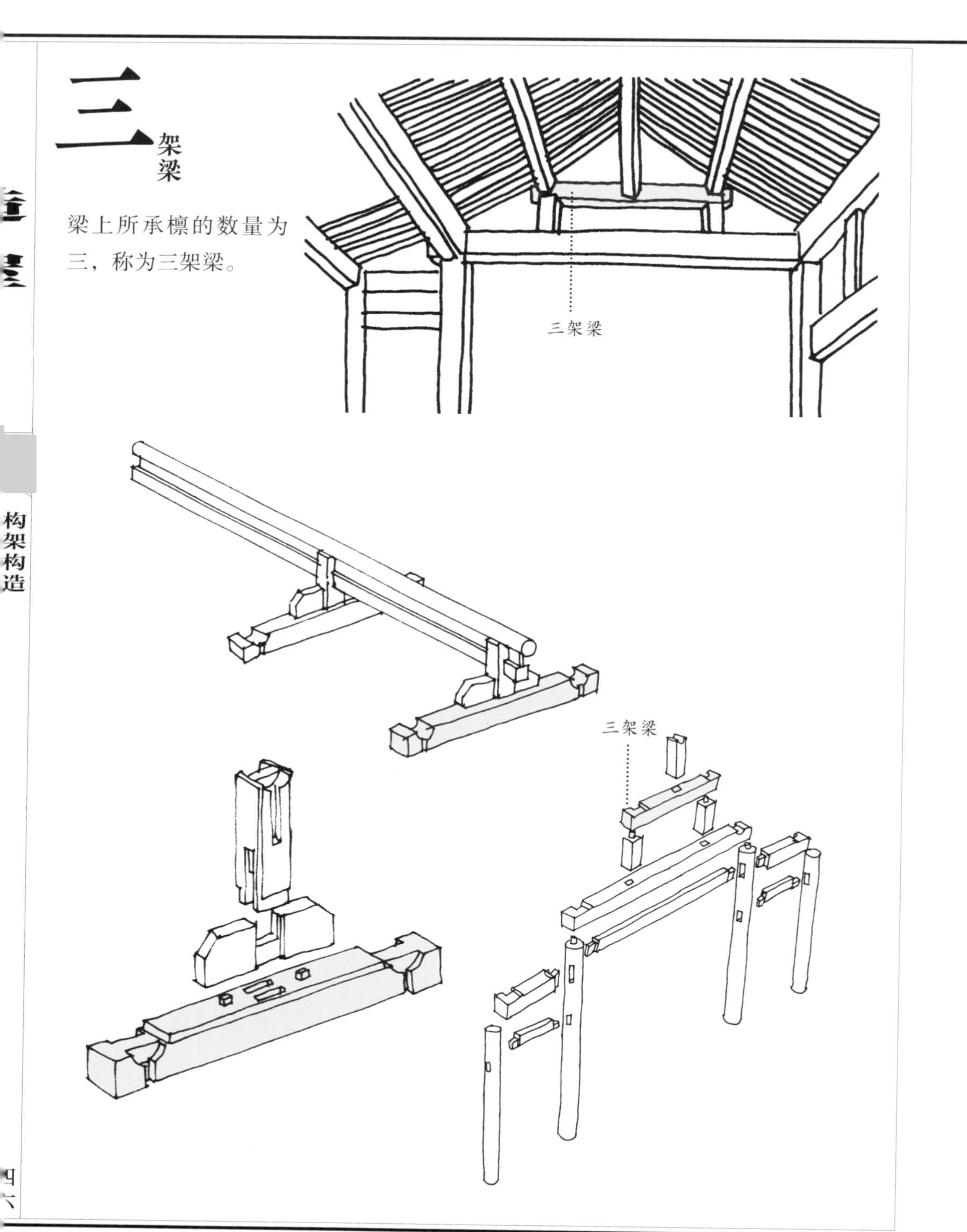

抱头梁

在檐柱与金柱之间的短梁称抱头梁。在有廊的建筑上，主要的梁多半由前后两金柱承住；在金柱与檐柱之间有次要的短梁，在小式建筑中叫抱头梁。这种短梁并不承受上面的重量，其功能乃在将金柱与檐柱前后勾搭住。

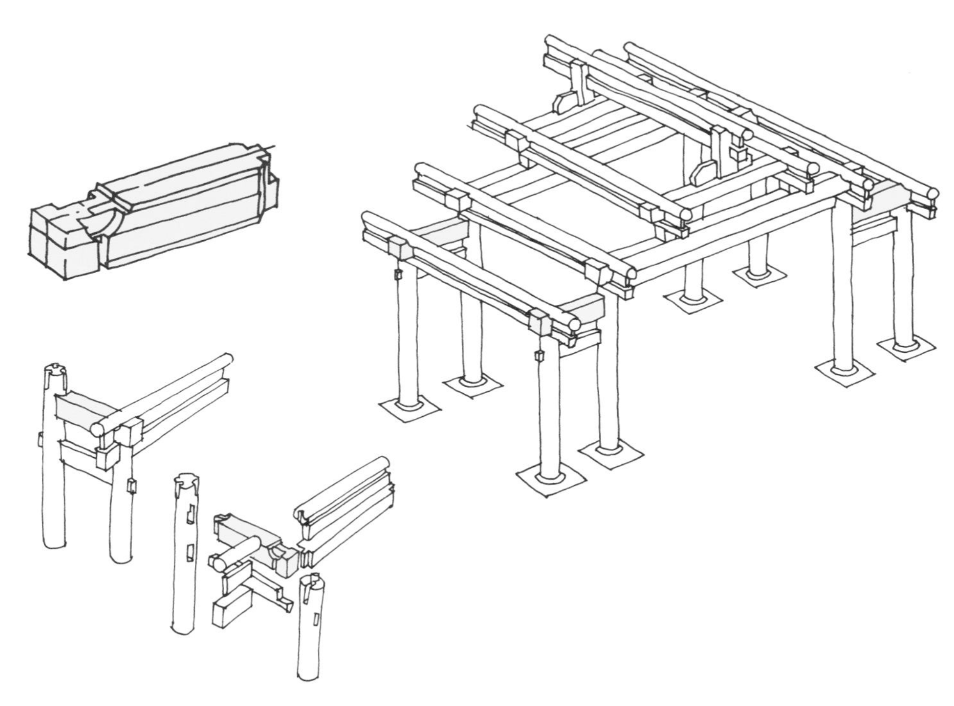

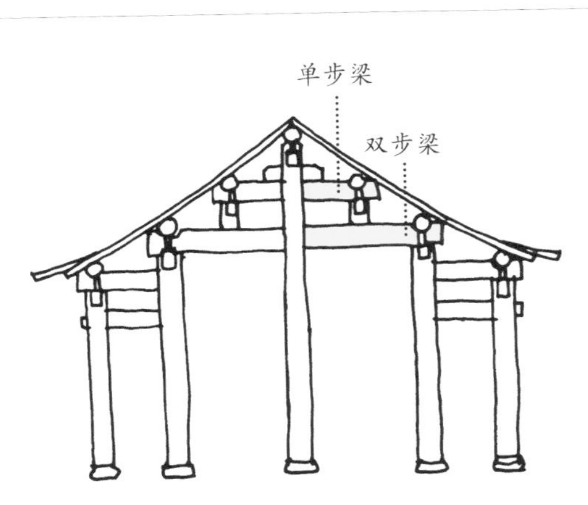

单步梁

长度只有一步架，一端梁头上有檩，另一端无檩而安在柱上。

双步梁

双步梁纵跨两步架，一端插入柱中，另一端承托檩，中间部位立瓜柱。廊子太宽时，抱头梁上还可以加一根瓜柱、一条梁和一条檩。在这种情形下，下层的叫双步梁，上层的叫单步梁。

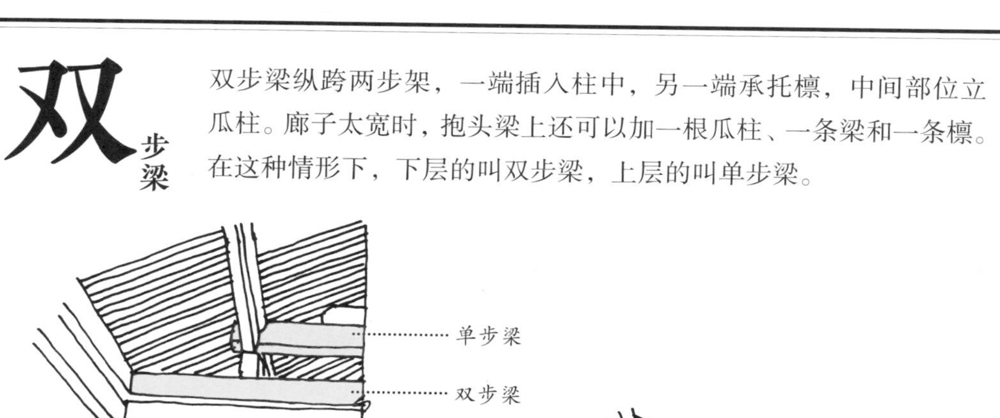

承重梁

承重梁，上承托阁楼楼板荷载的主梁，一般为矩形截面，与前后檐柱榫接。承重上搭置楞木（或支梁），再在楞木上铺钉楼板。承重梁是多层建筑物的构件，它担负着上层楼面的荷载，梁的自身承托楞木和楼板，所以叫作承重梁。

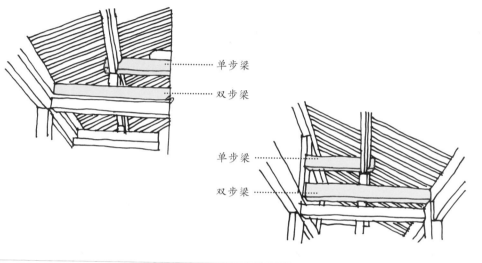

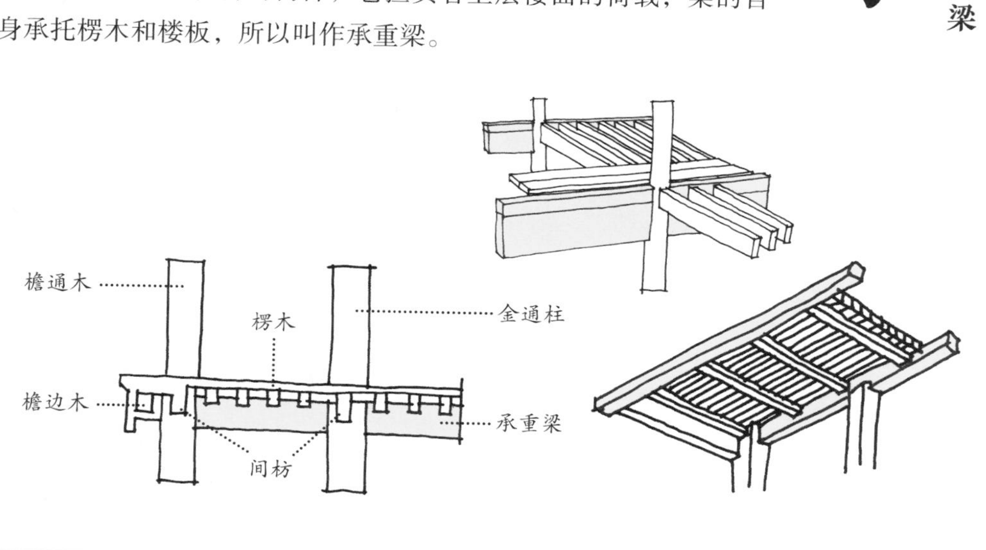

月梁

“月梁”用于卷棚屋面的梁架（脊部做成圆形叫作卷棚屋面），卷棚构架采用四架梁，梁背上载置两根顶瓜柱以支顶上层月梁。

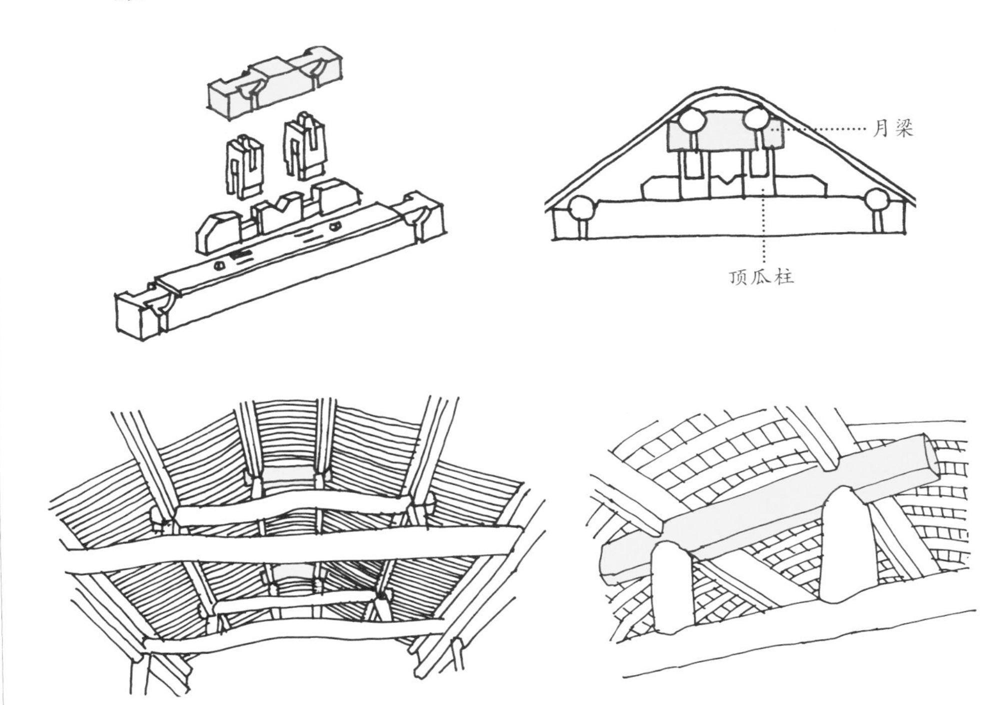

瓜柱

“瓜柱”立在横梁上，其下端不着地，不同位置的瓜柱又分为脊瓜柱、金瓜柱等。

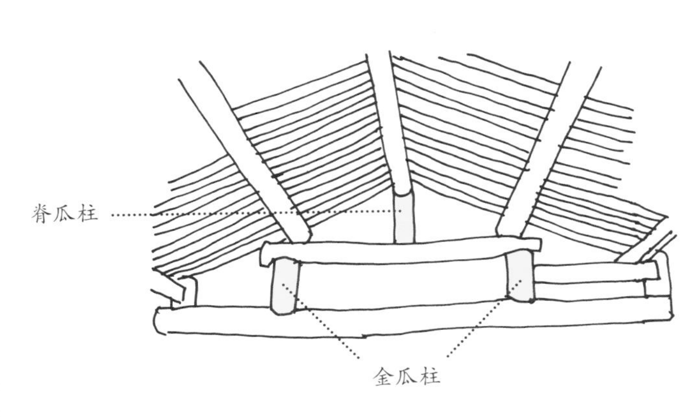

瓜柱

“脊瓜柱”位于三架梁之上，柱头上有檩碗直接承托脊檩。

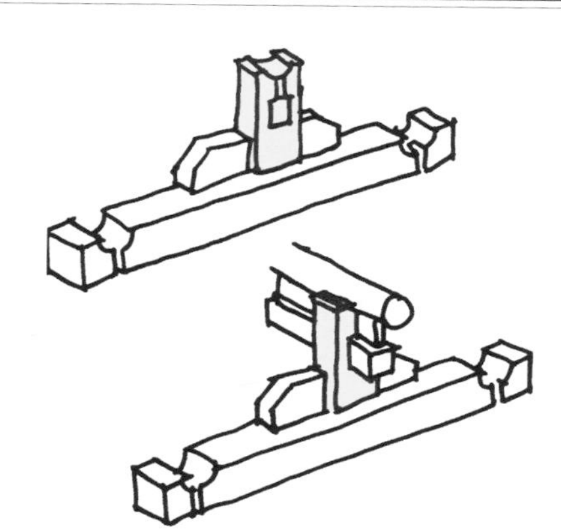

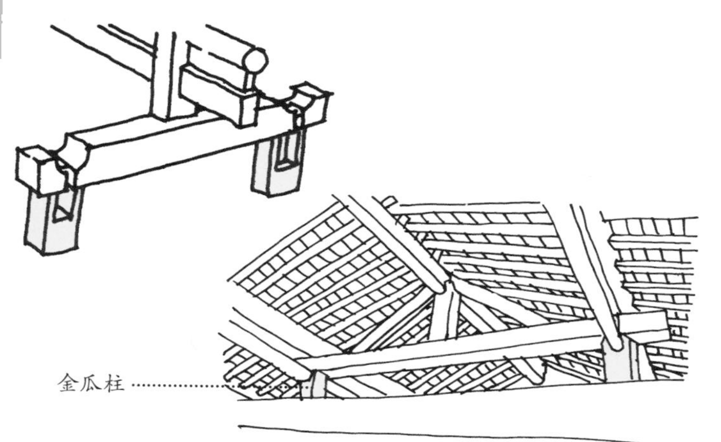

瓜柱

即位于金檩之下的瓜柱。按檩的多少，金瓜柱可分为“上金瓜柱”和“下金瓜柱”等。

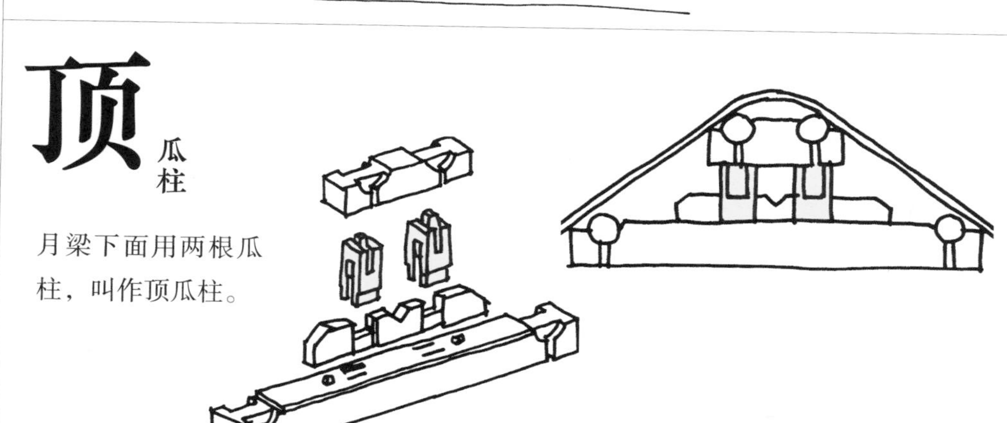

瓜柱

月梁下面用两根瓜柱，叫作顶瓜柱。

“柱”为承托整个建筑屋顶重量的大木构件，因其所在位置不同而有不同的名称。按柱的构造作法分类有单柱、拼合柱等。一般柱径上小下大有收分，有的柱头作卷杀。柱顶有榫头与梁枋等构件连接，柱脚有管脚榫与柱顶石相卯合。柱断面形式以圆柱为主，还有梭形圆柱、方柱、梅花柱、八角柱、瓜楞柱等。按柱的用材分类有木柱、石柱、下段为石上段为木的组合柱。有的柱装饰性较强，雕有纹饰。

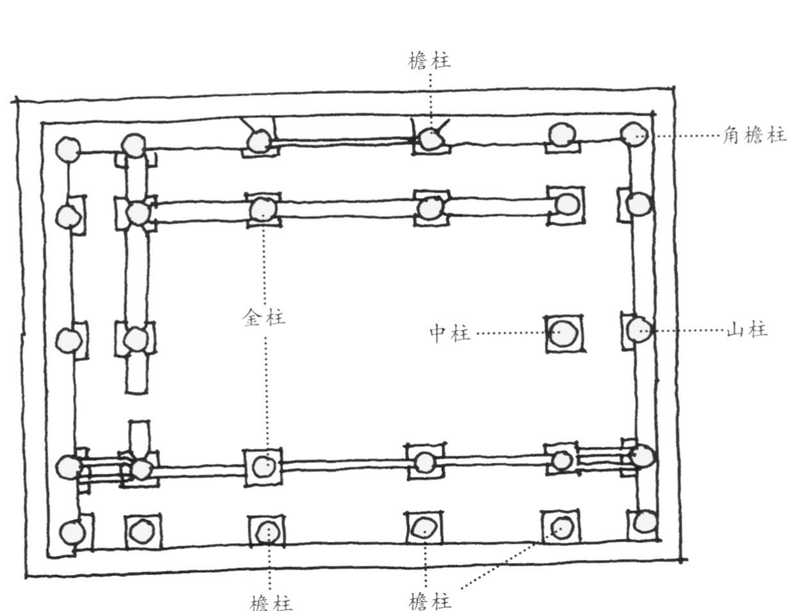

柱

在建筑最外边的柱子为“檐柱”，在前檐的为“前檐柱”，在后檐的为“后檐柱”，在转角的为“角檐柱”。

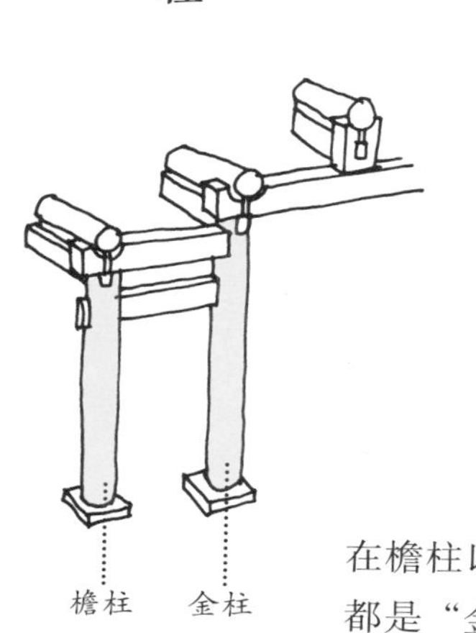

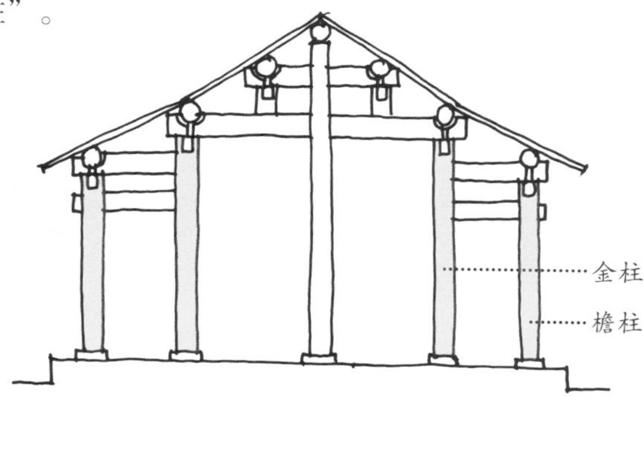

在檐柱以内的柱子，除在建筑物纵中线上的都是“金柱”。金柱又有里外之别，离檐柱近的是“外金柱”，远的是“里金柱”。

柱

柱

在山墙的正中，一直顶到屋脊的是山柱。

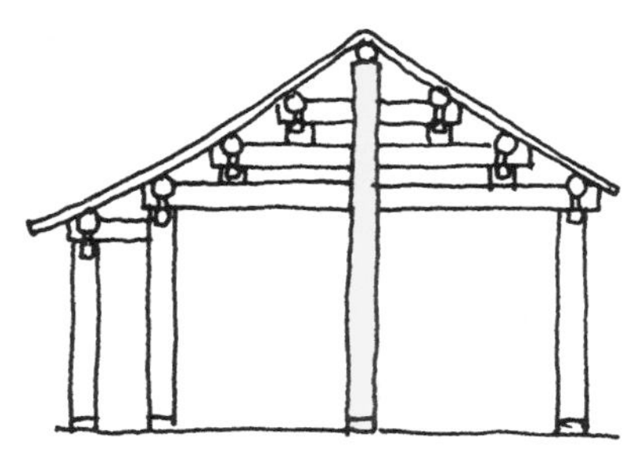

柱

在建筑物纵中线上，顶着屋脊，而不在山墙里的是中柱。

枋

古建筑木结构中最主要的承重构件是柱和梁，辅助稳定柱与梁的构件就是枋。枋类构件很多，有用于下架、联系稳定檐柱头和金柱头的檐枋、金枋以及随梁枋、穿插枋等；有用在上架、稳定梁架的中金枋、上金枋、脊枋等。

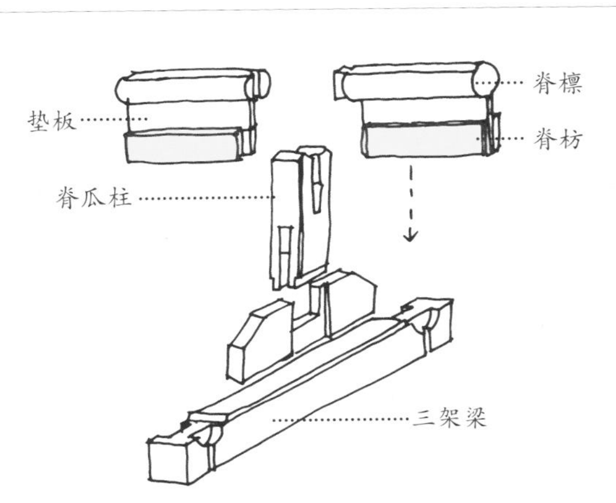

脊枋

位于正脊位置的枋子称为“脊枋”。

檐枋

用于檐柱柱头之间的横向联系构件称“檐枋”。

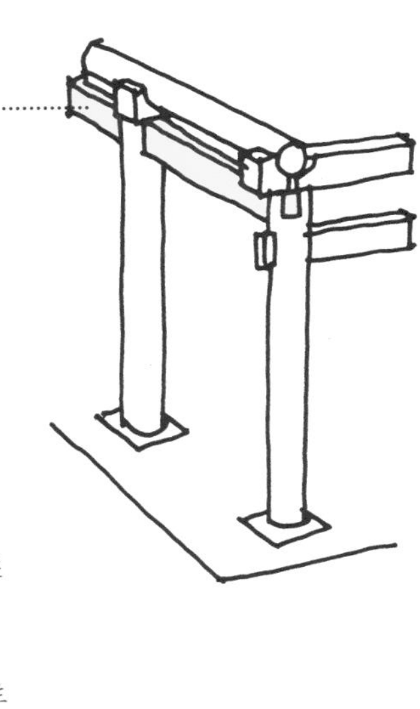

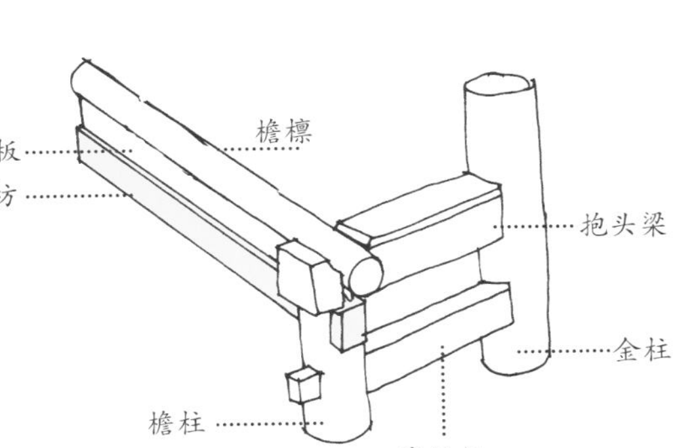

金枋

位于檐枋和脊枋之间的所有枋子都称"金枋"，它们依位置不同可分别称为下金枋、中金枋、上金枋。

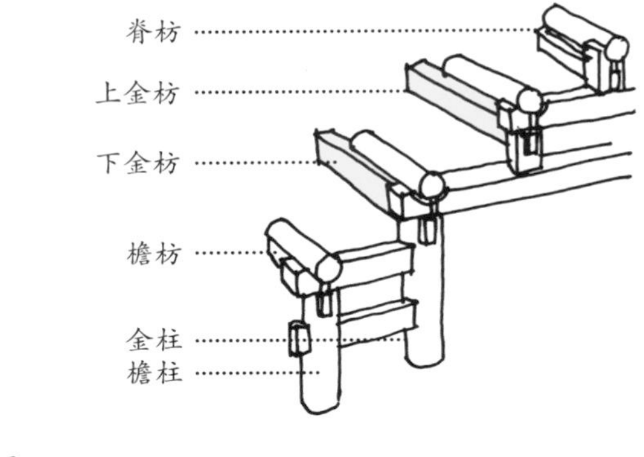

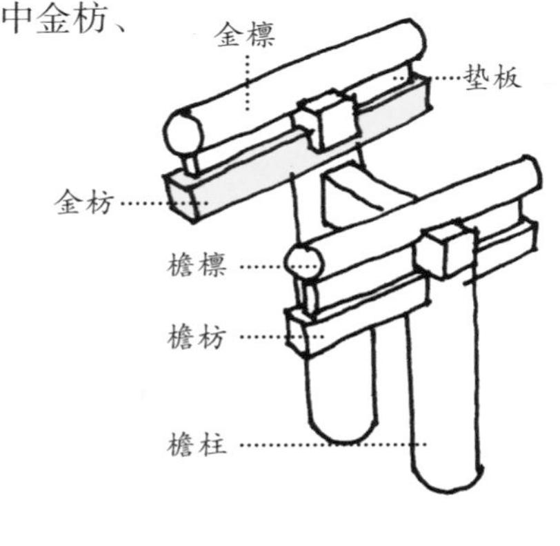

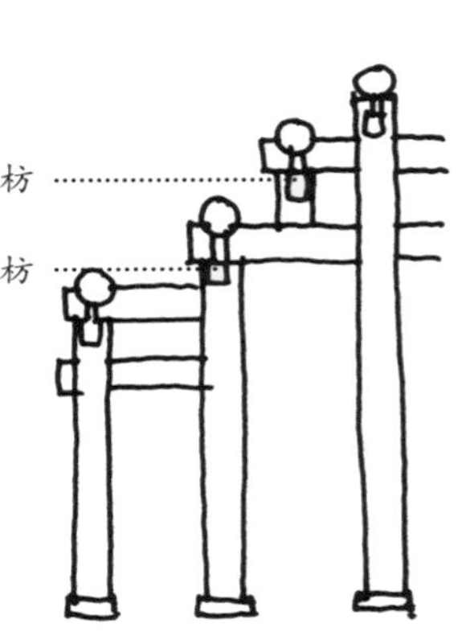

穿插枋

在带檐廊的小式建筑中，在抱头梁下平行安置的为"穿插枋"，用以辅助连接金柱和檐柱。

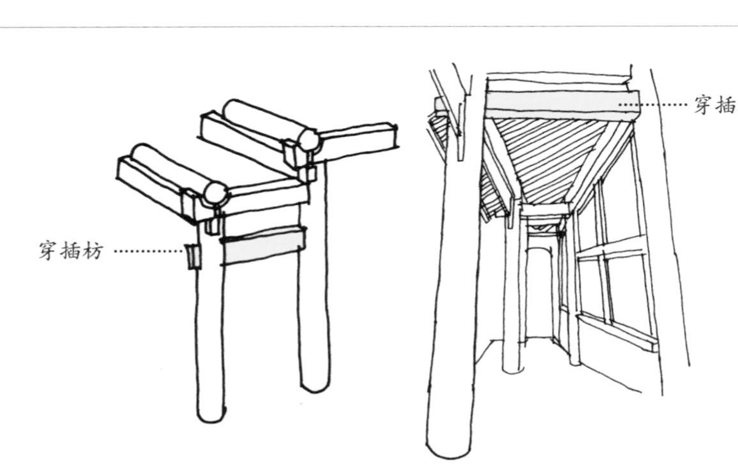

檩

“檩”为安置在梁架间支撑椽、屋面板的构件。按其所在位置，分为脊檩、金檩、檐檩等。

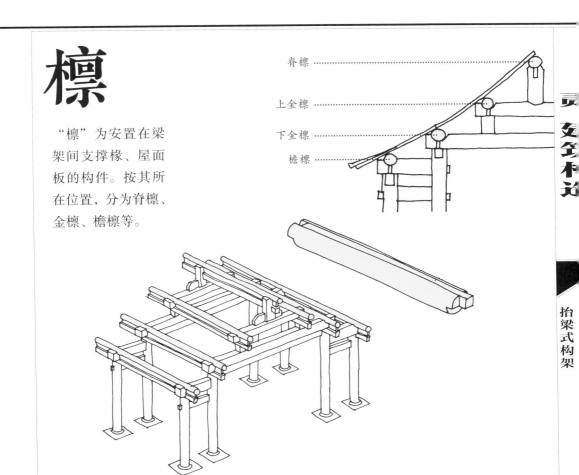

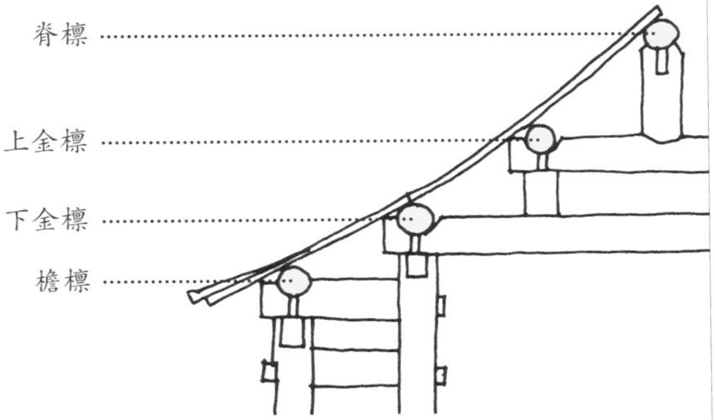

脊檩
上金檩
下金檩
檐檩

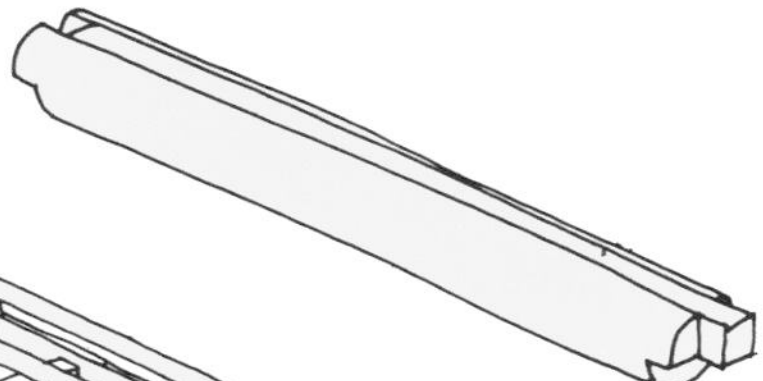

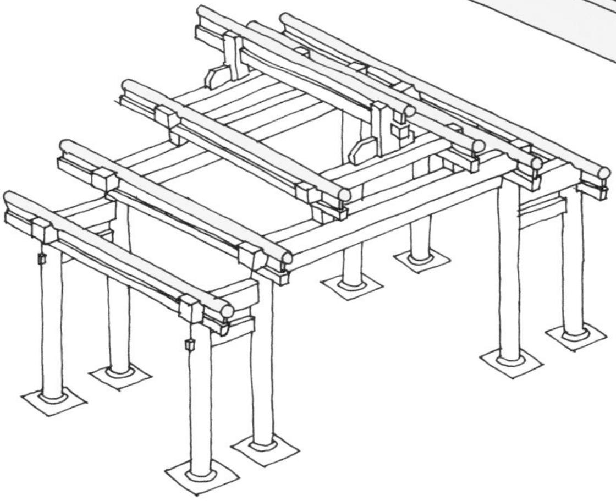

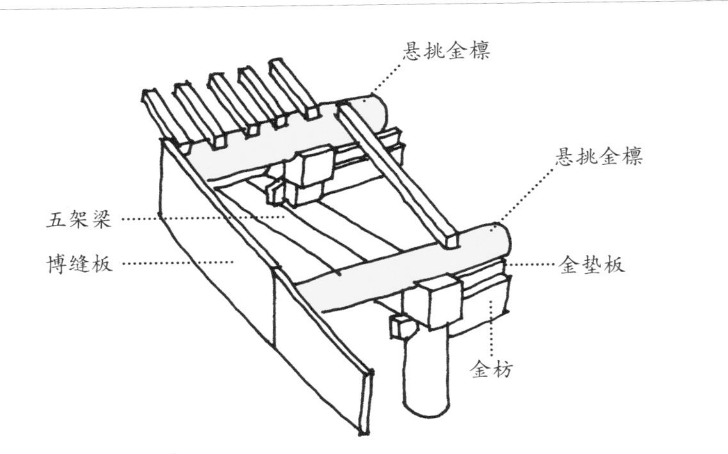

梢檩

悬山建筑梢间向两山挑出之檩称为“梢檩”。

“椽”为安置在檩上与之正交密排的木构件，承托望板以上的屋面重量。也称椽子，其断面多为圆形。按椽的不同位置其名称有所不同，在脊檩与上金檩间的椽子称为“脑椽”，在金檩上的椽子称为“花架椽”，其他有檐椽、飞椽、罗锅椽等。

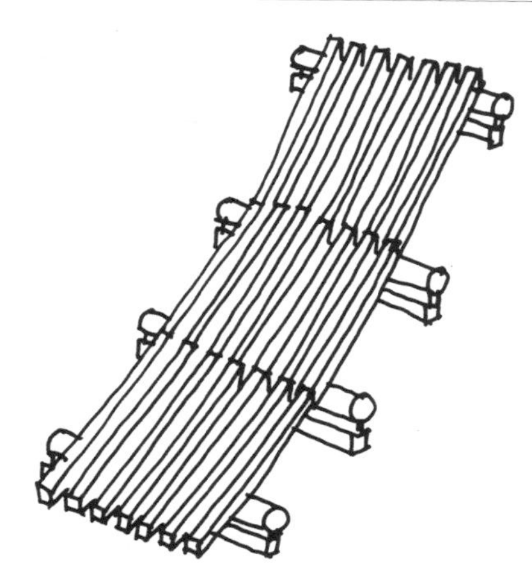

檐椽

从下金檩到檐檩之间的一段椽子，叫作檐椽。

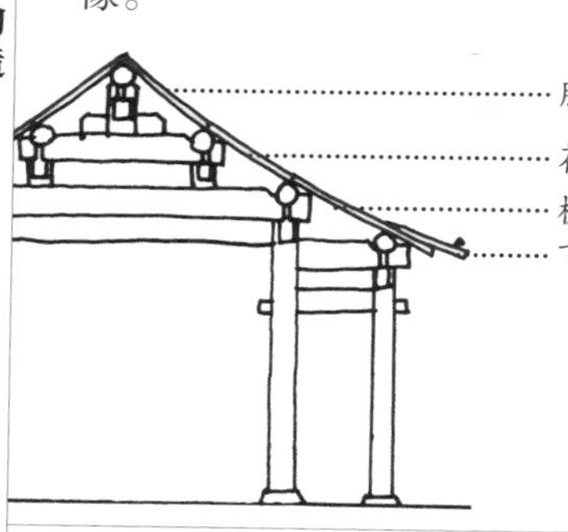

架椽

处在各个金檩上的椽子，只要是脑椽和檐椽之间的椽子部分，都叫花架椽。

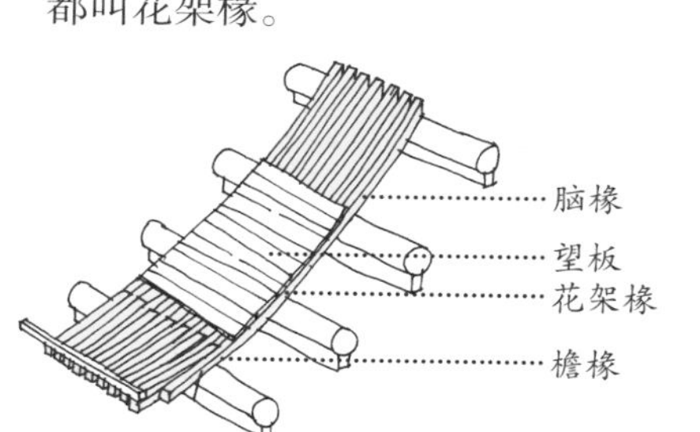

椽

“脑椽”是椽子的最上一段，即由脊檩到上金檩之间的这段椽子。

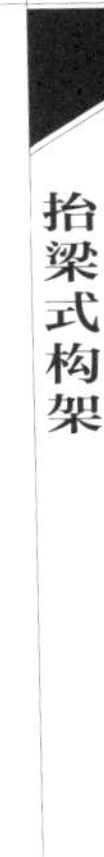

罗锅椽

即卷棚式梁架中脊檩之上的椽子。

飞椽

附着于檐椽之上，向外挑出。挑出部分为椽头，后尾钉在檐椽之上，呈楔形。

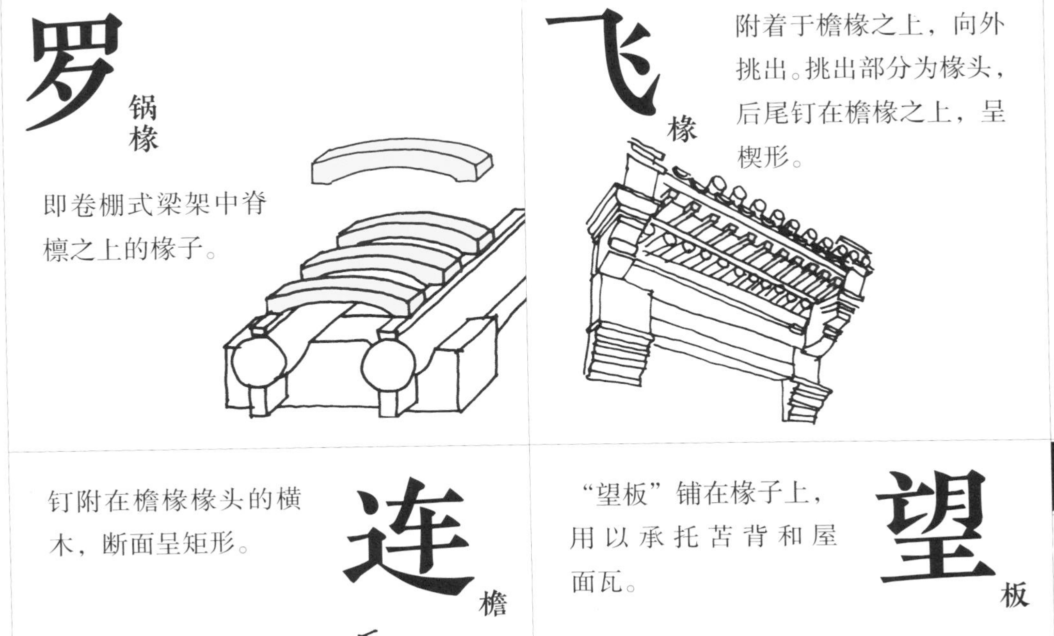

连檐

钉附在檐椽椽头的横木，断面呈矩形。

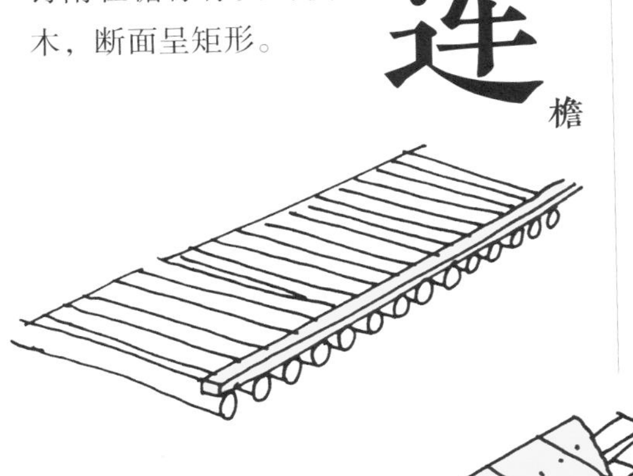

望板

“望板”铺在椽子上，用以承托苫背和屋面瓦。

瓦口

又称瓦口木，古建筑的檐头分件名称，是安放瓦件的位置。

椽碗

是用于檐檩之上的构件，有封堵椽间空隙、分隔室内外、保温、防止鸟雀钻入室内等作用。

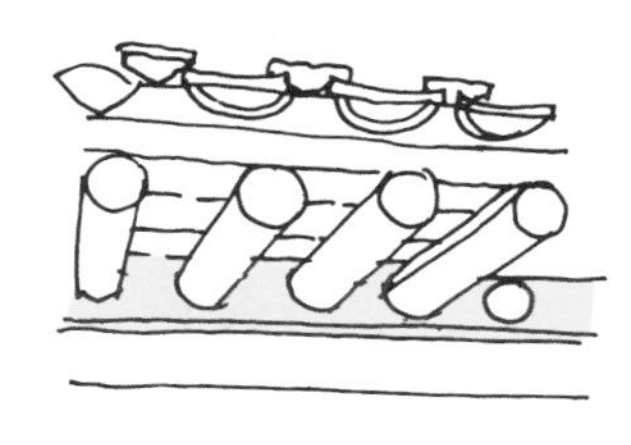

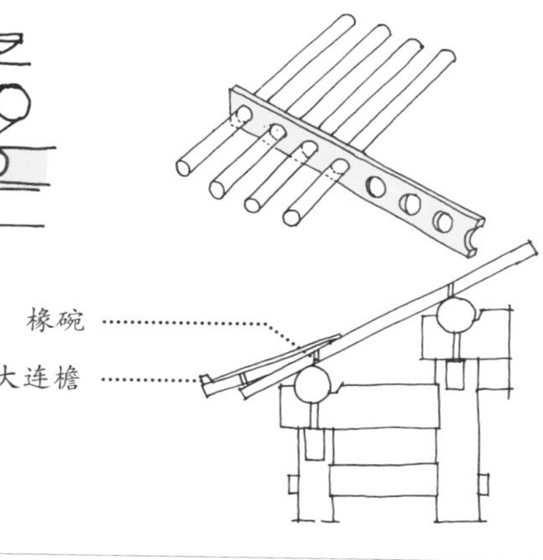

闸挡板

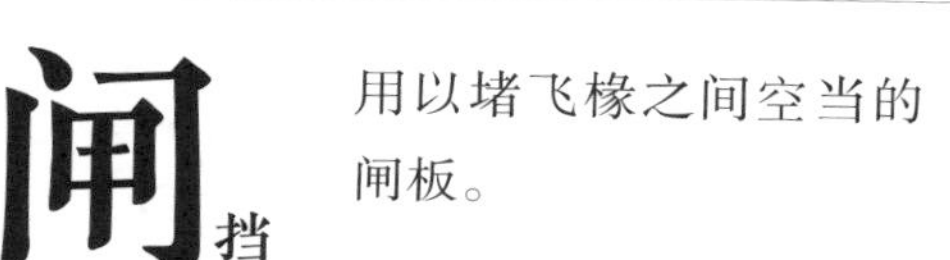

用以堵飞椽之间空当的闸板。

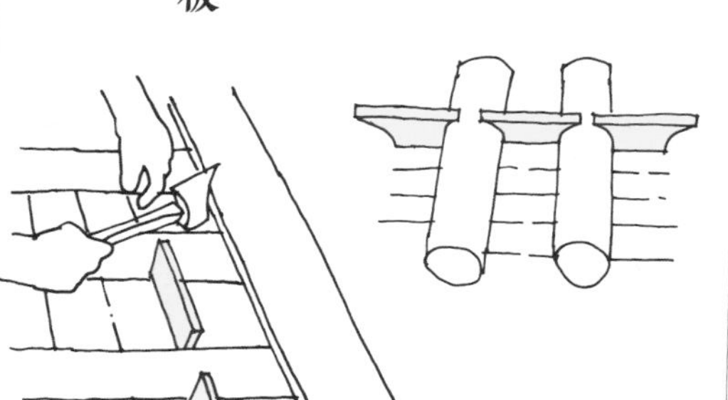

垫板

垫板主要指檩与枋之间的板，依其位置分为檐垫板、金垫板、脊垫板等。

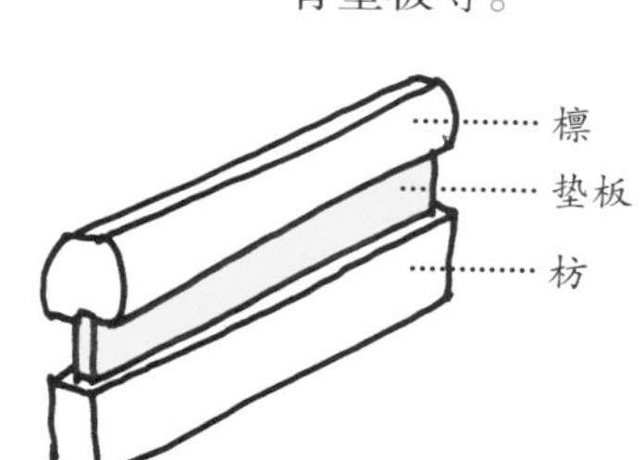

博缝板

民居悬山建筑中，遮挡山面梢檩檩头之板叫博缝板。

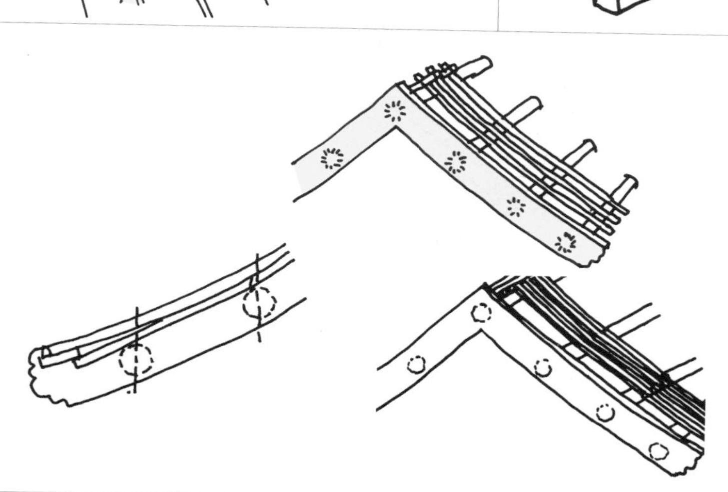

穿 斗式构架

穿斗式构架又称“立帖式构架”。穿斗架多用于南方一般轻屋盖的普通民房及农居，庙宇及大型民居厅堂则仍用抬梁式构架或插梁式构架。穿斗架是柱子、穿枋、欠子、檩木等构件组成。

穿斗架以不同高度的柱子直接承托檩条，有多少檩即有多少柱，如进深为八步架则有九檩九柱。以扁高断面的穿枋统穿各柱柱身，再以若干斗枋、欠子纵向穿透柱身，拉接各榀柱架，柱架檩条上安置桷子，铺瓦，成造屋顶。

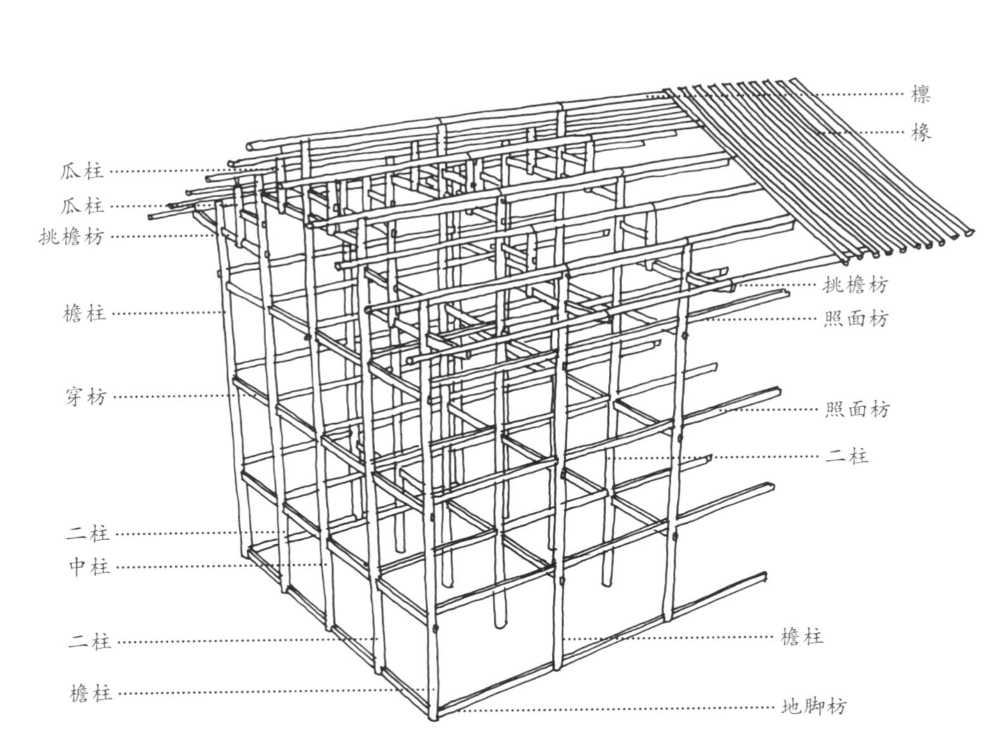

贵州黔东南苗族民居
穿斗式构架示意图

柱

“柱”是垂直承受上部荷载的构件，穿斗架的构件断面皆较细小，如柱径、檩径多为 5~6 寸（15~20 厘米）。

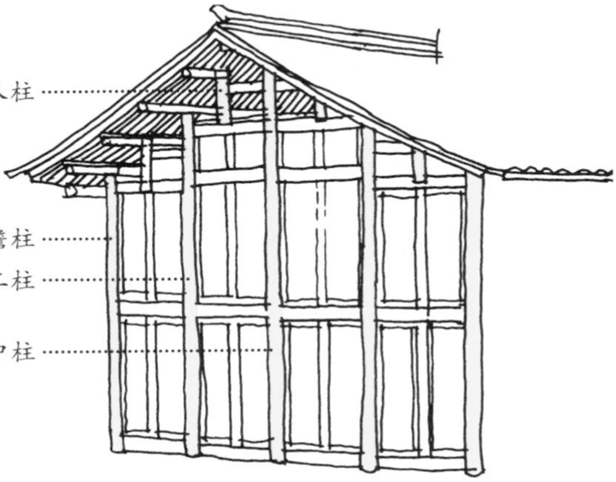

瓜柱

檐柱

二柱

中柱

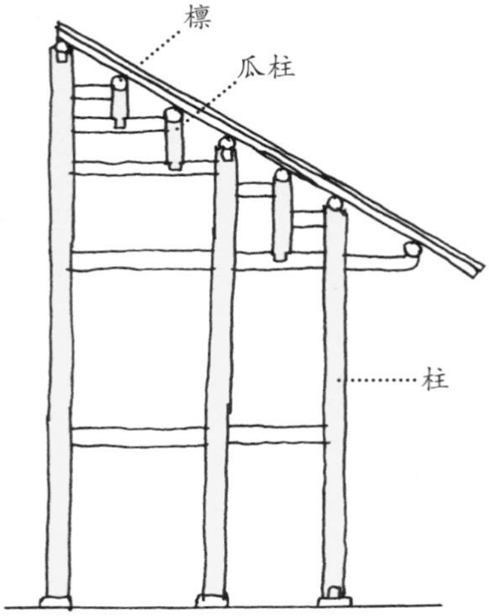

檩

瓜柱

柱

柱

穿斗柱子排列较密，影响跨间生活使用要求。为此在有些地区将排柱架的一部分柱子减短，成为不落地的瓜柱，瓜柱下端骑在最下一根大穿枋上，一般为一柱一瓜或一柱两瓜间隔使用。有的地区还将不同瓜柱下端减短落在不同高度的穿枋上，称为“跑马瓜”，进一步节省了材料。

穿枋

为了保证柱子的稳定，众多扁高断面的“穿枋”统穿各柱柱身。根据三角形坡屋面的界范，在安排的多根穿枋中，愈靠中间的柱子穿枋愈多。

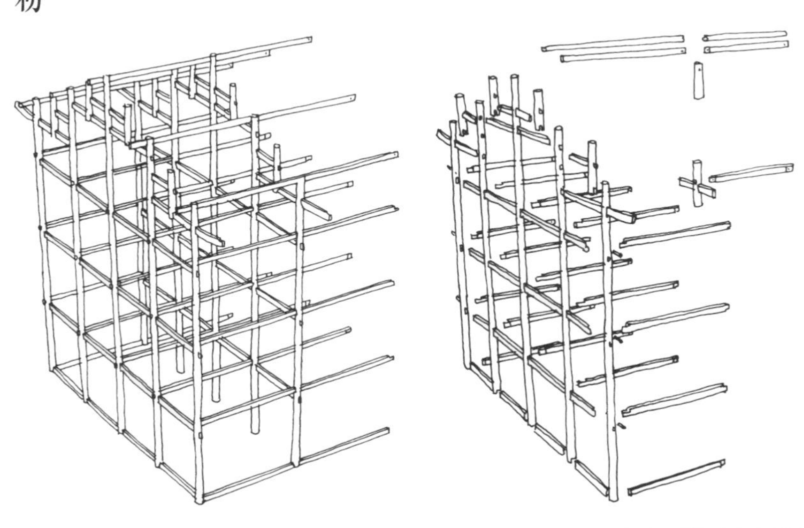

“欠子”是横向的木构构件，起联系每榀屋架的作用，是木构建筑中横向的拉结构件。根据其作用位置不同，可分为天欠、楼欠、地欠。

即出檐结构在挑枋下加的斜向支撑，称为撑弓或撑拱。

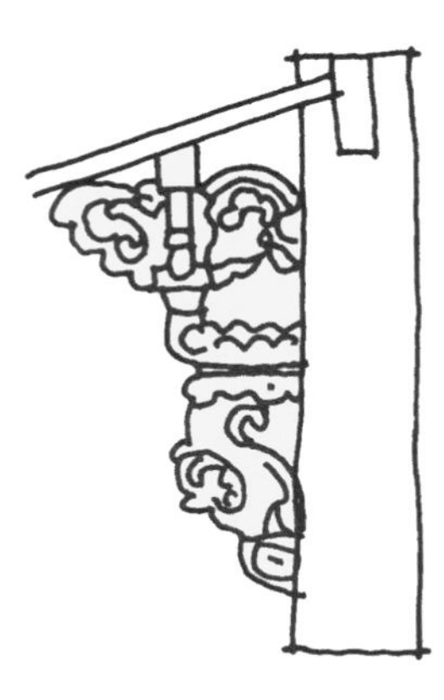

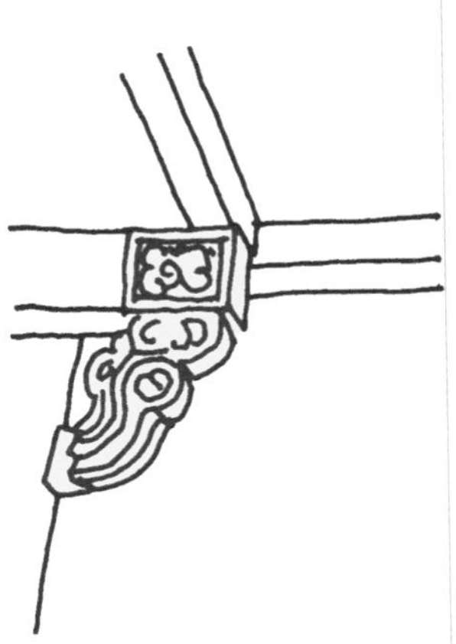

斗拱式斜撑

椽皮

在南方某些地区，建筑屋顶不用圆椽，而用一两寸厚的扁方木，称为“桷子”；还有用更薄的木板条钉在檩上后直接铺瓦，因其多用木材的边皮薄料，故称为“椽皮”。

屋顶凹曲面坡度构造主要是依据构架的举架做法确定的。步架与举架升高的比例关系，不仅使屋面坡度排水非常顺利，而且屋面曲线形式具有极高的审美艺术效果。

所谓举架，指木构架相邻两檩之间的垂直距离（举高）除以对应步架长度所得的系数。清代建筑常用的举架有五举、六五举、七五举、九举等，表示举高与步架之比为 0.5、0.65、0.75、0.9 等。举架因建筑规模的不同，其各步的尺寸要求亦有不同。

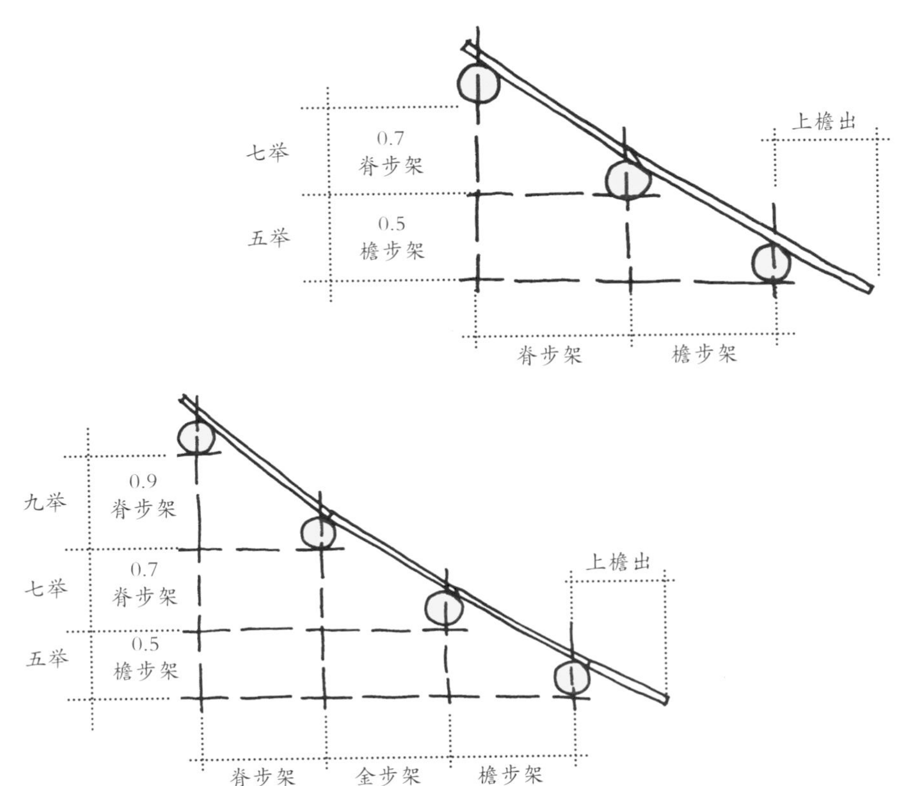

斗拱

斗拱是中国传统木结构体系建筑中独有的构件，也运用在一些民居中。在立柱和横梁交接处，从柱顶上加的一层层探出呈弓形的承重结构叫“拱”，拱与拱之间垫的方形木块叫“斗”，合称斗拱。也作枓拱、枓栱。

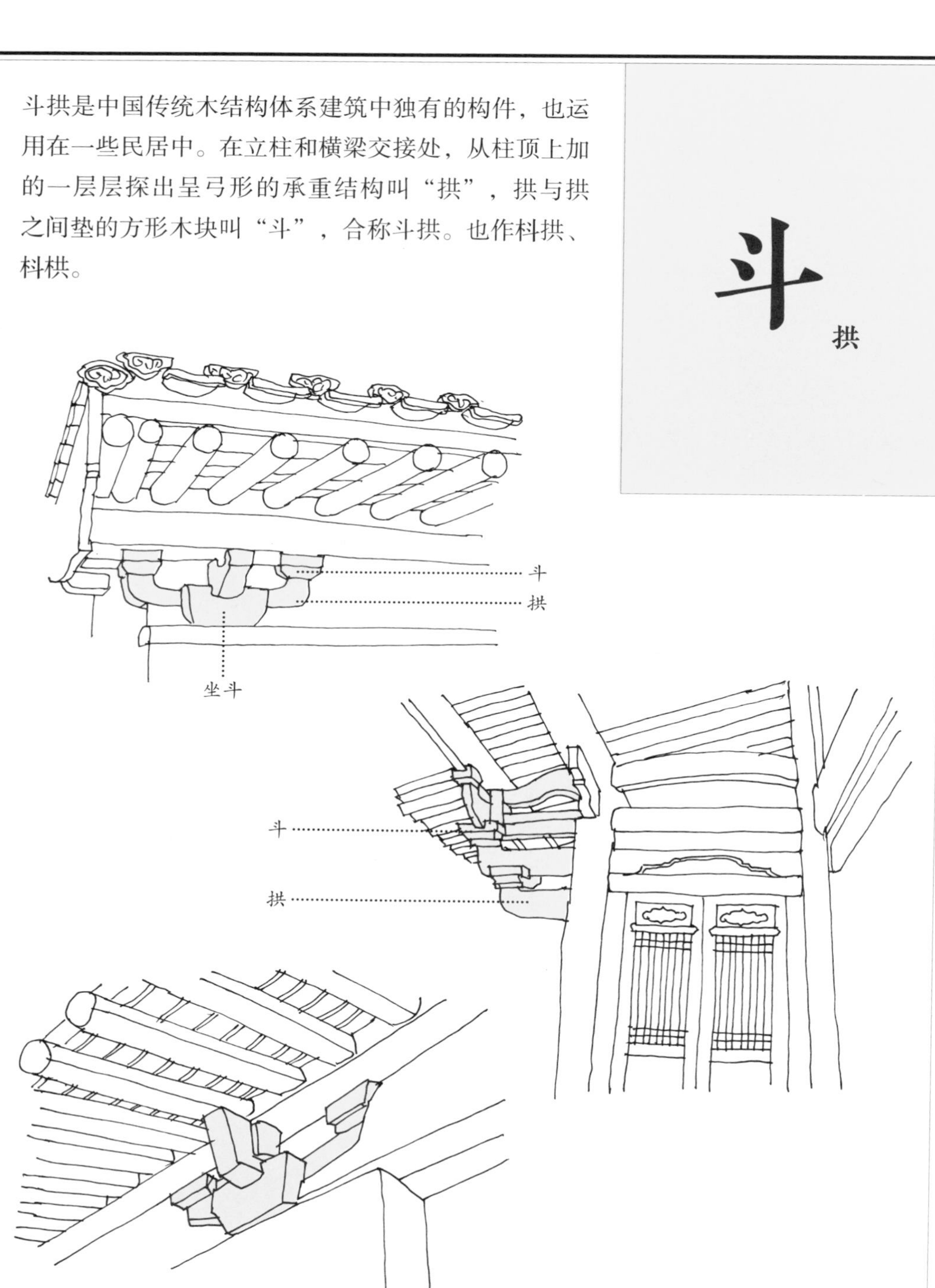

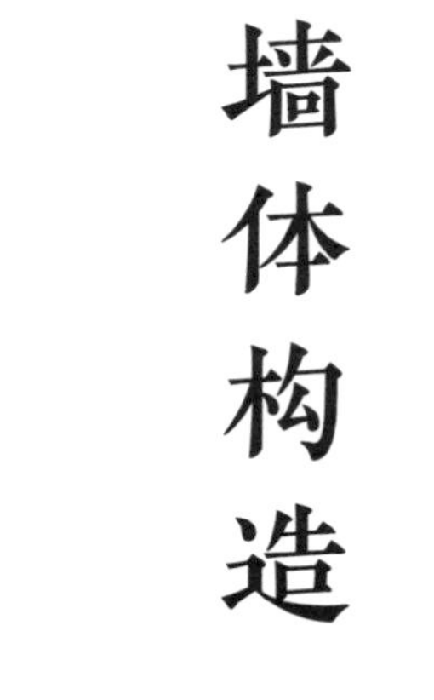

墙体构造

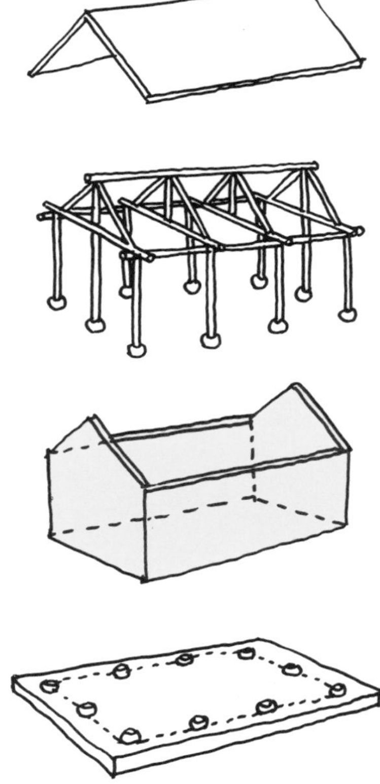

墙体

墙体是古建筑中的围护与分隔要素，在木构架体系形成的古建筑中，墙体本身并不承受上部梁架及屋顶荷载，故古建筑中有“墙倒屋不塌”之说。墙体虽不承重，但在稳定柱网、提高建筑抗震刚度方面起着重要作用，同时墙体的耐火性能较好，在建筑防火方面也有重要的作用。

山墙

山墙是位于建筑两端位置的围护墙，因建筑的形式不同有不同的作法和名称：屋顶为硬山称为硬山山墙，屋顶为悬山称为悬山山墙。

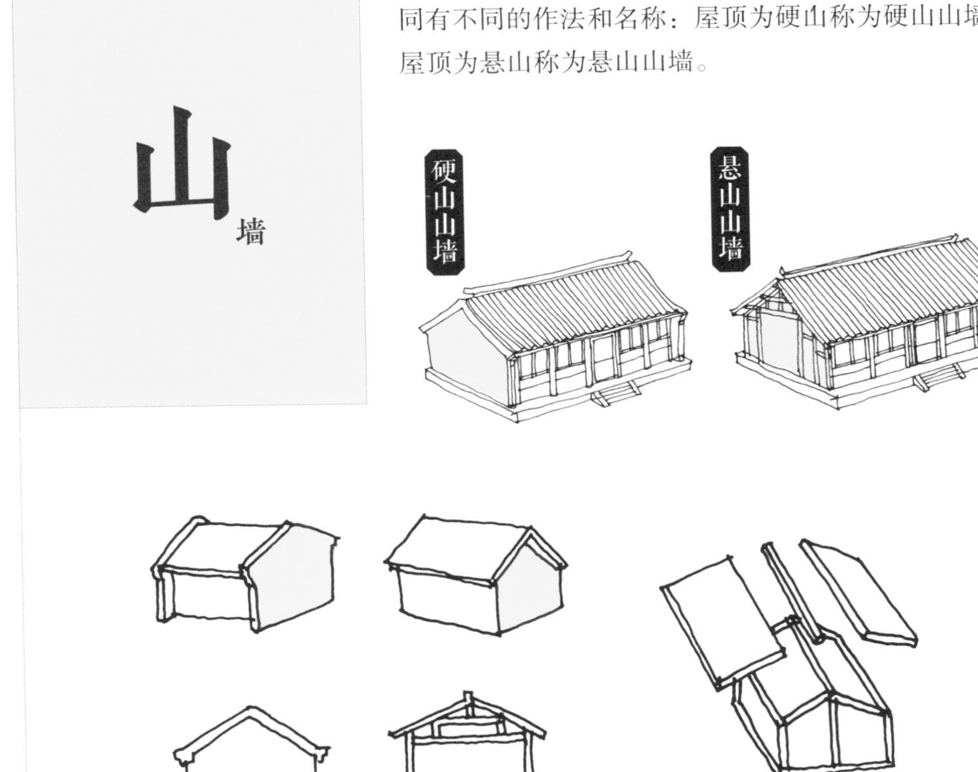

硬山山墙

硬山的山墙由台基上皮直达山尖顶上。硬山山墙外立面由下碱、上身、山尖、博缝四个部分组成，其形式变化较多；内立面由廊心墙和室内墙面组成。

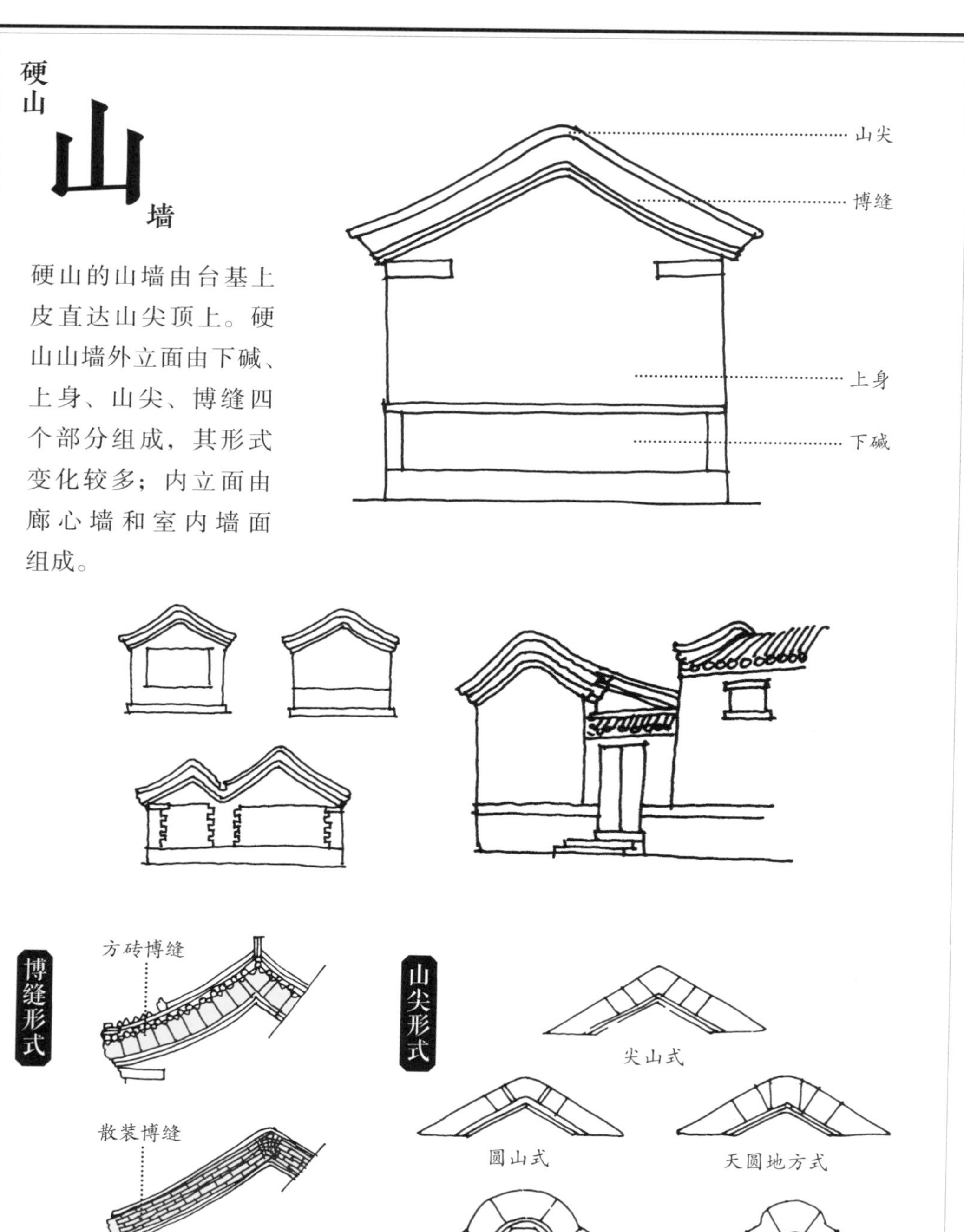

廊心墙是廊墙高等级的表现形式，由下碱、落膛墙心、穿插当、山花象眼四个部分组成。落膛墙心是廊心墙主要的装饰部分，由内至外依次为砖心、线枋子（小边框）、大边框、顶头小脊子。

廊心墙砖心形式常见的有斜砌方砖心、斜砌条砖心、拐子锦、人字纹、龟背锦、八卦锦等图案形式。廊墙形式有廊心墙式、素墙式或门洞式。

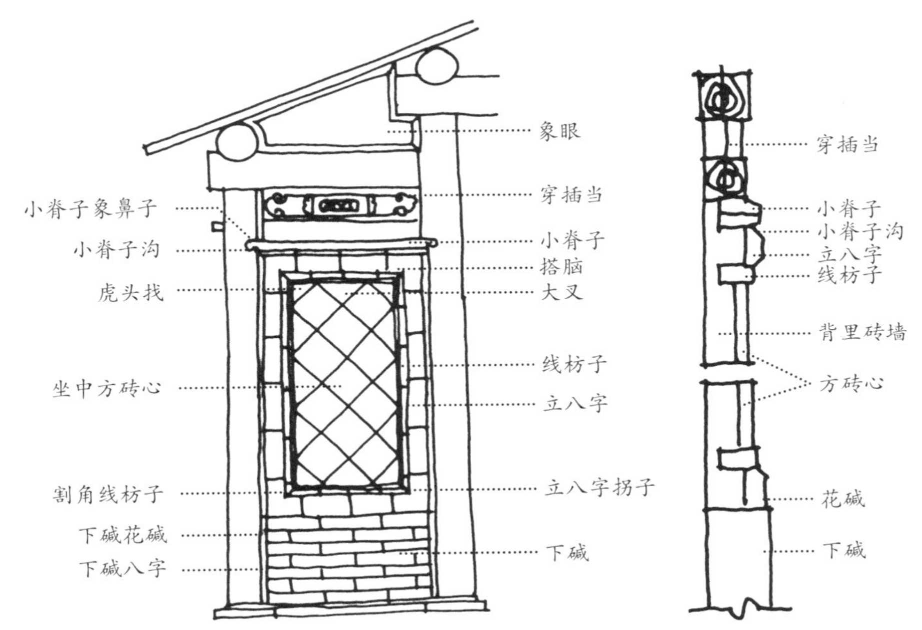

廊心墙式
素墙式
门洞式
廊心墙方砖心图案

室内墙面

硬山山墙室内墙面，自下而上由下碱、上身（囚门子）、山花象眼三部分组成。

上身从下碱直至梁枋底部，若山墙处采用了排山中柱，山中柱与金柱之间的山墙里皮称为“囚门子”。硬山山墙、悬山山墙室内立面在梁柁以上时，瓜柱之间的矩形空当叫作“山花”，瓜柱与椽、望之间的三角形空当叫“象眼”。

有山中柱

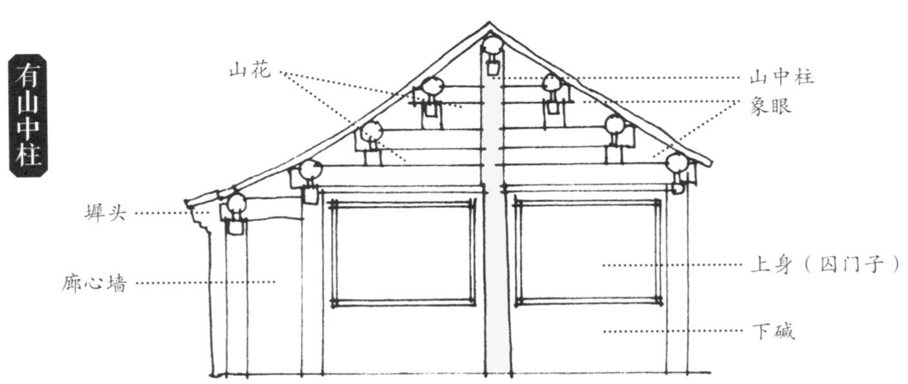

无山中柱

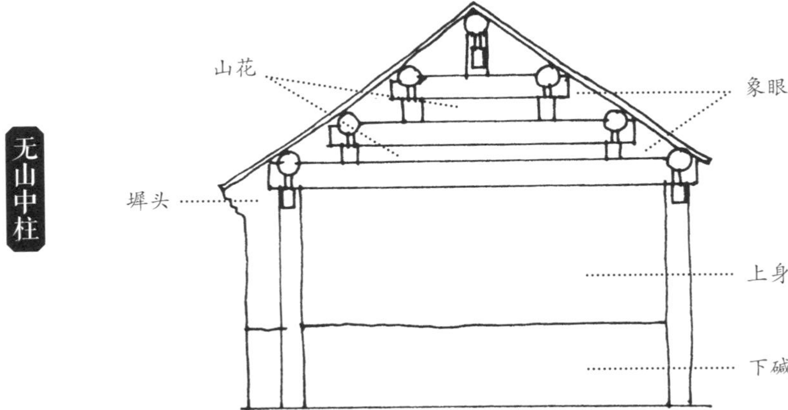

墀头

墀头是山墙两端檐柱以外的部分，墀头的看面由下碱、上身、盘头三部分组成。

梢垄
披水
方砖博缝
二层拔檐
头层拔檐
戗檐
二层盘头
头层盘头
枭
炉口
混砖
荷叶墩
墀头上身
下碱

博缝
戗檐
两层盘头
枭
炉口
混砖
荷叶墩
下碱花碱
金边
好头石
埋头石
盘头
上身
下碱

从台明外皮到墀头下碱的距离叫“小台”，小台的退入尺寸以能使盘头挑出适度为宜。墀头外侧与山墙外皮在同一条直线上，里侧位置是在柱中再往里加上“咬中”尺寸的地方，这也是墀头下碱的宽度。

墀头正立面图

墀头侧立面图

腰线石
角柱石
小台
阶条石

墀头平面

里包金
外包金
墀头
下檐出
一寸咬中
小台
角柱石
金边二寸

根据下碱的宽度与砖的规格，就可以决定墀头下碱的看面形式。墀头下碱和上身的看面形式一般分为：马莲对、担子勾、狗子咬、三破中、四缝、大联山。墀头上身每边比下碱应退进一些，退进的部分叫“花碱”。上身看面形式的选择方法与下碱相同。

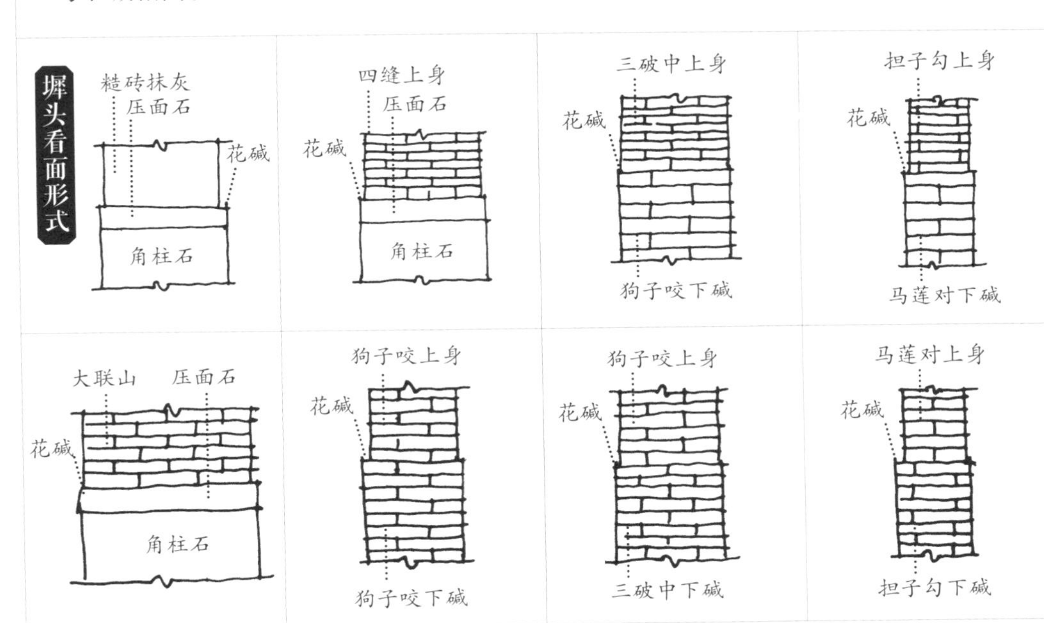

盘头又称“梢子”，是腿子出挑至连檐的部分。民居中盘头外侧比较讲究的作法常用挑檐石，一般作法的房屋不用挑檐石也不用砖挑檐（梢子后续尾）。

盘头总出挑尺寸称为“天井”，盘头各层构件的出檐总尺寸就是天井的尺寸。

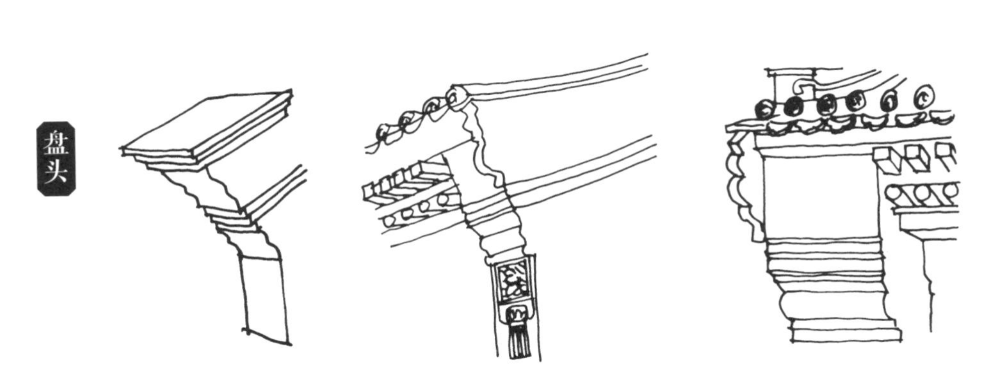

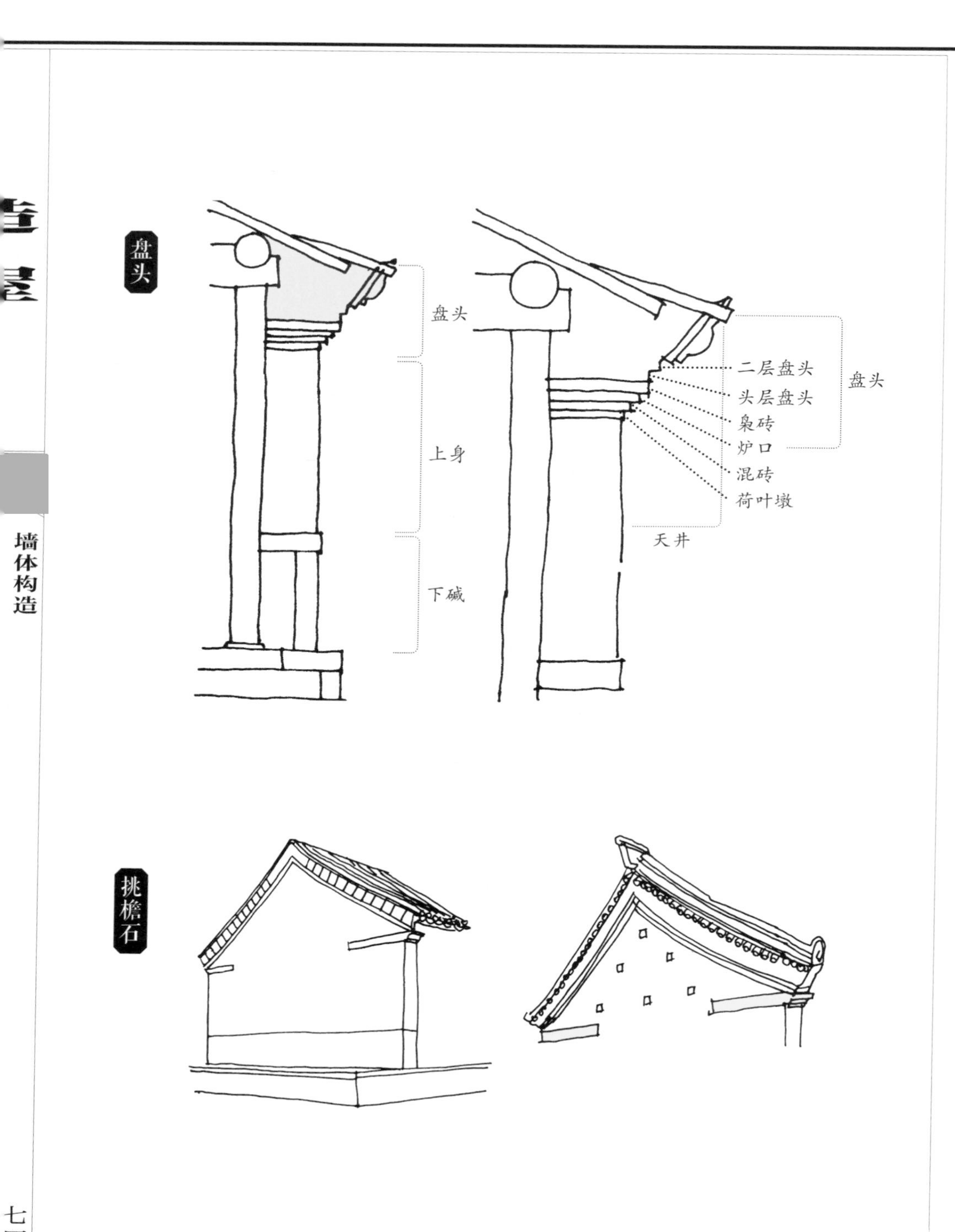
盘头
盘头
上身
下碱
二层盘头
头层盘头
枭砖
炉口
混砖
荷叶墩
盘头
天井
挑檐石

封火山墙

在房屋紧密排列的南方地区，为了防火安全，将山墙高出屋面的出山作法称为“封火山墙”，也称防火山墙、风火墙。墙头处理有各种形式，常用的有五山屏风（亦称五岳朝天）、观音兜（亦称猫拱背）、人字形、复合曲线等。墙顶盖两坡瓦顶和瓦脊或雕砖花脊，有的在檐下做砖雕花饰或彩画。

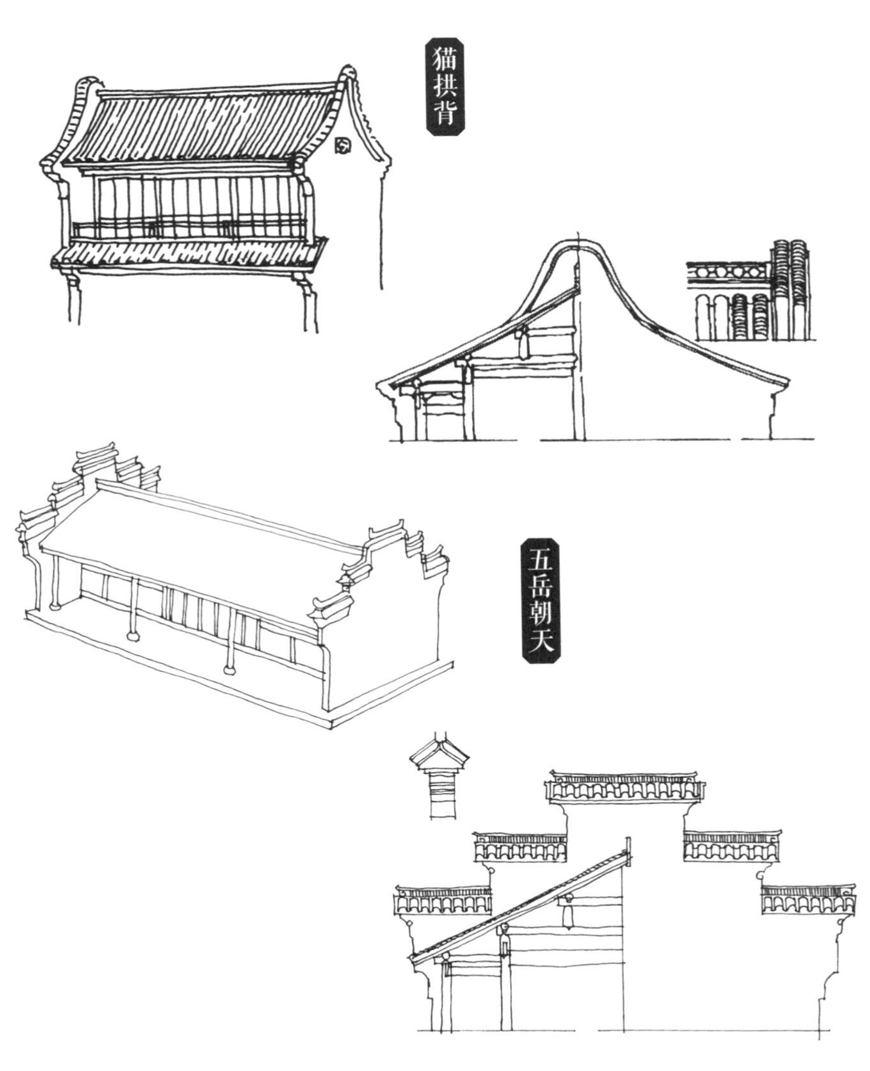

悬山山墙

悬山山墙有三种构造形式：挡风板式山墙、五花山墙、整体式山墙。

挡风板式山墙

墙体砌至两山梁柁底部，梁以上露明，山花、象眼处的空当用木板或陡砖封堵。

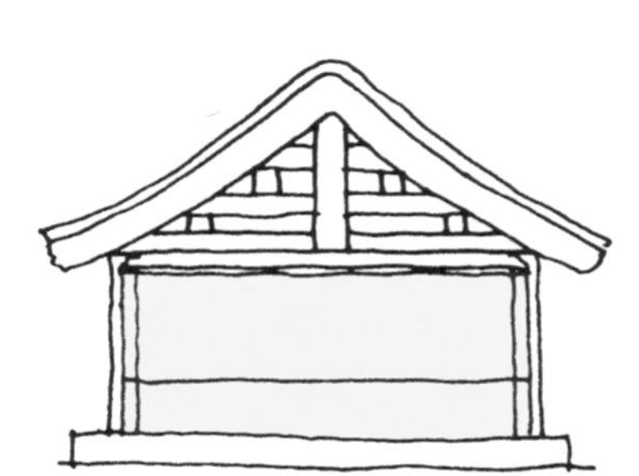

整体式山墙

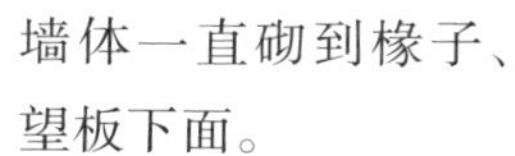

墙体一直砌到椽子、望板下面。

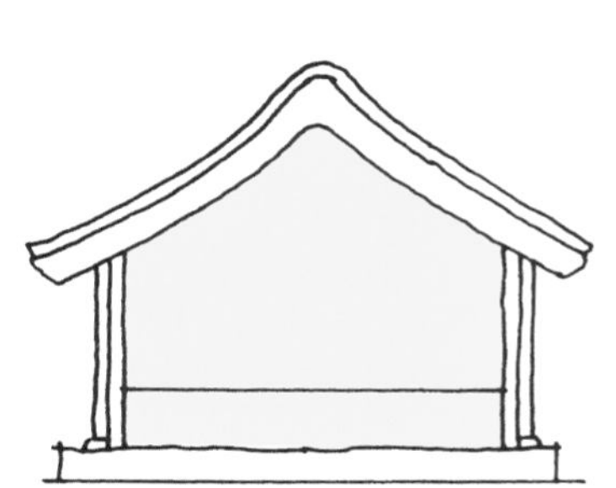

五花山墙

悬山山墙或按硬山作法，将构架全部封在墙内，或随着各层排山梁柱和瓜柱砌成阶级形，直接将结构表现在外面，称五花山墙。

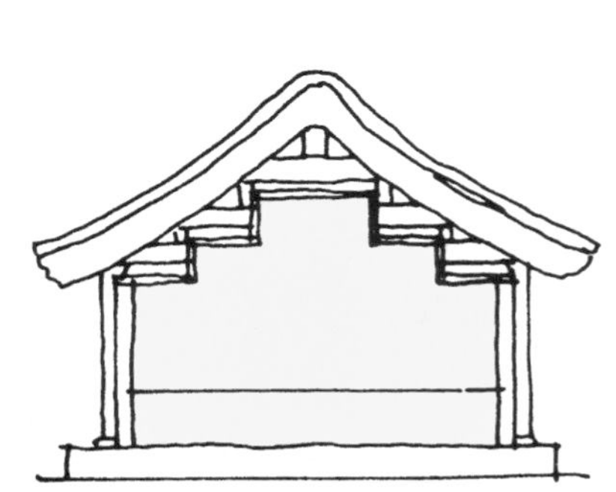

槛墙

槛墙是前檐木装修风槛下面的墙体，槛墙高随槛窗，槛窗的木榻板之下即为槛墙。槛墙的层数可为单数也可为双数。砌筑类型应与山墙下碱一致。砖缝的排列形式应为十字缝形式。槛墙多用卧砖形式，有时也用落膛形式或海棠池形式。

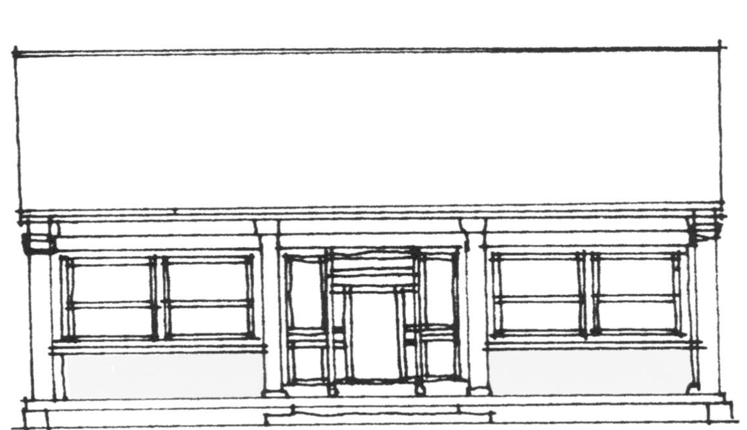

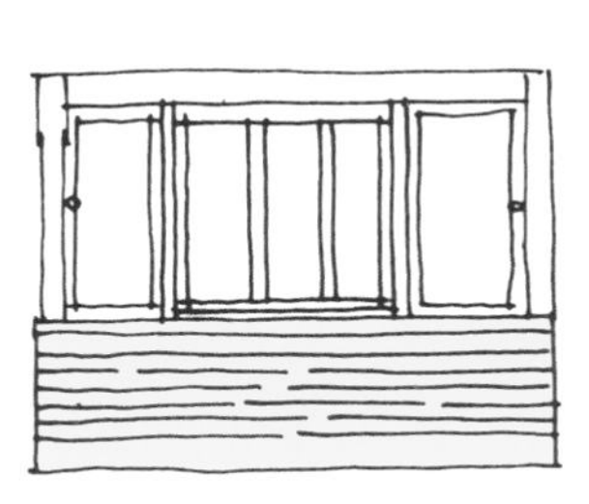

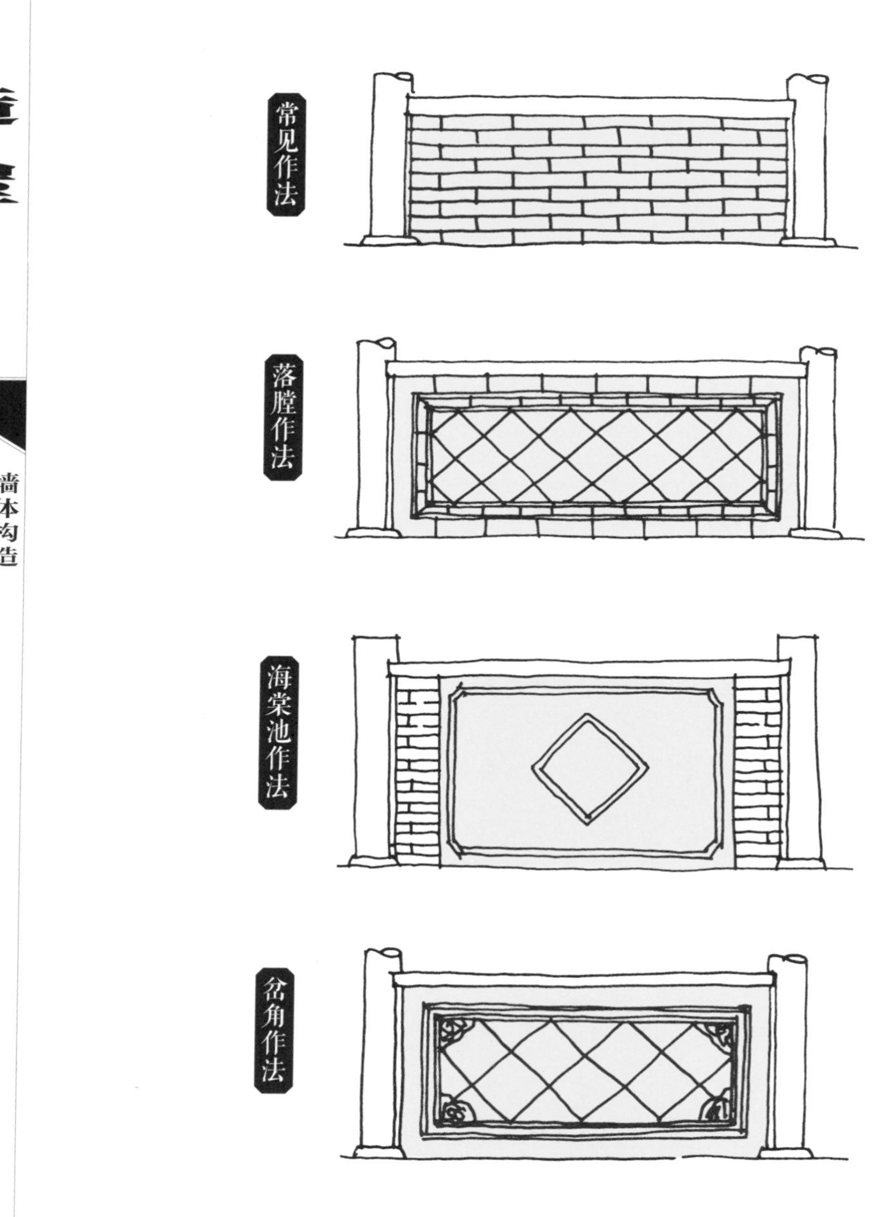
常见作法
落膛作法
海棠池作法
岔角作法

檐墙

檐墙是位于檐檩之下、柱与柱之间的围护墙。檐墙包括前檐墙与后檐墙，建筑中一般不设前檐墙。檐墙常见的有两种作法：一是墙体砌筑到后檐枋下皮，让檐枋、梁头等暴露在外，称为“露檐出”或“老檐出”。二是墙体直接砌筑到屋顶，将后檐枋、梁头等封护在内，称为“封护檐”。檐墙下碱高度同山墙的下碱高度一致，砖的层数多为单数。檐墙上身常退花碱。

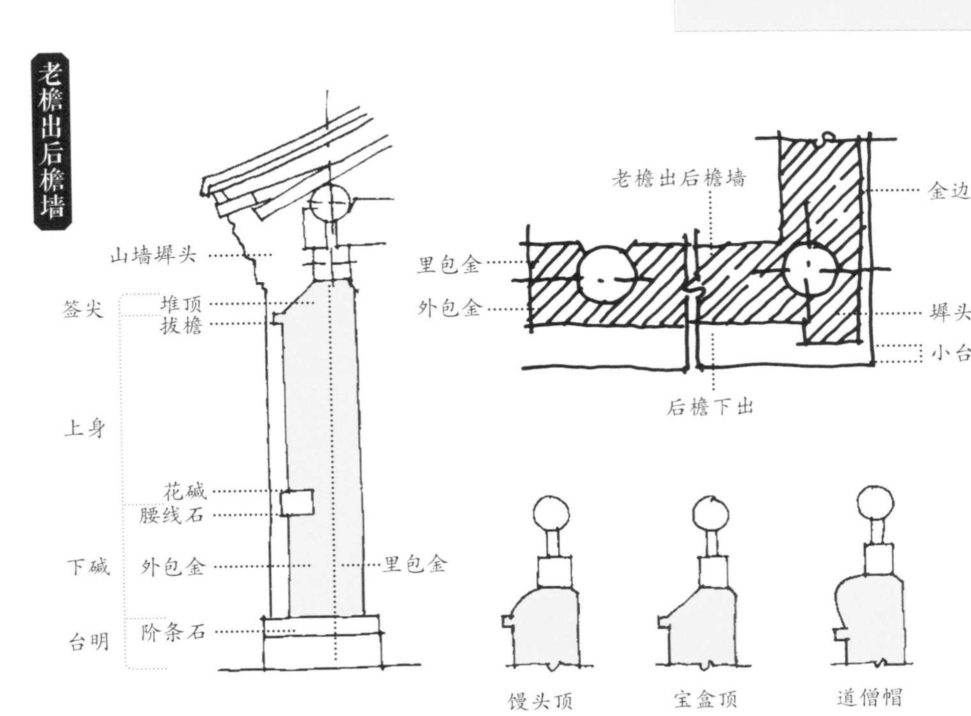

老檐出后檐墙的上端，要砌一层拔檐砖并堆顶，叫作“签尖”。签尖的高度约等于外包金尺寸，也可以按大于或等于檩垫板的高度来定。签尖的最高处不应超过檐枋下棱。签尖的形式有：馒头顶、道僧帽、蓑衣顶、宝盒顶，其中宝盒顶包括方砖宝盒顶和碎砖抹灰形式。签尖的拔檐一般仅为一层直檐。

封后檐墙一般不设窗户，老檐出式的可设后窗。窗口上皮应紧挨檩枋下皮，窗口的两侧和下端可用砖檐圈成窗套，其作法与签尖的拔檐砖相同。

封护檐墙不做签尖而做砖檐。砖檐的形式有鸡嗉檐、菱角檐、抽屉檐和冰盘檐等。

老檐出后檐墙

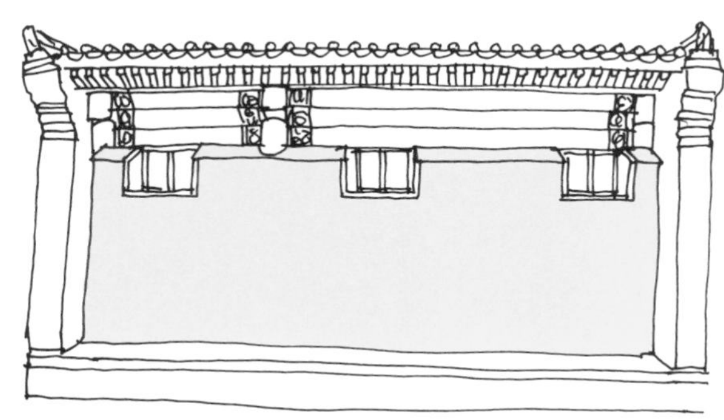

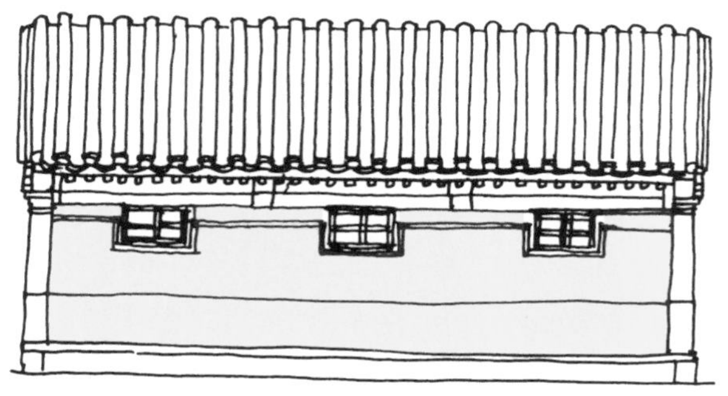

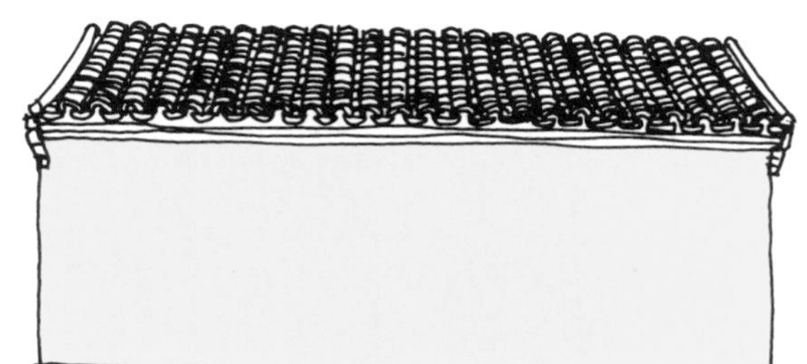

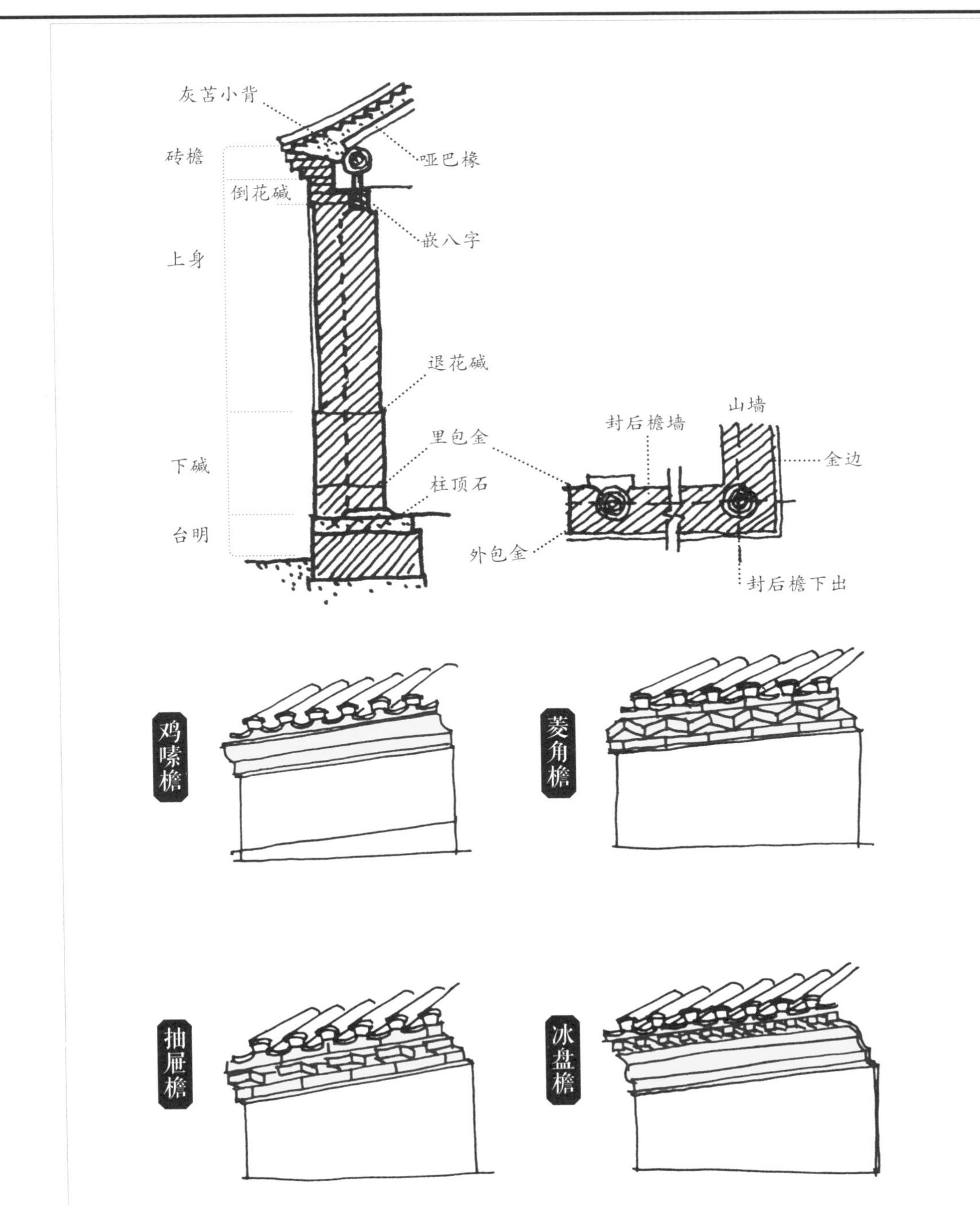
灰苫小背
砖檐
哑巴椽
倒花碱
嵌八字
上身
退花碱
里包金
下碱
柱顶石
台明
山墙
封后檐墙
金边
外包金
封后檐下出
鸡嗉檐
菱角檐
抽屉檐
冰盘檐

隔断墙

隔断墙又称“架山”“夹山”，是砌于前后檐柱之间与山墙平行的内墙。

扇面墙

扇面墙又称“金内扇面墙”，主要指前后檐方向上金柱之间的墙体。

廊墙

廊下檐柱至金柱间是廊墙。

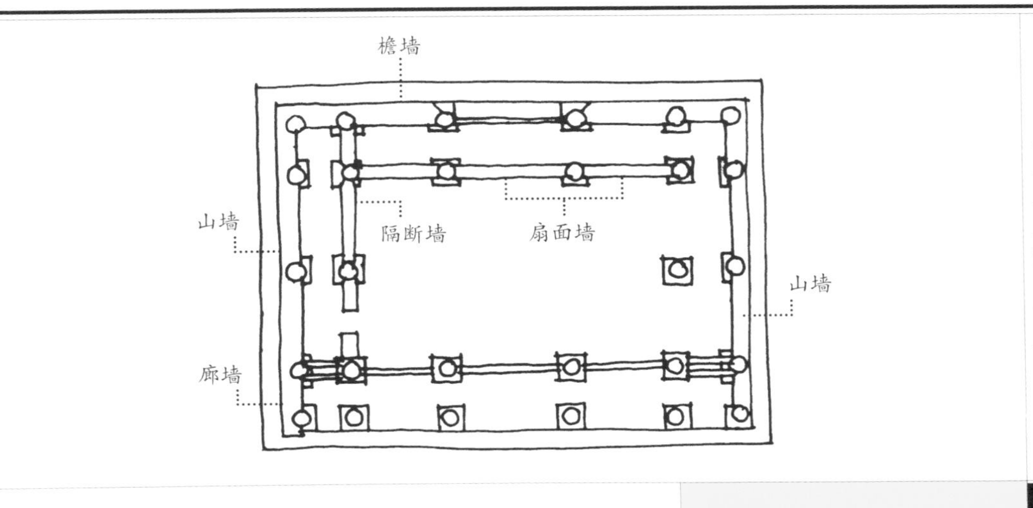

影壁

影壁也称“照壁”“萧墙”“照墙”，是在院落内或外建一段起屏障作用的单独墙体。影壁的名称根据位置和平面形式而定，有座山影壁、撇山影壁、八字影壁和一字影壁之分。

八字影壁
一字影壁
硬山一字影壁
悬山一字影壁

影壁上身的作法有固定模式，即所谓“影壁心”作法。影壁心以方砖心作法为主，四周仿照木构件做出边框装饰，边框之外还可砌一段墙，叫“撞头”。影壁瓦顶大多为筒瓦作法。

纵剖面

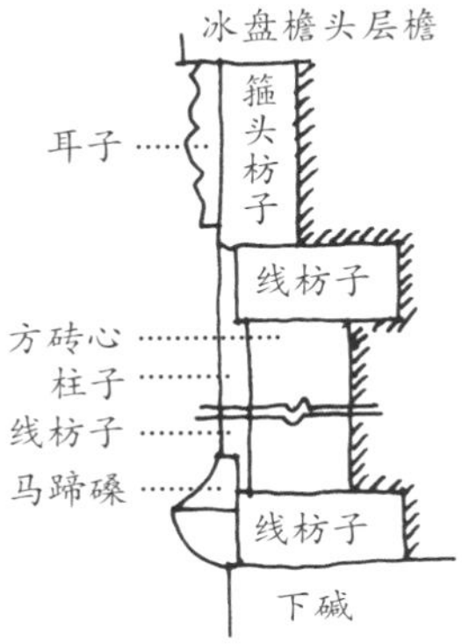

冰盘檐头层檐
耳子
箍头枋子
线枋子
方砖心
柱子
线枋子
马蹄磉
线枋子
下碱

有撞头的作法

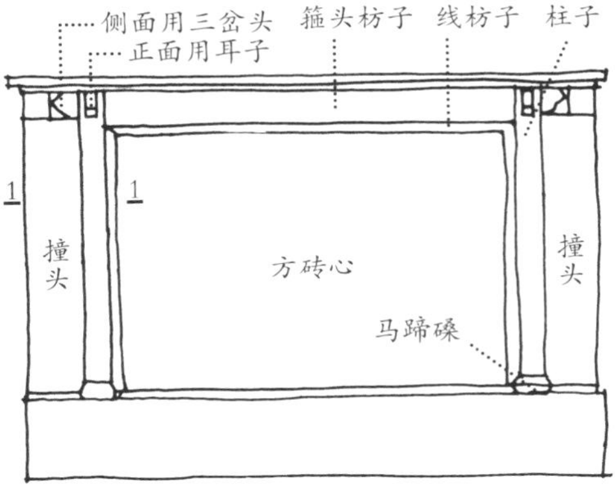

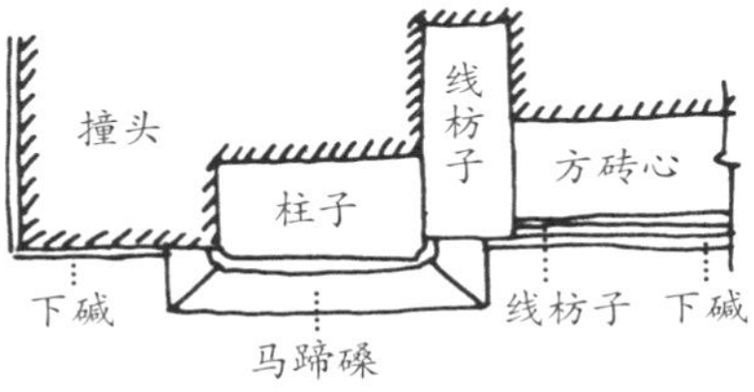

侧面用三岔头
正面用耳子
箍头枋子
线枋子
柱子
撞头
方砖心
马蹄磉
撞头
线枋子
柱子
方砖心
下碱
线枋子
下碱
马蹄磉

1–1

无撞头的作法

侧面与正面
都用耳子
箍头枋子
线枋子
柱子
方砖心
马蹄磉
线枋子
方砖心
下碱花碱
线枋子
柱子
线枋子
方砖心
线枋子
马蹄磉
下碱花碱

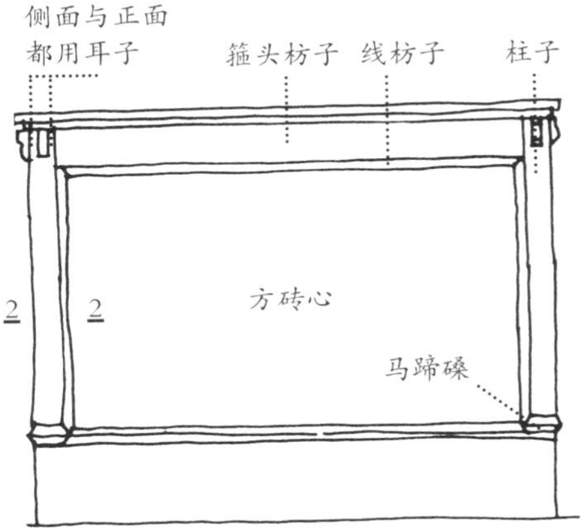

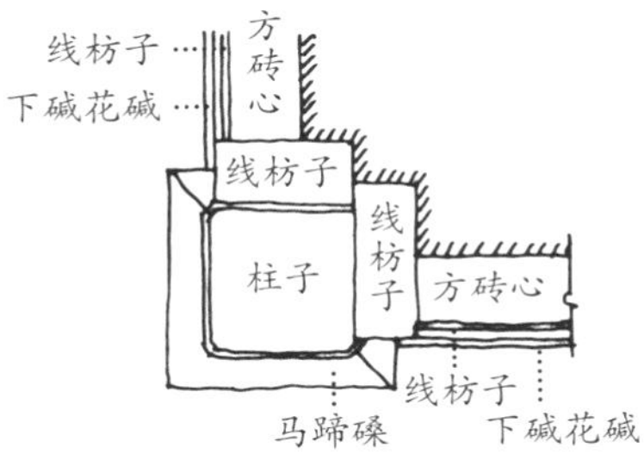

2–2

院墙是建筑群、宅群用于安全防卫或区域划分的墙体。院墙分为下碱、上身、砖檐、墙帽四部分。院墙高度没有严格规定，一般以不能徒手翻越和低于屋檐为原则。

院墙

墙帽

防止院墙被雨水淋冲，在墙体顶部做成两面凸出墙身的覆盖保护层，即墙帽。

常见的墙帽种类有鹰不落、蓑衣顶、宝盒顶、馒头顶、眉子顶、道僧帽、花瓦顶、花砖顶等。

鹰不落墙帽为抹灰作法。

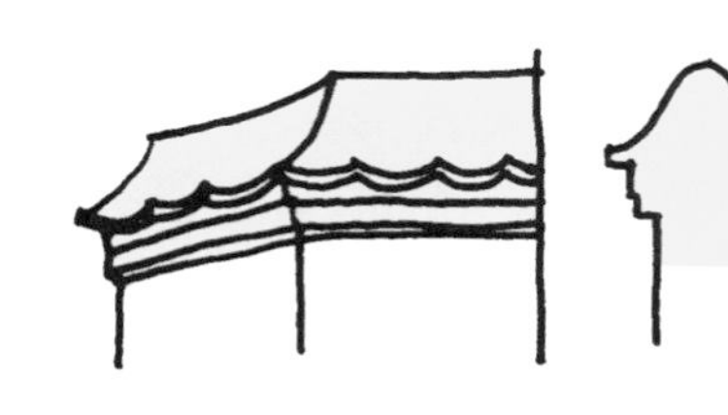

衣顶

蓑衣顶须用小砖摆砌。

宝盒顶

宝盒顶一般为抹灰作法，讲究者可用方砖铺墁，甚至可在方砖上凿做花活。

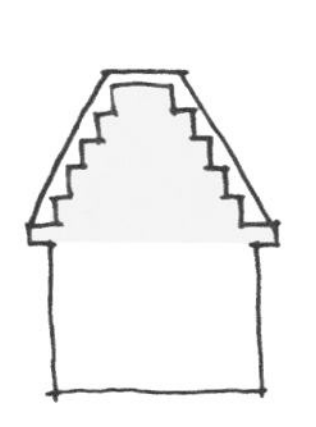

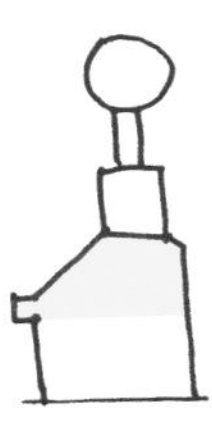

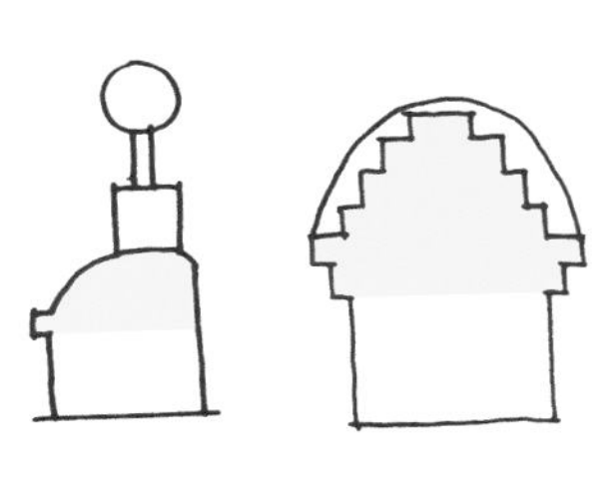

馒头顶

馒头顶又称“泥鳅背”。为抹灰作法。馒头顶多用于不太讲究的民居院墙。

眉子顶

眉子顶又叫“硬顶”。抹灰作法的叫“假硬顶”，露出真砖实缝的叫“真硬顶”。讲究者多用真硬顶。

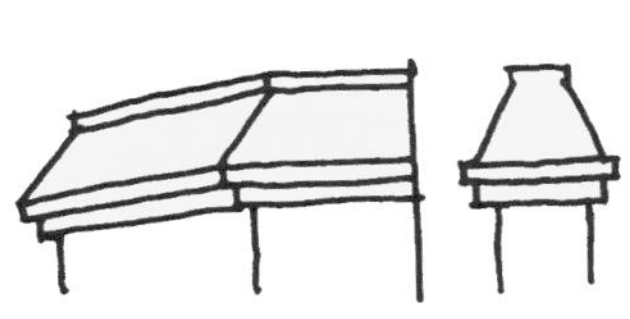

道僧帽

道僧帽为抹灰作法，极少用于院墙，一般多用于后檐墙。

花瓦顶

花瓦顶就是在墙帽部分采用花瓦作法。

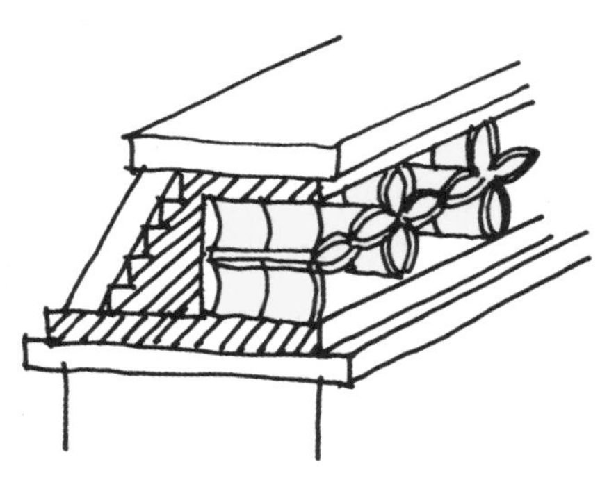

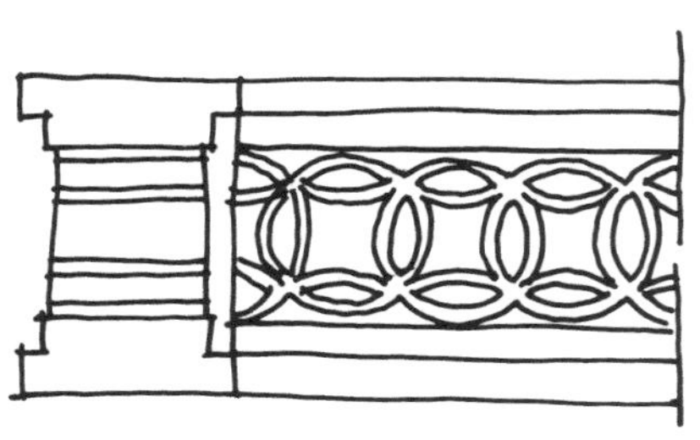

西番莲

砂锅套顶西番莲

正、反三叶草

套西番莲

砂锅套加栀子花

喇叭花

兀字面

皮毯花

荷叶莲花

花砖顶

花砖顶就是在墙帽部分采用花砖作法。

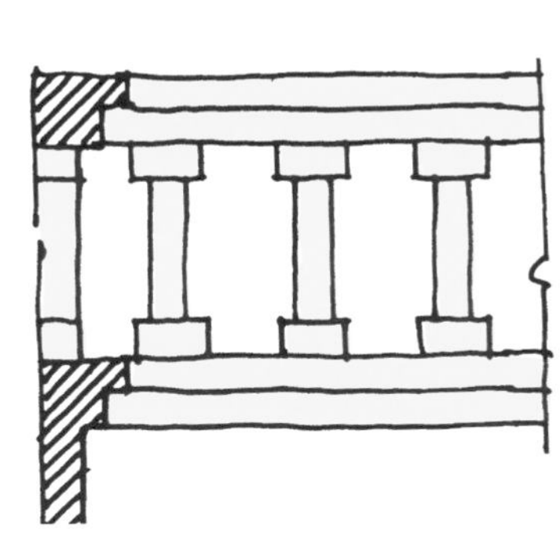

花砖的式样

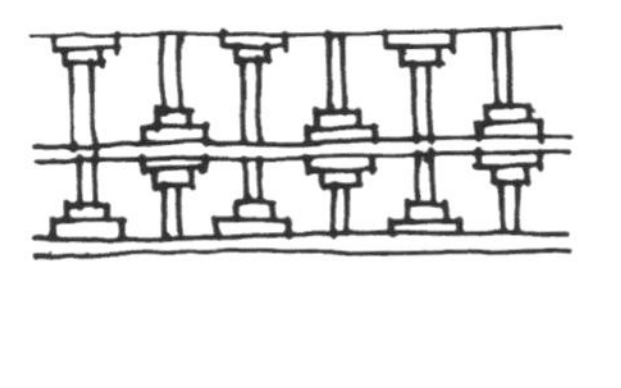

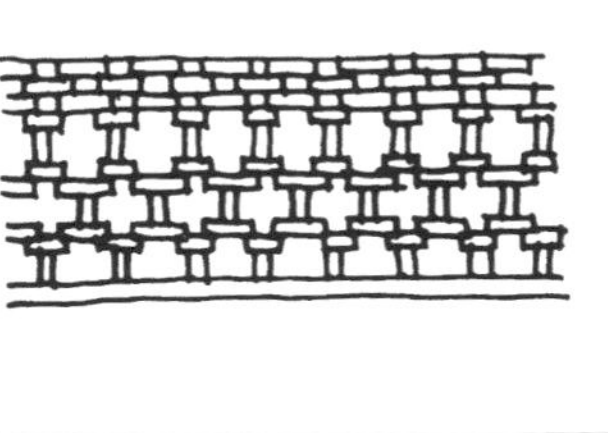

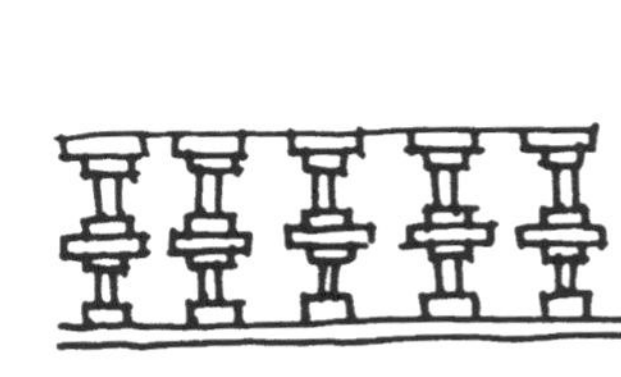

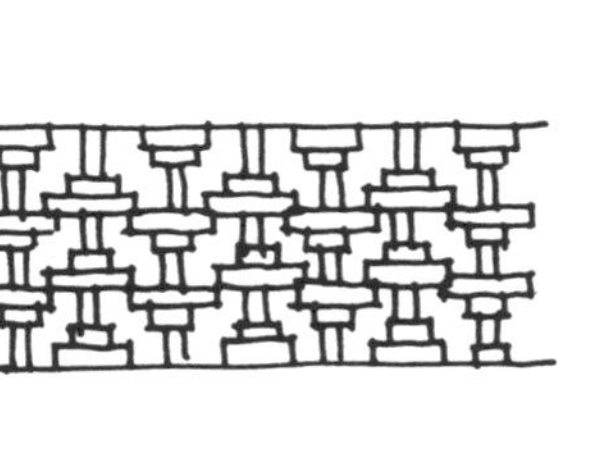

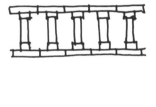

砖檐

砖檐俗称“檐子”，常见的砖檐种类有一层檐、两层檐、鸡嗉檐、菱角檐、抽屉檐、锁链檐、砖瓦檐、冰盘檐、大檐子、带雕刻的砖檐等，一层或两层直檐又可称为“拔檐”。

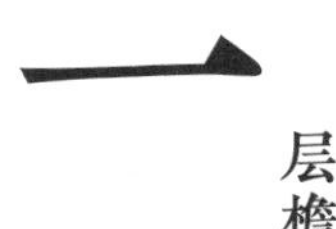

层檐

一层檐包括一层直檐、披水檐或随砖半混。

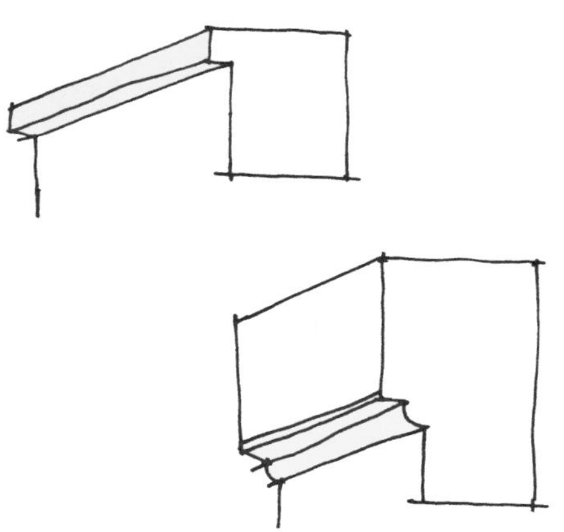

层檐

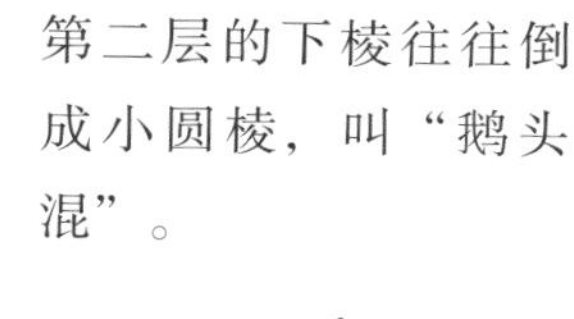

多用两层普通直檐砖出檐，但讲究的山墙，第二层的下棱往往倒成小圆棱，叫“鹅头混”。

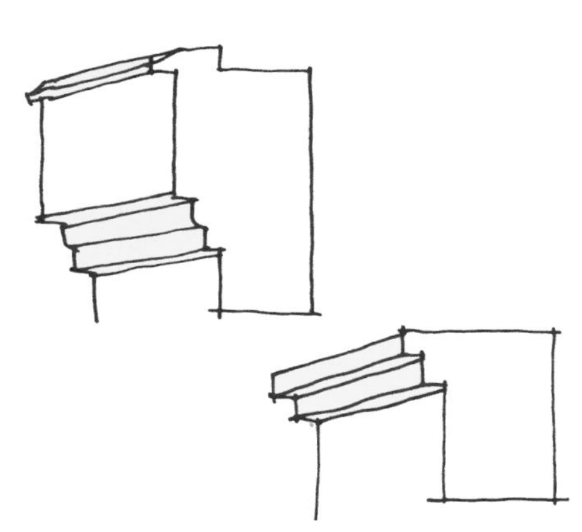

鸡嗉檐

鸡嗉檐用于院墙。

菱角檐

小砖菱角檐多用于封后檐墙和小砖的蓑衣顶院墙。

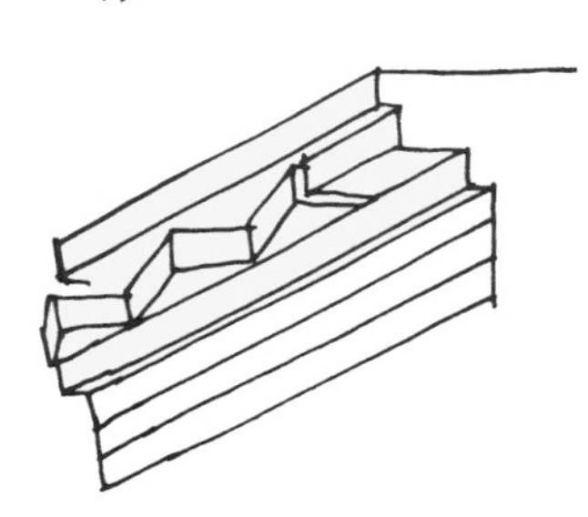

抽屉檐

抽屉檐是清代末年出现的作法，多见于普通民房，用于封后檐墙。

锁链檐

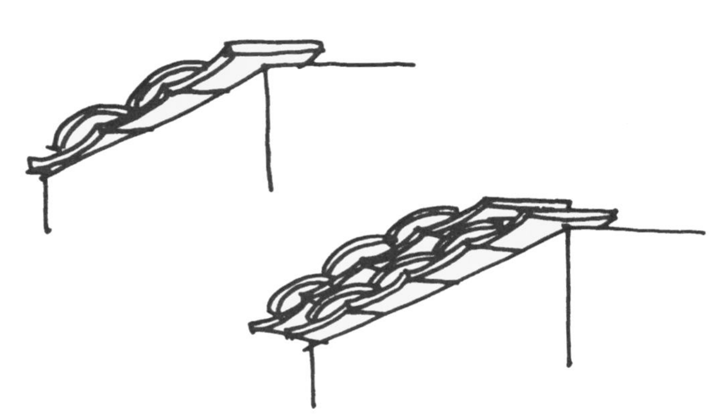

锁链檐又分为一层锁链檐、两层锁链檐，多用于地方建筑和作法简单的院墙。

砖瓦檐

砖瓦檐多用于地方建筑和鹰不落墙帽作法的院墙。

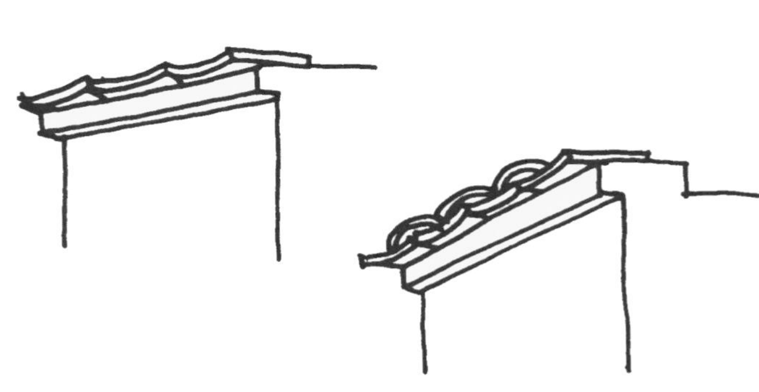

冰盘檐

冰盘檐是各种砖檐中的讲究作法。多用于作法讲究的封后檐墙、影壁、看面墙等。

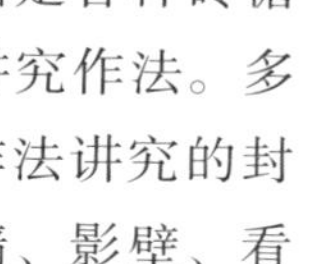

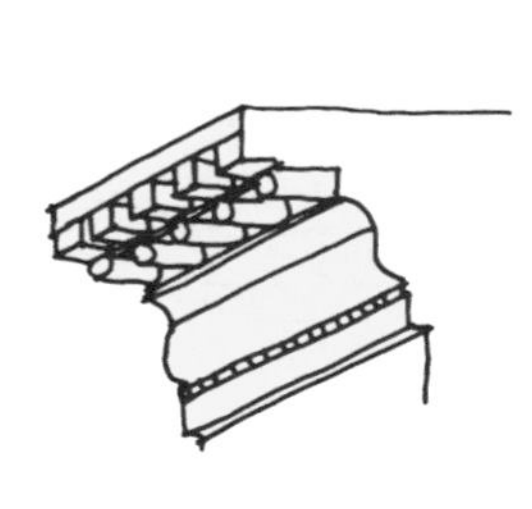

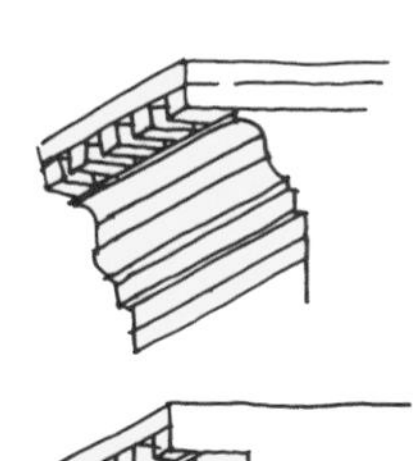

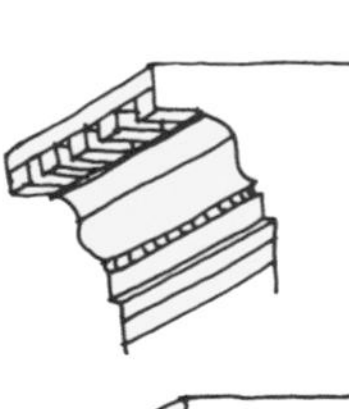

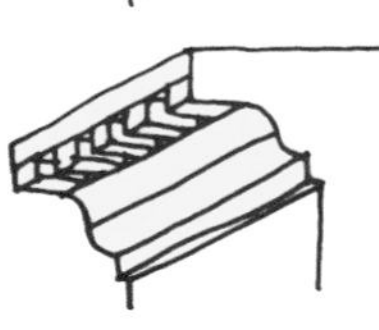

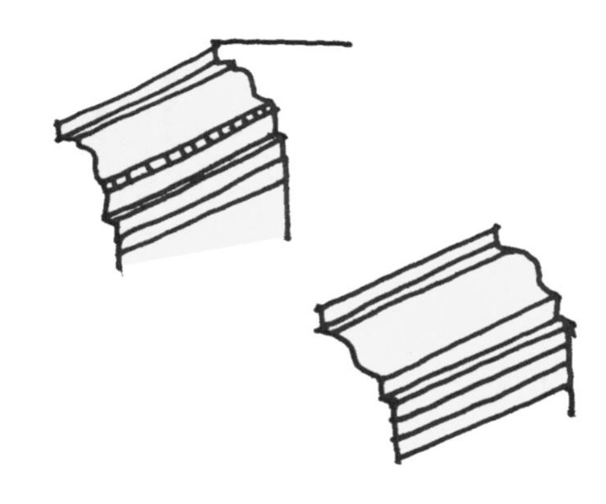

大檐子

大檐子泛指冰盘檐的变化类型，其作法与冰盘檐相似，其各个层次间的组合更加灵活多变。大檐子多用于讲究的铺面房、如意门以及讲究装饰效果的砖檐。

带雕刻的砖檐

带雕刻的砖檐多为冰盘檐形式。雕刻的部位一般集中在头层檐、小圆混和砖椽子这三层砖上。较讲究的砖檐雕刻还可扩展到半混砖这一层上。

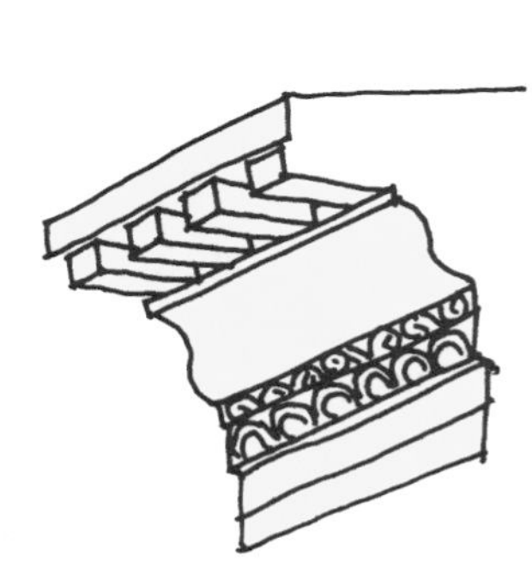

墙帽与檐子

院墙砖檐的形式取决于墙帽的形式，二者之间常有较固定的搭配关系。

墙帽与檐子的搭配关系

墙帽形式	檐子形式
宝盒顶	一层直檐，或用两层直檐
道僧帽	一层或两层直檐
馒头顶（泥鳅背）	一层或两层直檐，用于院墙也可用锁链檐
眉子顶（真、假硬顶）	两层直檐，较大的眉子顶可用鸡嗉檐
蓑衣顶	菱角檐；四丁砖蓑衣顶可用两层直檐
花瓦顶或花砖顶	两层直檐或一层直檐
鹰不落	砖瓦檐（宜用薄砖和 3 号瓦）
兀脊顶	一层方砖或城砖直檐

沟眼

沟眼在院墙下部做排水之用，可砌一块石雕或砖雕的沟门，或者砌成一个方洞。

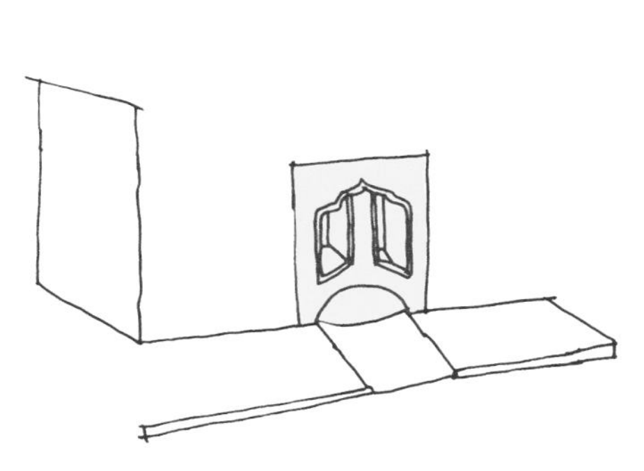

滚水

墙帽为抹灰作法，则应在墙帽上做“滚水”以保护墙帽不受屋顶雨水直接冲击。

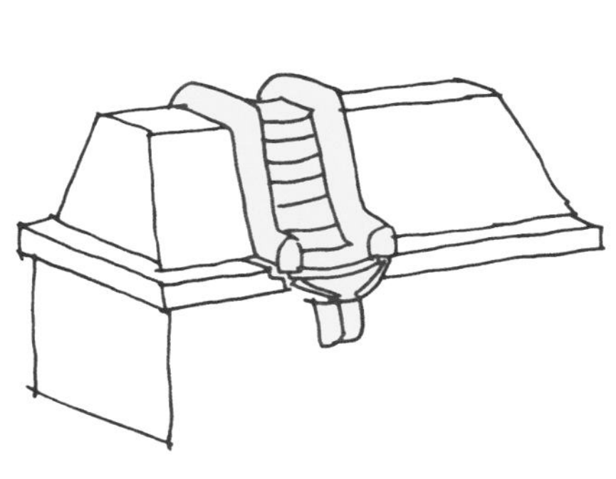

墙面灰缝形式

灰缝有平缝、凸缝和凹缝三种形式。凸缝又叫“鼓缝”，凹缝又叫“洼缝”。鼓缝又可分为带子条、荞麦棱、圆线，洼缝又分为平洼缝、圆洼缝、燕口缝（较深的平洼缝）、风雨缝（八字缝）。

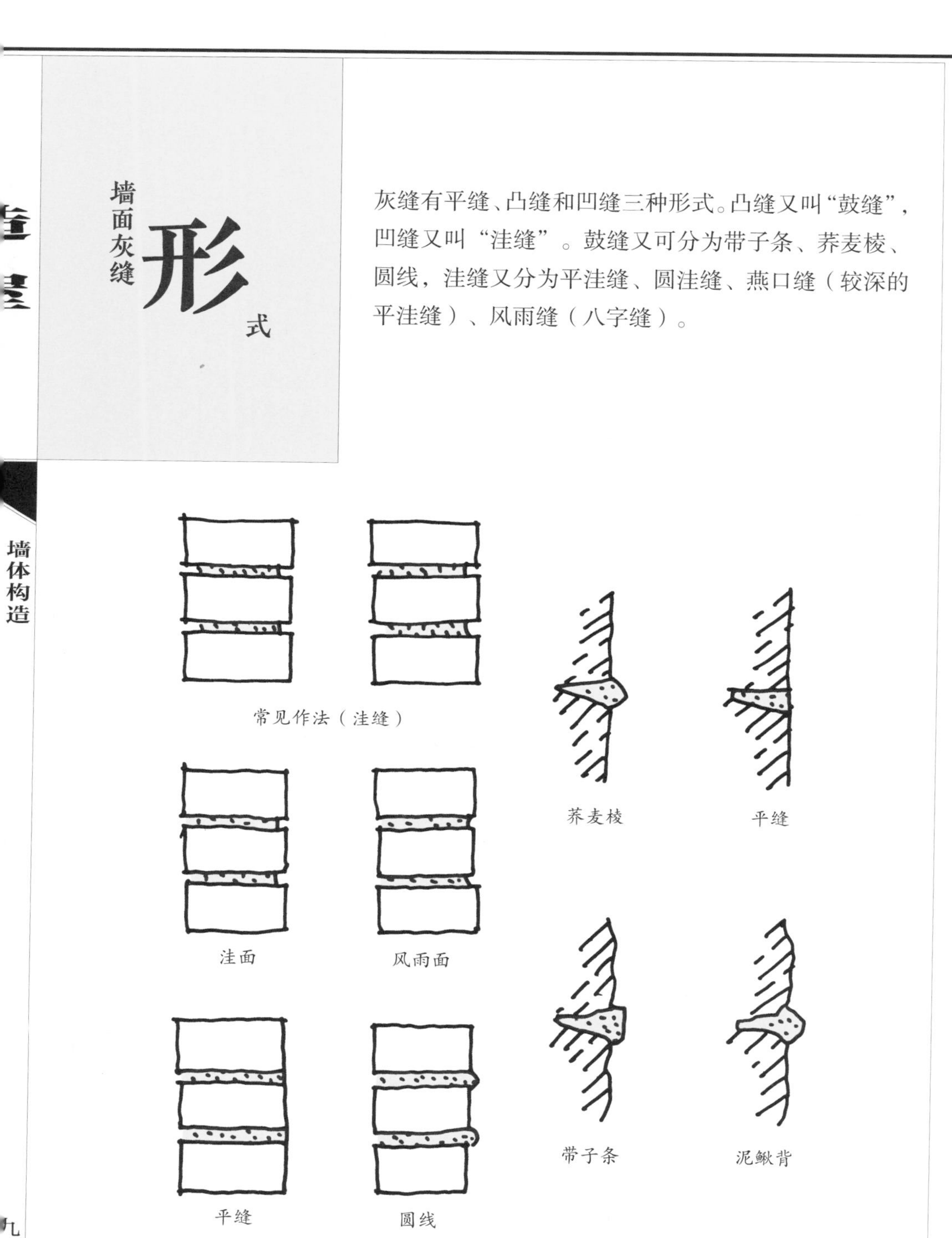

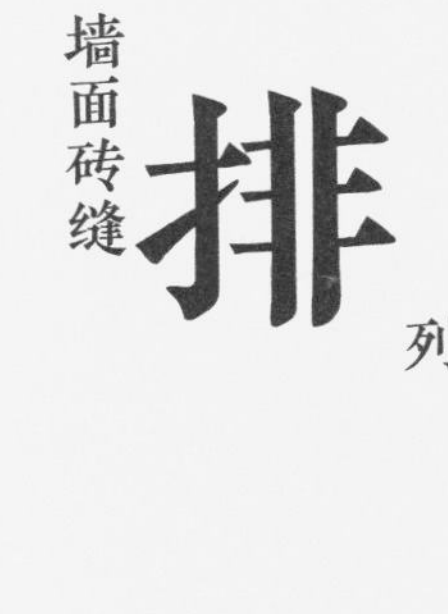

墙面砖缝排列

古建墙体砖的摆砌方式有卧砖、陡砖、甃砖、空斗和线道砖几种。其中以卧砖墙最常见，其砖缝形式也最多，有十字缝、三顺一丁、一顺一丁、五顺一丁、落落丁和多层一丁等几种。

卧砖

陡砖

甃砖

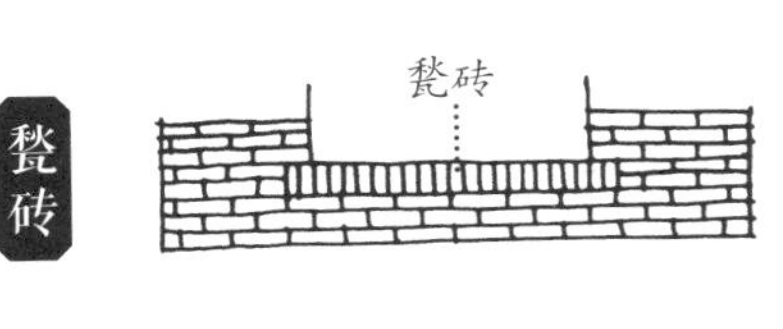

线道砖

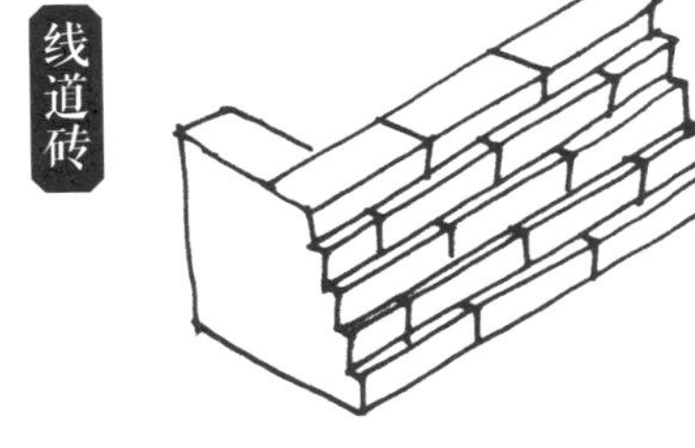

空斗

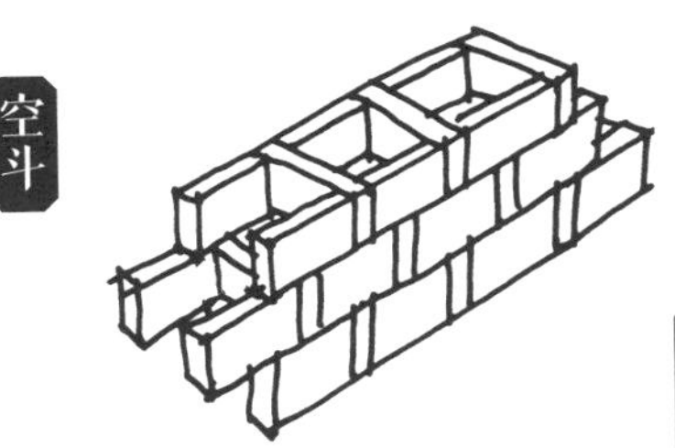

一甃一卧

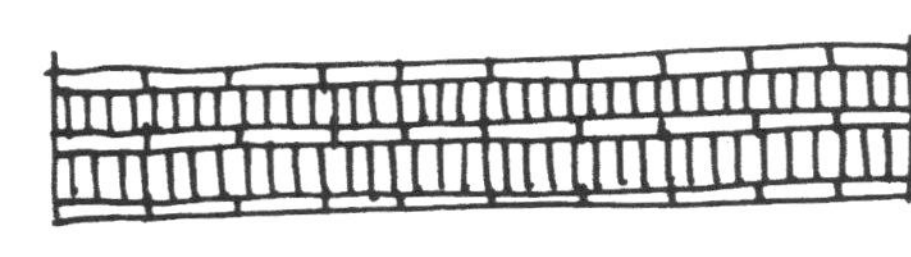

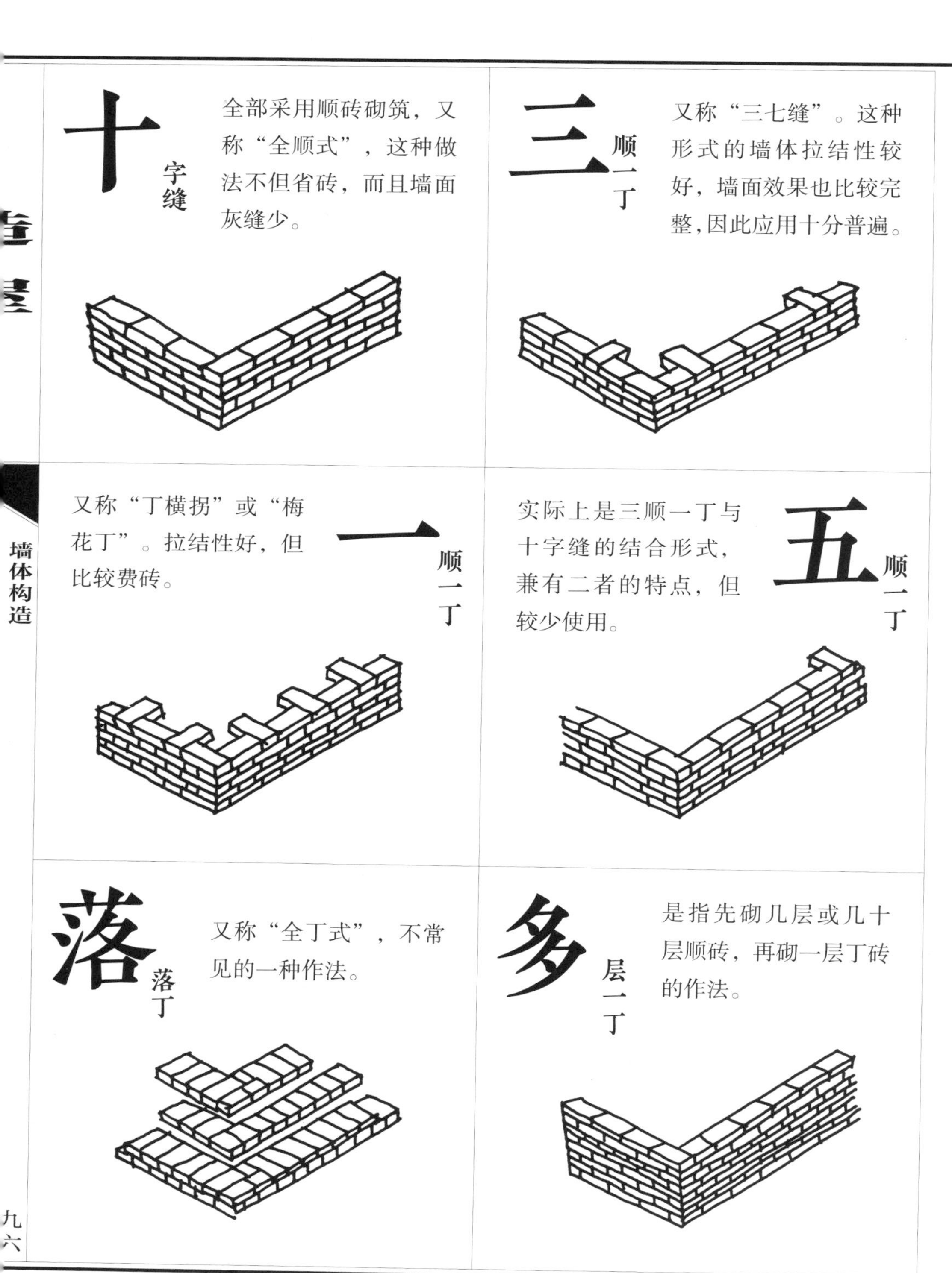

十字缝

全部采用顺砖砌筑，又称“全顺式”，这种做法不但省砖，而且墙面灰缝少。

三顺一丁

又称“三七缝”。这种形式的墙体拉结性较好，墙面效果也比较完整，因此应用十分普遍。

一顺一丁

又称“丁横拐”或“梅花丁”。拉结性好，但比较费砖。

五顺一丁

实际上是三顺一丁与十字缝的结合形式，兼有二者的特点，但较少使用。

落落丁

又称“全丁式”，不常见的一种作法。

多层一丁

是指先砌几层或几十层顺砖，再砌一层丁砖的作法。

内部组砌

墙体内部的组砌主要采用里、外皮或外皮砖与背里砖的拉结。使用暗丁也是一种方式。

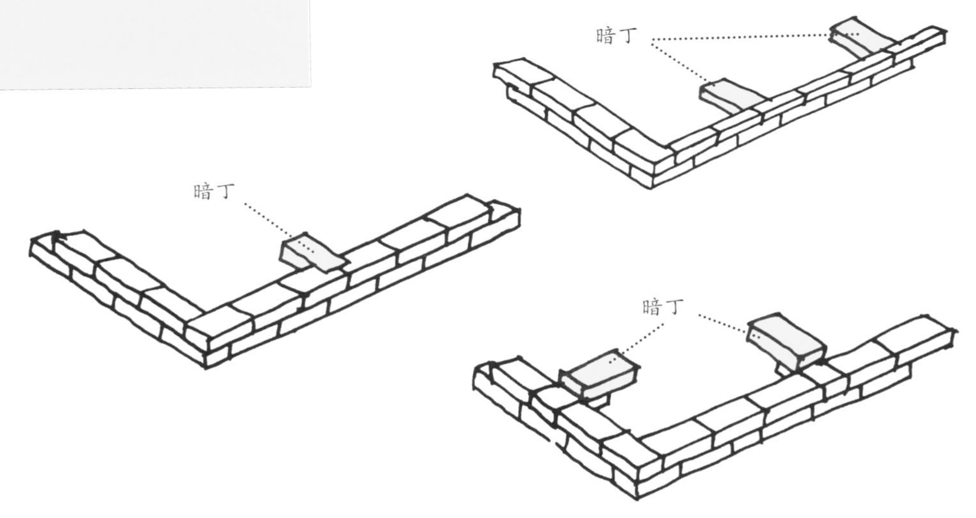

实滚墙

南方墙体组砌形式常见实滚、花滚、空斗三种。实滚有三种：实滚式、实滚扁砌式、实滚芦菲片。

实滚式

江南称为“玉带墙”，平砖顺砌与侧砖丁砌间隔，上下错缝。

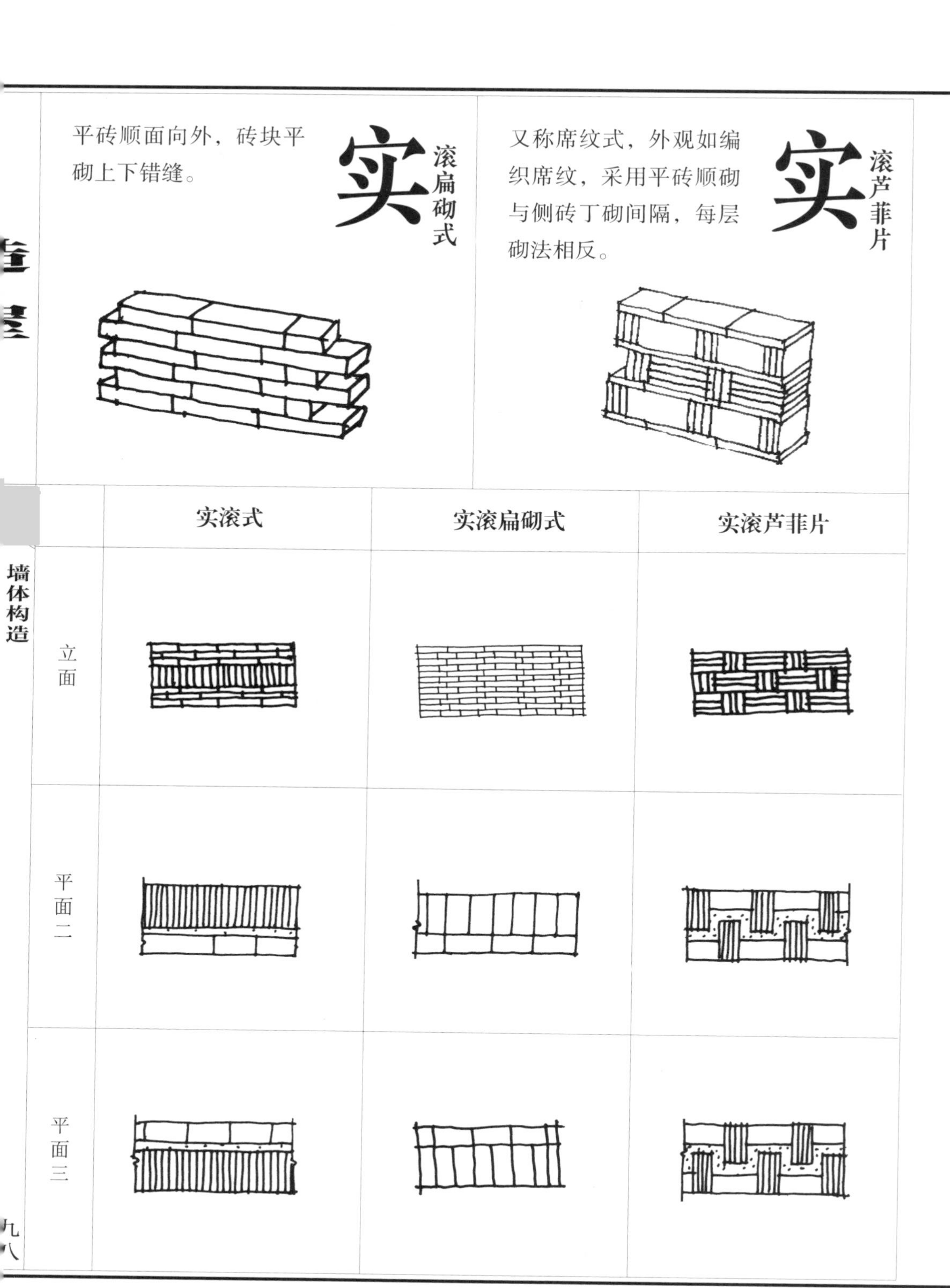
实滚扁砌式
平砖顺面向外，砖块平砌上下错缝。
实滚芦菲片
又称席纹式，外观如编织席纹，采用平砖顺砌与侧砖丁砌间隔，每层砌法相反。
实滚式
实滚扁砌式
实滚芦菲片
立面
平面二
平面三

花滚墙

为实滚墙与空斗墙相结合的砌筑方式，常见花滚、实扁镶思两种。

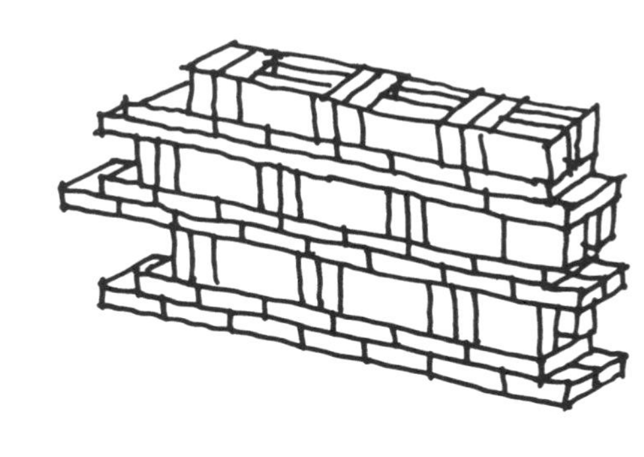

	花滚	实扁镶思
立面	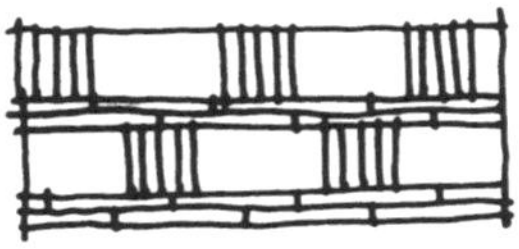	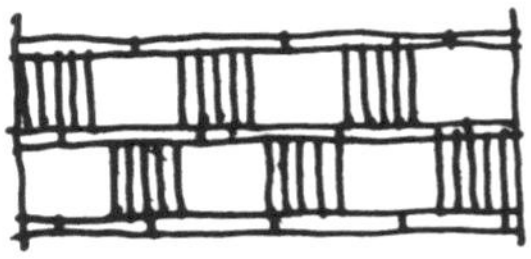
平面二	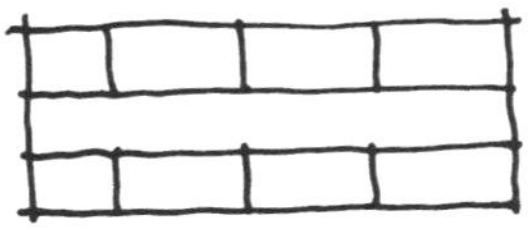	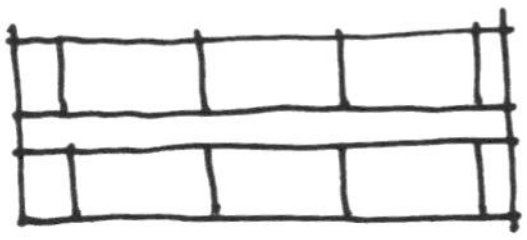
平面三		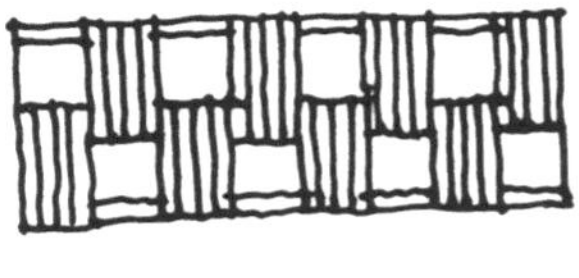

斗墙

砌法分“有眠空斗墙”和“无眠空斗墙”两种。侧砌的砖称“斗砖”，平砌的砖称“眠砖”。有眠空斗墙是每隔 1~3 皮斗砖砌一皮眠砖，分别称为一眠一斗、一眠二斗、一眠三斗。无眠空斗墙只砌斗砖而无眠砖，所以又称“全斗墙”。传统空斗墙多用特制的薄砖，砌成有眠空斗形式。有的还在中空部分填充碎砖、炉渣、草泥等以改善热工性能。

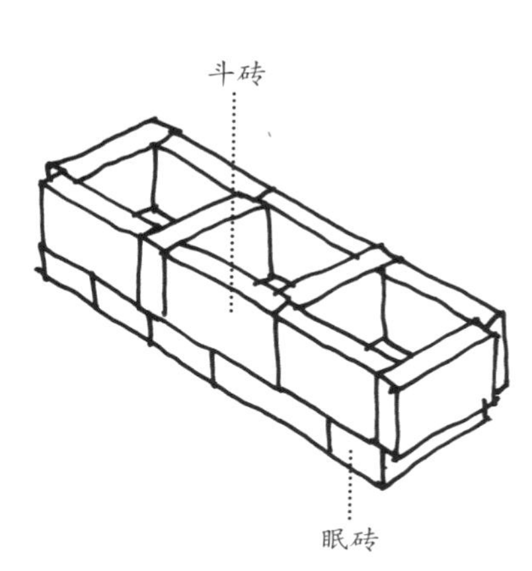

	单丁斗子	空斗镶思	大合欢
立面			
平面二			
平面三			

一眠一斗
一眠二斗
一眠三斗
无眠空斗

为了增强墙面的美观性，通常在墙面做一些变化，增加层次和线条，常见的做法有落膛、砖圈、五出五进、圈三套五、砖池子、方砖和条砖陡砌、花墙子、什样锦等。

落膛多为硬心（整砖不抹灰）作法，且多为方砖心作法，偶做十字缝条砖硬心。软心抹灰作法一般不采用，但某些部位（如廊心墙）必要时也可采用。用于廊心墙时常做砖雕，用于槛墙也偶做砖雕，用于铺面房，除可做砖雕图案外，还常雕刻文字。

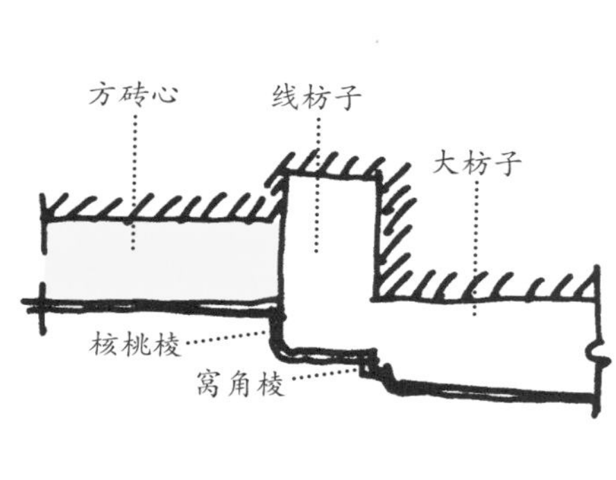

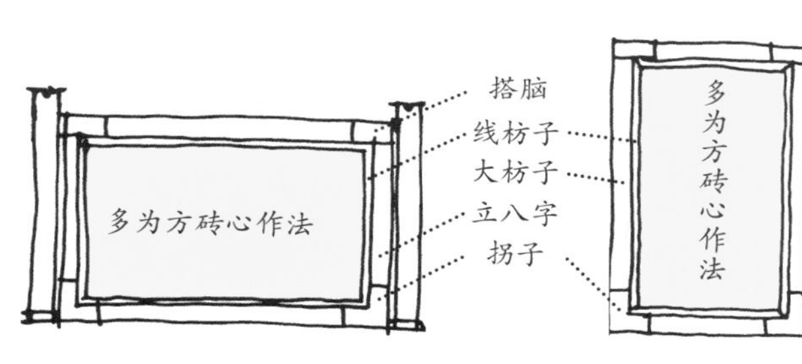

砖圈

是落膛作法的简化作法，其砖心部分与落膛心作法一样。砖圈的剖面形式如图，多为三种。

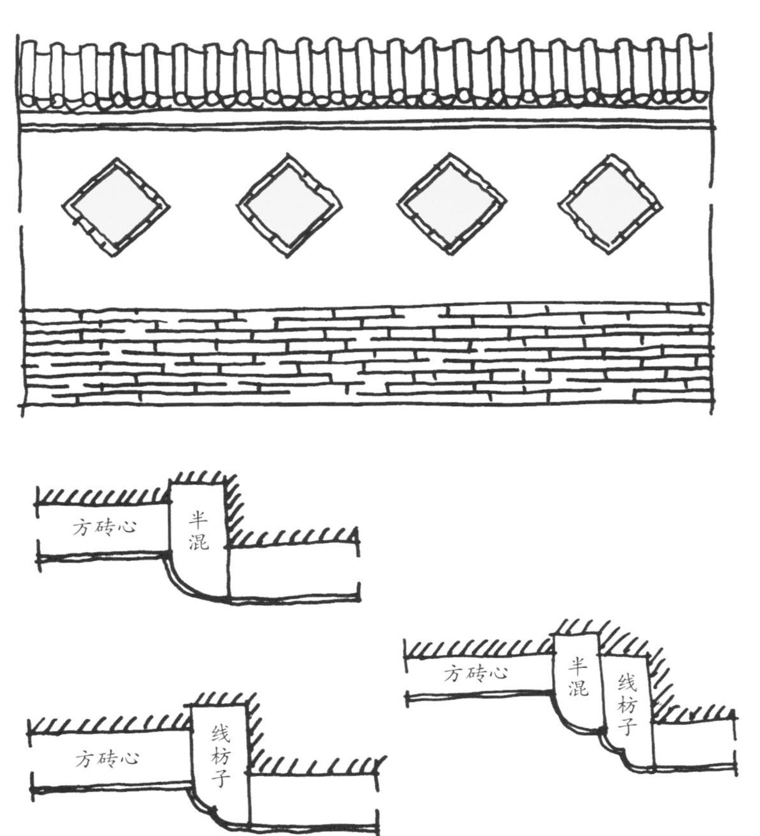

影壁、看面墙定型作法，是指下碱以上、大枋子以下、砖柱以内（包括砖柱和大枋子）这一段的习惯规矩作法。这种墙面形式实际上是取形于木构架特征的艺术提炼，具体请参见本章之“影壁”。

五出五进

五出五进是指墙角处的砖五层为一组，上下两组的长度相差半块砖长，如此循环砌筑。

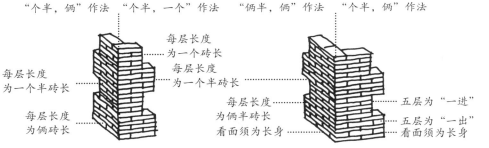

“个半，俩”作法
“个半，一个”作法
“俩半，俩”作法
“个半，俩”作法

每层长度为一个砖长
每层长度为一个半砖长
每层长度为一个半砖长
每层长度为俩砖长
每层长度为俩半砖长
看面须为长身
五层为“一进”
五层为“一出”
看面须为长身

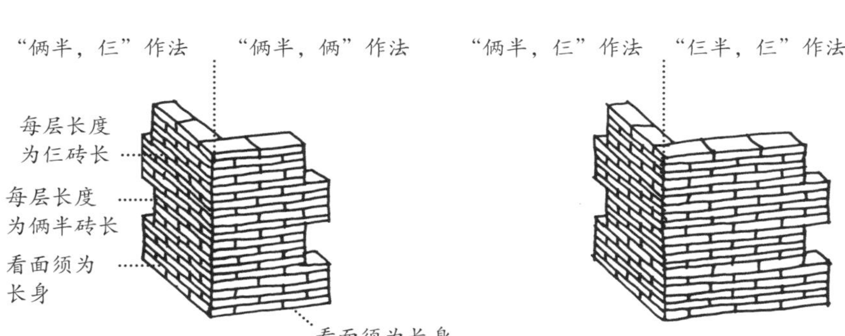

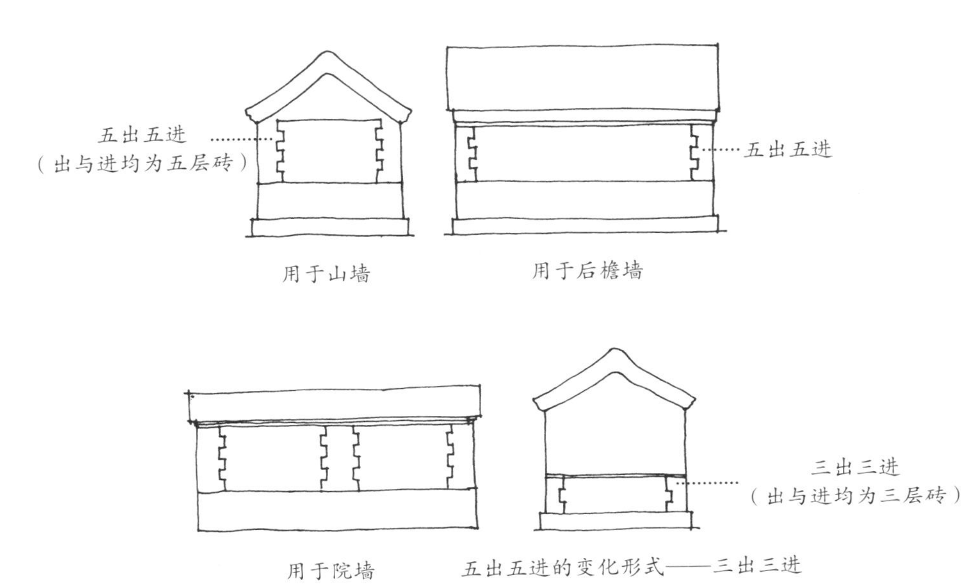

用于山墙　　用于后檐墙

用于院墙　　五出五进的变化形式——三出三进

五出五进砌法根据每组“出”“进”的长度，可分为五种摆法，“个半，一个”“个半，俩”“俩半，俩”“俩半，仨”“仨半，仨”。以“个半，俩”为例，其含义为：五出组的总长度应为两个长身砖的长，五进组的总长度应为一块半长身砖的长。五出五进作法主要用于普通建筑的山墙和后檐上身，有时也用于院墙和槛墙。

三套五

墙心部分不退花碱，应与四角保持在一个平面上。圈三套五的“出”是三层，而“出”与“进”的“圈”的立边均为五层砖厚。“圈”的横边应等于半砖加砖圈立边厚度，交角处应以割角交圈。圈三套五较五出五进更加讲究、细致，其墙心部分多采用淌白作法。

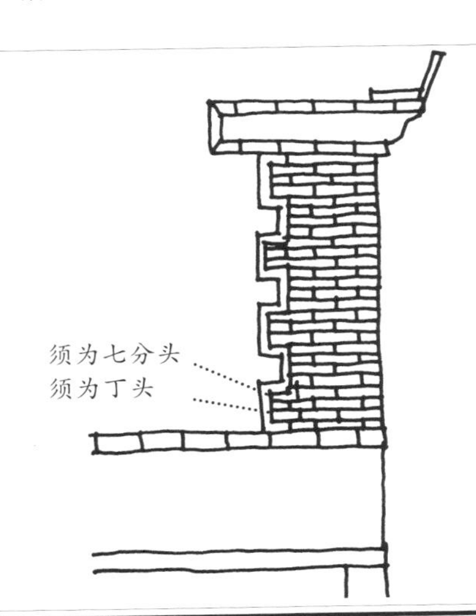

砖 池子

在古建筑墙面或石活构件中，凡四周做成矩形边框（中间部分一般应略凹进一些）的装饰可统称为“池子”作法。池子交角为直角者叫作“方池子”，交角为两条弧线相交者，成为“海棠池”。池子作法多见于山墙、后槛院墙，偶见于槛墙。

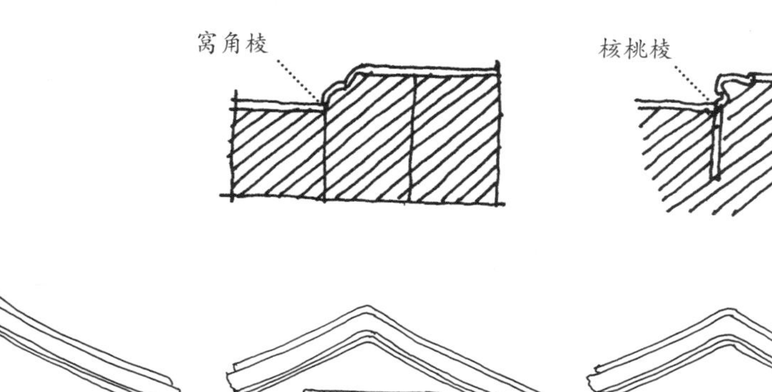

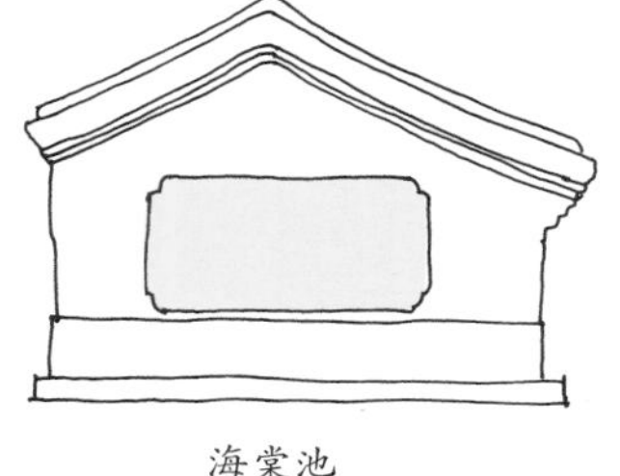

海棠池

陡墁方砖

龟背锦

方砖、条砖陡砌

方砖或条砖陡砌成各种艺术形式的作法多见于墙心或局部墙体。常见陡砌形式有：陡墁方砖（膏药幌子）、斜墁条砖、拐子锦、龟背锦、人字纹及其他各种仿花瓦作法等。陡砖装饰根据所在的位置或作法常有相应的名称，如，影壁的叫“影壁心”，方砖作法的叫“方砖心”，等等。

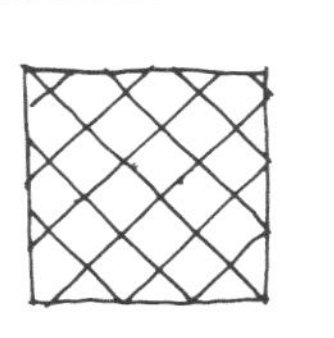

膏药幌子

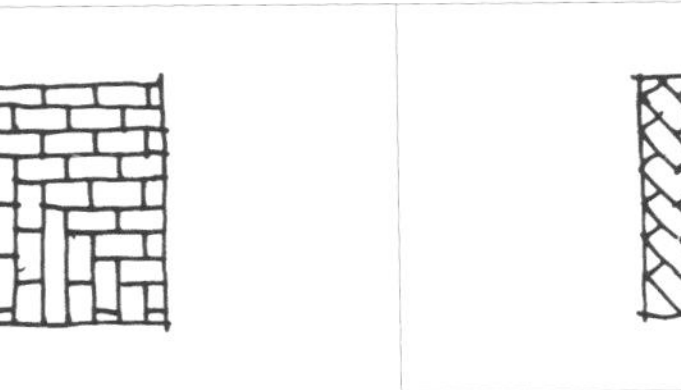

席纹

人字纹

拐子锦

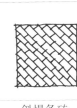

斜墁条砖

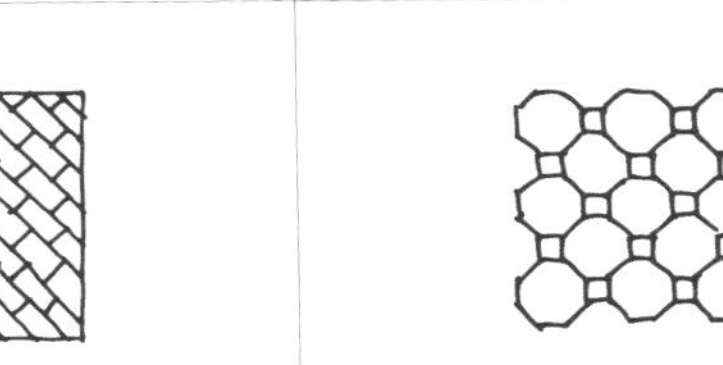

龟背锦

花墙子

花墙子作法是在墙体的局部或大部分使用花砖（俗称“灯笼砖”）或花瓦作法。花瓦和花砖作法是用筒、板瓦或砖摆成各种图案（图案样式参见“院墙·花瓦顶”）。

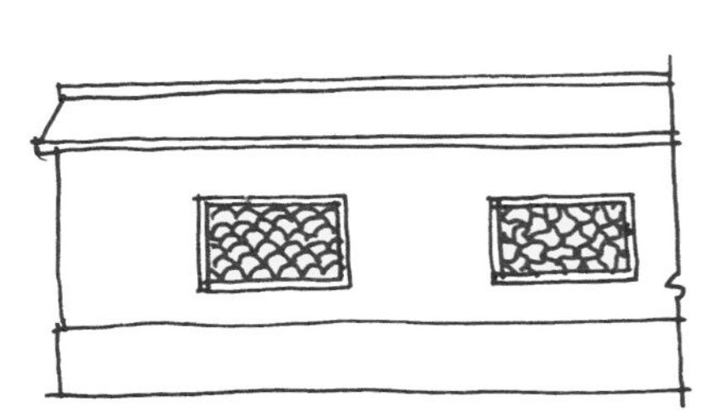

用瓦摆砌的花墙子

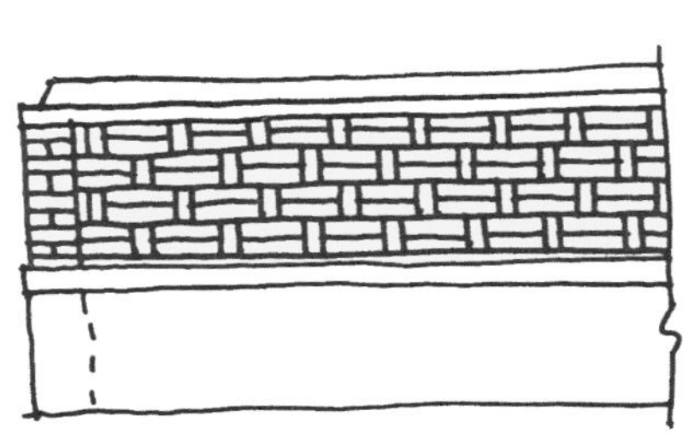

用砖摆砌的花墙子

什样锦

什样锦的形式是着意将门窗洞口做成各种不同的形状，以此来作为墙面的装饰。洞口的形状很多，常见的如六方、八方、圆形、五方、寿桃、扇面、蝠、宝瓶、双环、方胜（菱形）、叠落方胜（菱形）、石榴、海棠花等。

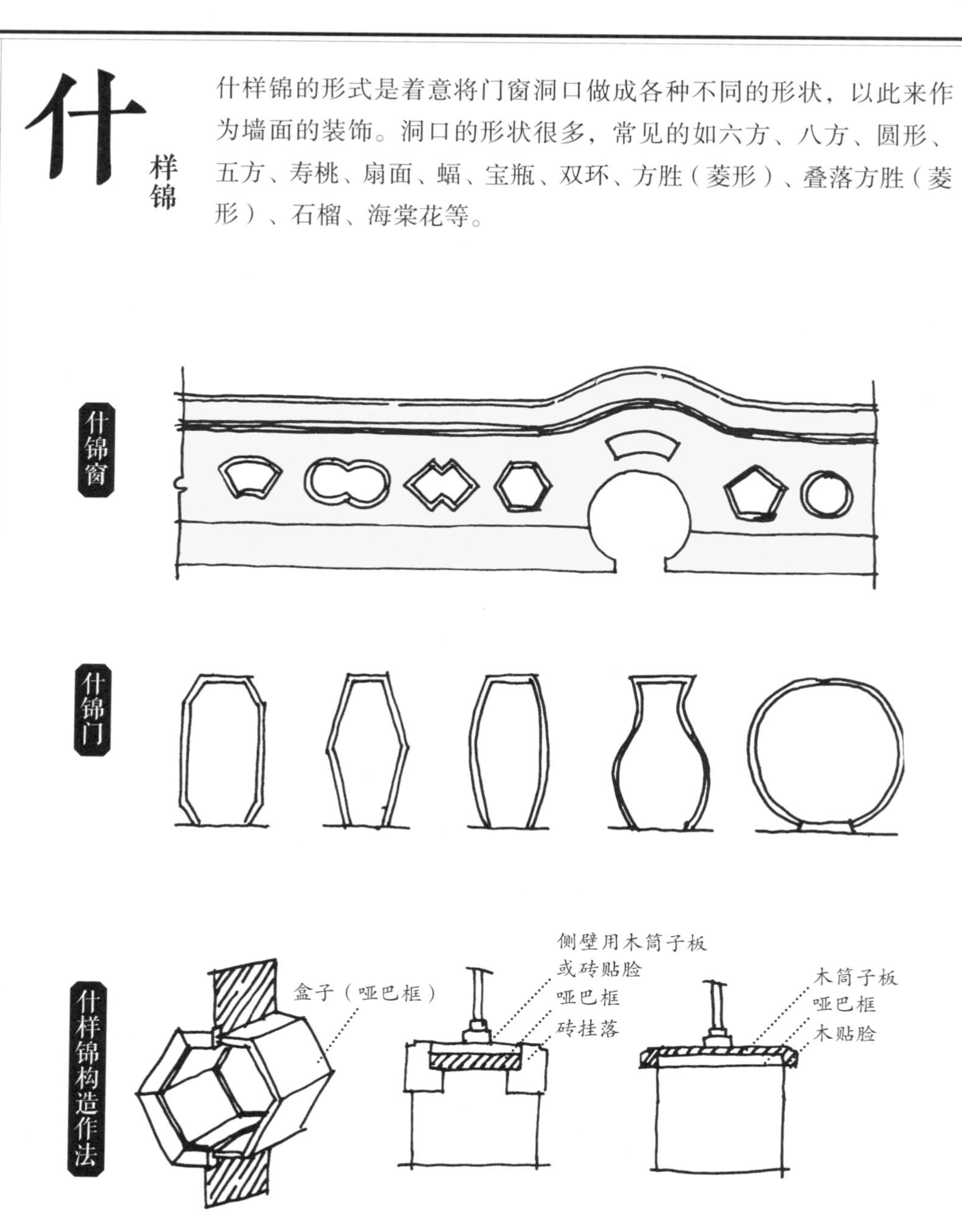

砖券

砖券按其形状可分为平券、半圆券、木梳背券和车棚券（又叫枕头券或穿堂券）等。以外，砖券还应用于门窗什样锦中，因此产生了圆光券、瓶券、多角券及其他异形券。

砖券中立置者称为“券砖”，卧砌者称为“伏砖”，统称“几券几伏”。糙砖的平券或木梳背券，可占用少许砖墙尺寸，被占用的部分叫“雀台”。平券和木梳背券“张”出的部分叫作“张口券”。正中的砖叫“合龙砖”或“龙口砖”，合龙砖的灰缝叫作“合龙缝”。

砖券的看面形式有：马莲对、甃砖、狗子咬、立针券。两券两伏以上作法者或车棚券、锅底券多用甃砖形式。

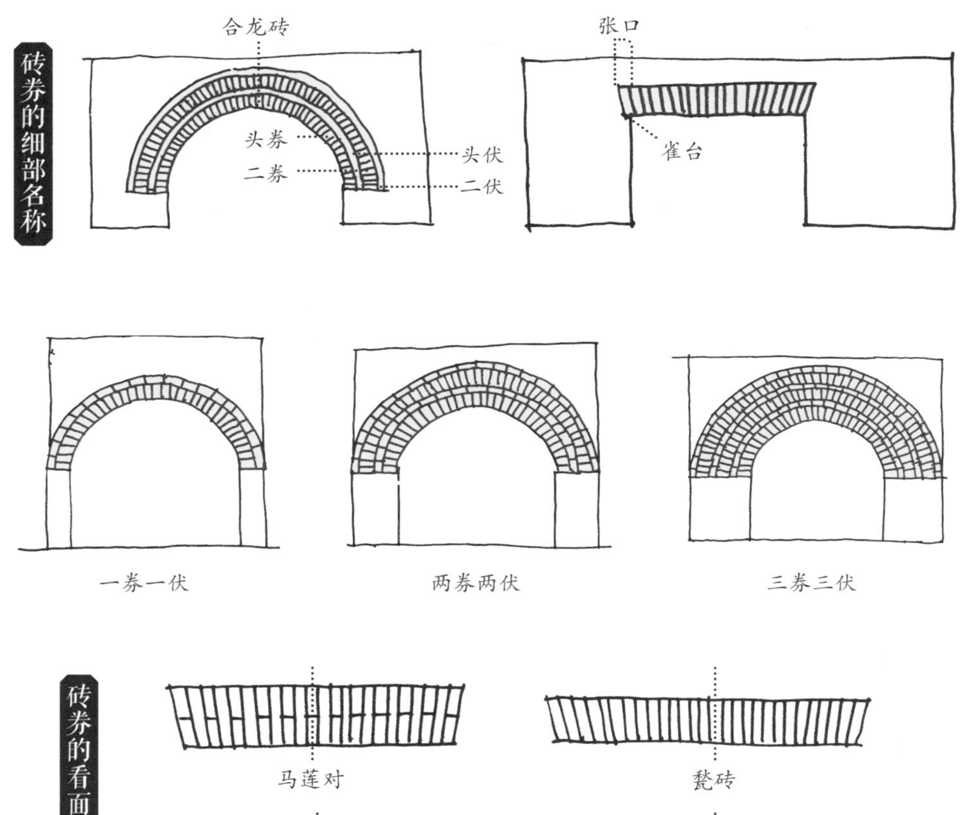

屋顶构造

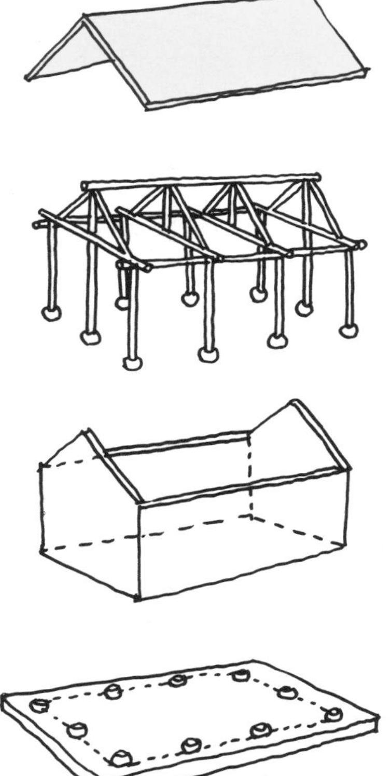

屋顶是中国传统建筑构成中最为醒目的部分，具有突出的艺术表现力。官式建筑的屋顶是高度程式化的，屋顶形制规定得很严格，形成一整套严密的屋顶系列。民间建筑的屋顶，有的用于规则的定型建筑，也是程式化的。有的用于依山傍水的不规则建筑，随着平面的变化、构架的起落、披屋的穿插和墙体的出入，屋顶和披檐高低错落，纵横交接，则是极其灵活的。

传统民居常见屋顶类型有硬山顶、硬山卷棚顶、悬山顶、悬山卷棚顶四种。

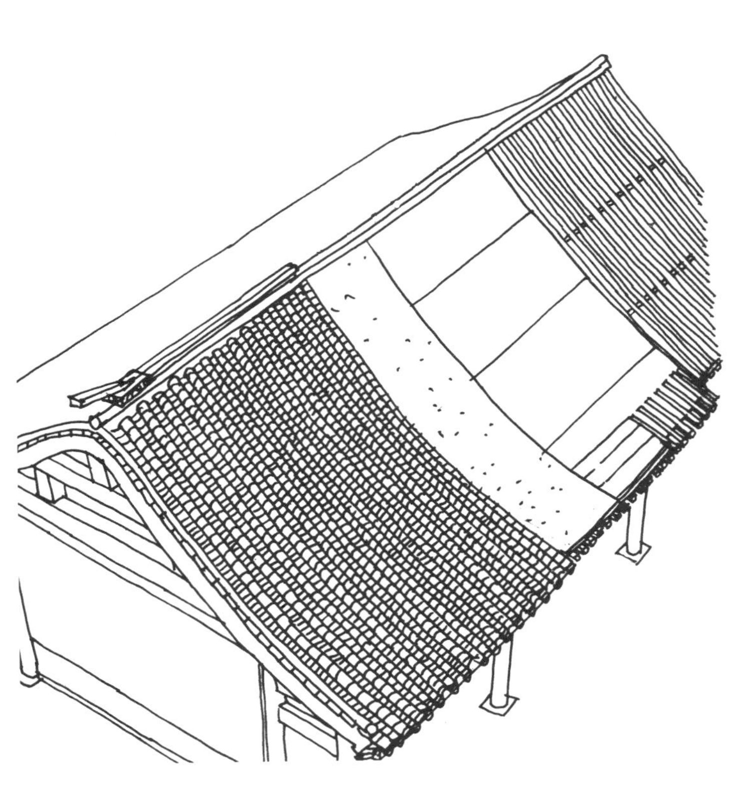

硬山顶

“硬山顶”是房屋两侧山墙同屋面齐平或略高出屋面的一种双坡屋顶形式。

硬山卷棚顶

硬山卷棚顶无正脊，屋脊部位形成弧形曲面，为硬山式屋顶之一种。

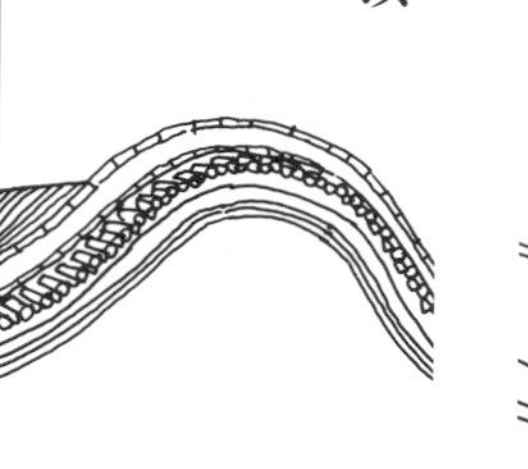

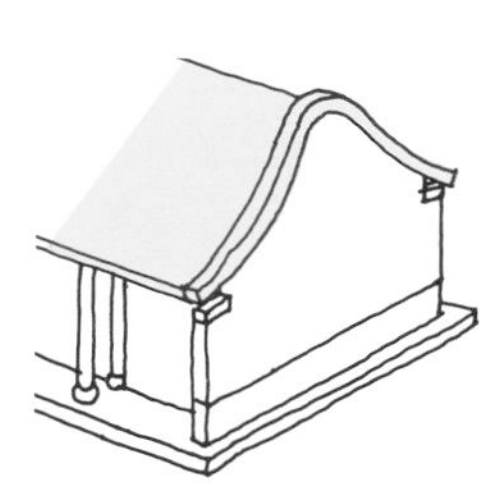

悬山顶

“悬山顶”是屋面有前后两坡，且两山屋面悬于山墙或山面屋架之外的屋顶形式。

悬山卷棚顶

悬山卷棚顶无正脊，屋脊部位形成弧形曲面，为悬山式屋顶之一种。

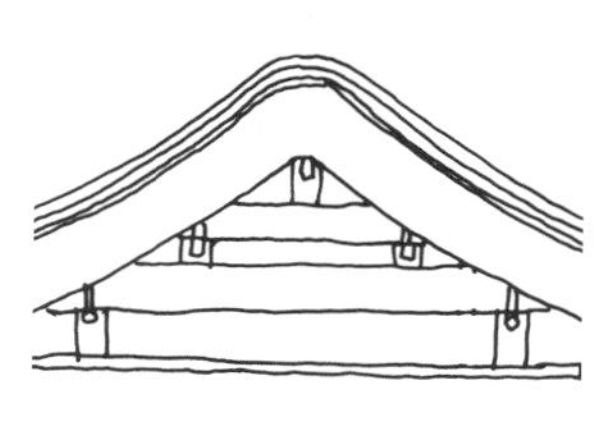

屋面

常见的屋面形式有木板屋面、布瓦屋面、石板屋面、茅草屋面。颜色呈灰色的黏土瓦称为“布瓦”，布瓦屋面又称为“黑活瓦屋面”。

石板屋面

木板屋面

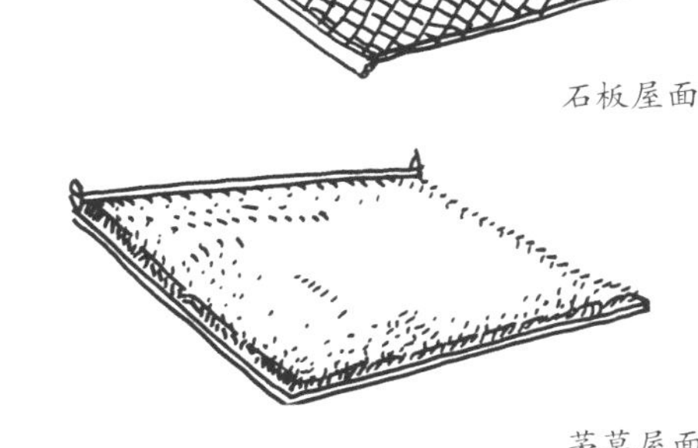

茅草屋面

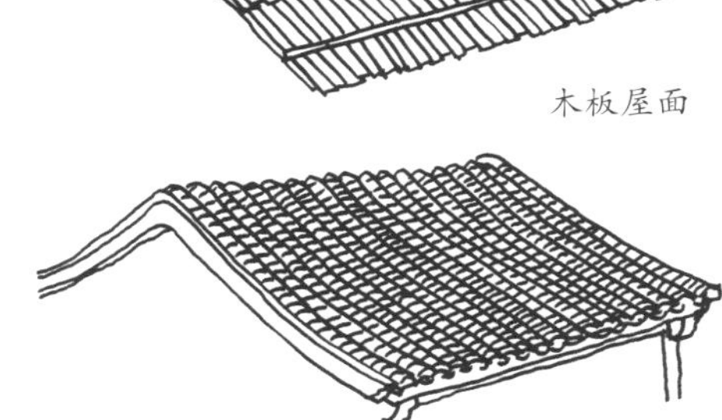

布瓦屋面

筒瓦屋面

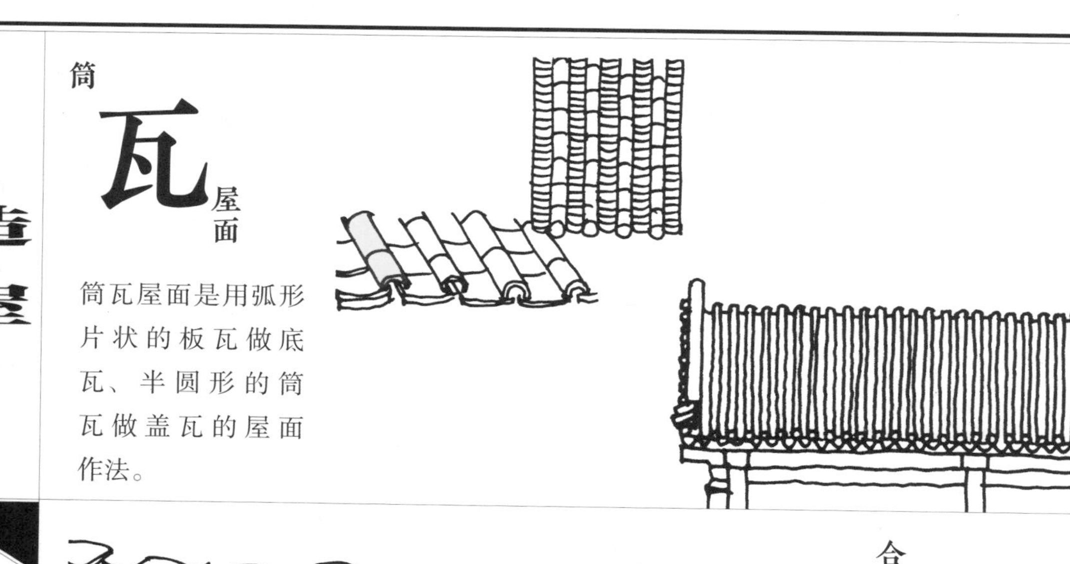

筒瓦屋面是用弧形片状的板瓦做底瓦、半圆形的筒瓦做盖瓦的屋面作法。

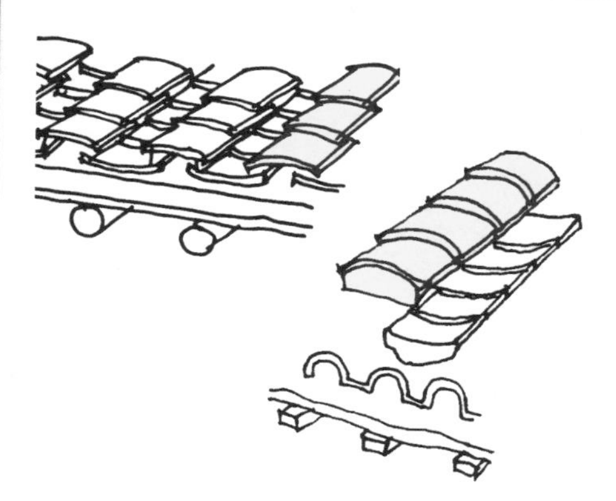

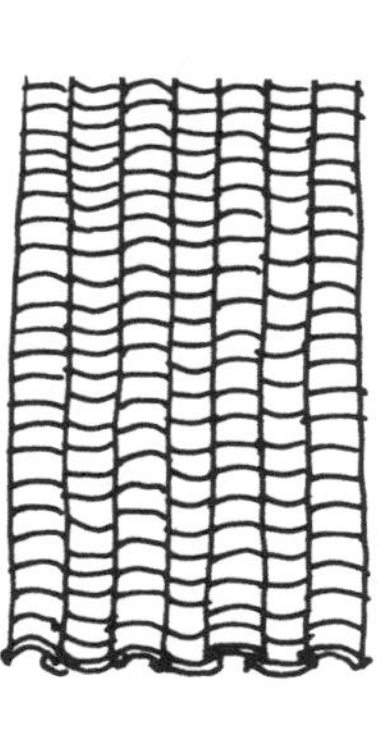

合瓦屋面

合瓦屋面的底瓦和盖瓦均采用板瓦，底、盖瓦按照一反一正即“一阴一阳”方式排列。

仰瓦灰梗屋面

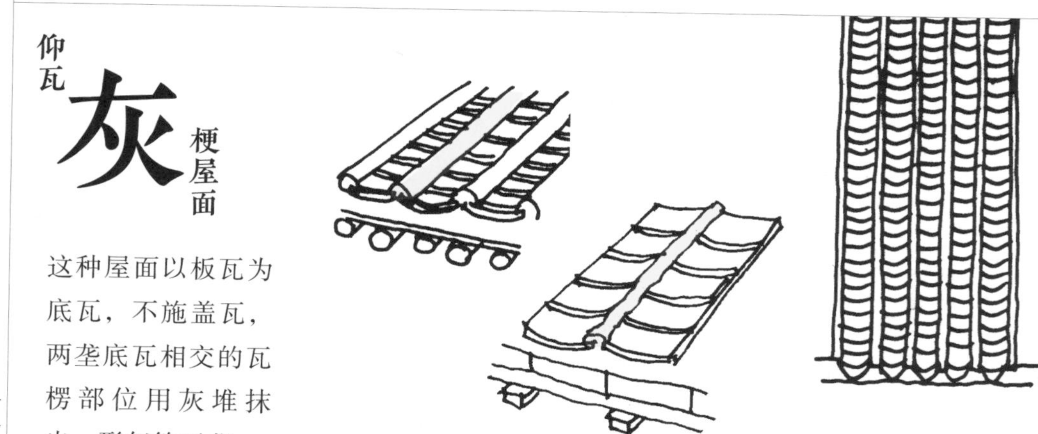

这种屋面以板瓦为底瓦，不施盖瓦，两垄底瓦相交的瓦楞部位用灰堆抹出，形似筒瓦垄。

棋盘心屋面

棋盘心屋面可以看成是在合瓦屋面的中间部位或下半部挖出一块、局部改作灰背或石板瓦的作法。

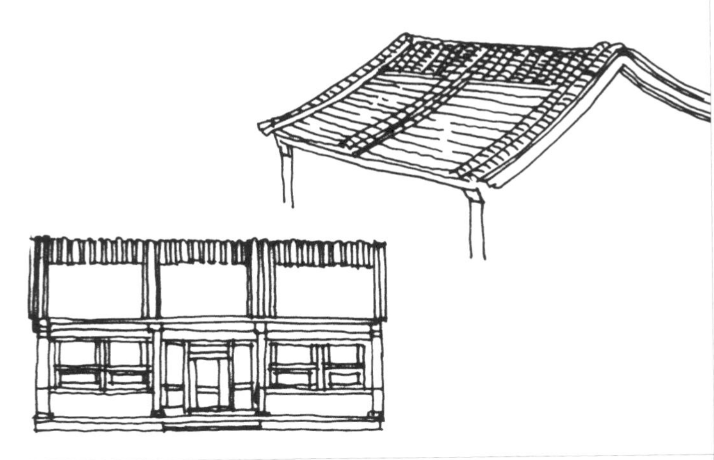

干槎瓦屋面

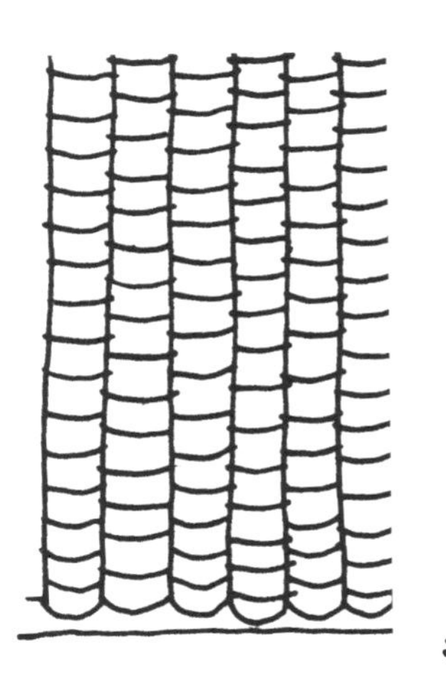

干槎瓦屋面的特点是屋面不施盖瓦，以板瓦为底瓦，在两垄底瓦相交部位也不堆抹灰梗，通过瓦与瓦的互相搭置遮盖瓦缝。这种形式多见于河南地区及河北地区民居。

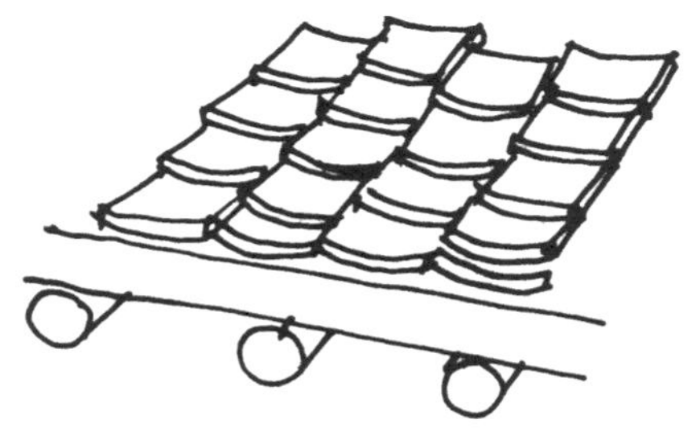

瓦顶屋面构造

瓦顶屋面一般由基层、苫背层、结合层和瓦面组成。

1. 基层为铺设在椽条之上的构造层次，作为屋面各层作法的铺设层，基层要有足够的刚度，以免变形过大引起上部苫背层的开裂。基层有四种常见形式：（1）席箔或苇箔；（2）荆笆、竹笆；（3）望板；（4）望砖。

2. 苫背层分为泥背层和灰背层，根据等级作法的讲究程度，所需层数不一。

3. 结合层：灰背层与屋面瓦之间的构造层，一般称为宽瓦泥或底瓦泥。

4. 瓦面。

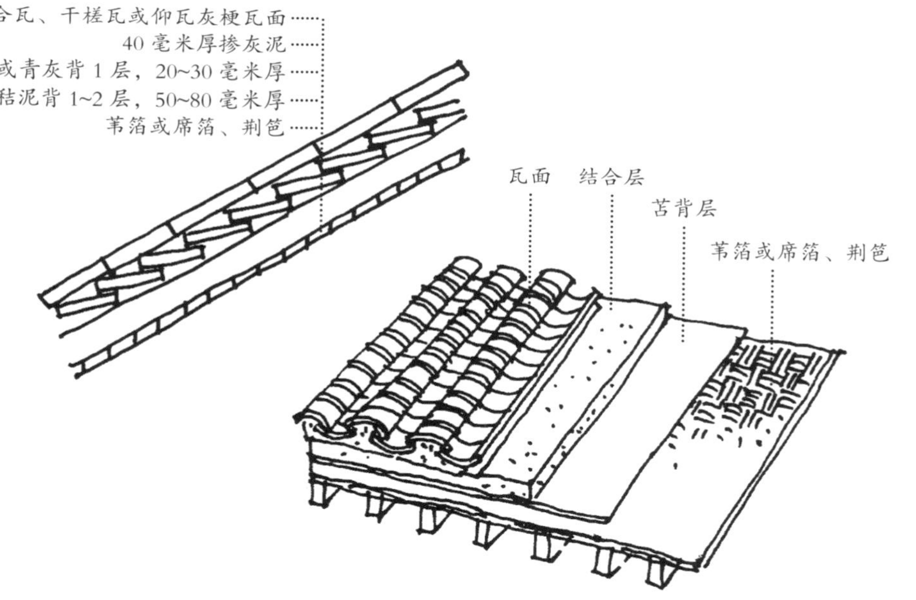

灰背顶屋面构造

在古建筑中，有时屋顶不铺瓦片，直接采用灰背作为屋面的最外层。这样的作法多出现在平台屋顶、单坡屋顶及瓦面采用棋盘心作法等情况下。

天沟、窝角沟细部构造

两座房屋采用“勾连搭”时的交接部位，或低层坡屋顶与高层墙面交接处都会形成水平天沟。一般在天沟两侧或一侧砌 1~2 层砖。沟头唤作“镜面勾头”，滴子唤作“正方砚”。窝角沟常出现在屋面阴角部位，两坡的雨水在此汇集。一般采用筒瓦自下而上铺砌，沟筒两侧的勾头改为“羊蹄勾头”，滴子瓦改为“斜方砚”。

天沟处的构造

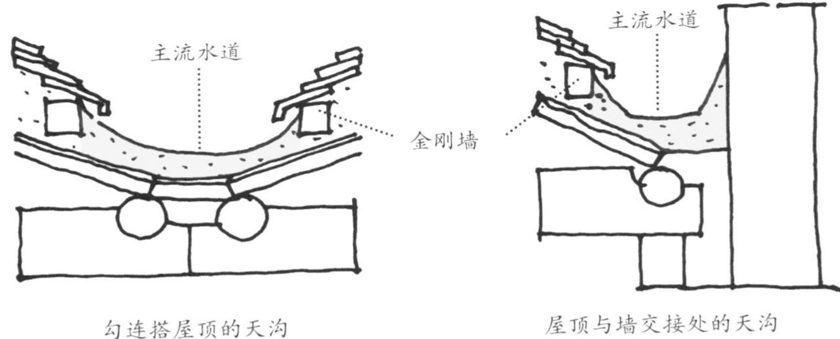

勾连搭屋顶的天沟　　屋顶与墙交接处的天沟

窝角沟处的构造

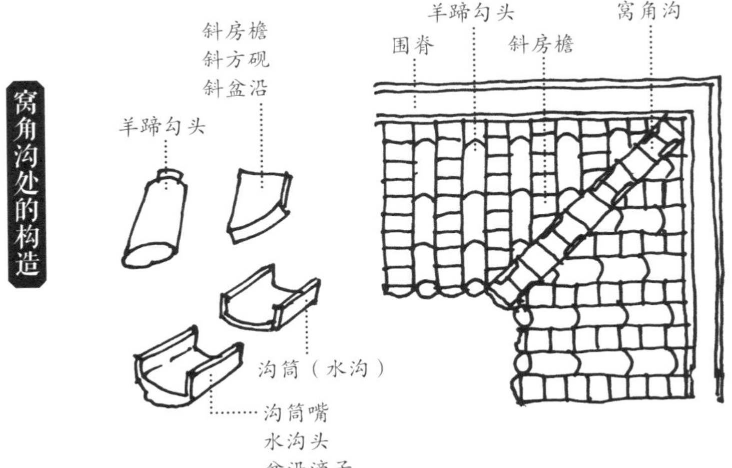

筒瓦屋面瓦垄中距

当筒瓦屋面正脊两侧的当沟为灰泥堆抹时，不使用当沟瓦，故筒瓦垄间距不受正当沟限制，而以筒瓦能够压住板瓦与板瓦之间的空当为准。筒瓦瓦垄中距 = 底瓦宽 + 板瓦蛐蜒当宽。

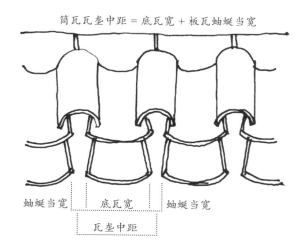

筒瓦瓦垄中距 = 底瓦宽 + 板瓦蛐蜒当宽

蛐蜒当宽　底瓦宽　蛐蜒当宽

瓦垄中距

合瓦屋面盖瓦瓦垄中距 = 盖瓦宽 + 走水当宽

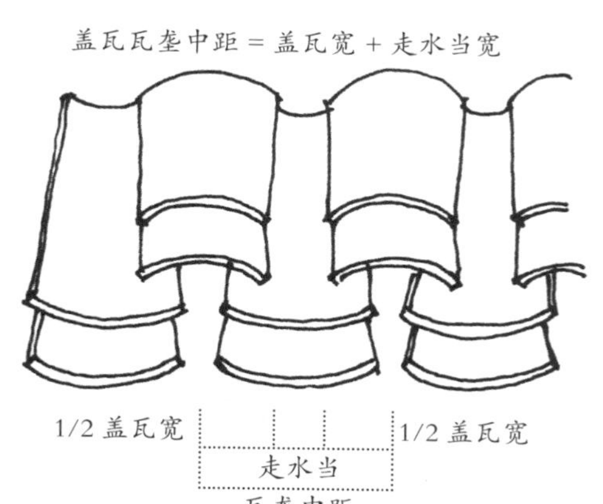

屋脊

屋脊的原始功用为压住屋坡边缘上的瓦片及增加屋顶重量，以防止二者被风掀掉。唐代以前，我国屋脊以短厚为主，粗犷雄浑；宋代以后，以细长为主，纤巧细致。其中沿着前后坡屋面相交线做成的脊为“正脊”。正脊往往是沿桁檩方向，且在屋面最高处。北方民居常见正脊类型有过垄脊、鞍子脊、皮条脊和清水脊等，江南民居常见正脊类型有游脊、甘蔗脊、雌毛脊（又名鸱尾）、纹头脊、哺鸡脊、哺龙脊等。与正脊相交的脊称为垂脊，民居垂脊常见铃铛排山脊和披水排山脊等。

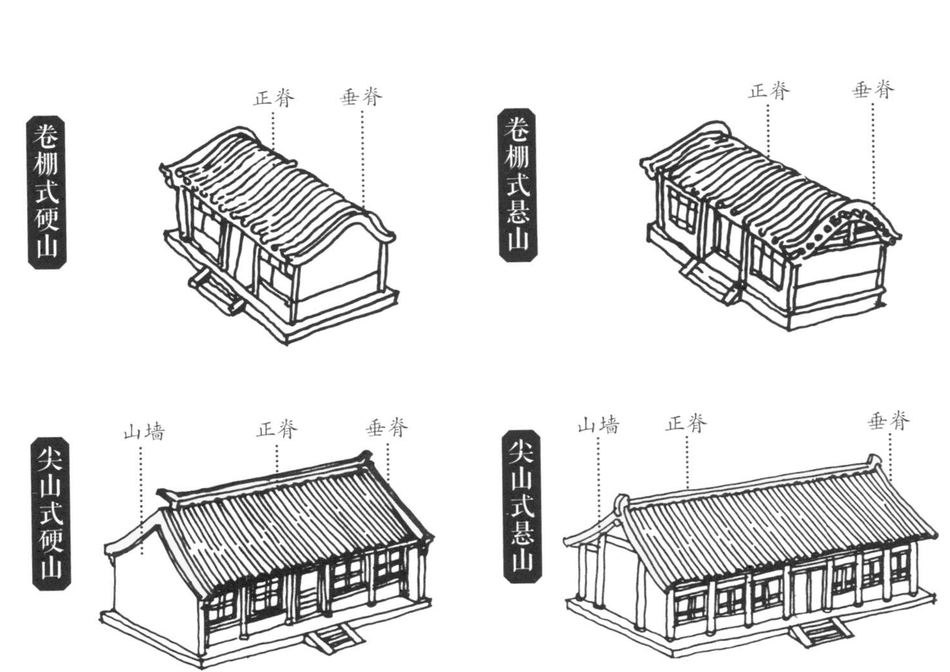

过垄脊应用于卷棚式硬山、悬山和歇山屋顶的正脊部位，特点是前后坡屋面上的各个瓦垄（包括底瓦垄和盖瓦垄）均是呈圆弧的形式经过屋脊顶部相互连接。过垄脊的作法比较简单，前后坡采用“折腰瓦、续折腰瓦”及“罗锅瓦、续罗锅瓦”相互连接。

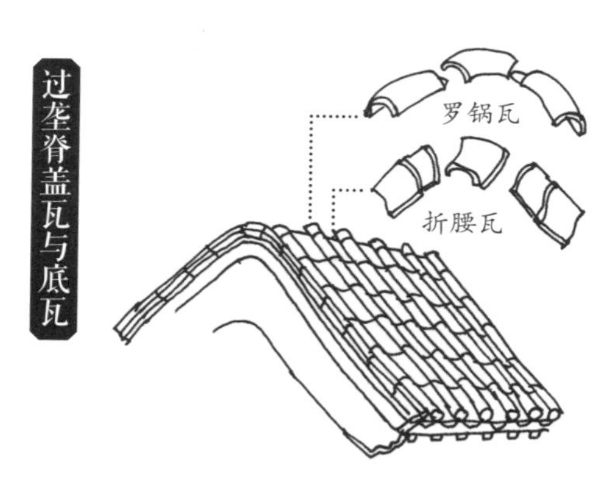

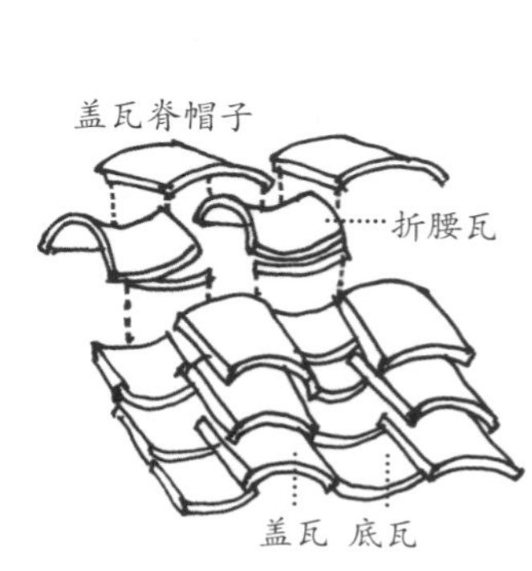

清水脊是民居建筑中屋顶正脊最复杂的一种。其造型别致，是用砖瓦垒砌线脚，两端翘起的鼻子又称“蝎子尾”，下有花草砖和盘子、圭角等构件，多用于小式作法的硬山、悬山，有正脊无垂脊。

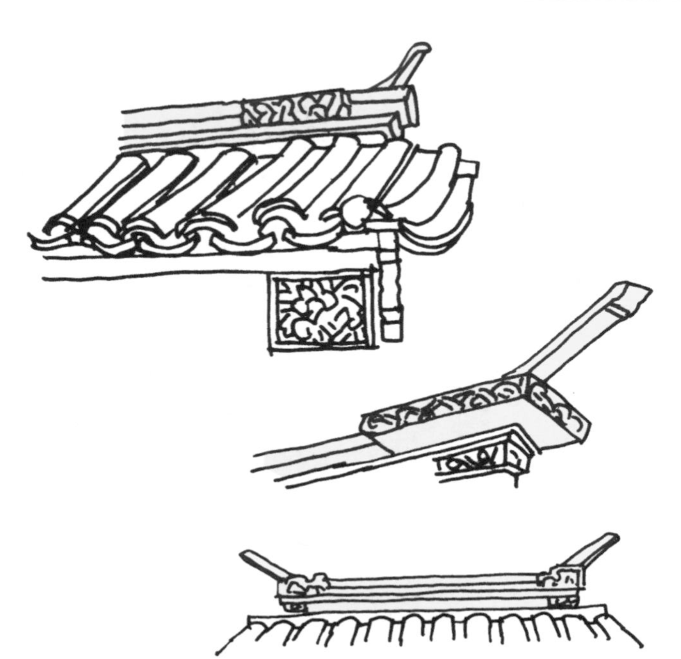

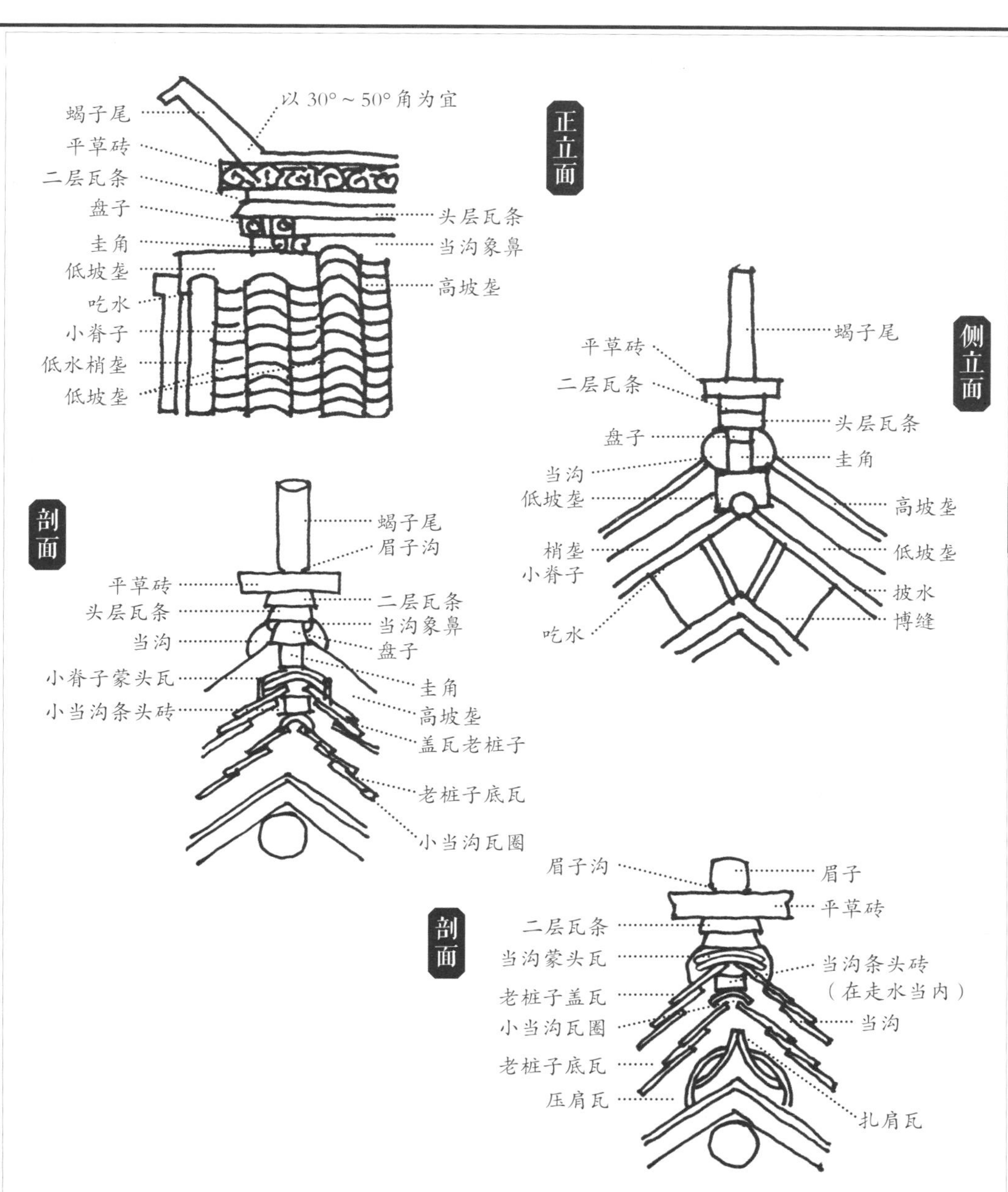

屋面瓦垄有高坡垄和低坡垄，低坡垄布置在位于两山端的四条过垄，其最高点与高坡垄在正脊根部最低点相同，檐口高度是一致的。

清水脊屋顶的瓦垄可分为三段，两端作法比较简单，称为低坡垄，作为清水脊主体的是中间较长的一段，比低坡垄高大且作法复杂，称高坡垄。

皮条脊

其作法与清水脊基本一致，但两端无“蝎子尾”，只在脊砖外安一件勾头成为皮条脊。多用于北方民居。

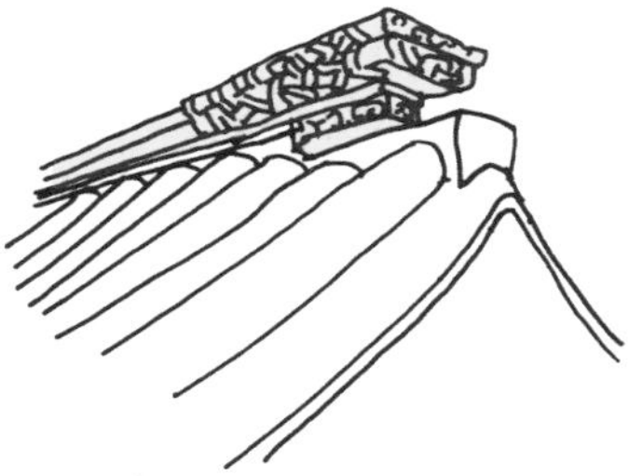

脊身构造

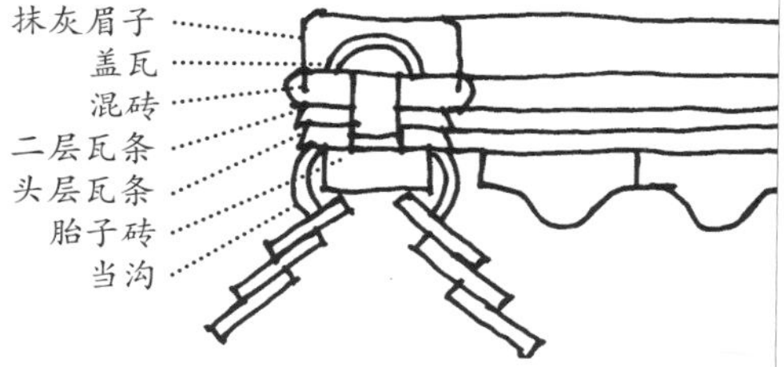

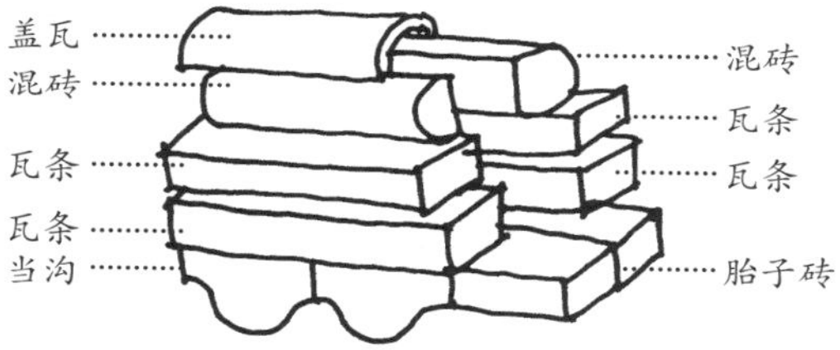

皮条脊构造

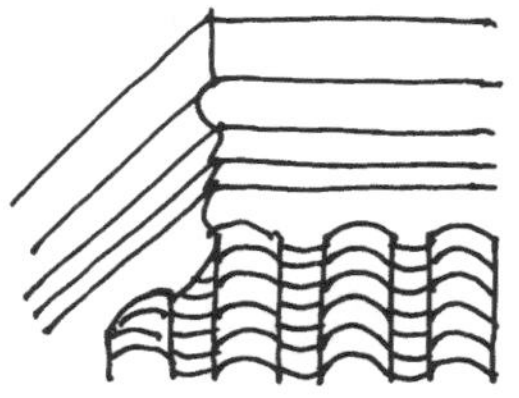

不带吻兽的皮条脊（小式）

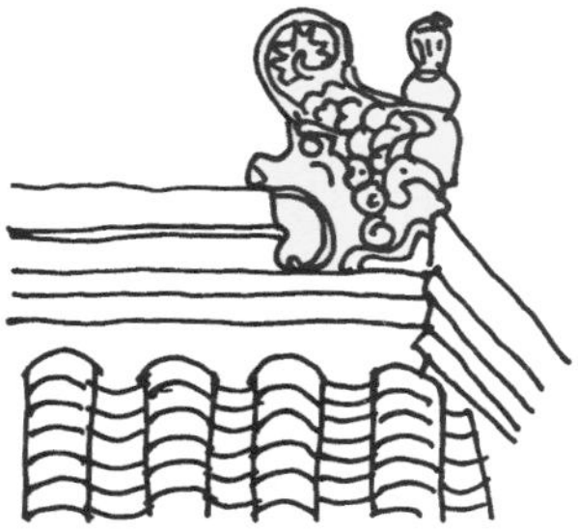

带吻兽的皮条脊（小式大作）

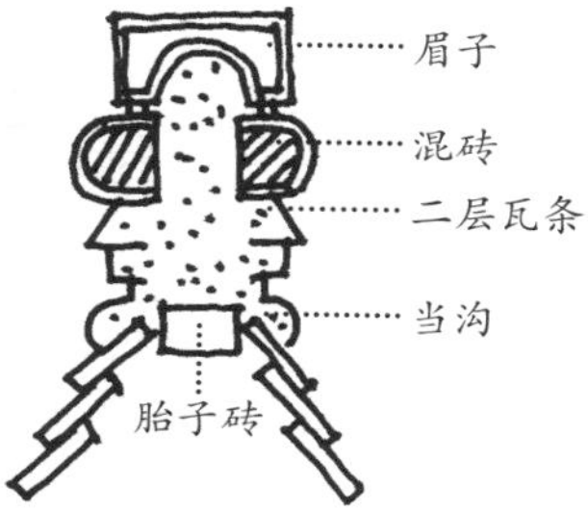

剖面

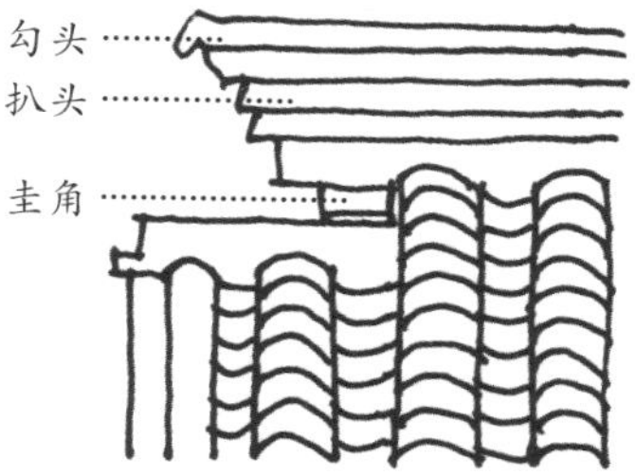

端部立面

扁担脊

扁担脊是较为简单的一种正脊，只需要在脊线上垒叠几层瓦材即可。由下而上铺砌的构件为：瓦圈、扣盖合目瓦、扣一层或二层蒙头瓦，在蒙头瓦上和两侧抹扎麻刀灰。扣盖合目瓦的位置应与底瓦相互交错，形成锁链形状。

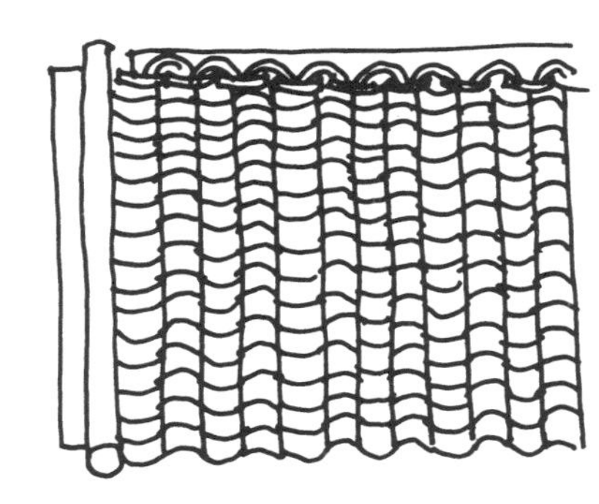

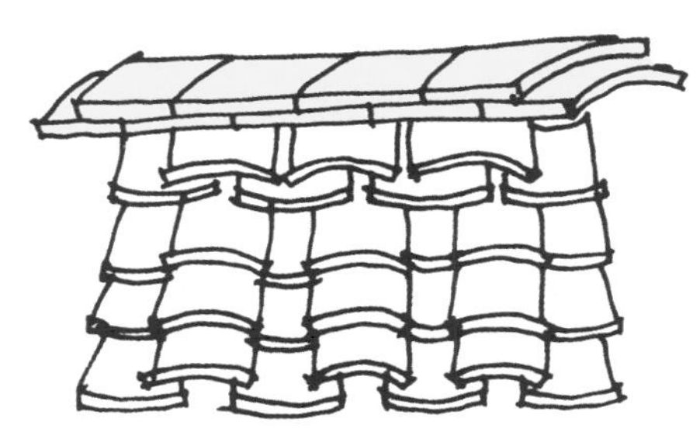

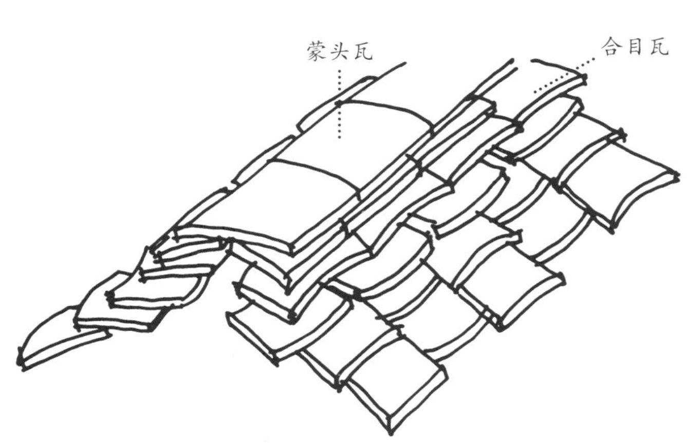

鞍子脊

鞍子脊仅用于合瓦或局部合瓦（如棋盘心）屋面。

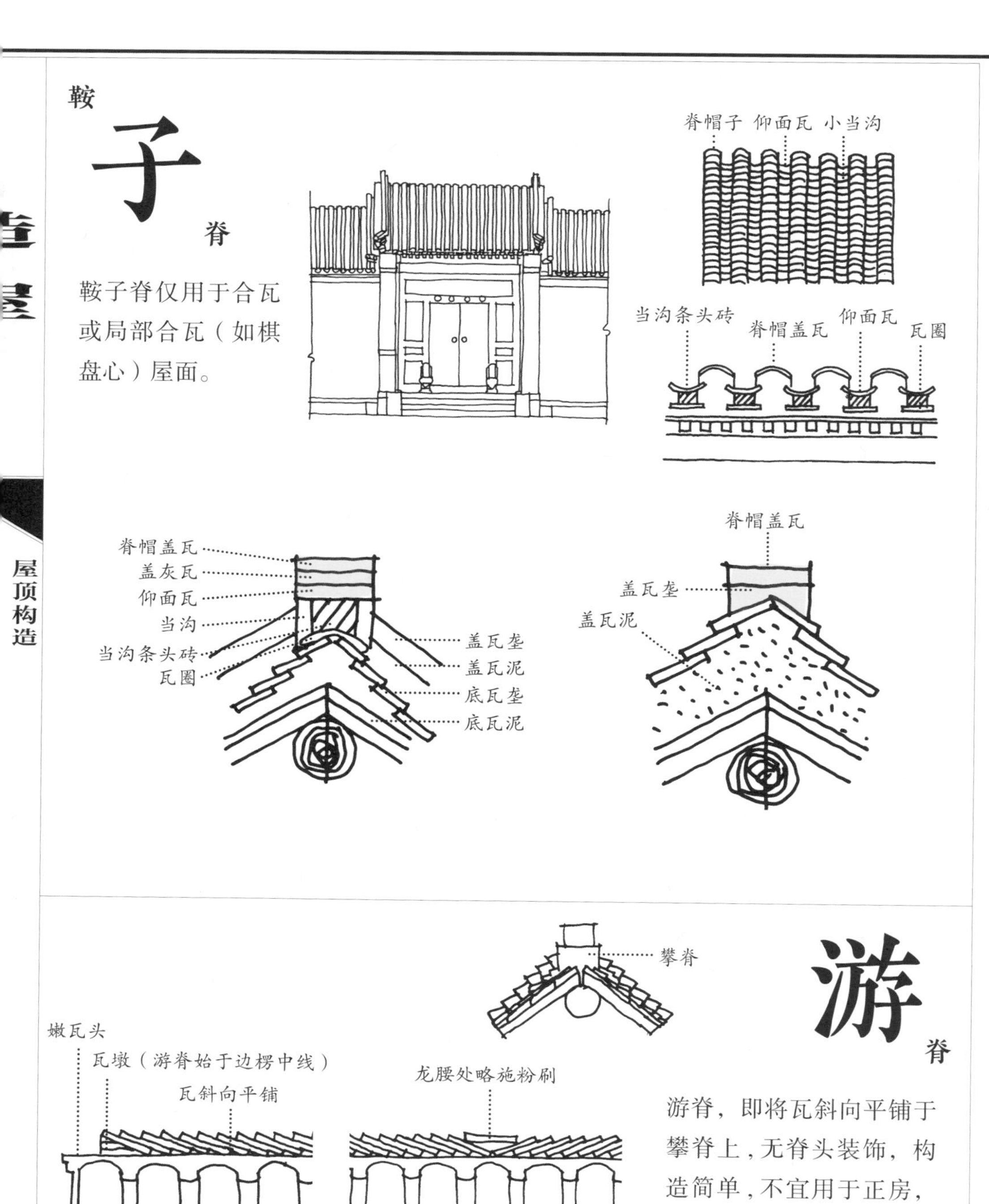

游脊

游脊，即将瓦斜向平铺于攀脊上，无脊头装饰，构造简单，不宜用于正房，一般用于简易平屋或围墙顶。

雌毛脊

雌毛脊一般用于普通民房，因其两头翘起，故须将攀脊两端砌高，做钩子头。

甘蔗脊

甘蔗脊是在正脊中部用板瓦直立排脊，开顶刷盖头灰，脊端做简单的方形回纹。多用于江南民居。

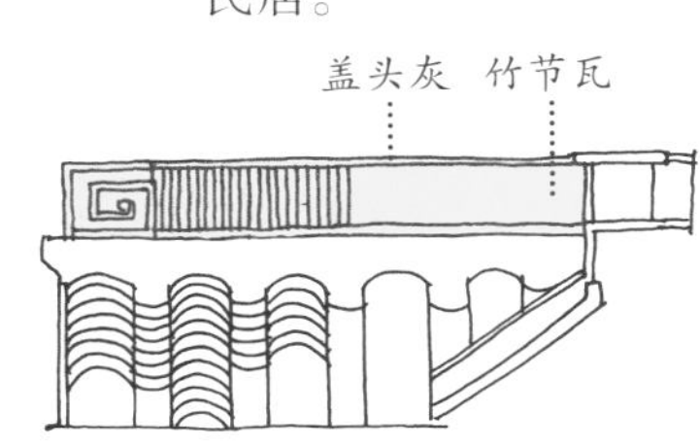

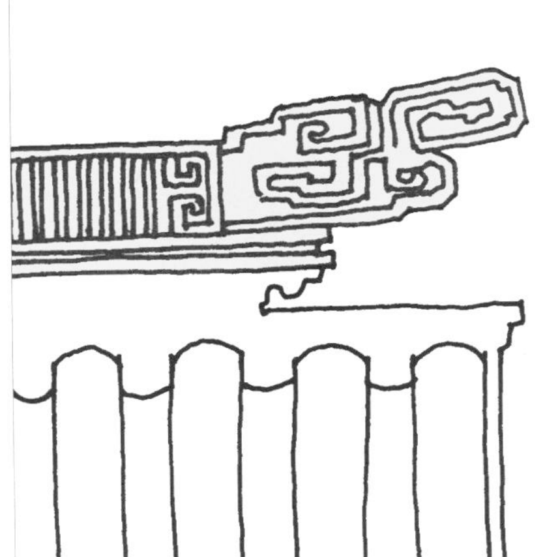

纹头脊

纹头脊，即将攀脊两端砌高，做钩子头，钩子头应砌筑于脊两端各向内缩进一楞半瓦的距离处，钩子头因似螳螂肚形，故又称“螳螂肚”。

哺鸡脊

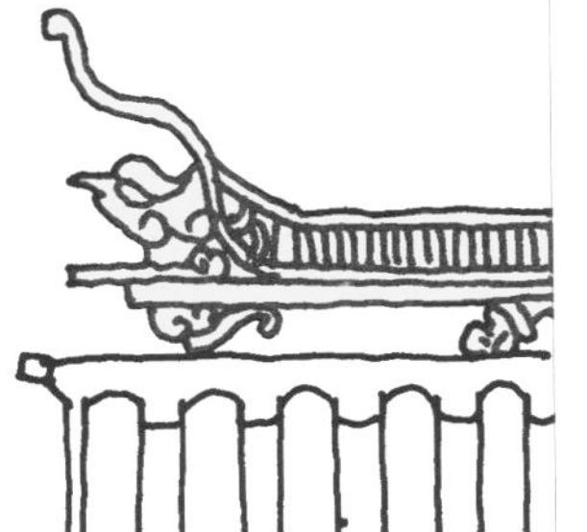

“哺鸡”置于筑脊之两端，有开口、闭口之分，哺鸡脊头上插铁花者，称绣花哺鸡。

哺龙脊

哺龙脊多用于寺庙厅堂建筑之上，较少用于民居中。

铃铛排山脊

铃铛排山脊和披水排山脊均为垂脊。排山是由勾头瓦作水分垄，用滴子瓦作淌水槽，相互并联排列而成，一般称之为“排山沟滴”。由于滴子瓦的舌片形似一列悬挂的铃铛，故又称“铃铛排山脊”。

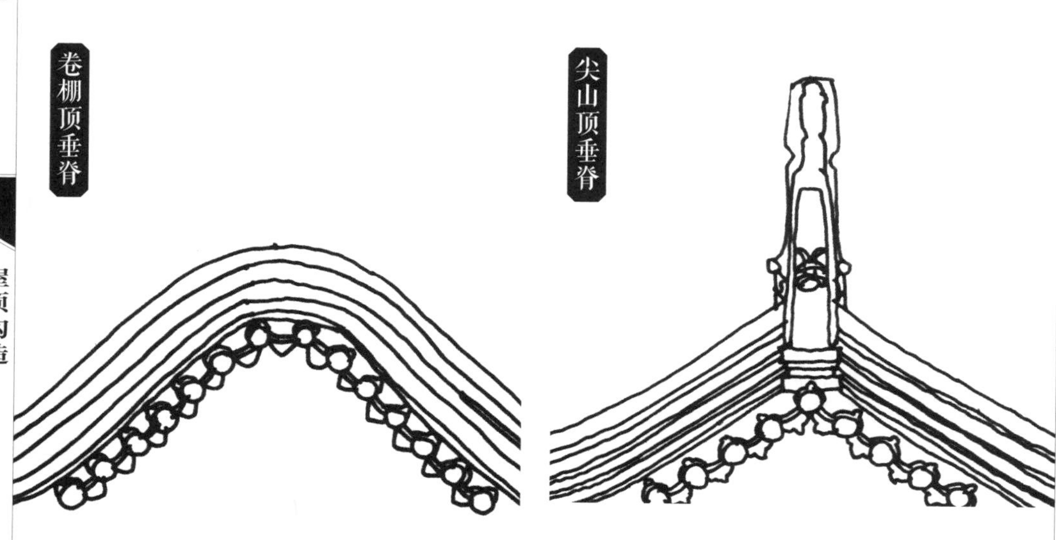

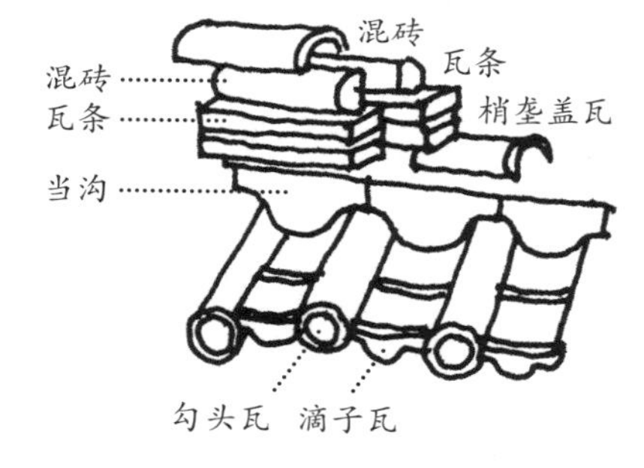

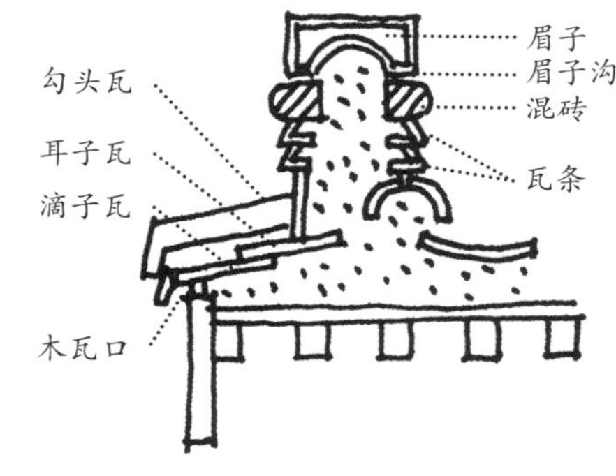

披水梢垄

披水梢垄不能算作垂脊，而是位于垂脊位置但又不做脊的处理方法。披水梢垄的具体作法为，在博缝砖上砌披水砖，然后在边垄底瓦和披水砖之上扣一垄筒瓦。披水梢垄仅仅是在屋面瓦垄中，最边上的一条瓦垄（称为梢垄），在瓦垄下砌一层披水砖与山面进行连接，起封闭和避水作用。

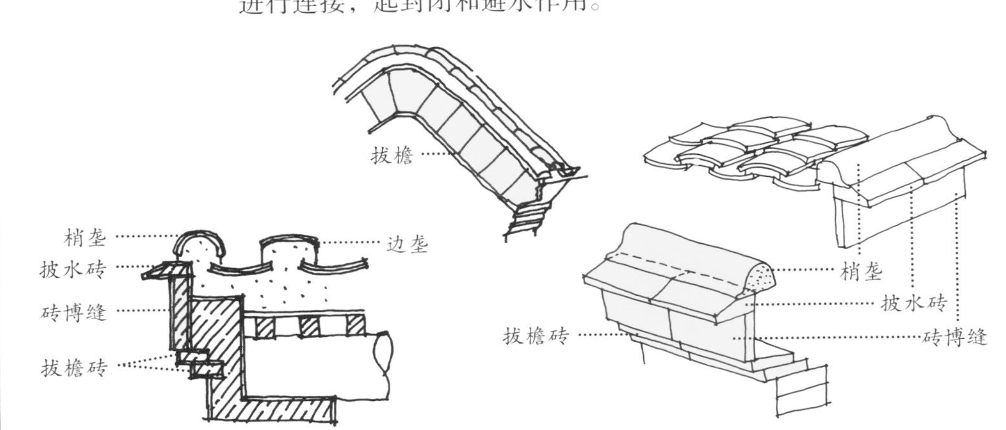

披水排山脊

披水排山脊与铃铛排山脊不同之处是披水排山脊不做排山勾滴，而是直接放边垄与梢垄之上。在梢垄之下、博缝之上，砌一层披水砖檐。

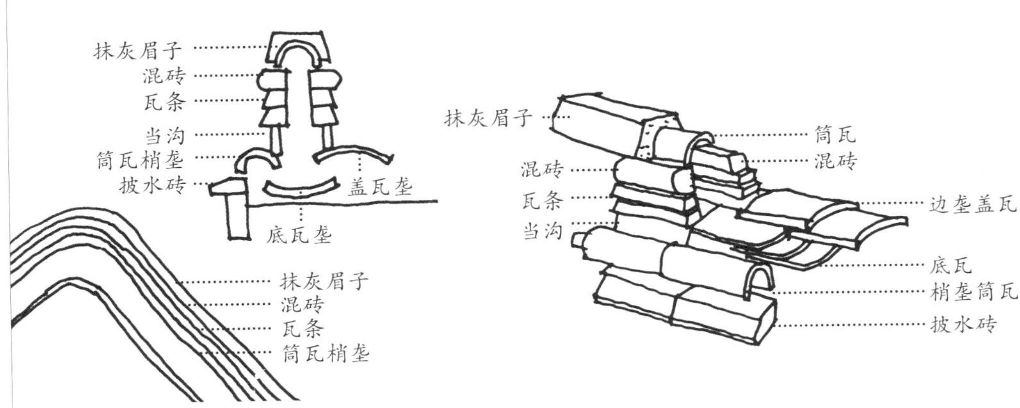

装修构造

在以木结构为主体的中国古建筑中，装修占着非常重要的地位。装修作为建筑整体中的重要组成部分，具有采光、通风、保温、防护、分隔空间等功用。装修的重要作用，还表现在它的艺术效果和美学效果。中国建筑的民族风格不仅表现在曲线优美的屋顶形式、玉阶朱楹的色彩效果，还表现在装修形式和纹样的民族特色上。

外檐装修用于室内外的空间分割、围护，内檐装修用于内里空间自身的分割、围护。外檐装修为建筑物内部与外部之间格物，其功用与檐墙槛墙相称。

槛框

中国古建筑的门窗都是安装在槛框里面的。槛框是古建门窗外框的总称，它的形式和作用，与现代建筑木制门窗的口框相类似。在古建筑装修槛框中，处于水平位置的构件为“槛”，处于垂直位置的构件为“框”。

槛框各部分的名称

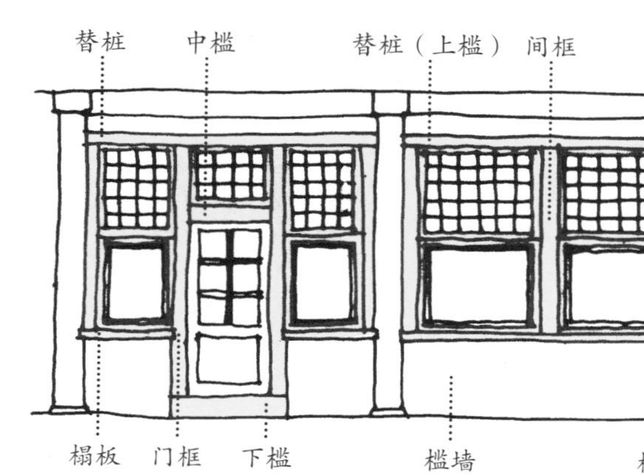

上槛是紧贴檐枋（或金枋）下皮安装的横槛。

槛

下槛是紧贴地面的横槛，是安装大门、隔扇的重要构件。

槛

中槛

中槛是位于上下槛之间偏上的跨空横槛，其下安装门扇或隔扇，其上安装横披或走马板。

马板

中槛与上槛之间大片空隙处安装的木板称为走马板。

位于中槛与上槛之间的抱框叫短抱框。

抱框

紧贴柱子安装的框称为抱框。

框

隔扇槛窗槛框各部分名称

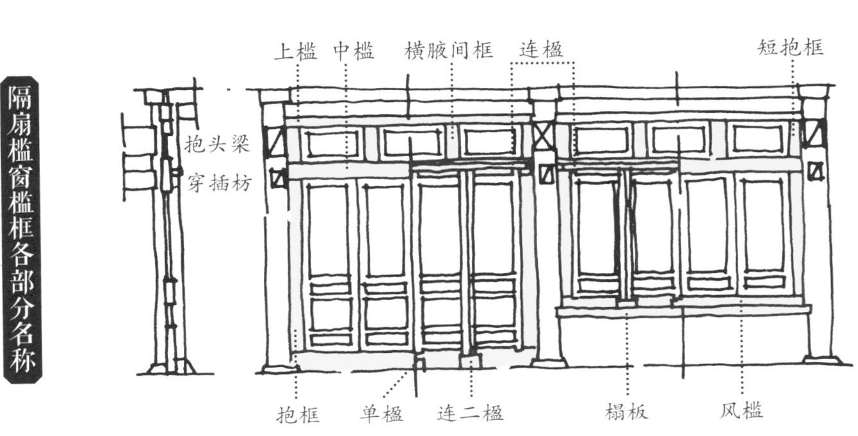

大门槛框各部分名称

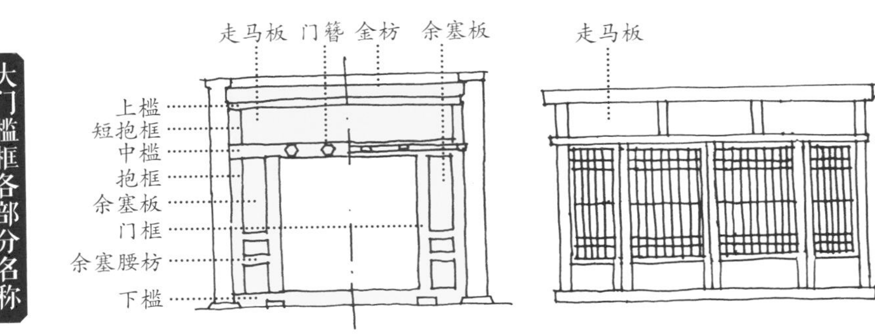

腰枋

门框与抱框之间安装的两根短横槛，称为“腰枋”，它的作用在于稳定门框。

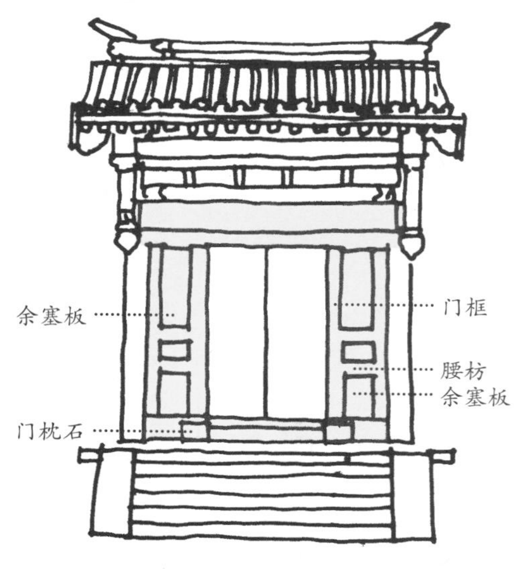

门框

大门居中安装时，还要根据门的宽度，再安装两根门框。

余塞板

门框与抱框的空隙部分称为“余塞”，余塞部分安装的木板，称为“余塞板”。

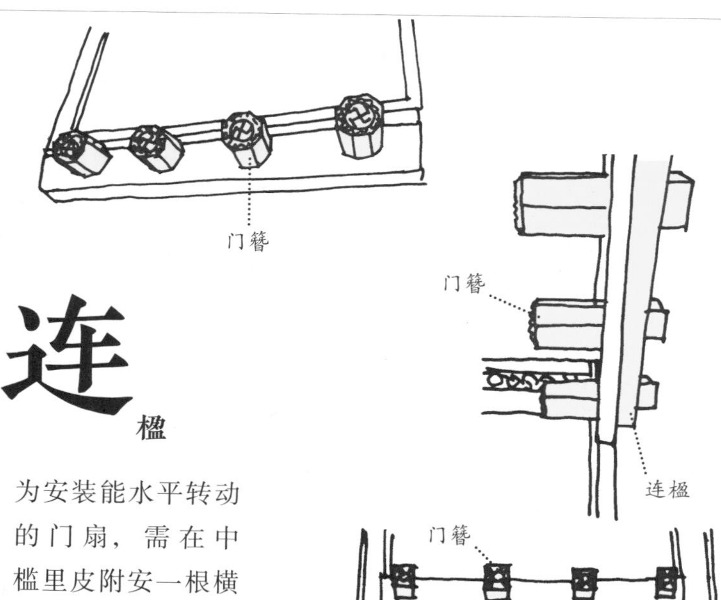

门簪

在连楹安装大门时，还需要将中槛和连楹锁合牢固，锁合中槛和连楹的构件称“门簪”。

连楹

为安装能水平转动的门扇，需在中槛里皮附安一根横木，在上面做出门轴套碗，称“连楹”。

单 楹 连二楹

与连楹相对应的还有贴附在下槛内侧的单楹或连二楹，其上凿作轴碗，作为大门旋转的枢纽。

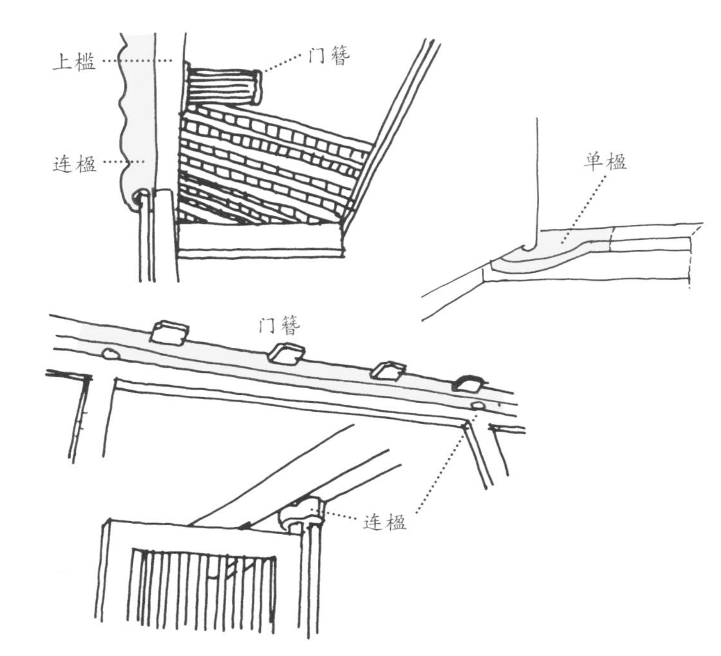

门 枕 石

大门下槛的楹子多采用石制，卡于下槛之下，称“门槛石”，在其与门轴转动部分相连的地方安装铸铁的海窝。

槅板

安装在槛墙上的木板即“槅板”。

横披间框

中槛与上槛之间安装的横披窗通常分作三当，中间由横披间框分开。

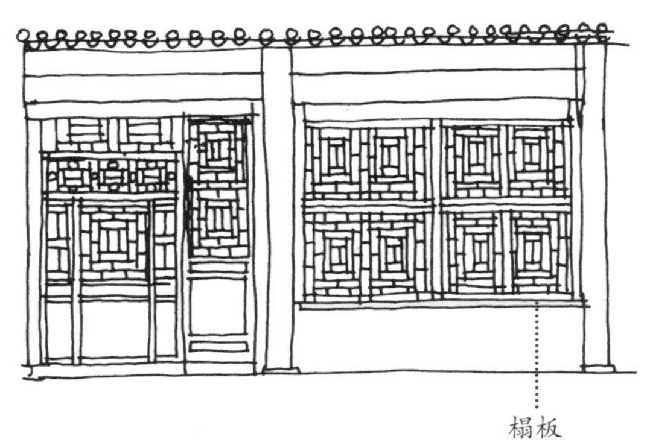

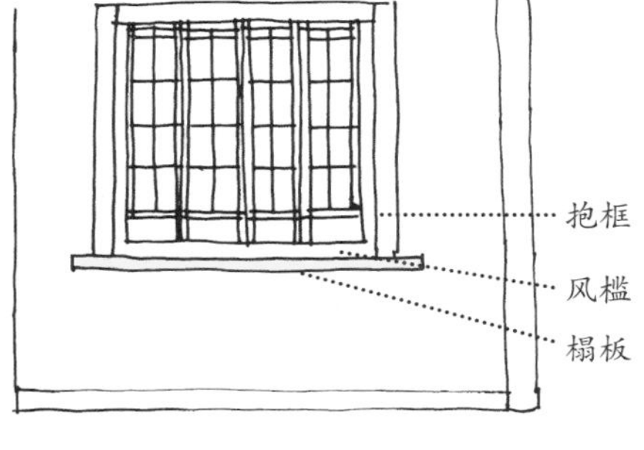

风槛

风槛为附在槅板上皮的横槛，安装槛窗时用。支摘窗下面一般不装风槛。

板门

板门是木板实拼而成的门，有对外防范的要求，府第的大门及民居的外门等都常使用板门。中国古建筑中最常见的板门，依据构造方法的不同，可分为实榻门、棋盘门（攒边门）、撒带门、屏门四种。

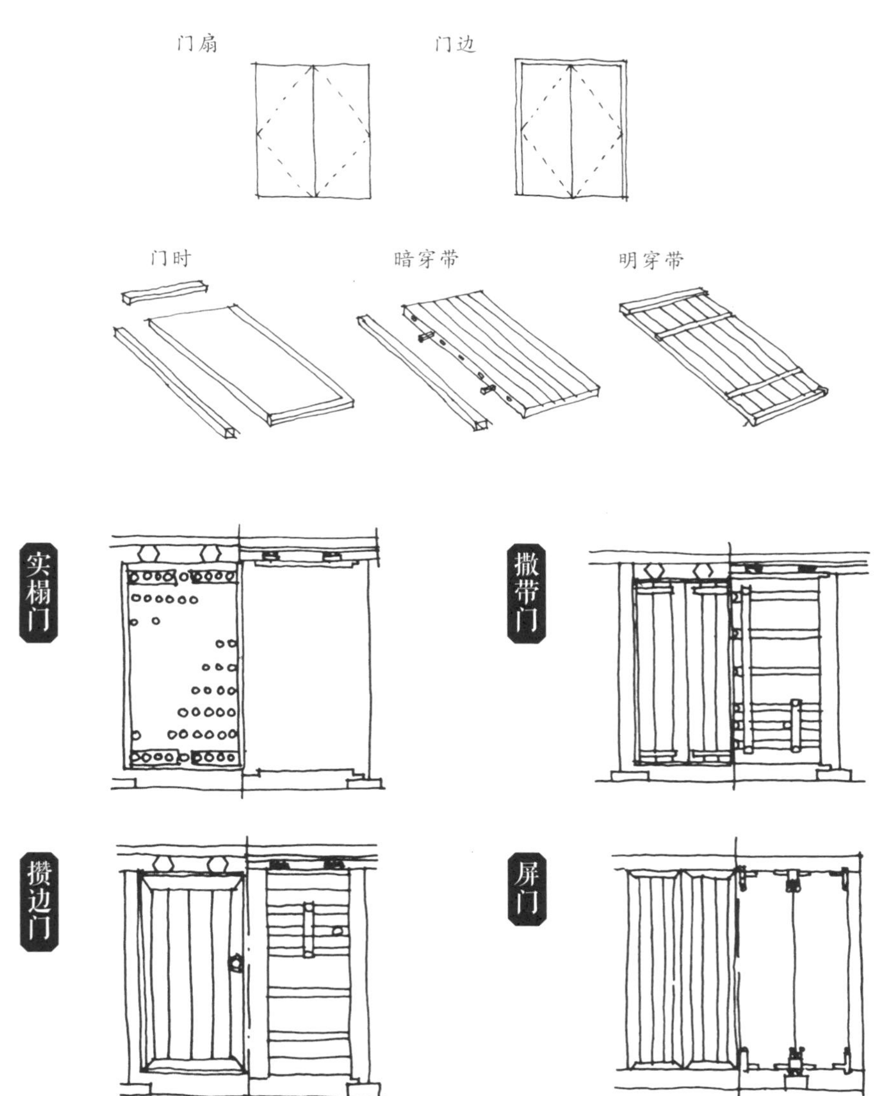

实榻门

实榻门是用厚木板拼装起来的实心镜面大门，是各种板门中形制最高、体量最大、防卫性最强的大门。

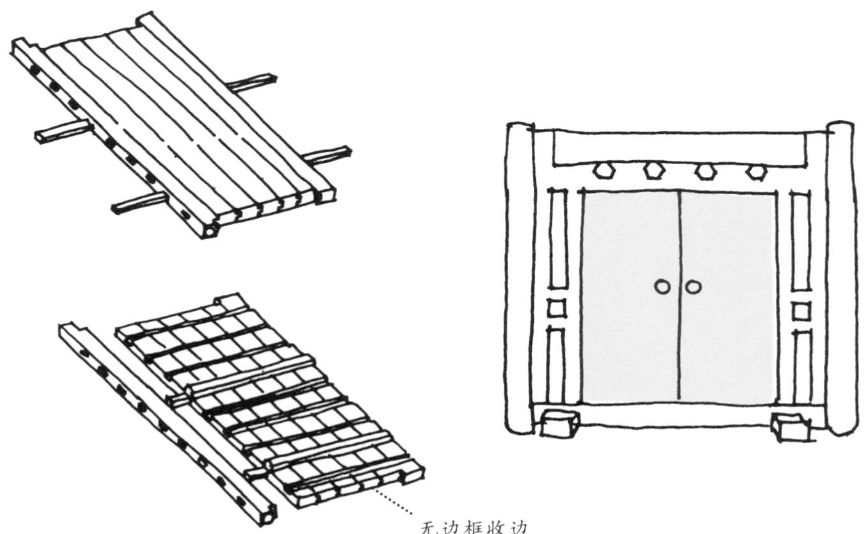

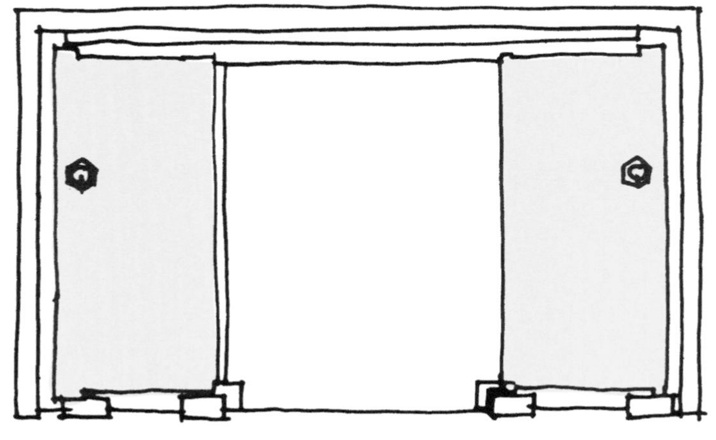

棋盘门

棋盘门又称攒边门，即门的四周边框采取攒边，当中门心装板，板后穿带的作法。这种门的门心板与外框一般都是平的，但也有门心板略凹于外框的作法。攒边门比起实榻门来要小得多，轻得多。

撒带门

所谓撒带门，是门扇一侧有门边（大边）而另一侧没有门边的门。这种门上由于所穿的带均撒着头，故称撒带门。撒带门是街门的一种，常用于木场、作坊等处，在北方农舍中，也常用来作居室屋门。

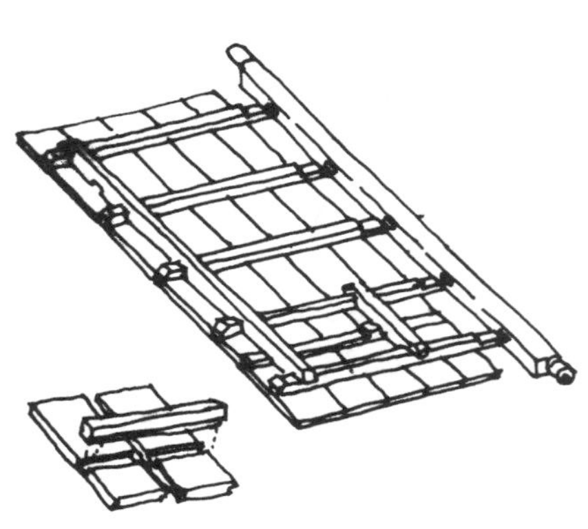

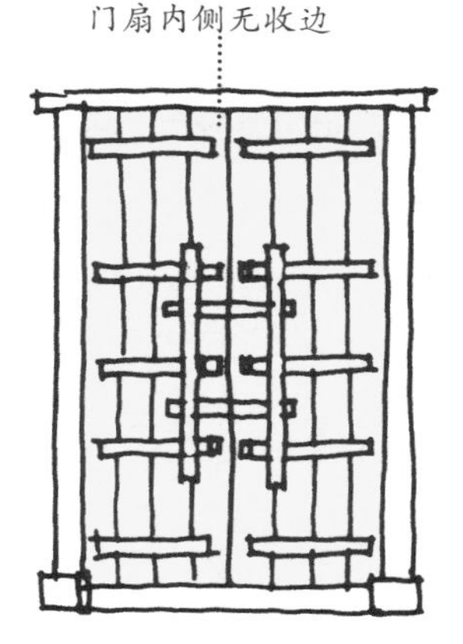

屏门

屏门是用较薄的木板拼攒的镜面板门，作用主要是遮挡视线、分隔空间，多用在垂花门的后檐柱间，做单面走廊中的通道门；或用在室内的后金柱间，起到屏风作用；也可用在木影壁门上。门扇有四扇与六扇两种。屏门除门扇外，还有下槛、上槛和门框等主要木构件，以及鹅项、转轴、插销、铁闩和门环等金属构件。屏门没有门边、门轴，为固定门板不使散落，上下两端要贯穿横带，称为“拍抹头”。

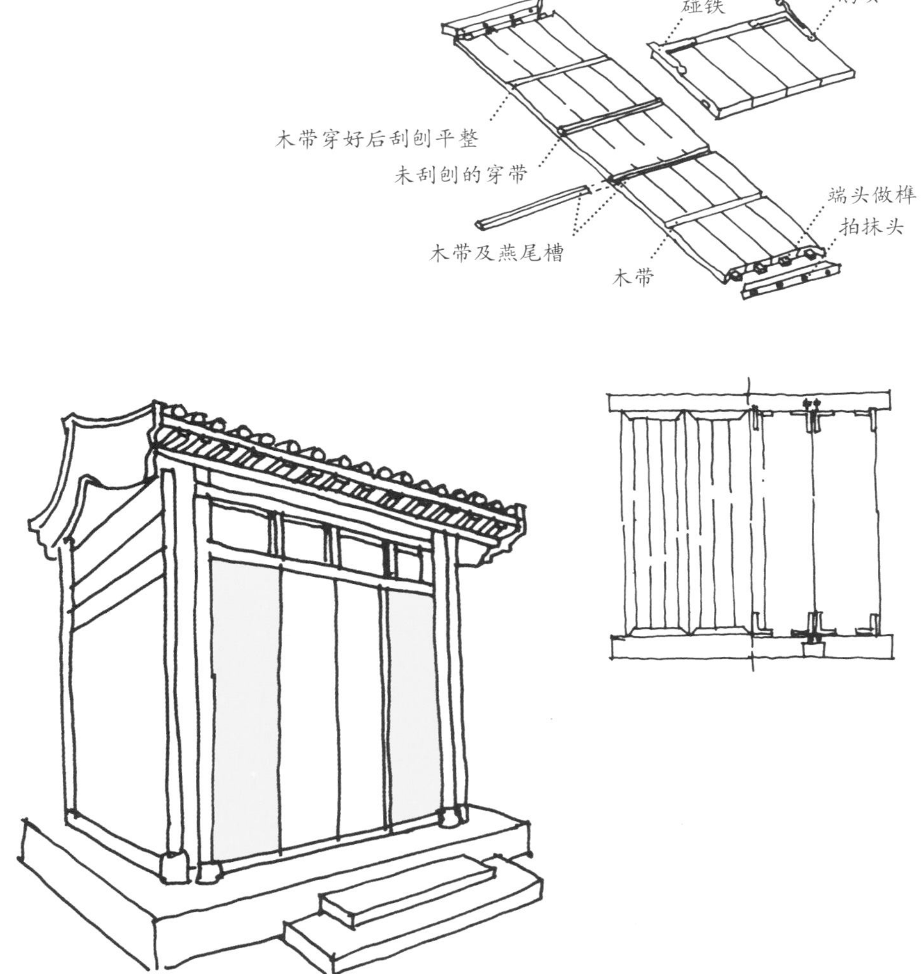

隔扇

宋称“格子门”，安装于建筑物金柱或檐柱间，用于分隔室内外，根据开间或进深的大小和需要，可由四扇、六扇、八扇组成。每扇隔扇的基本形状是用木料制成木框，木框之内分作三部分，上部为“格心”，下部为“裙板”，格心与裙板之间为“绦环板”。三部分中以格心为主，用来采光和通风，在玻璃还没有用在门窗上之前，用木棂条组成格网，装纱、绸或棚纸，以挡视线、避风雨。

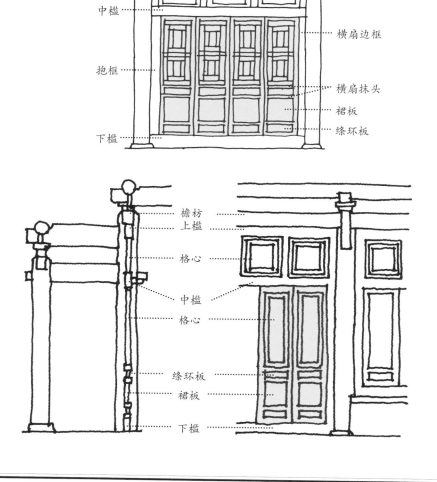

短抱框
短立柱
横披窗
上槛
中槛
横扇边框
抱框
横扇抹头
裙板
绦环板
下槛

檐枋
上槛
格心
中槛
格心
绦环板
裙板
下槛

明清建筑的隔扇，有六抹（即六根横抹头，下同）、五抹、四抹，以及三抹、两抹等数种，依功能及体量大小而异。有些宅院花园的花厅及轩、榭一类建筑，常做落地明隔扇，这种隔扇一般采取三抹及二抹的形式，下面不安装裙板。

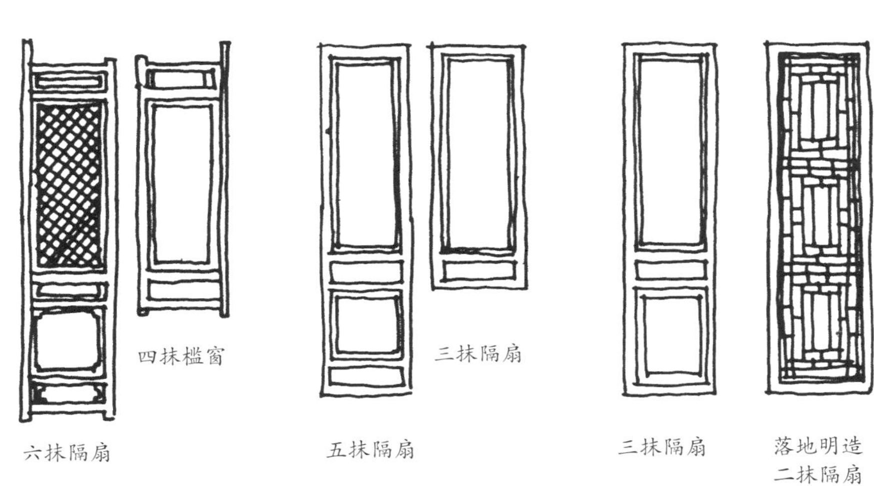

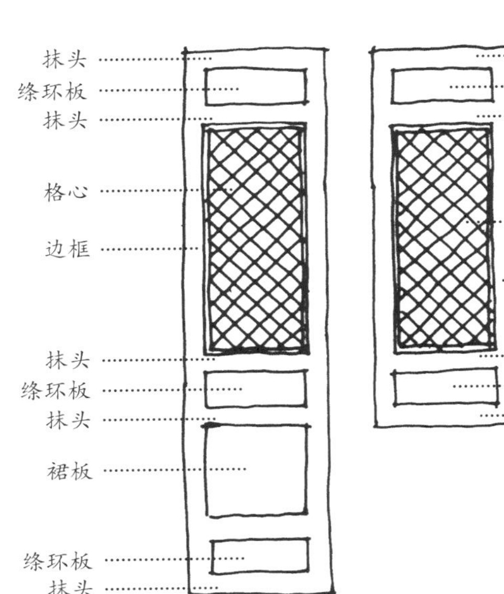

窗

古代建筑为解决通风、采光在墙上开窗称为“牖”。当逐渐将通风、采光与其装饰作用结合发展以后，窗的形式逐渐丰富。

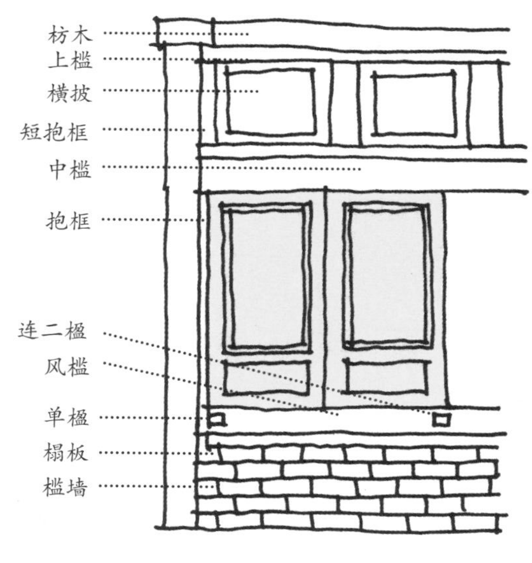

槛窗

槛窗也称隔扇窗，相当于将隔扇的裙板以下部分去掉，安装于槛墙之上。槛窗的特点是，与隔扇共用时，可保持建筑物整个外貌的风格和谐一致。

横披

横披是隔扇槛窗装修的中槛和上槛之间安装的窗扇。明清时期的横披窗，通常为固定扇，不开启，起亮窗作用，由外框和仔屉两部分构成。横披窗在一间里的数量，一般比隔扇或槛窗少一扇。如隔扇（或槛窗）为四扇，横披则为三扇。横披的外框、花心，与隔扇、槛窗相同。

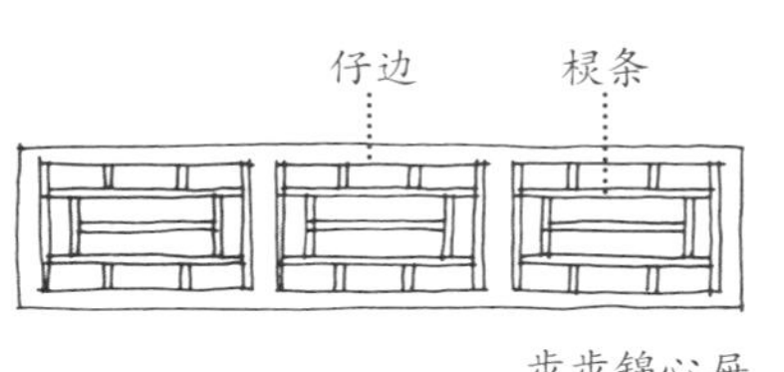

步步锦心屉

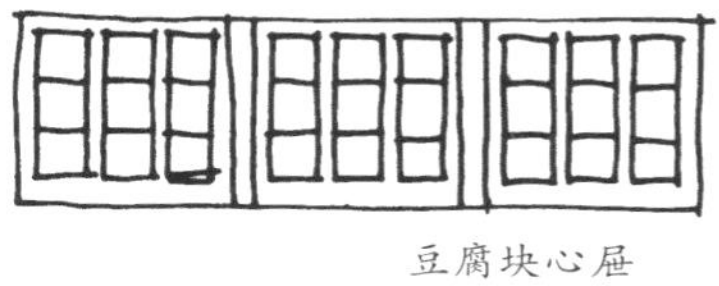
豆腐块心屉

冰裂纹心屉

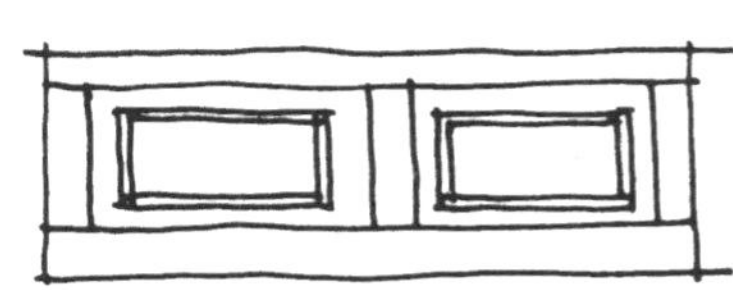

帘架

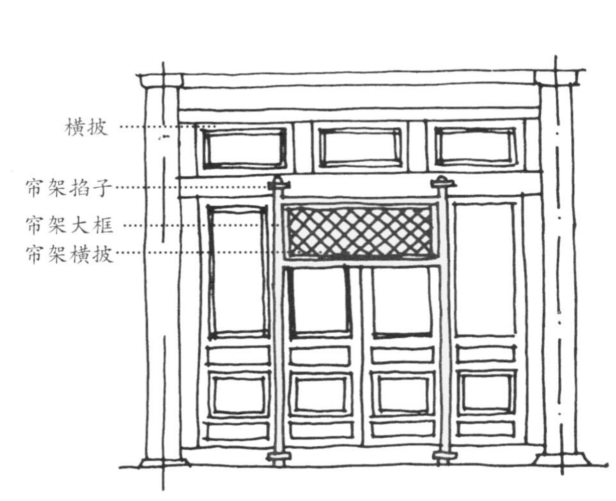

帘架是附在隔扇或看床上挂门帘用的架子。用于隔扇门上的称“门帘架”，用于槛窗上的称“窗帘架”。帘架宽为两扇隔扇（或槛窗）之宽再加隔扇边梃宽一份，高同隔扇（或槛窗），立边上下加出长度，用铁制帘架掐子安装在横槛上。

什锦窗

什锦窗是镶在墙壁一面的假窗，没有通风、透光等功能，只起装饰墙面作用。窗的外形各式各样，有扇面、双环、套方、梅花、寿桃、八角等。单层什锦窗是用于庭院或园林内隔墙上的装饰花窗，有框景的功用，为园林及庭院中不可缺少的一种装修形式。

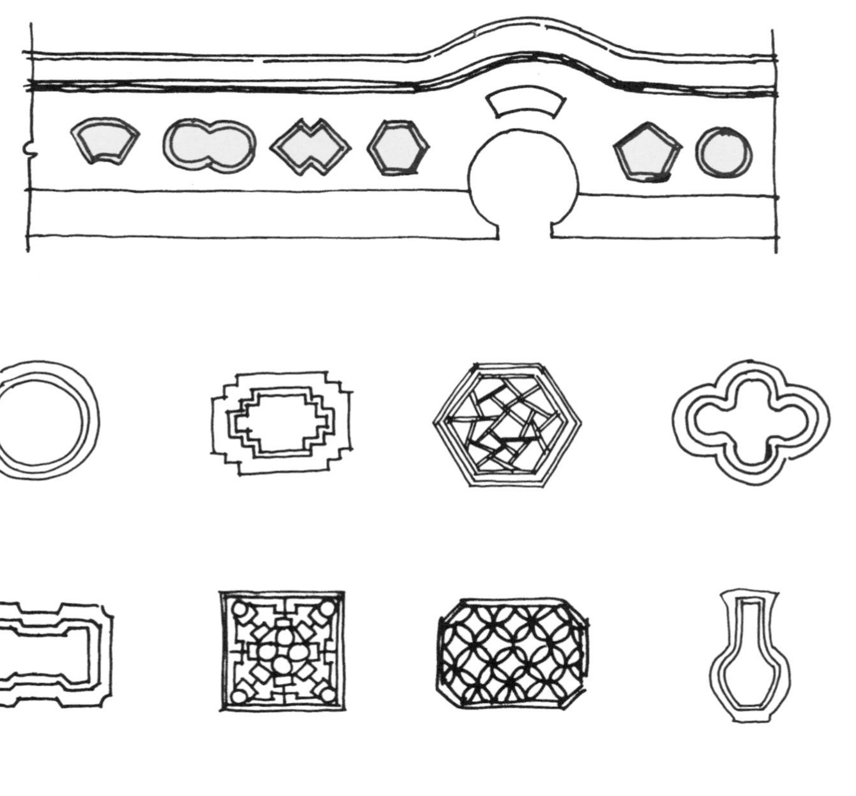

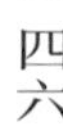

支摘窗

支窗是可以支撑的窗，摘窗是可以摘卸的窗，合而称为“支摘窗”。支摘窗将窗框分为二段或三段，上段窗扇可向外支起，下段窗扇可摘下，在南方称为和合窗、提窗，多在民居和园林建筑中使用，有利于遮阳、采光、通风。支摘窗的窗心可做成步步锦、灯笼框、龟背锦、盘长、冰裂纹等样式。

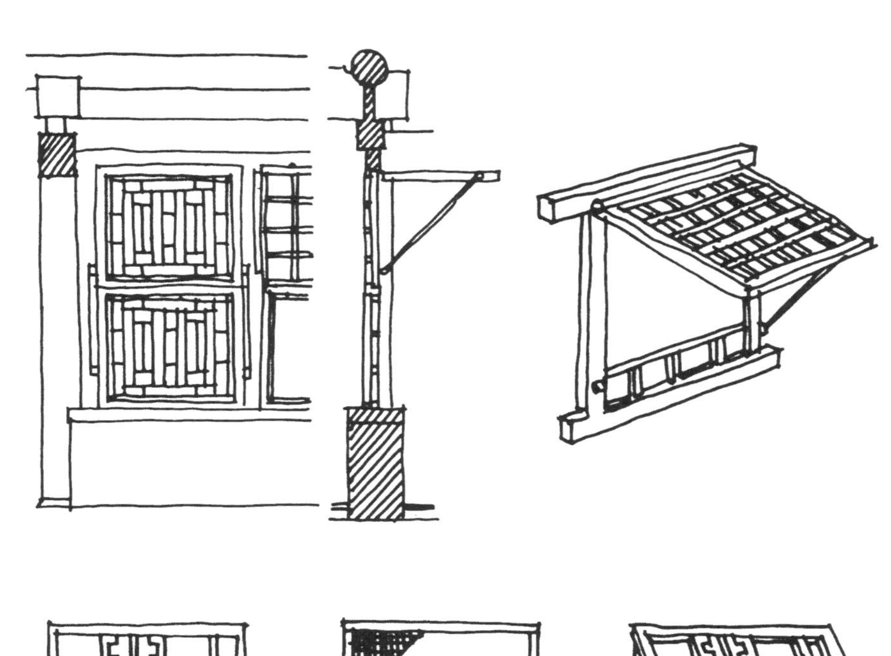

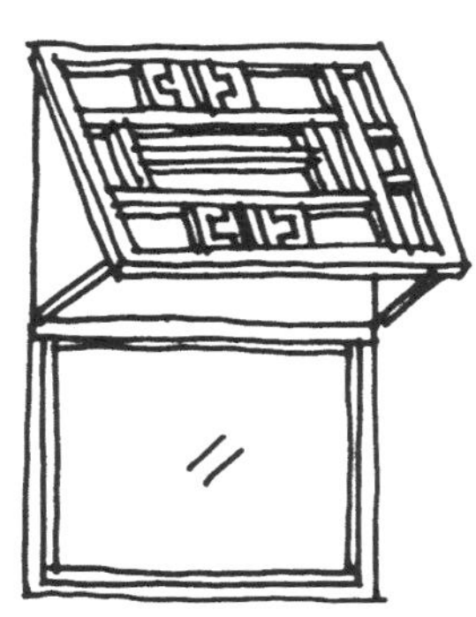

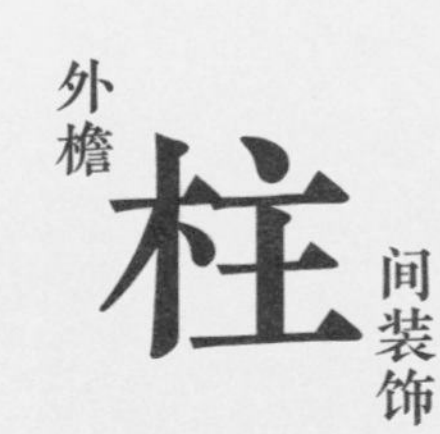

外檐柱间装饰包括栏杆、楣子、雀替等。

栏杆

栏杆用于楼阁亭榭平座回廊的檐柱间及楼梯上，主要功能是维护和装饰，在《营造法式》中称为“钩阑”。栏杆式样从纵横木杆搭交的简单构造，逐步向华丽发展。明、清木栏杆基本构造及样式按位置可分为一般栏杆、朝天栏杆和靠背栏杆，按构造作法则分为寻杖栏杆、花栏杆等类别。

靠背栏杆

靠背栏杆外缘安置通长的带鹅颈状栏杆靠背，也称鹅颈椅，俗称美人靠，具有供人休息、围护安全和装饰等作用，由靠背、坐凳、拉结件等组成，坐凳下方安置木板或坐凳楣子作装饰。

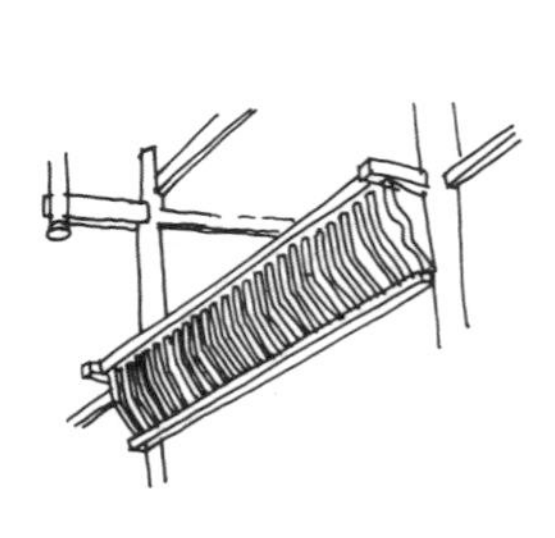

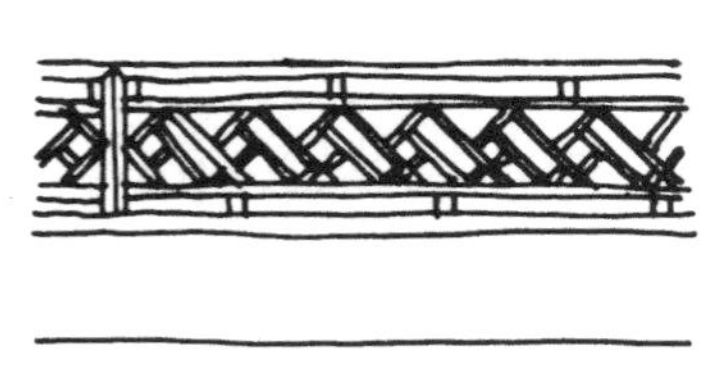

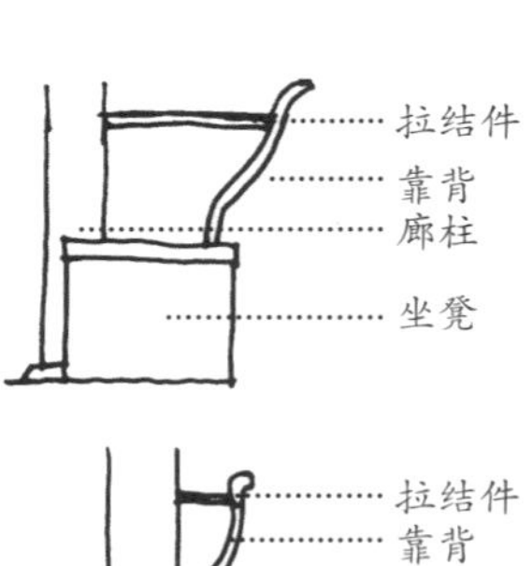

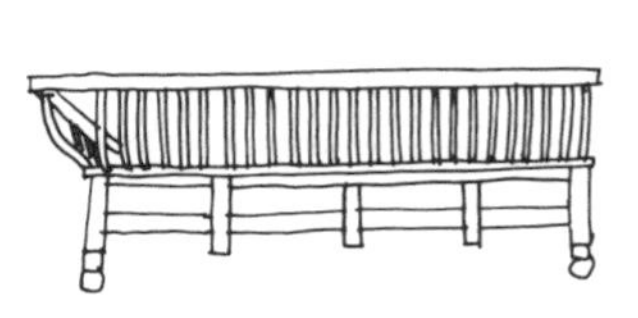

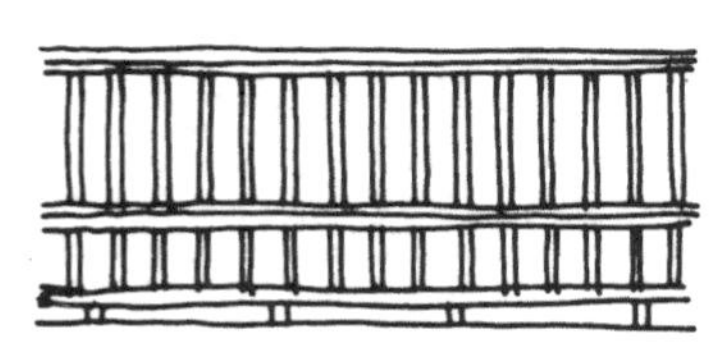

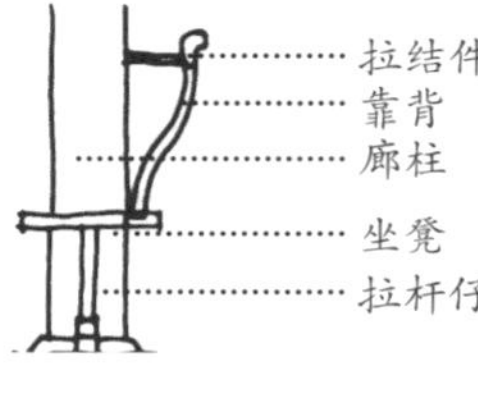

花栏杆

花栏杆的构造比较简单，主要由望柱、横枋及花格棂条构成，常用于住宅及园林建筑中。花栏杆的棂条花格十分丰富，最简单的用竖木条做棂条，称为直档栏杆；其余常见者则有步步锦、拐子锦、龟背锦、卍字不到头、葵式、乱纹等。

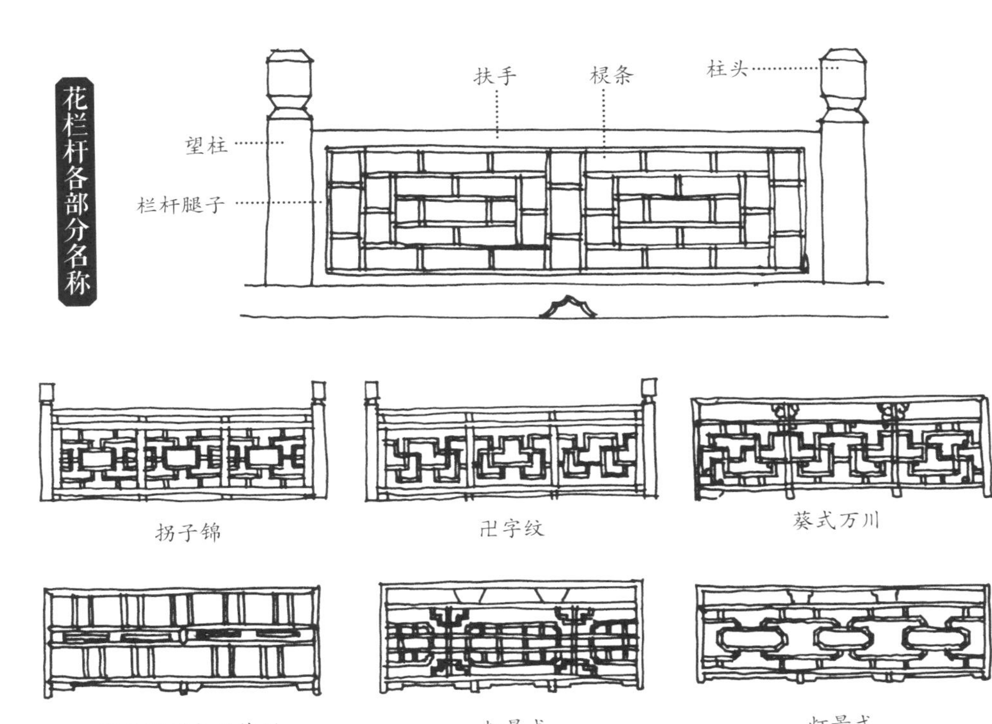

拐子锦　卍字纹　葵式万川

断面圆形或竹节形　灯景式　灯景式

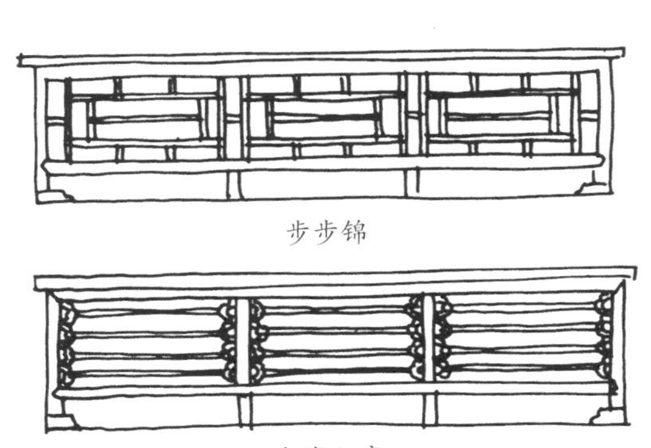

步步锦

金钱如意

坐凳栏杆可供人小坐休息，主要由坐凳面、边框、棂条等构件组成。

倒挂楣子

在一般民居和园林建筑的榜廊及游廊外檐枋下安置倒挂楣子，也称“挂落”，一般楣子是由木棂条组成步步锦图案，有的加安卡子花。

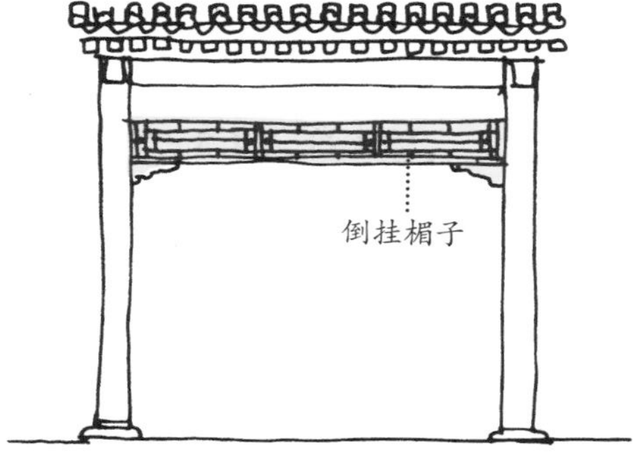

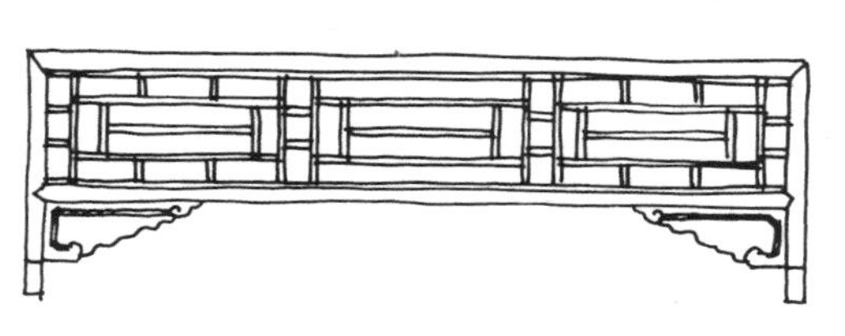
倒挂楣子

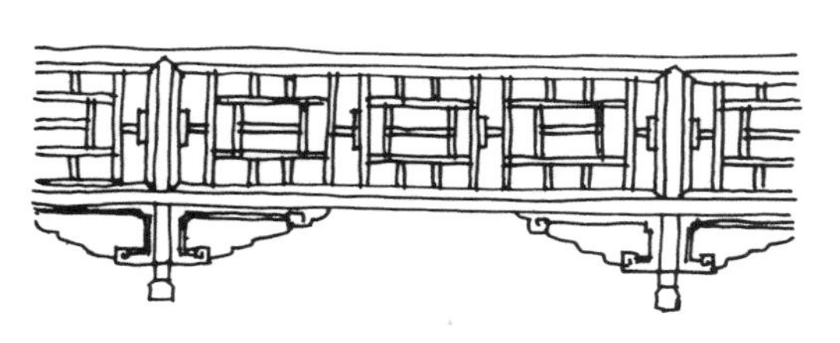
硬三樘倒挂楣子

雀替

“雀替”指置于梁枋下与立柱相交的短木，可以缩短梁枋净跨的长度，减小梁枋与柱相接处的剪力，防止横竖构材间角度之倾斜，也用在柱间的倒挂楣子下，为纯装饰性构件。

檐檩 柁头 垫板 檐枋

大雀替

绦环 龙门枋 檐枋 梓框

龙门雀替

一般雀替

通雀替

花牙子 雀替 垂花

骑马雀替

花牙子

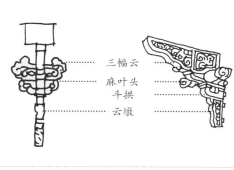

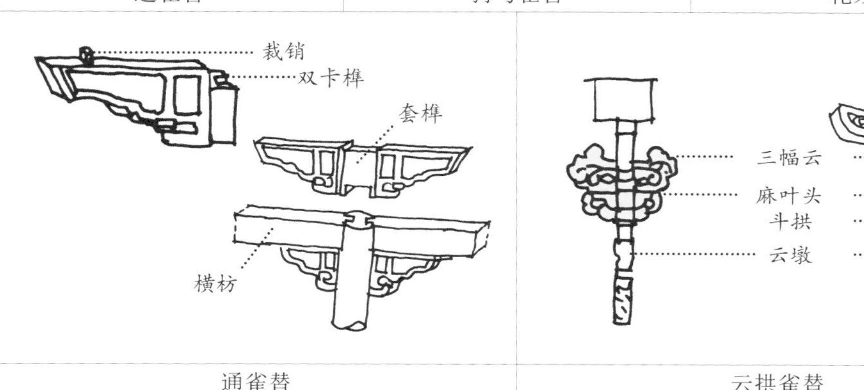

通雀替　　云拱雀替

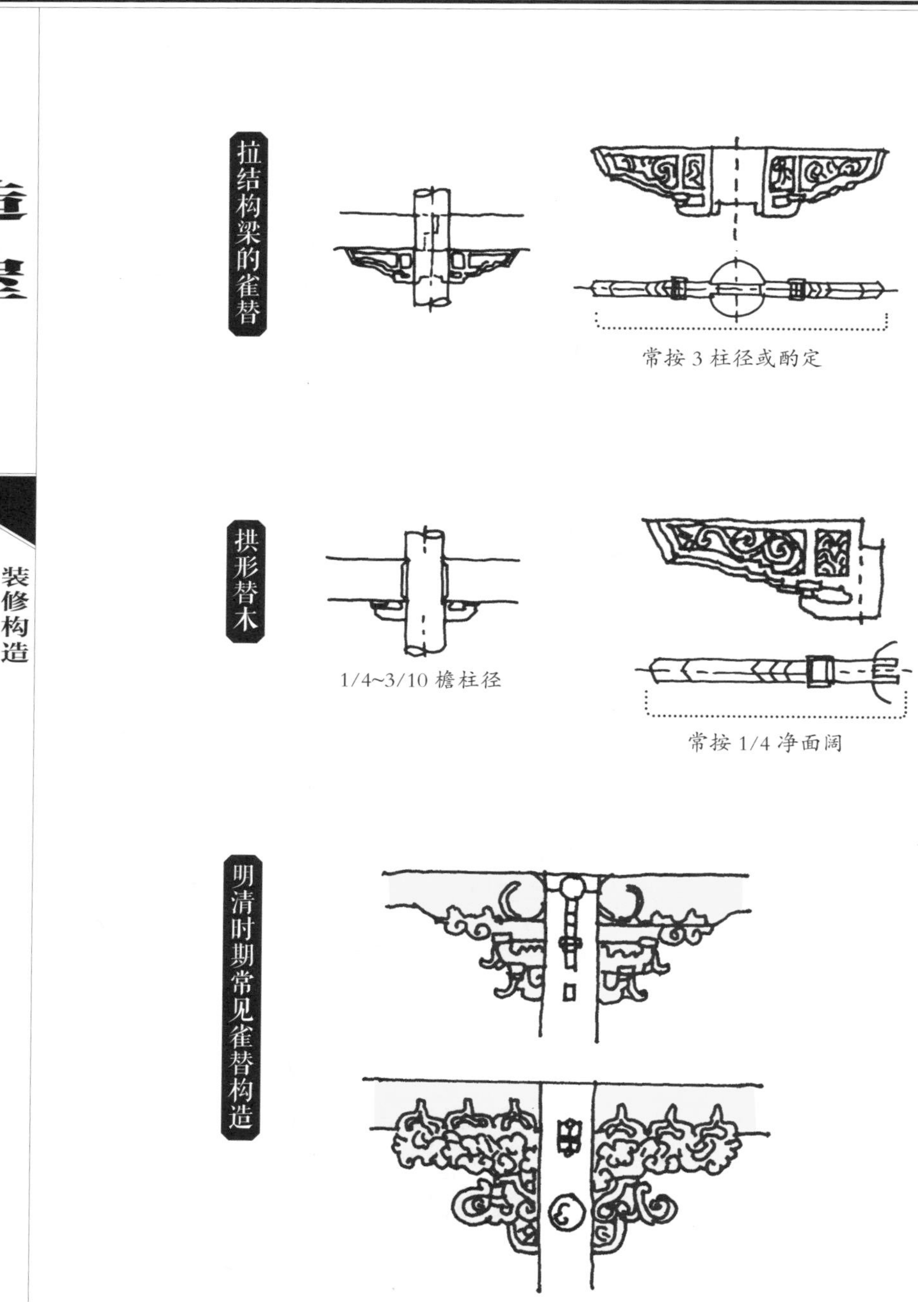
拉结构梁的雀替
常按 3 柱径或酌定
拱形替木
1/4~3/10 檐柱径
常按 1/4 净面阔
明清时期常见雀替构造

内檐装修

内檐装修是指用于室内作为分隔室内空间、组织室内交通并起装饰美化作用的小木作，主要形式有木板壁、碧纱橱、落地罩、几腿罩、栏杆罩、花罩、炕罩、博古架、太师壁、内檐屏门、天花等。

内檐装修大多可以灵活装卸，能够机动地组织室内空间，这也是中国古建筑内檐装修的重要特色之一。

隔断

隔墙、隔断是指室内作为间隔用的装修，包括完全隔绝的作法，如砖墙、板壁；可以开合的如隔扇门；半隔断性质的如太师壁、博古架、书架；还有仅起划分空间作用、仍可通行的花罩类。

木板壁

木板壁是用于室内分隔空间的板墙，多用于进深方向柱间，由大框和木板构成。其构造是在柱间立横竖大框，然后装满木板，两面刨光，表面或涂饰油漆，或施彩绘。

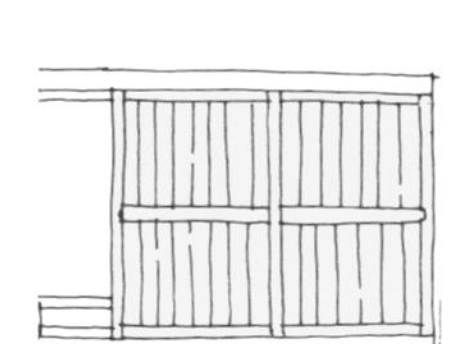

屏壁

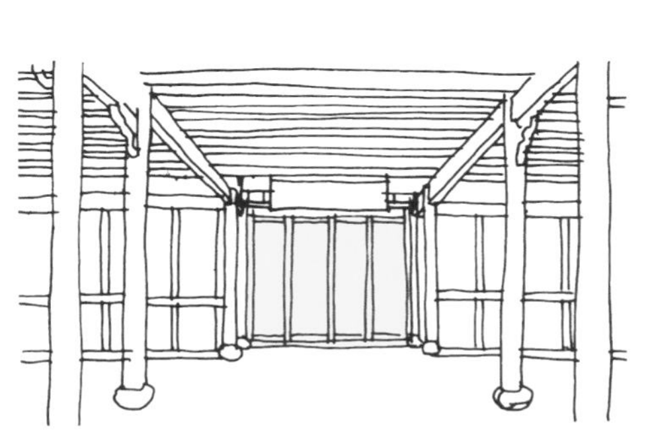

厅堂明间轴线的尽端，即厅堂明间后金柱之间，一般都以屏壁阻隔，从而使屏壁面门处具有空间定向和构图中心的作用，并在视觉上形成一个中心和底景。围绕着这个中心和底景，可以进行重点陈设和摆设。屏壁背面或是通往内院私园的通道，或是上下楼梯处，或是过道墙壁。

碧纱橱

碧纱橱即内檐隔扇，它是对室内空间进行房间分隔处理的装饰性隔断。碧纱橱多用红木、紫檀等硬木材料做成，图案雕刻及镶嵌花饰均极精细，隔心部分常糊上绿纱，故称为碧纱橱。通常安装于室内进深方向柱间，每樘碧纱橱由六扇以上隔扇组成，其中两扇为活动扇，可以开启，供人出入通过。其余都是固定扇，不开启，开启的两扇其外侧还附以帘架，起保温、通风、遮挡视线的作用。

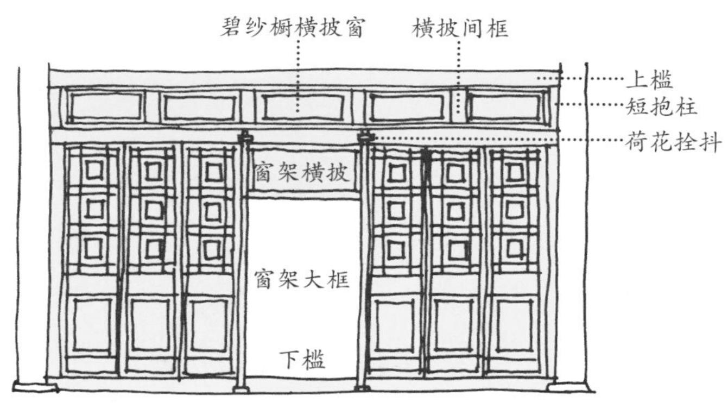

太师壁

太师壁多见于南方民居的堂屋和一些公共建筑，为装置于明堂后檐金柱间的壁面装修。壁面或用若干扇隔组合而成，或用棂条拼成各种花纹，也有做板壁，在上面刻字挂画的。太师壁前放置条、几、案等家具及各种陈设，两旁有小门可以出入。这种装修在北方很难见到。

罩

“罩”作为室内分隔而又不封闭空间的装修木隔断，有仿帷帐之意，故也称为“帐”（如落地罩也称落地帐），一般布置在室内进深方向，将明间、次间或梢间分隔开。罩为一种示意性的隔断物，隔而不断，有划分空间之意，而无分割阻隔之实。形式可分为几腿罩、栏杆罩、落地罩、花罩、炕罩等。

几腿罩由槛窗、花罩、横披等部分组成，其特点是：整组罩子仅有两根腿子，腿子与上槛、跨空槛组成几案形框架，两根抱框恰似几案的两条腿；安装在跨空槛下的花罩，横贯两抱框之间。挂空槛下也可只安装花牙子。几腿罩通常用于进深不大的房间。

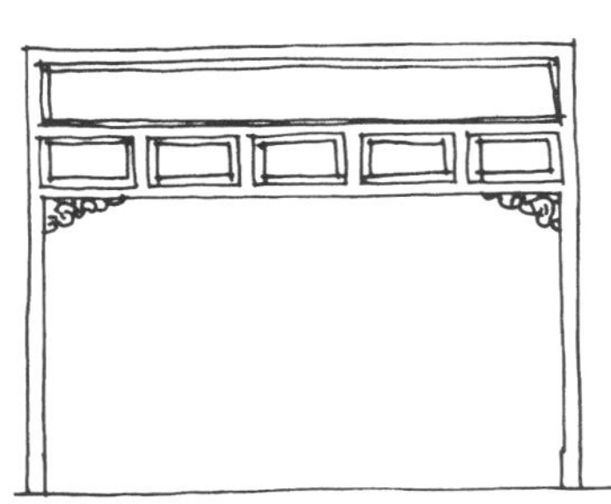

栏杆罩

由槛框、大小花罩、横披、栏杆等组成，整组罩子有四根落地的边框、两根抱框、两根立框，在立面上划分出中间为主、两边为次的三开间的形式，这样可避免因跨度过大造成的空旷之感，在两侧加立框装栏杆，也便于室内其他家具陈设的放置。

花罩

近似落地罩而雕满纹饰，或整个开间除门窗外也满雕纹饰的称为“花罩”。花罩是使用木质板材进行满堂红雕刻或用木棂条拼接成各种纹样安装在槛框间的高档装饰构件。

落地罩

形式略同于栏杆罩，但无中间的立框栏杆，两侧各安装一扇隔扇，隔扇下置须弥墩。

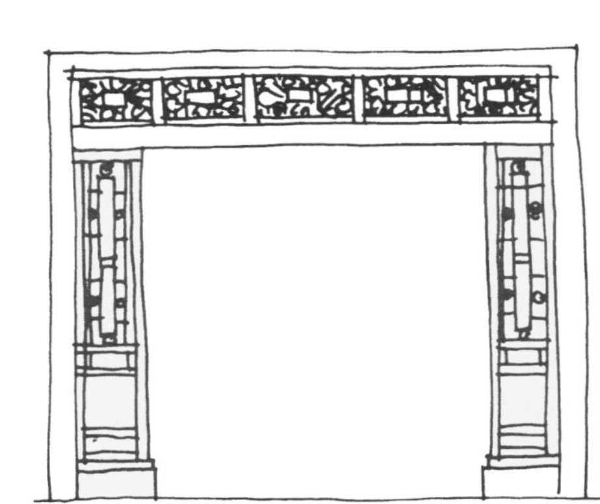

圆光罩

是在进深柱间做满装修，整个开间雕满装饰纹样的花罩，中间留圆形或八角形门，使相邻两间分隔开来。

炕罩

炕、床上的落地罩称为“炕罩”。炕罩又称床罩，是古代专门安置在床榻前脸的罩。罩内侧可安装帐杆，吊挂幔帐。

隔 架

隔架兼有隔断和家具的双重功能，包括博古架、书格等。

古架

博古架亦称“多宝格”，使室内形成既分隔又通透的空间，是较高级的隔断作法。

格

书格是用书架做隔断，构造简单，分格统一。书架的一侧可开门。以书架隔断分隔室内空间，品位高雅。

顶隔

顶隔有两种情况，一种是砌上明造作法，另一种是天花作法。

砌上明造

让屋顶的构造完全暴露出来，将各个构件做出适当的装饰处理，这种作法一般称为“砌上明造”。

天花

天花是用于室内顶部的装修，有保暖、防尘、限制室内空间高度以及装饰等作用，古代称“承尘”“仰尘”，唐宋时有平棊、平暗等作法区别。清代已规格化为几等作法：第一为井口天花，具有规整的韵律美；第二为用于一般建筑的海墁天花。同时在江南一带民居中往往用复水重椽做出两层屋顶，椽间铺以望砖，在廊部处还变化做成各种形式的轩顶，也属于天花吊顶的一种作法。

井口天花

井口天花多是用在有斗拱的建筑物内，由支条、天花板、帽儿梁等构件组成。

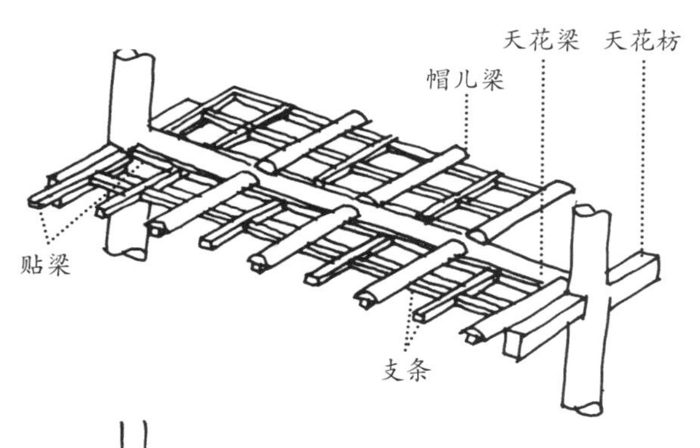

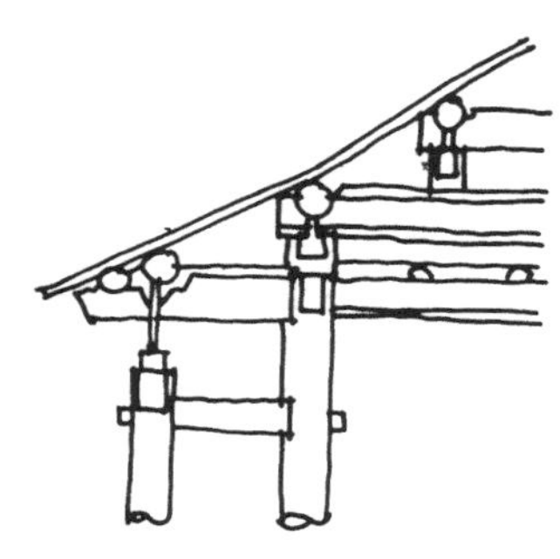

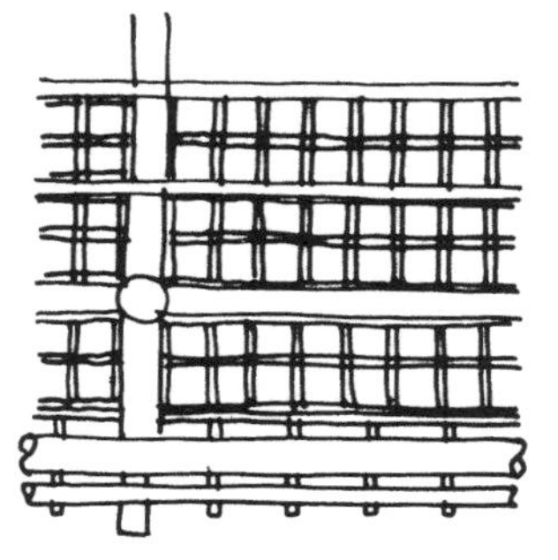

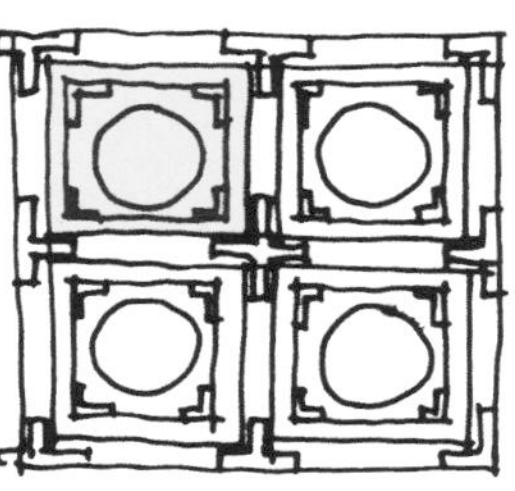

海墁天花

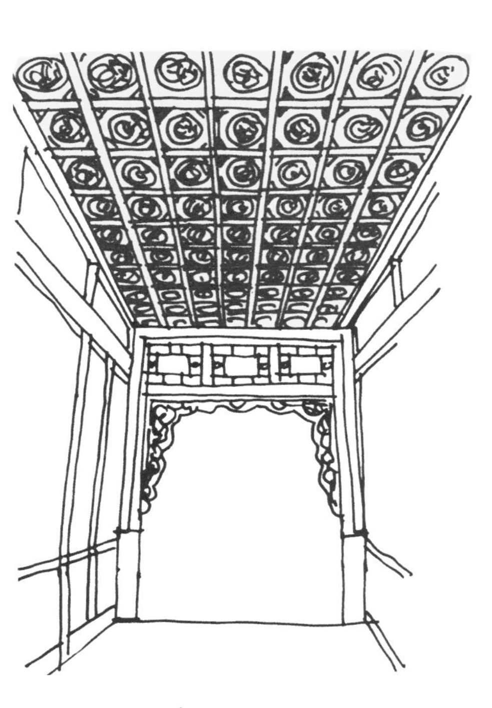

海墁天花是用于一般建筑的天花，由木顶隔、吊挂等构件构成，形状与豆腐块棂条窗相似。一般住宅的海墁天花，表面糊麻布和白纸或暗花壁纸。

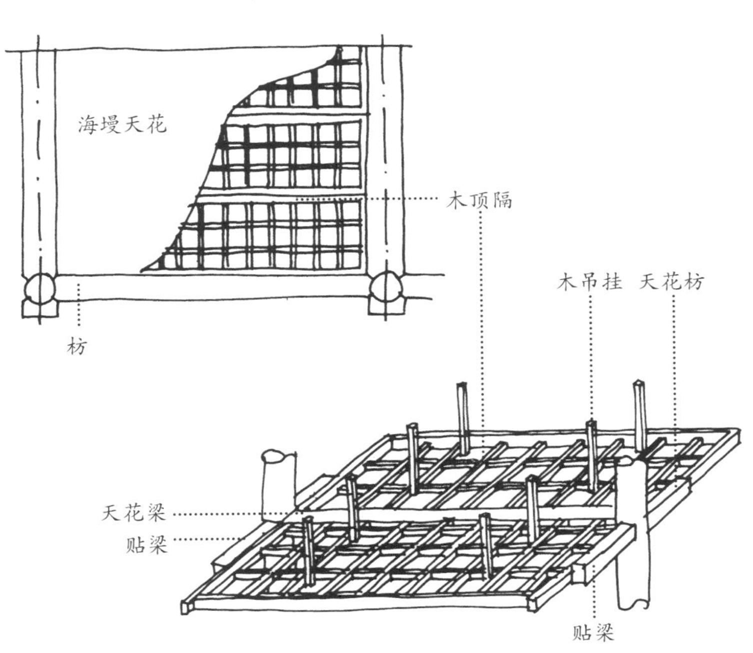

轩

轩是南方建筑中高敞拱曲的空间，附属于主体的卷棚式屋顶，类似于北方建筑的廊，轩常常做工精细，并具有起装饰作用的结构形式。轩的原义，是向上翘起的一根曲木。常见的轩有船篷轩、鹤颈轩、菱角轩、海棠轩、一枝香轩等。

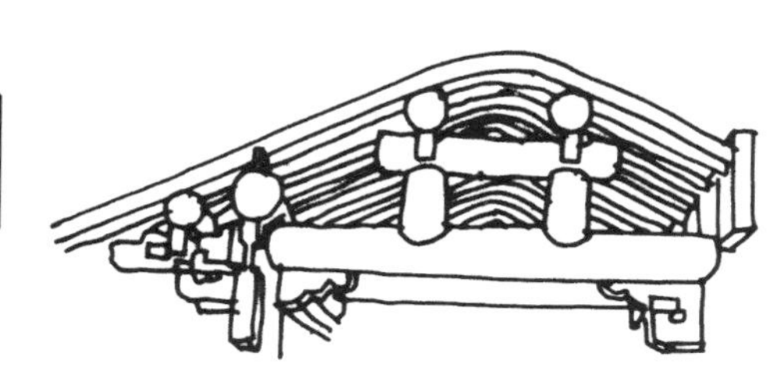
船篷轩

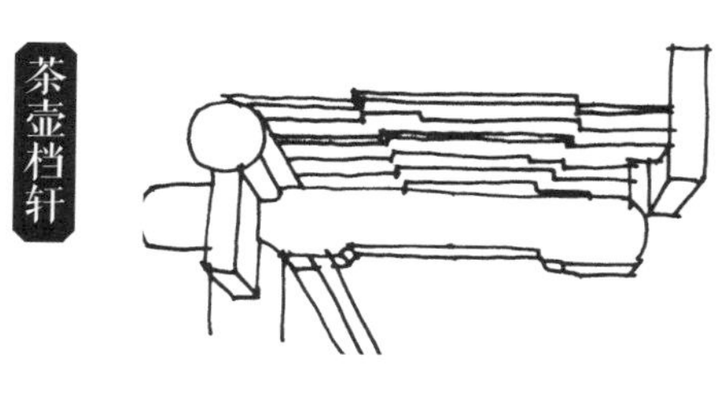
茶壶档轩

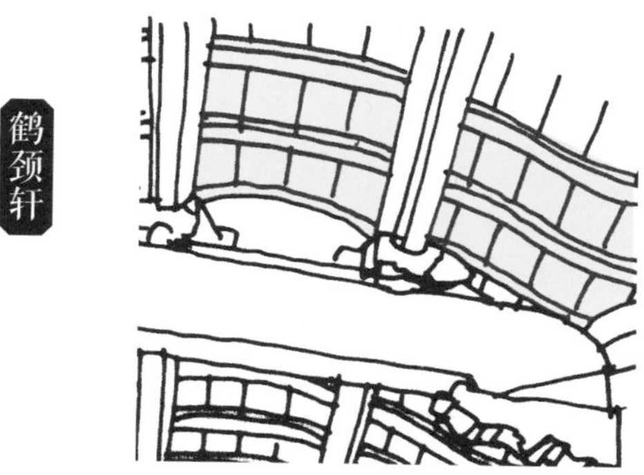
鹤颈轩

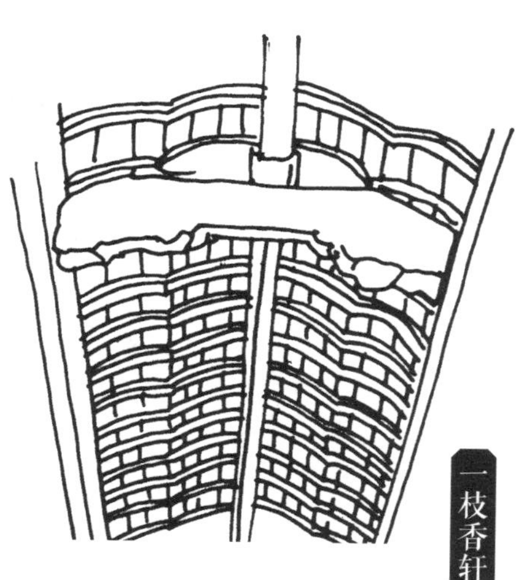
一枝香轩

楼梯

《营造法式》称木楼梯为“胡梯”，用于楼阁建筑之中，有两颊（楼梯梁）、促板（侧立者）、踏板（平放者）、望柱、钩阑、寻杖等构件。其构造特点是由两根斜梁（颊）支承所有其他构件，踏板与促板嵌于两颊内侧所刻槽中，并以“榥”作锚杆拉结两颊。

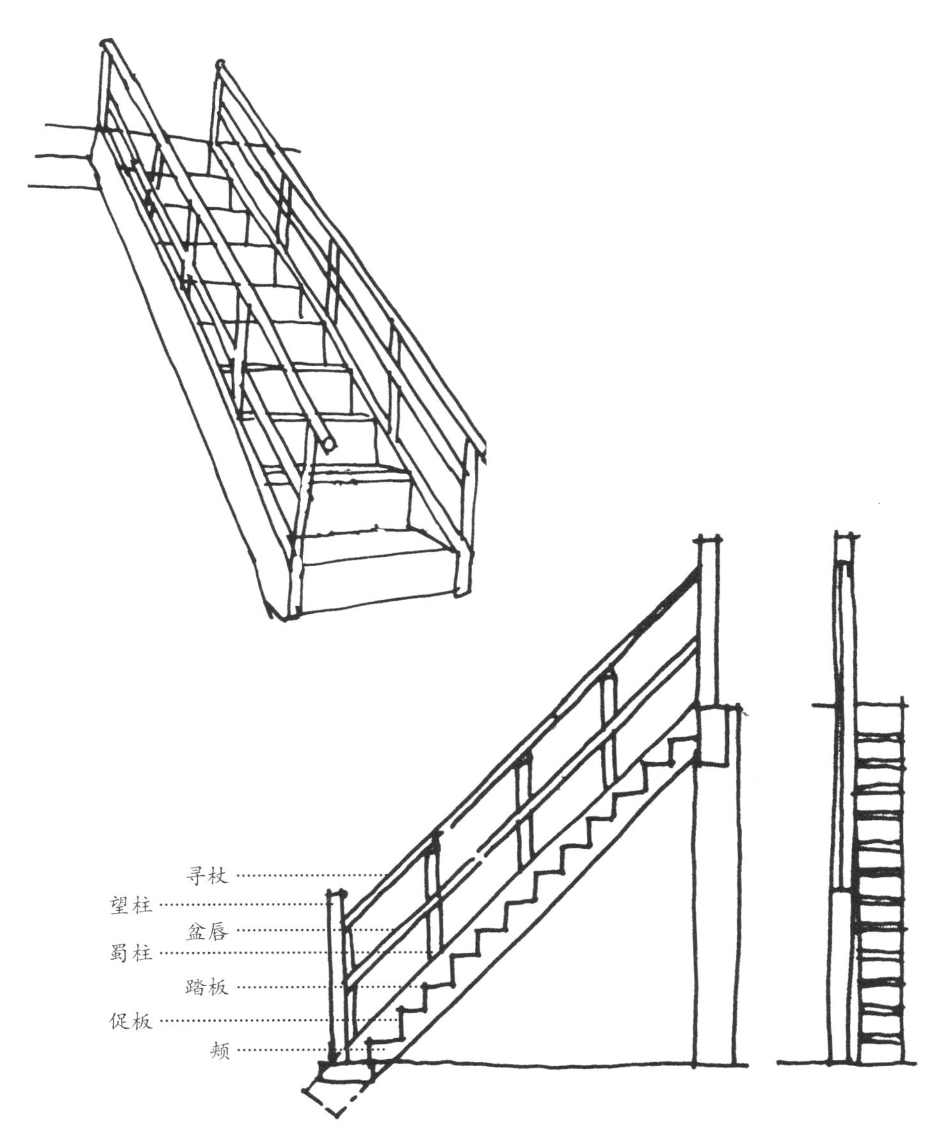

榫卯构造

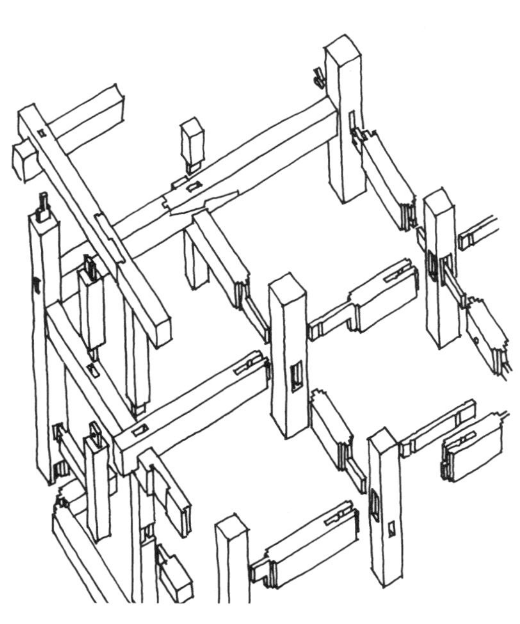

榫卯

榫卯为“榫头”和“卯眼”的简称，是一种传统木工中接合两个或多个构件的方式。

榫头

构件中的凸出部分称为“榫”（榫头，也称作笋头）。

卯眼

构件中的凹入部分则称为“卯”（卯眼，也称作卯口、榫眼等）。

馒头榫

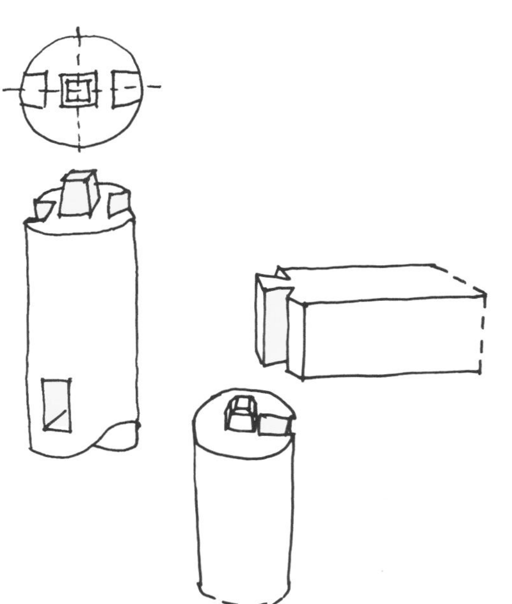

馒头榫是柱头与梁头垂直相交时所使用的榫子，与之相对应的是梁头底面的海眼。馒头榫用于各种直接与梁相交的柱头顶部，其作用在于柱与梁垂直结合时避免水平移位。梁底海眼要根据馒头榫的长短径寸凿作，海眼的四周要铲出八字楞，以便安装。

管脚榫

管脚榫即固定柱脚的榫，用于各种落地柱的根部。其作用是防止柱脚位移。管脚榫截面或方或圆，榫的端部适当收溜（即头部略小），榫的外端要倒楞，以便安装。

管脚榫

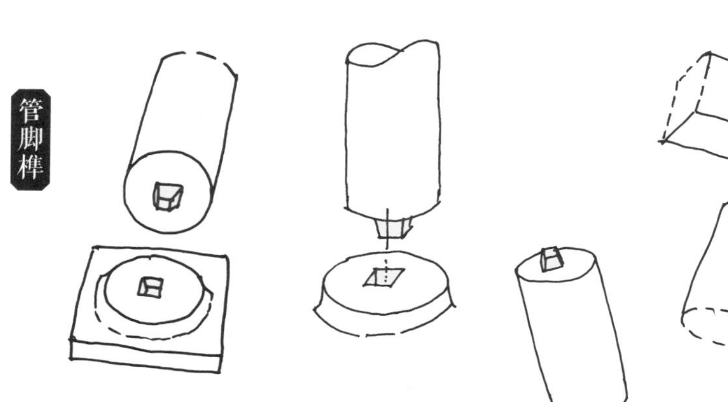

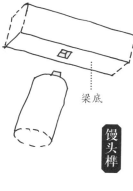

馒头榫

馒头榫与管脚榫

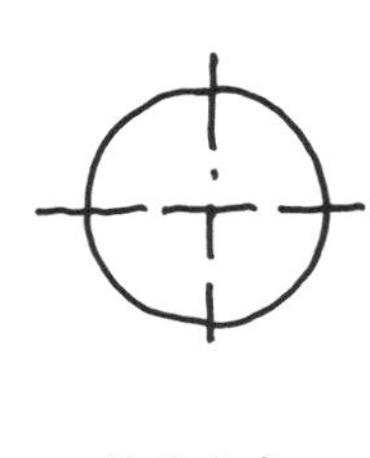

迎头十字

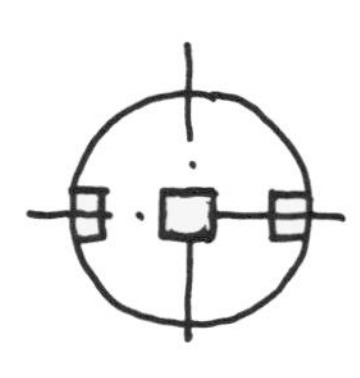

馒头榫截面

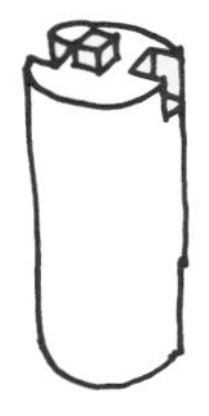

柱身馒头榫

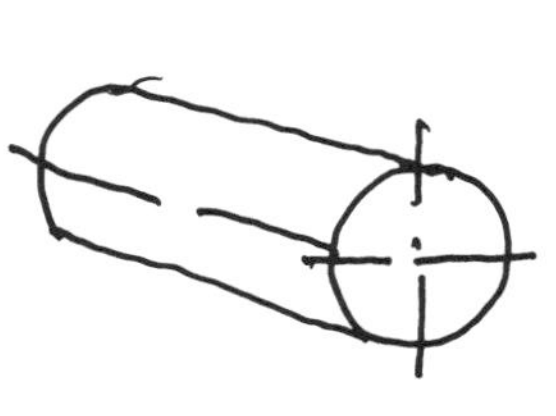

柱身中线

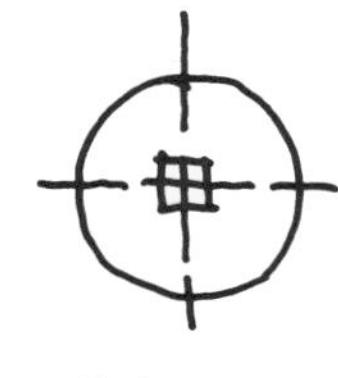

管脚榫截面

柱身管脚榫

半榫 瓜柱柱脚

与梁架垂直相交的瓜柱柱脚亦用管脚榫。但这种管脚榫常采用一般的半榫作法。瓜柱柱脚半榫的长度，可根据瓜柱本身大小作适当调整，但一般可控制在 6~8 厘米。

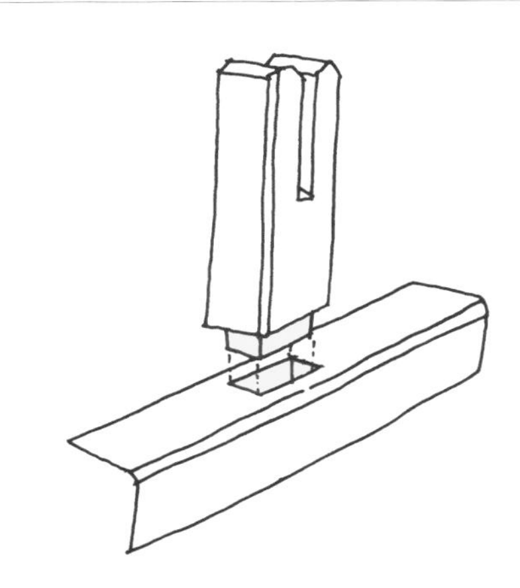

套顶榫

套顶榫是管脚榫的一种特殊形式，其长短、径寸都远远超过管脚榫，并穿透柱顶石直接落脚于磉墩（基础）。套顶榫多用于地势高、受风荷较大的建筑物，在于加强建筑物的稳定性。但由于套顶榫深埋地下，易于腐朽，所以埋入地下部分应做防腐处理。

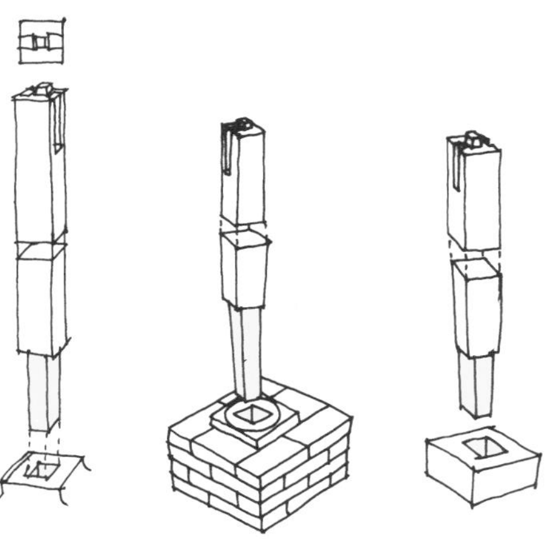

燕尾榫

燕尾榫多用于拉接联系构件（如檐枋、额枋、金枋、脊枋等水平构件）与柱头相交的部位，又称大头榫、银锭榫，其形状端部宽、根部窄，与之相应的卯口则里面大、外面小，安上之后，构件不会出现拔榫现象，是一种很好的结构榫卯。

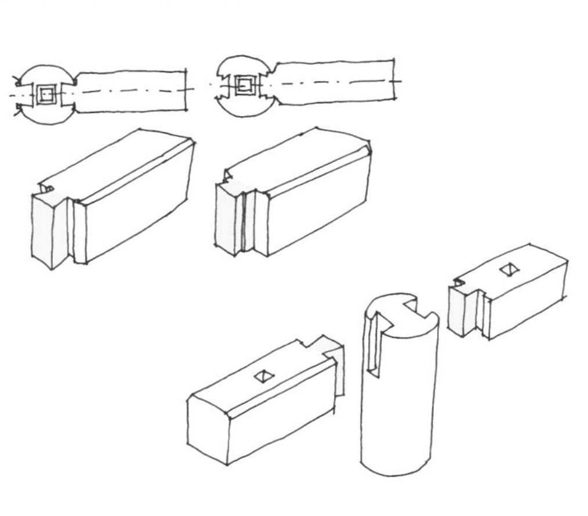

箍头榫

箍头榫是枋与柱在尽端或转角部相结合时采取的一种特殊结构榫卯。“箍头”二字，顾名思义，是“箍住柱头”的意思。它的作法，是将枋子由柱中位置向外加出一柱径长，将枋与柱头相交的部位做出榫和套碗。柱皮以外部分做成箍头，箍头常为霸王拳或三岔头形状。

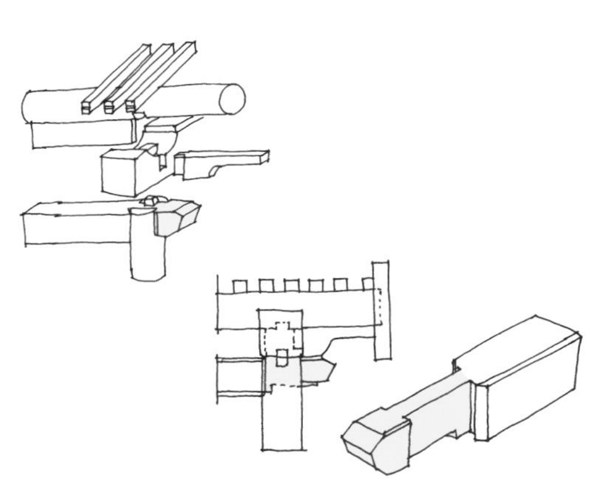

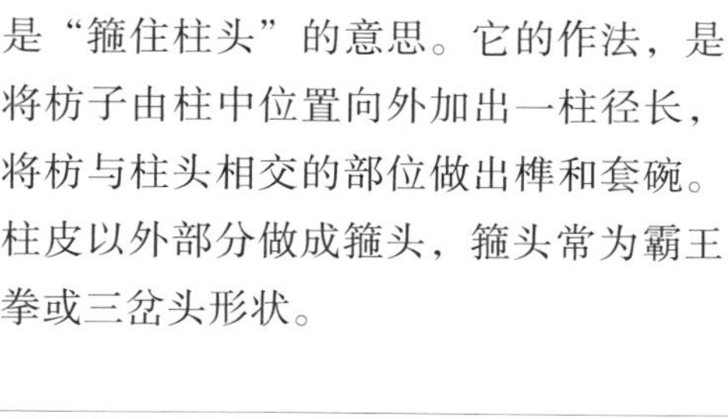

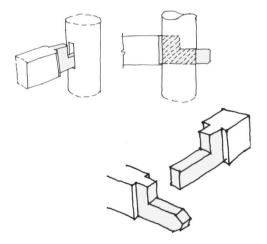

透榫

透榫常做成大进小出的形状，所以又称“大进小出榫”。

大进小出是指，穿入部分的高度按梁或枋本身的高度，穿出部分按穿入部分的高度减半。适用于需要拉结、但又无法用上起下落方法进行安装的部位，如穿插枋两端、抱头梁与金柱相交部位等处。

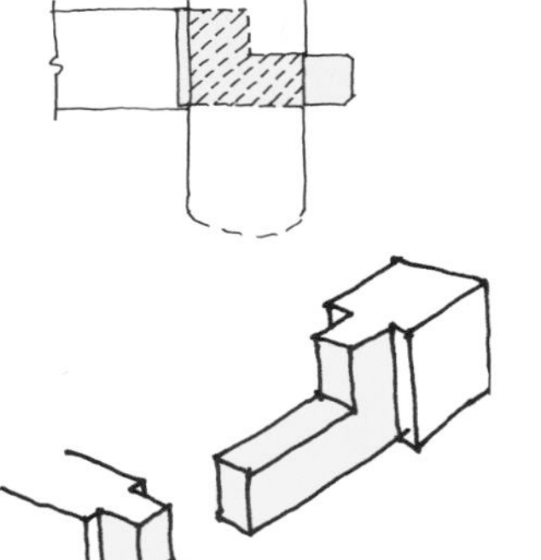

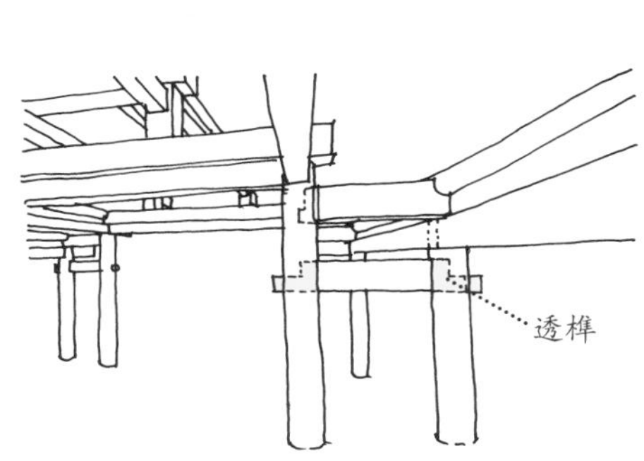

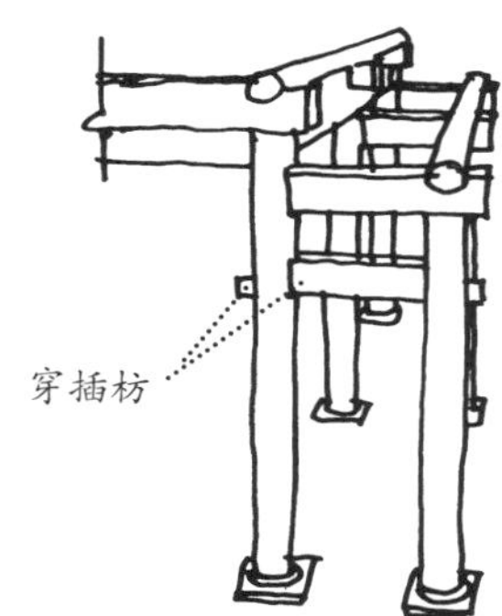

半透榫

除特殊需要以外，半透榫是在无法使用透榫的情况下，不得已使用。一般半透榫作法与透榫的穿入部分相同，榫长至柱中。两端同时插入的半榫，则要分别做出等掌和压掌，以增加榫卯的接触面。

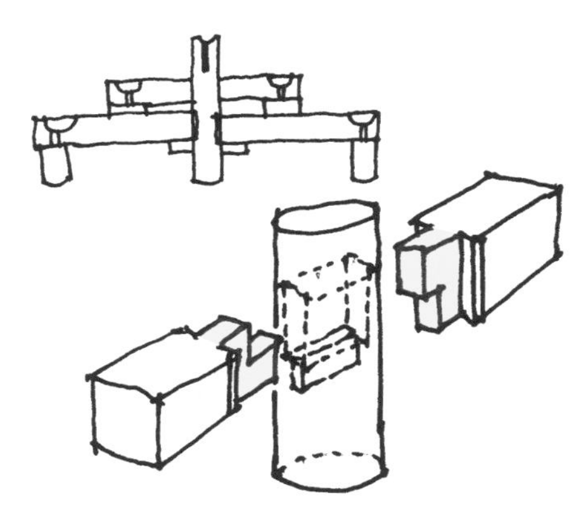

大头榫

大头榫作法与燕尾榫基本相同，榫头作“乍”，且略作“溜”，以便安装。

大头榫采用上起下落方法安装，常用于正身部位的檐、金、脊檩以及扶脊木等的顺延交接部位，起拉结作用。

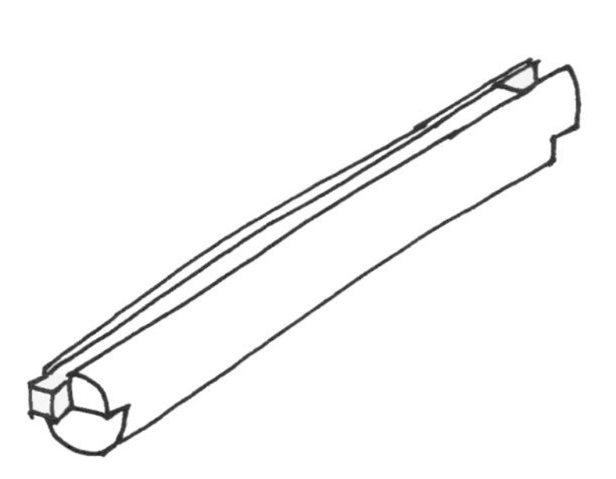

桁檩碗

桁檩碗是清制在梁架端头或脊瓜柱顶端剔凿承托桁檩端头的碗状形式托槽。为防止桁檩向两端移动，在架梁两碗口中间做出“鼻子”，以便阻隔，脊瓜柱可做小鼻子或不做鼻子。碗口宽窄按桁檩直径，碗口深浅按桁檩半径。

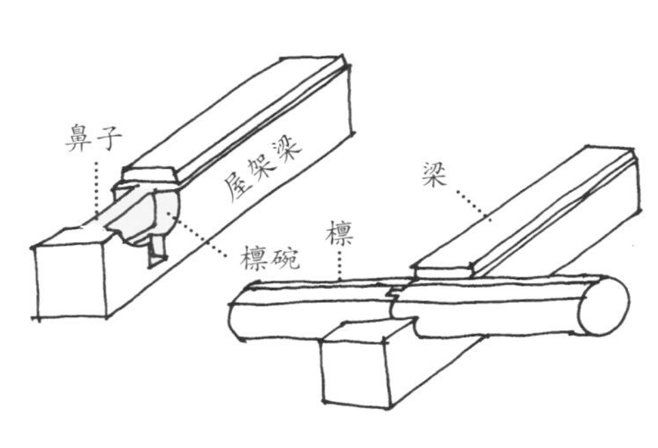

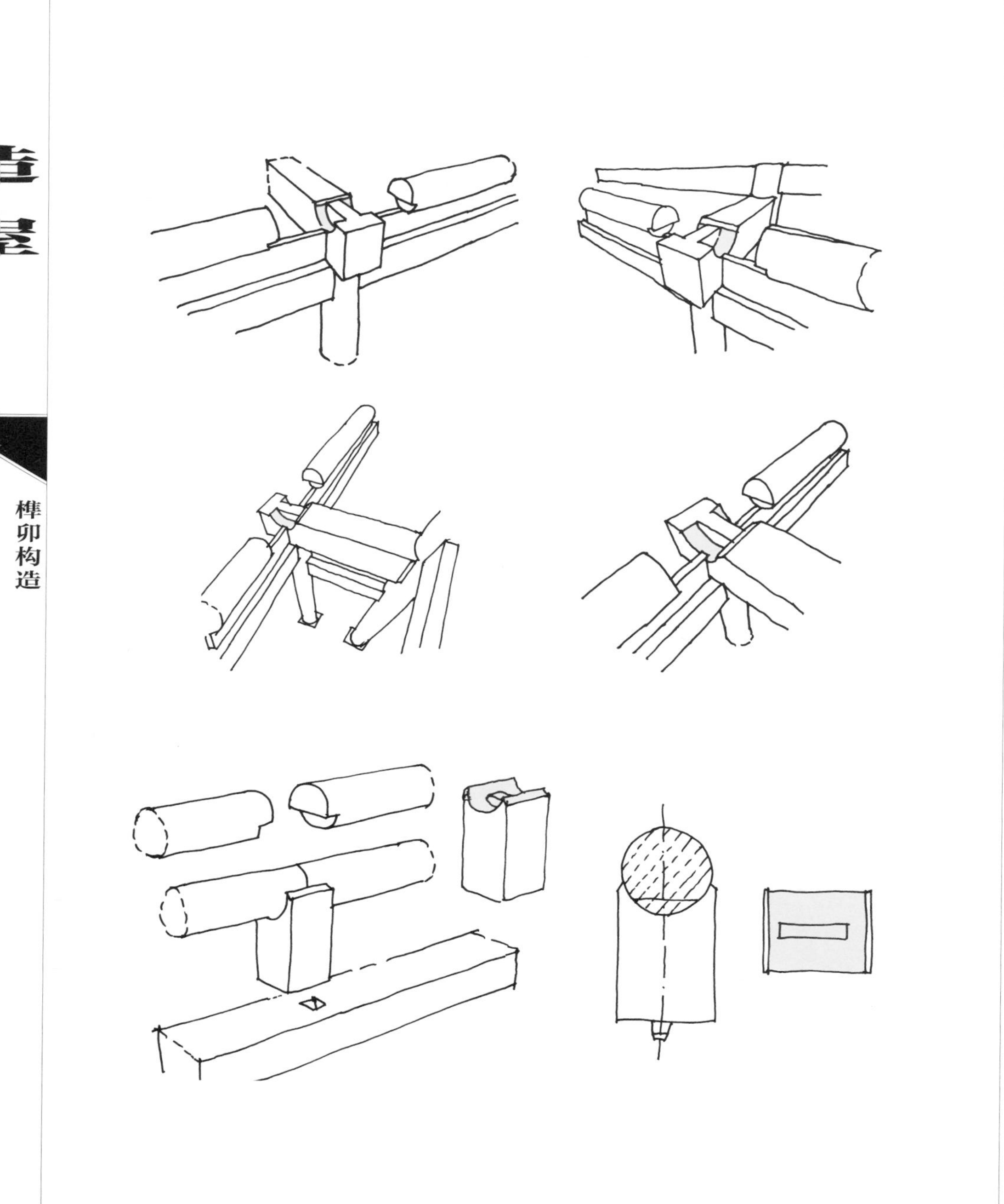

刻半榫

刻半榫主要用于方形构件的十字搭交。按枋子本身宽度，在相交处，各在枋子的上、下面刻去薄厚的一半，刻掉上面一半的为“等口”，刻掉下面一半的为“盖口”，等口、盖口十字扣搭。应注意山面压檐面，刻口外侧要按枋宽的 1 / 10 做包掩。

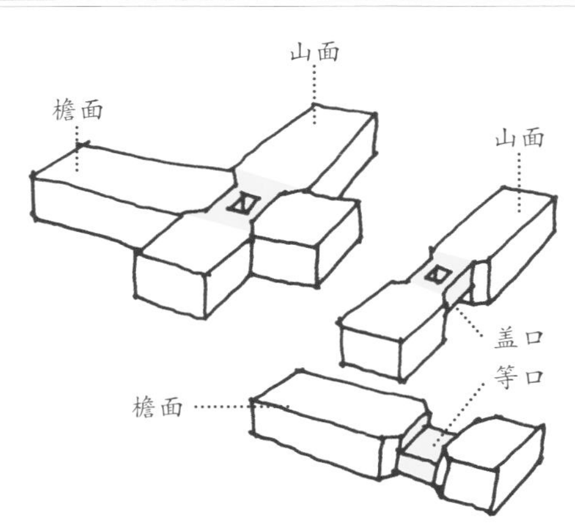

卡腰榫

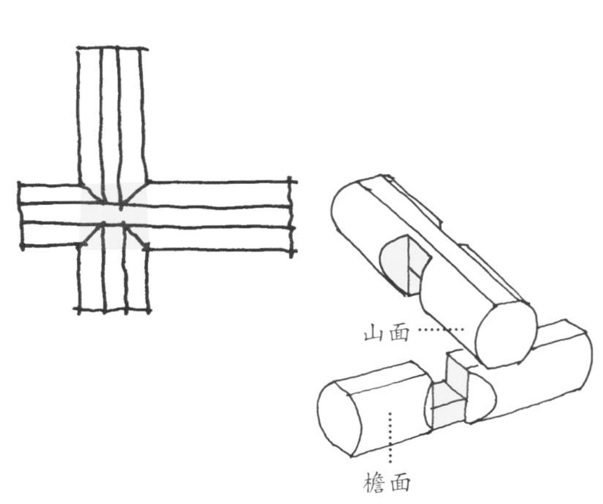

卡腰榫主要用于圆形或带有线条的构件的十字相交。主要用于搭交桁檩：将桁檩沿宽窄面均分为四份，沿高低面均分为两份，依所需角度刻去两边各一份，按山面压檐面的原则各刻去上面或下面一半，然后扣搭相交。

栽销榫

栽销是在两层构件相叠面的对应位置凿眼，把木销栽入下层构件的销子眼内。安装时，将上层构件的销子眼与已栽好的销子榫对应入卯。销子眼的大小以及眼与眼之间的距离，没有明确规定，可视木件的大小和长短临时酌定，以保证上下两层构件结合稳固为度。

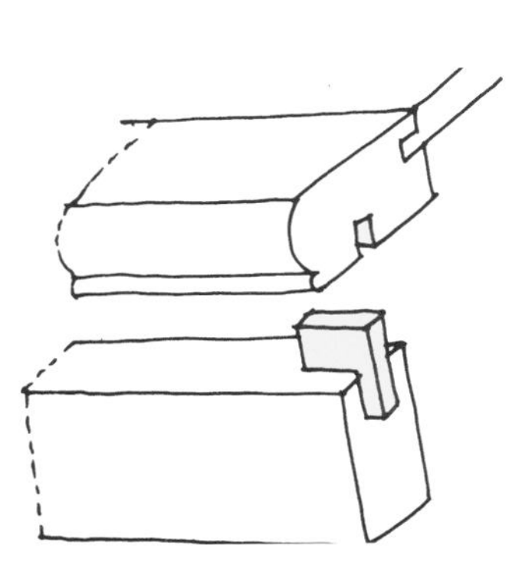

穿销榫

穿销与栽销的方法类似，不同之处在于,栽销法销子不穿透构件，而穿销法则要穿透两层乃至多层构件。

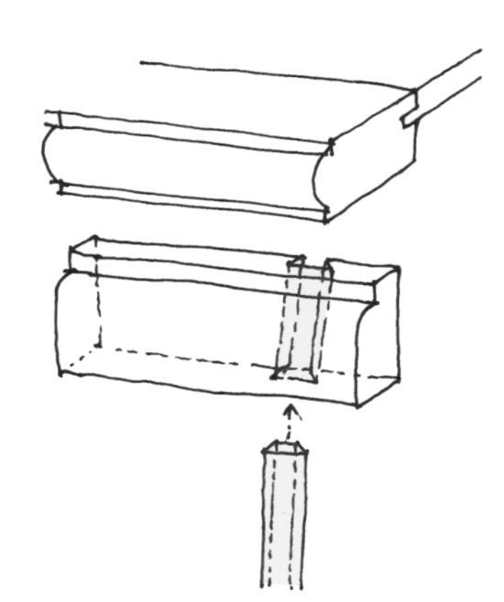

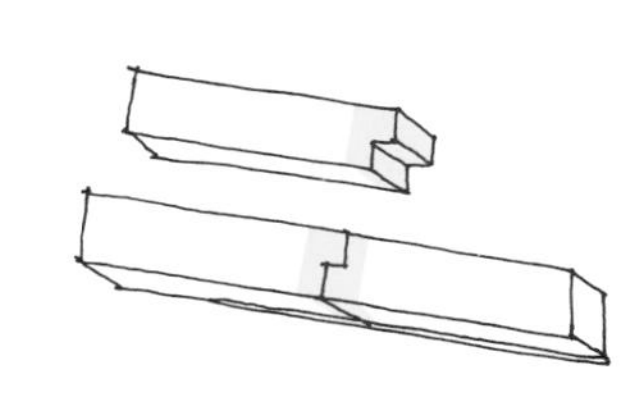

掌榫

压掌榫要求接触面充分、严实，不应有空隙。椽子的节点处也常用压掌作法。不过椽是采用钉子钉在檩木上，故不应列入榫卯之列。

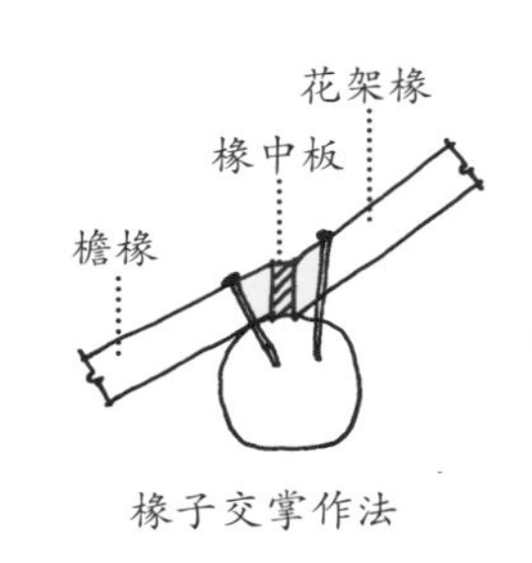

椽子交掌作法

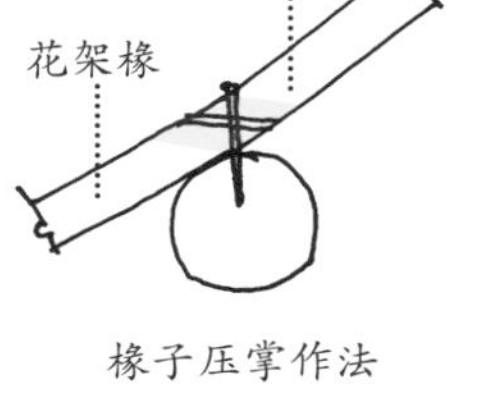

椽子压掌作法

锭扣

“银锭扣”因其形状似银锭而得名，可防止拼板松散开裂。

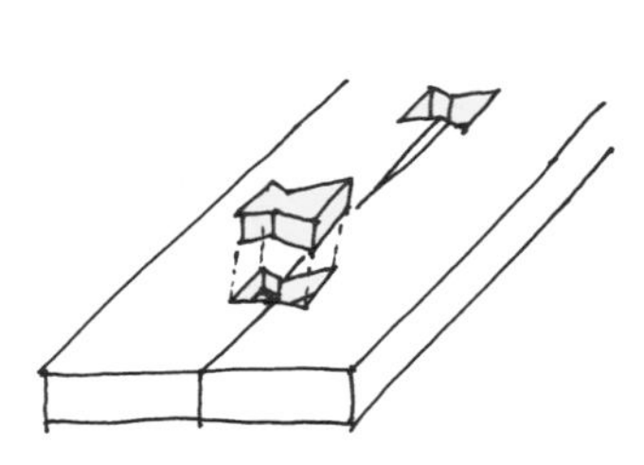

裁扣

木板小面用裁刨裁掉一半，裁去的宽与厚近似，两边交错搭接使用。

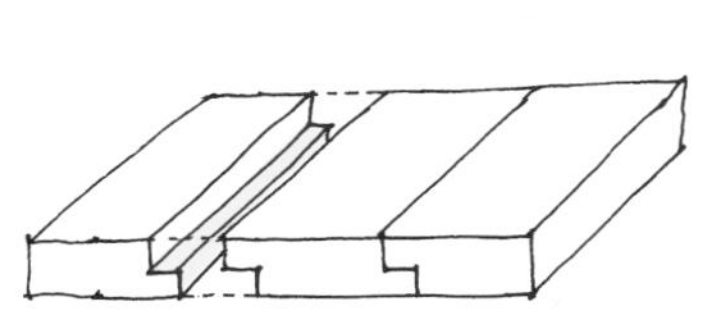

龙凤榫

木板小面居中打槽，另一块与之结合的板面裁作凸榫，将两板互相咬合。

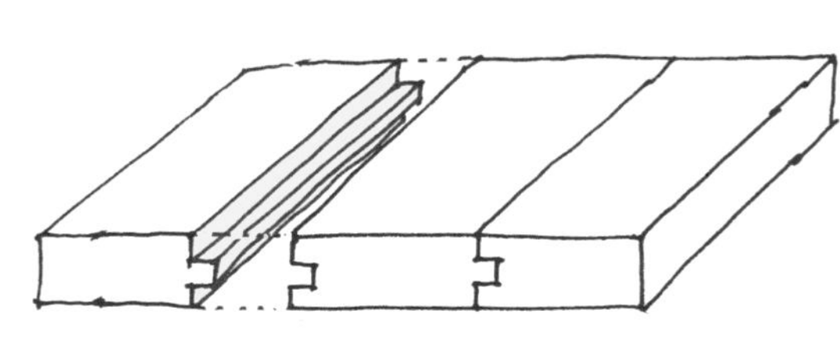

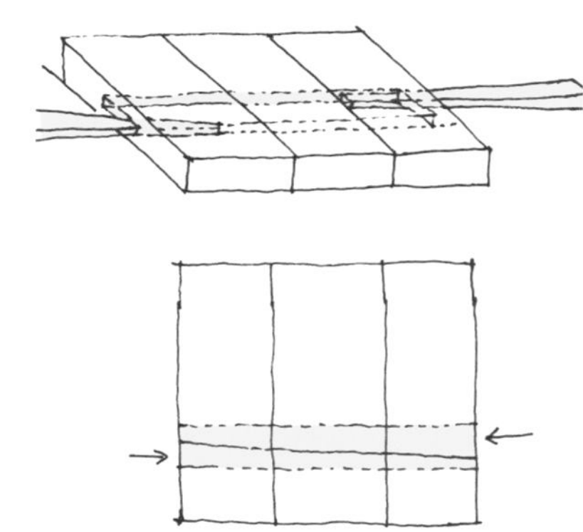

手带

这是穿带榫的另一种形式，但又不同于穿带。将要拼粘的木板配好，拼缝，然后在需要穿入抄手带处弹出墨线，在板小面居中打出透眼，再把板粘合起来，待胶膘干后将已备好的抄手带抹鱼膘对头打入。

带

“带”应对头穿，以便将板缝挤严。一般穿带三道或三道以上。穿带是将拼粘好的板的反面刻剔出燕尾槽。槽一端略宽，另一端略窄。槽深约为板厚的 1 / 3。然后将事先做好的燕尾带打入槽内。它可锁合诸板，使之不开裂，并有防止板面凹凸变形的作用。

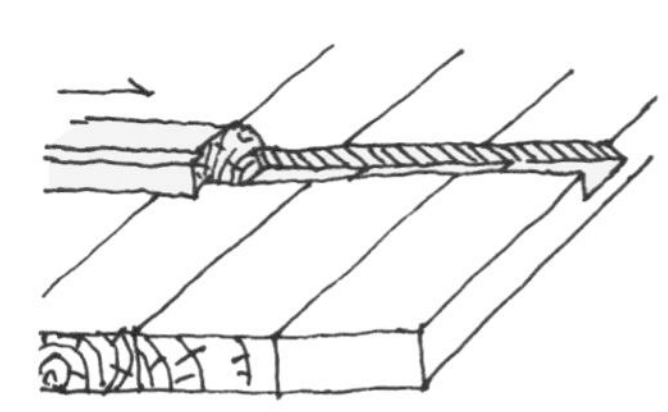

材料工艺

营建工具

叁 中国传统村落民居的营建工艺

准备篇

材料工艺

木 材 加工

斩 砍

“伐木山人都精通，不伐秋来不伐冬。春风吹遍山川绿，小满伐树最时逢。”这则谚语说出了古建筑备料伐木的最好季节。小满期间，阳气上升，白雪融化，树木萌芽初发，水分通过主干供往树枝的各个部分。这个时段砍伐的树木，出水快，树皮利，只要去掉树皮，大树二十天，小树十余天，水分即可减去大半。而且这个时段砍伐的木材质地较为坚硬，抗腐蚀和抗虫害的性能较强。

输

传统木材运输方式有人力搬运，驴、马驮拉，水运等。

验料

传统建筑对木材缺陷、含水率等方面有质检标准：大木构件的含水率不得超过25%，大于此值时应作干燥处理；凡虫蛀的木材一般不能使用，一般腐朽部分占断面1/4时也不能使用；风干裂缝深度不超过断面1/4的一般不影响使用，而有损伤裂缝的因影响木材强度也不能使用；凡构件的榫卯部位，裂缝、腐朽、结疤等都应避免。

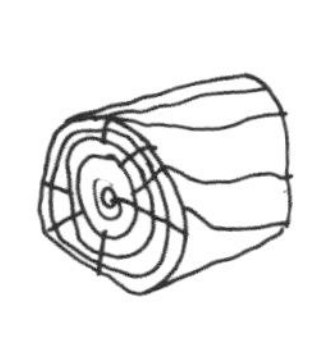
炸裂

结疤

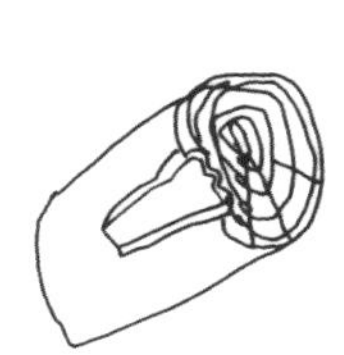
边材腐朽

弧裂

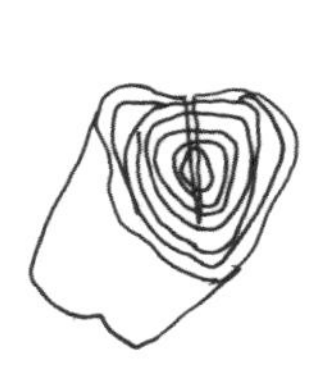
单径裂

双心

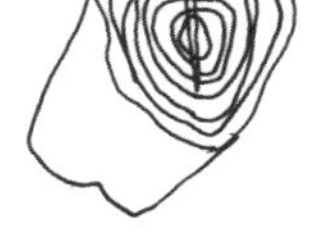

备料

匠师在动工前计算该工程的用材量，并列出柱、梁、檩、枋子、椽、板等的各种长短尺寸、规格和数量。

材干燥

木材的干燥多采取自然干燥的方式。将木材用一定的方法堆积起来，利用流通的空气进行干燥。地势略高而平坦、气流畅通、干燥而狭长的场地为宜。忌用实积法，并要避免雨水侵蚀和阳光暴晒。

交搭堆积

X型堆积

初加工

木材的初加工是指大木画线以前，将荒料加工成规格材的工作，如枋材宽厚去荒，刮刨成规格枋材，圆材径寸去荒，砍刨成规格的柱、檩材料等。

剥树皮

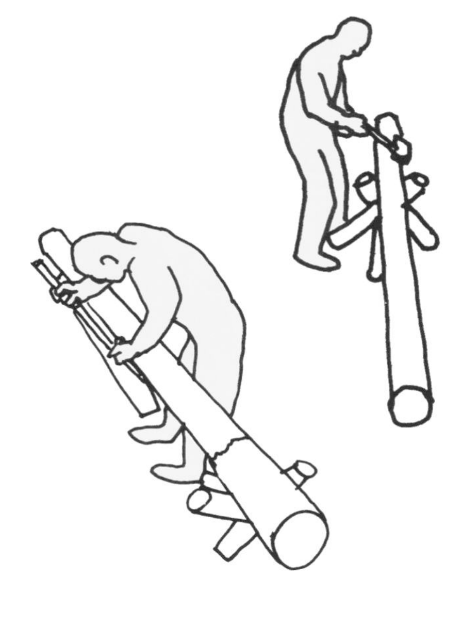

形料加工

对于矩形材料，应先将材料下基准面砍、刨加工完整：以底面为基准，用方尺在端面画底边中垂线，以其为准画出构件两侧边线和顶面线。用墨斗将构件边线弹到木材长身上，并按线砍刨去荒。

加工基准面

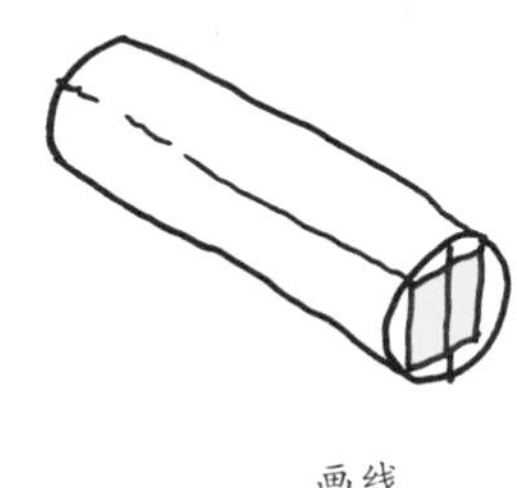

画线

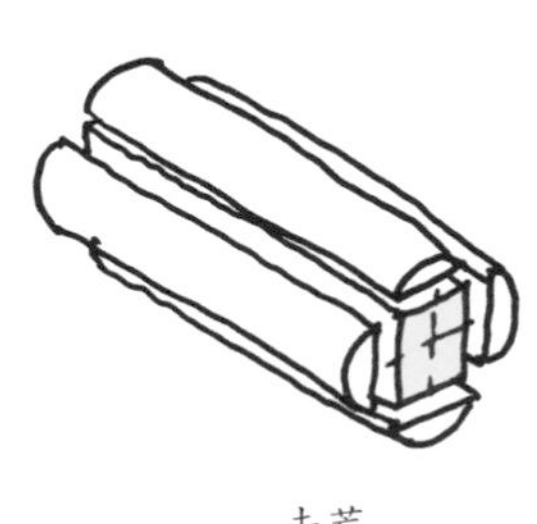

去荒

形料加工

圆形料的初步加工是取直、砍圆、刨光，传统方法是放八卦线。

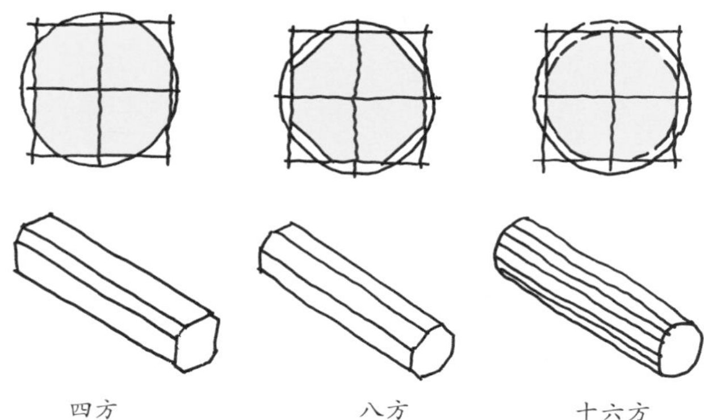

四方　八方　十六方

砖的加工

窑砖的制作

传统窑砖制作流程大致包括选料、练泥、制坯、阴干、烧制、出窑几个步骤。

选料

造砖之前要选料，需先挖取地下的黏土并辨别其颜色，黏土有蓝、白、红、黄等几种。福建东部多产红泥，蓝色的泥也叫善泥，在江苏和浙江出产较多，以黏而不散、颗粒细致且不含沙质的为最好。挖掘出来的黏土需再经过手工粉碎、过筛等过程，只留下细密的纯土。

练泥

练泥指的是，用水将泥土浸湿后，反复和练，或使牛在上面踩踏，使其变成稠泥。

制坯

将泥填满木制的制坯模中，压实后，用铁线弓刮去多余的泥，而成坯形。

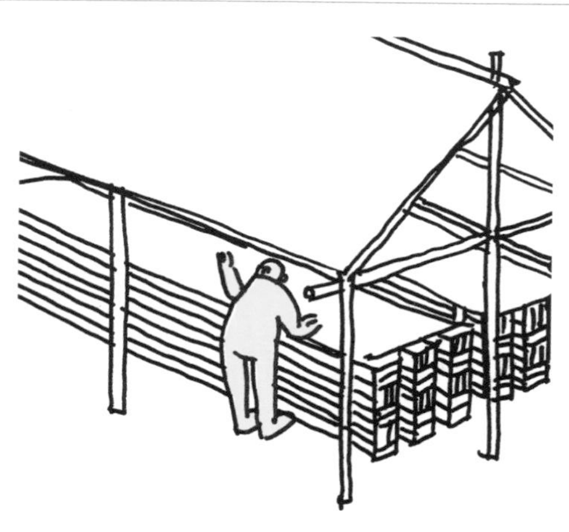

阴干

脱模后的砖坯要放置背阳处阴干，以防暴晒使砖坯出现裂纹或变形。

烧制

等到砖坯完全干燥后（大约一两个月），就可以入窑烧制了，这是最重要的一环。一般的砖质使用煤炭做燃料，而密实度更高的滤浆砖则用麦草、松枝等燃料慢慢缓烧。

入窑烧制

出窑

经过十数天的烧制后，坯体被烧结。若此时慢慢熄火，外界空气进入窑内，出来的是我们常见的红砖。若是想要青砖，需要在高温烧结砖坯时，用泥封住窑顶透气孔，减少空气进入，再往用土密封的窑顶上浇水，以达到降温的目的，直到完全冷却后出窑。

窑

砍砖

根据砖使用位置的不同及砌筑工艺的不同对砖料进行砍磨加工。根据砖使用位置的不同，被加工的砖料可分为墙身砖、地面砖、檐料子、脊料和杂料子。根据加工工艺的不同，墙身砖可分为五扒皮、膀子面、三缝砖、淌白砖。方砖地面砖可分为盒子面、八成面、干过肋。条砖地面砖可分为陡板和柳叶。

墙身与地面砖的成品类型

名称		工艺特点	主要用途
五扒皮		砖的 6 个面中加工 5 个面	干摆作法的砌体；细墁条砖地面
膀子面		砖的 6 个面中加工 5 个面，其中一个加工成膀子面	丝缝作法的砌体
三缝砖		砖的 6 个面中加工 4 个面，有一道棱不加工	砌体中不需全部加工者，如干摆的第一层、槛墙的最后一层、地面砖靠墙的部位
淌白砖	淌白截头（细淌白）	加工一个面，长度按要求加工	淌白作法的砌体
	淌白拉面（糙淌白）	加工一个面，长度不要求	淌白作法的砌体
六扒皮		砖的 6 个面都加工	用于褡裢转头及其他需要砍磨 6 个面的砖料
方砖地面砖	盒子面	五扒皮，四肋应砍转头肋，表面平整要求较高	细墁方砖地面
	八成面	同盒子面，但表面平整要求一般	细墁尺二方砖地面
	干过肋	表面不处理，过四肋	淌白地面（一般为尺四以下方砖）
	金砖	同盒子面，但工艺要求精确，表面平整要求极严	金砖地面

砖的各面在加工中的名称

在加工中，砖的各面名称与砌筑中的名称有所不同。

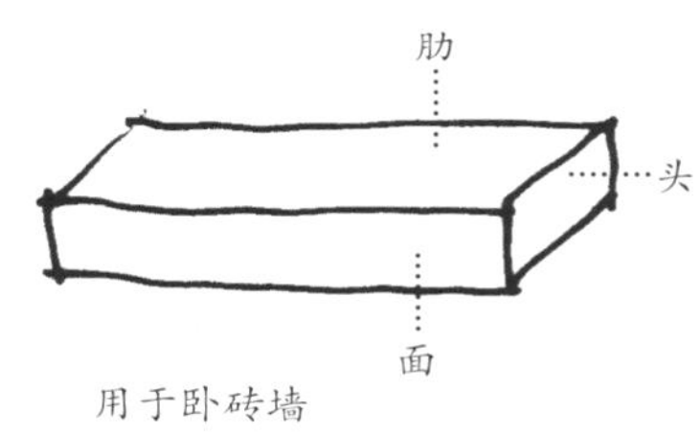

用于卧砖墙

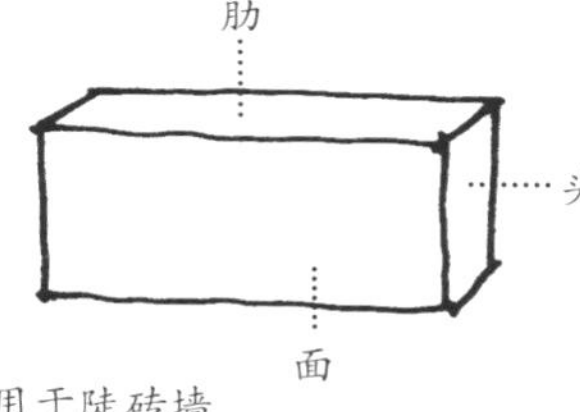

用于陡砖墙

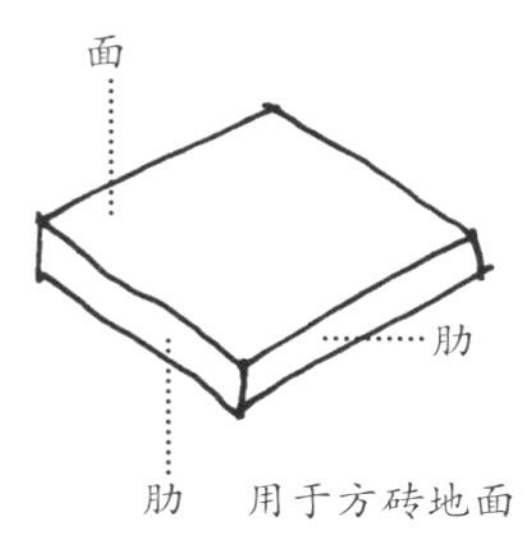

用于方砖地面

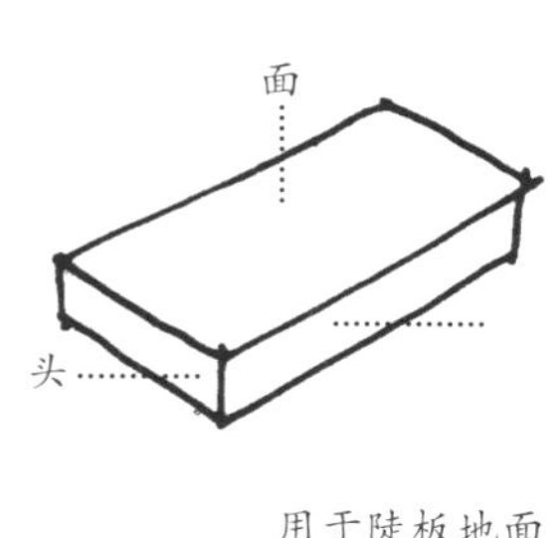

用于陡板地面

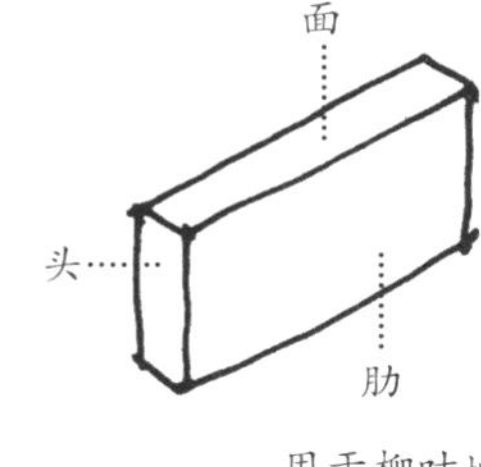

用于柳叶地面

面砖

根据加工工艺的不同，墙面砖可为五扒皮、膀子面、淌白砖等。

五扒皮

五扒皮的砍磨工艺大致分为：

1. 用刨子铲面并用磨头磨平。

2. 用平尺和钉子顺条的方向在面的一侧划出一条直线来，即“打直”，然后用扁子和木敲手沿直线将多余的部分凿去，即“打扁”。

3. 在打扁的基础上用斧子进一步劈砍，即“过肋”，后口要留有“包灰”，磨肋时宜磨出适当宽度的转头肋，选样可以保证在砌筑过程中不致因为墁干活而露脏，转头肋宽度不小于 0.5 厘米。

4. 以砍磨过的肋为准，按制子（即长、宽、高的标准，通常用木棍制作）用平尺、钉子在面的另一侧打直。然后打扁、过肋和磨肋，并在后口留出包灰。

5. 顺头的方向在面的一端用方尺和钉子划出直线并用扁子和木敲手打去多余的部分，然后用斧子劈砍并用磨头磨平，即“截头”。头的后口也要砍留包灰。

6. 以截好的这面头为准，用制子和方尺在另一头打直、打扁和截头。后口仍要留包灰。

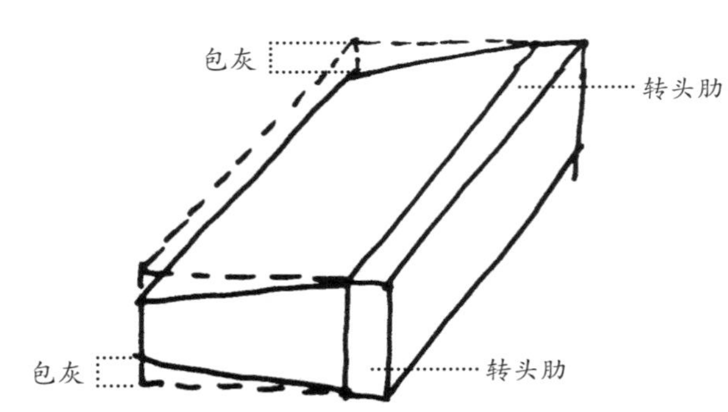

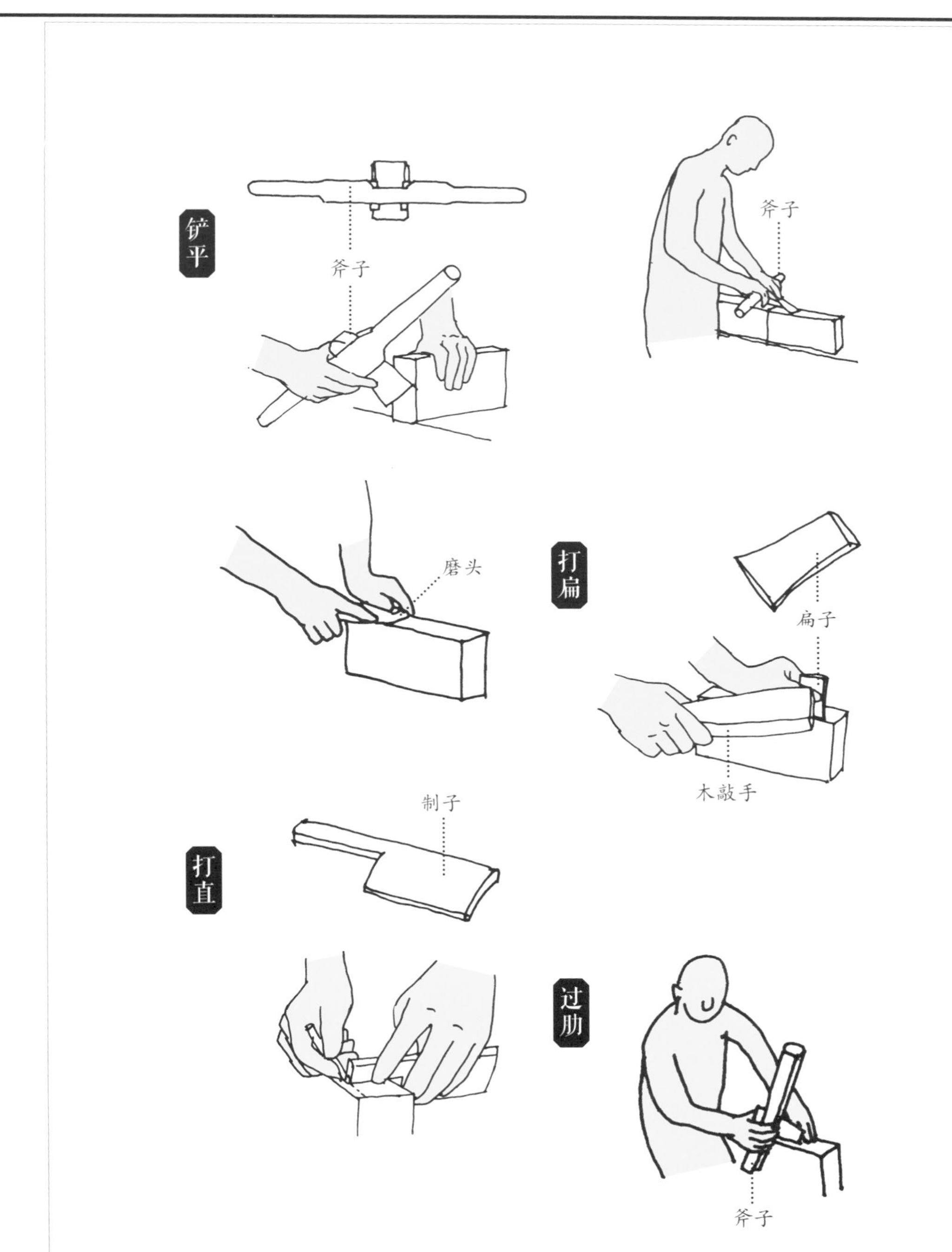
铲平
斧子
斧子
打扁
磨头
扁子
木敲手
打直
制子
过肋
斧子

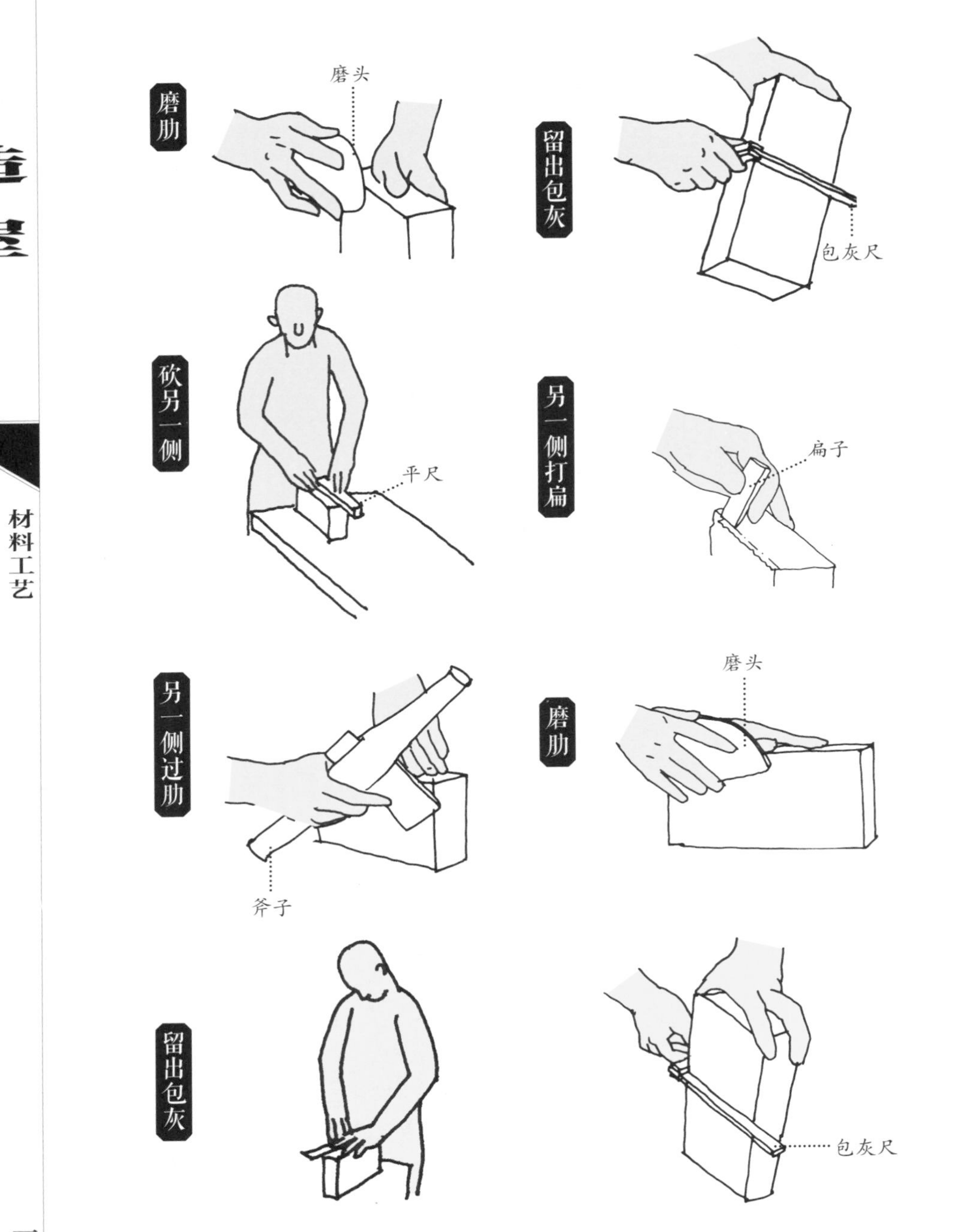

磨肋
磨头
留出包灰
包灰尺
砍另一侧
平尺
另一侧打扁
扁子
另一侧过肋
斧子
磨肋
磨头
留出包灰
包灰尺

丁头砖指砌筑砖墙时砖的小面朝外的砖。丁头砖只砍磨一个头，另一头不砍。两肋和两面要砍包灰。

转头砖指砌筑砖墙时用于转角部位的砖。转头砖（砌筑后可见一个面和一个头）砍磨一个面和一个头，两肋要砍包灰。转头砖一般不截长短，待操作时根据实际情况由打截料者负责截出。上述砍转头的过程称为“倒转头”。如果砖的尺寸较宽，需要裁去一些时，可不必全部裁去，这种作法叫作“倒嘴”或“退嘴”。砌筑后可见一个面和两个头的转头叫作“褡裢转头”，褡裢转头应为六扒皮作法，某个角为六方或八方等的转头叫作“八字转头”。

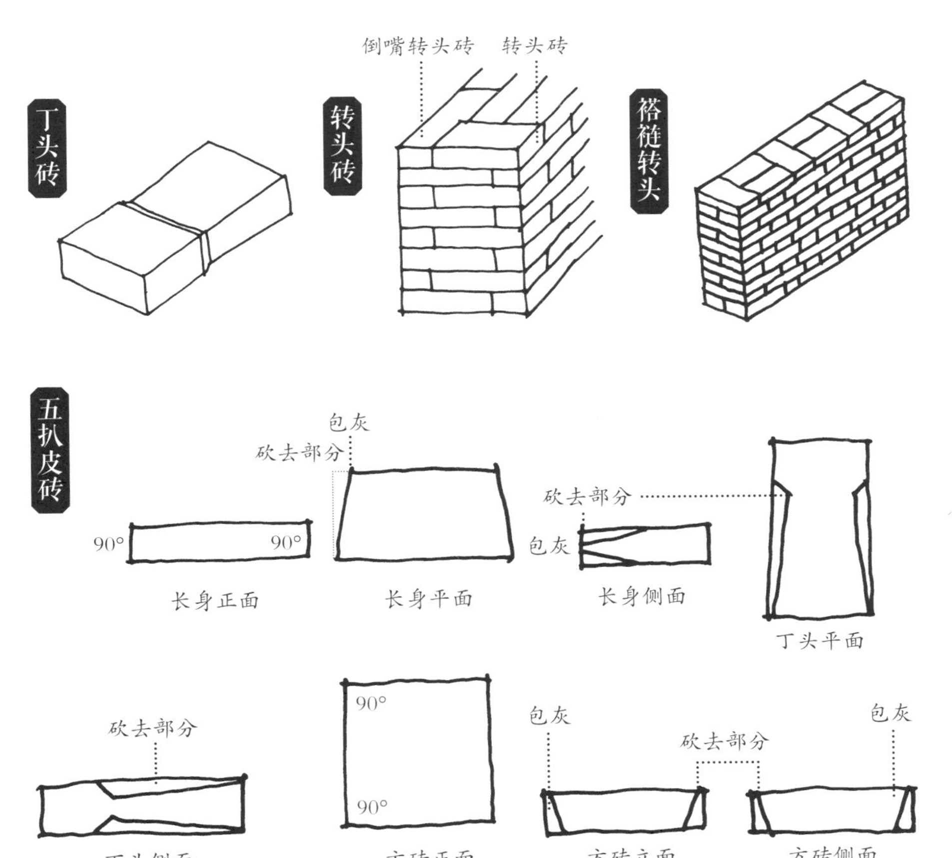

膀子面

膀子面与五扒皮大致相同，不同之处是：先铲磨一个肋，这个肋要求与面互成直角或略小于90°，这个肋就叫作膀子面。做完膀子面后，再铲磨面或头。

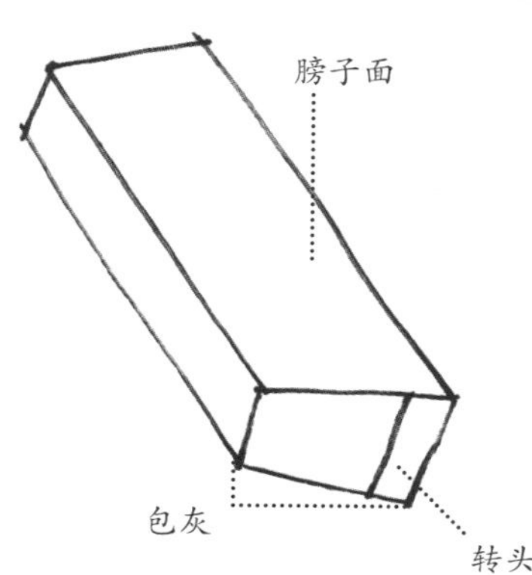

淌白砖

淌白砖分为细淌白、糙淌白。细淌白又叫“淌白截头”。先砍磨一个面或头，然后按制子截头，但不砍包灰。糙淌白又名“淌白拉面”。只铲磨一个面或头，不截头；有时也可用两砖相互对磨，同时加工。淌白砖的特点是只磨面不过肋。

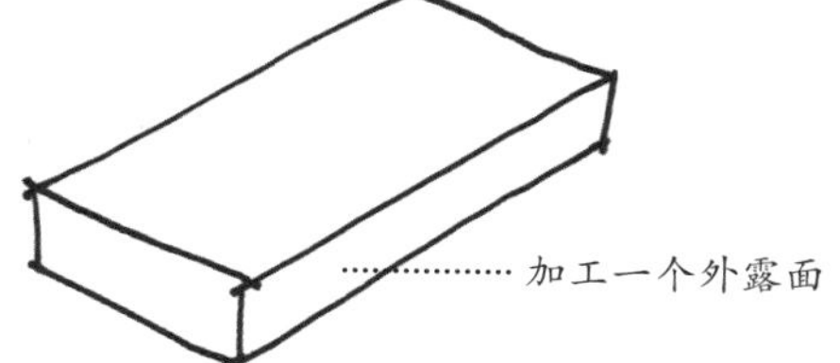

地面砖

地面用砖除应砍包灰外，也应砍转头肋。地面砖的转头肋宽度不小于1厘米。方砖要选择细致的一面——“水面”，作为砍磨的正面。比较粗糙的“旱面”，墁地时应朝下放置。地面砖包括条砖、方砖。

条砖

墁地用条砖有大面朝上（即“陡板地”）和小面朝上（即“柳叶地”）两种。地面用砖的包灰应比墙身用砖小。

陡板地

陡板地用砖要先铲磨大面再砍四肋，四个肋要互成直角。

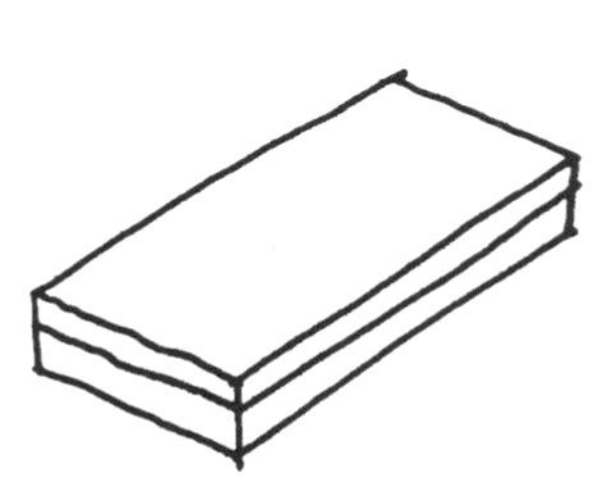

柳叶地

柳叶地用砖的砍磨方法同五扒皮。

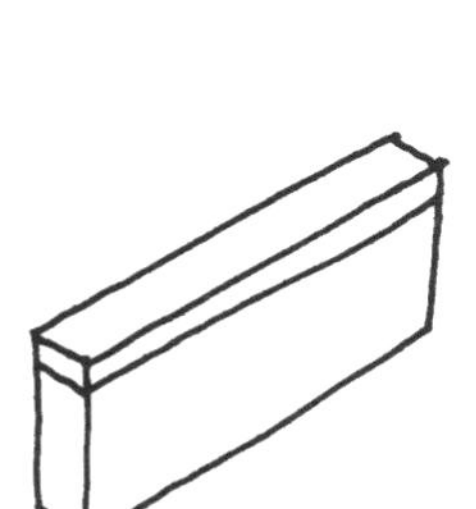

方砖

方砖地面砖可分为盒子面、八成面、干过肋。

盒子面

与五扒皮作法相似，先磨面再砍四肋再转头肋，四肋相互垂直。包灰约1~2毫米。

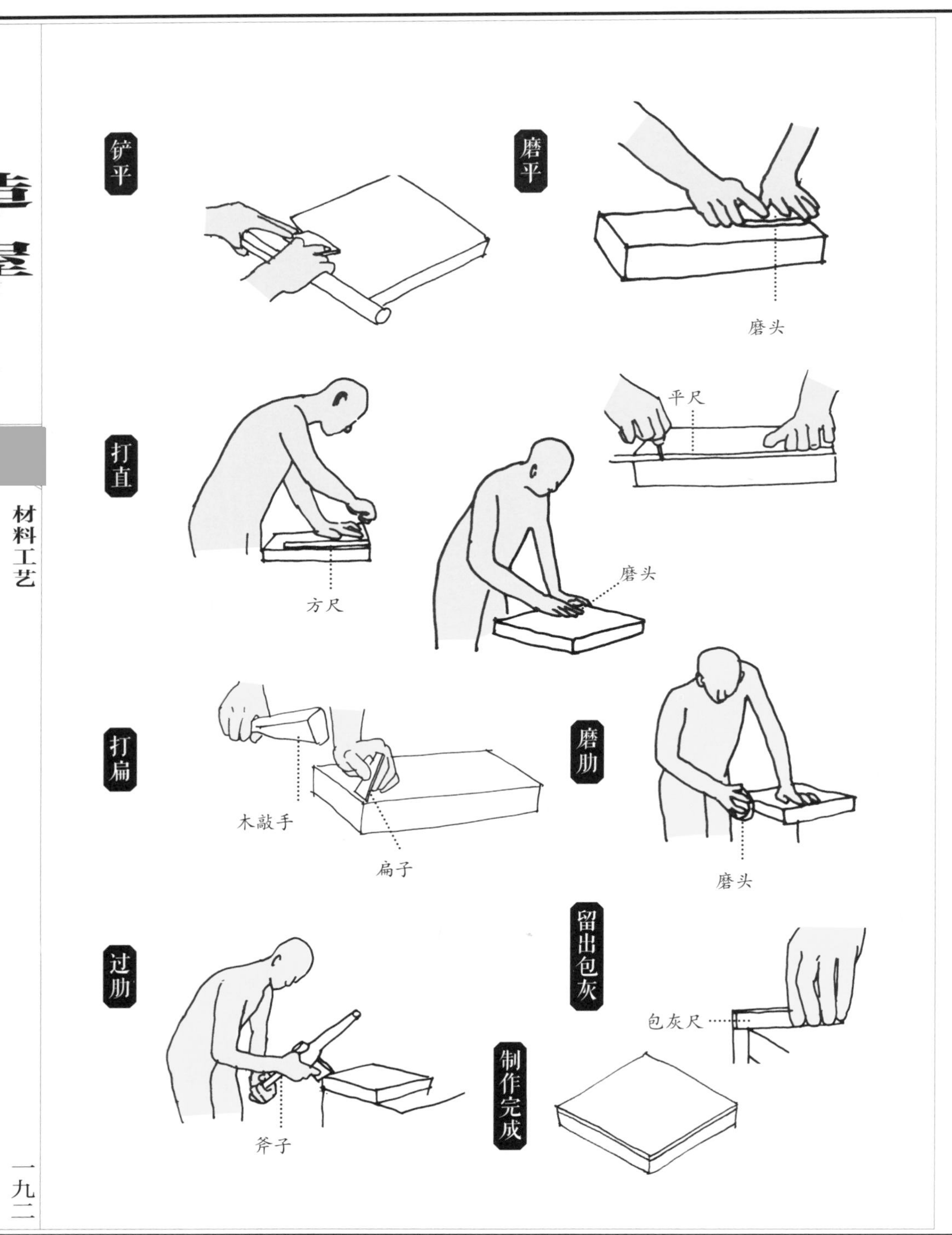
铲平
磨平
磨头
打直
平尺
方尺
磨头
打扁
木敲手
扁子
磨肋
磨头
过肋
留出包灰
包灰尺
制作完成
斧子

八成面

八成面砍磨工艺与盒子面相同，但其表面平整要求不如盒子面严格。

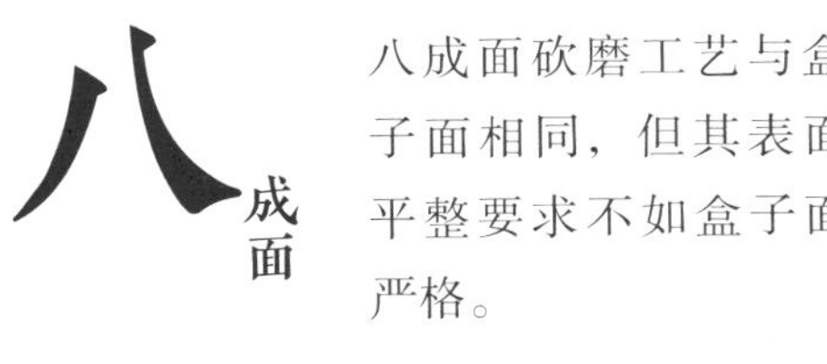

干过肋

干过肋表面不铲磨，铲磨四个肋但不做转头肋，不砍包灰，四肋互成直角。

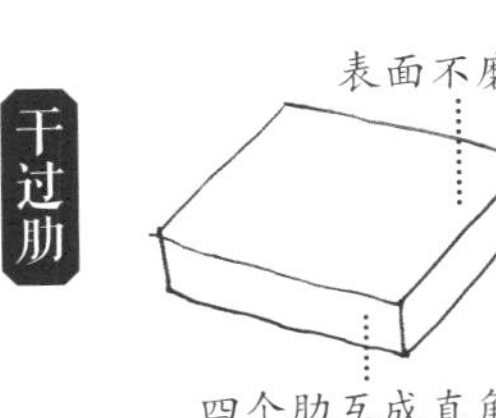

六扒皮

六扒皮的特点是砖的六个面全都砍磨加工。六扒皮作法的砖用于一个长身面两个丁头面同时露明的部位（如马莲对作法的墀头），或其他需要进行六面加工的矩形砖料。

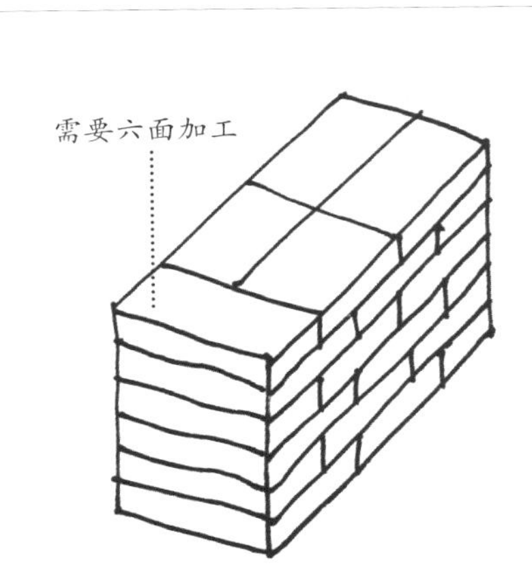

三缝砖

三缝砖与五扒皮的砍磨程序大致相同，但有一道肋不过肋。三缝砖用于墙体或地面中的那些不需要过肋的部位或应在施工现场临时决定尺寸的部位，比如槛墙的最后一层、地面的靠墙部位等。三缝砖作法能在不影响施工质量的前提下有效地提高砖加工的效率。

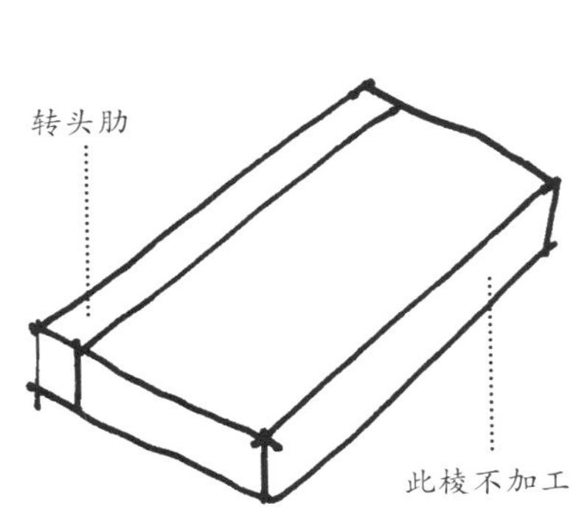

脊料 异形砖 杂料 檐料

这几种砖料一般可先进行初步砍磨，再根据需要进一步加工。如弧形地面砖，可先铲磨表面，然后再加工成弧形。虽然这几种砖料都呈不规则形状，但加工的方法不外三种：

1. 第一种方法是用活弯尺。这种方法可画出任意角度的砖料，如八字砖、合角(割角)砖等。

2. 第二种方法是用矩尺。这种方法可以画出相互吻合的曲线，如槛墙靠近柱顶石鼓镜部分，需要与鼓镜吻合，画样时，可将砖贴近柱顶，矩尺的一端顺着鼓镜移动，另一端即在砖上画出了鼓镜的侧面形状。

3. 第三种方法是用样板。样板是根据设计要求，经过计算画出的实样，样板一般用三合板制作。根据需要，可制作正立面的样板(如弧形地面砖)，也可制作侧面的样板(如梢子、砖檐等)，或同时制作正面和侧面两种样板(如宝顶)。

异形砖加工

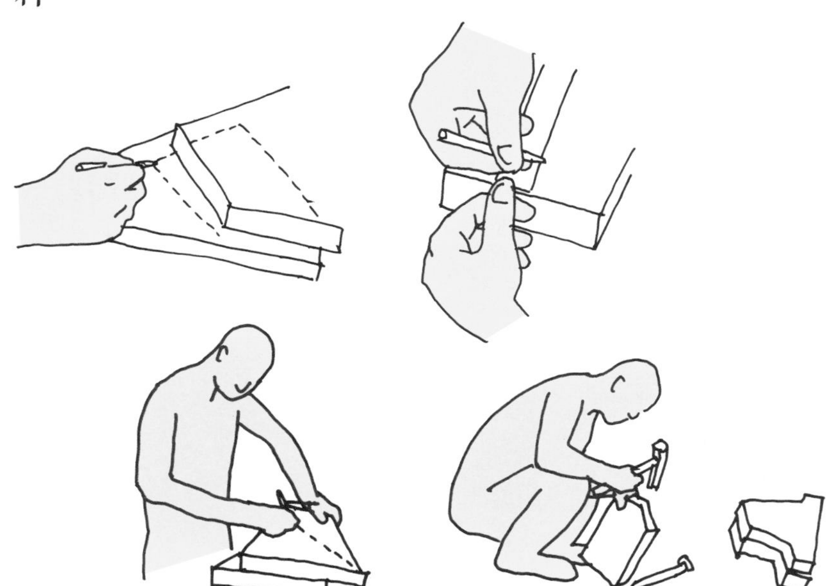

土坯砖的制作

部分地区采用土坯砖砌墙，土坯砖的制作过程如下：选取纯黄土、纯黏土、纯黑黏土及少量细沙，把经过筛选的土加水闷上，经过一段时间，当水和土达到饱和状态、不干不湿时，用锹反复和泥。把模具在平地放好，里面匀撒炉灰或草土灰，方便制成后提起，在木板模具上沾水，目的是防止黄泥粘在木板上。再往里填土，土要填得冒出尖儿，填好后用铁锹拍一拍，再用夯打。把模具里的土打平实，即可脱离模具，一块坯就制作好了，在开阔地阳光充足的地方晾晒，干透即为成品。

传统灰浆经过长时期探索与实践积累，形成的种类有几十种之多。常见的各种灰浆及其配合比及制作要点如下表所示。

灰浆的制作

1. 起炉

2. 烧石炉

3. 生火

4. 改石料

5. 放石料

6. 烧石

7. 石料出炉

8. 煮浆灰

9. 制作完成

砌筑用灰

砌筑用灰名称		配制方法	主要用途	说明
原料灰	泼灰	生石灰用水泼洒成粉状过筛	制作各类灰浆原料	
	泼浆灰	泼灰过筛后分层用青浆泼洒，闷至15天后使用	制作各类灰浆原料	
	煮浆灰	生石灰加水搅拌成浆，过细筛后发胀而成	制作各类灰浆原料	类似于现代的石灰膏
	老浆灰	按照青灰：生石灰=7：3／5：5／4：1加水拌和成浆，过细筛后发胀而成	用于丝缝墙体的砌筑，内墙面抹灰原料	即呈不同灰色的煮浆灰
	青灰	一种含有杂质的石墨，青黑色，加工后呈粉末状	制作青浆的原料	
各类颜色灰	纯白灰	泼灰加水搅匀或用石灰膏	内墙面抹灰、金砖墁地、糙砖砌筑	各类色灰，如果没有添加麻刀，就称为“素灰”，若是添加麻刀则称为“麻刀灰”
	浅月白灰	泼浆灰加水搅匀	砌糙砖墙、调脊、宽瓦、室外抹灰	
	深月白灰	泼浆灰加青浆搅匀	砌淌白墙、调脊、宽瓦、室外抹灰	
	红灰	按照白灰：霞土=1：1配制，按照白灰：氧化铁红=1：0.03配制	装饰抹灰	
	黄灰	按照白灰：包金土=100：5的比例配制	装饰抹灰	
添加不同材料的灰	麻刀灰	各种灰浆调匀后掺入麻刀搅匀，灰：麻刀=100：（3~5）	苫背、调脊、墙体砌筑填馅、抹饰墙面、墙帽、打点勾缝等	根据添加麻刀的多少和麻刀的长度不同还分为大、中、小麻刀灰
	油灰	用泼灰：面粉：桐油=1：1：1制成，加青灰或黑烟子可以调深浅	细墁地面砖棱挂灰、砖石砌体勾缝、防水工程舱缝	
	麻刀油灰	油灰内掺麻刀，用木棒砸匀，油灰：麻刀=100：（3~5）	叠石勾缝、石活防水勾缝	
	纸筋灰	草纸用水闷成纸浆，放入煮浆灰内搅匀，灰：纸筋=100：6	室内抹灰面层、堆塑花活面层	厚度宜为1~2毫米

砌筑用灰

砌筑用灰名称		配制方法	主要用途	说明
添加不同材料的灰	血料灰	血料稀释后掺入灰浆中，灰：血料 =100 ：7	水工建筑的砌筑，如：桥梁、驳岸	血料用新鲜猪血，以石灰水点浆，随点随搅拌至适当稠度，静置冷却后过滤形成
	滑秸灰	泼灰：滑秸 =100 ：4，滑秸长度5~6cm，用石灰烧软	地方建筑墙面抹灰	
	江米灰	月白灰掺入麻刀、江米汁和白矾水，灰：麻刀：江米：白矾 =100 ：4 ：0.75 ：0.5	琉璃花饰砌筑、琉璃瓦捉节夹垄	黄琉璃活应采用红灰（白灰：红土 =1 ：0.8 或白灰：氧化铁红 =1 ：0.065）
	棉花灰	石灰膏掺入细棉花绒，调匀，灰：棉花 =100 ：3	壁画抹灰的面层	厚度不宜超过 2 毫米
	蒲棒灰	煮浆灰内掺入蒲绒，调匀，灰：蒲绒 =100 ：3	壁画抹灰的面层	厚度宜为 1~2 毫米
	砂灰	用石灰膏掺入细砂搅拌均匀而成，灰：砂 =3 ：1	墙面底层抹灰，中层抹灰，也可用于面层	
	锯末灰	泼灰、煮浆灰内加入锯末调制均匀，锯末：白灰 =1 ：1.5（体积比）	民间墙面抹灰	锯末灰调匀后应放置几天，等锯末烧软后再用

砌筑用浆

砌筑用浆	配制方法	主要用途	说明
生石灰浆	生石灰加水调制而成	砖砌体灌浆、石活灌浆、内墙面刷浆、宽瓦沾浆	用于刷浆，生石灰应过罗，并应掺胶黏剂
熟石灰浆	泼灰加水搅拌而成	砌筑灌浆、墁地坐浆、干槎瓦坐浆、内墙刷浆	用于刷浆，泼灰应过罗，并应掺胶黏剂

砌筑用浆			
砌筑用浆	配制方法	主要用途	说明
月白浆	白灰加青灰加水调制而成，白灰：青灰 =10 ：1（浅），白灰：青灰 =4 ：1（深）	墙面刷浆，黑活屋面刷浆提色	用墙面刷浆，泼灰应过罗，并应掺胶黏剂
桃花浆	白灰与好黏土加水调制而成，白灰：黏土 =3 ：7 或 4 ：6（体积比）	砖、石砌体灌浆	
江米浆	生石灰浆内兑入江米浆和白矾水，灰：江米：白矾 =100 ：0.3 ：0.33	重要的砖石砌体灌浆	生石灰浆不过淋
青浆	青灰加水调制而成	墙面刷浆提色，青灰背、黑活屋面眉子当沟赶轧刷浆	青浆调制好后应过细筛
烟子浆	黑烟子用胶水搅成膏状，再加水稀释成浆	筒瓦屋面绞脖，眉子、当沟刷浆提色	可掺入适量的青浆
红土浆	头红土加水搅拌成浆后，兑入江米汁和白矾水，头红土：江米：白矾 =100 ：7.5 ：5.5	抹饰红灰时表面赶轧刷浆	现常用氧化铁红兑水加胶制作
包金土浆	土黄水加水搅拌成浆后，兑入江米汁和白矾水，土黄：江米：白矾 =100 ：7.5 ：5.5	抹饰黄灰时表面赶轧刷浆	现常用地板黄加生石灰水，再加胶制作
砖面水	细砖面经研磨后加水调制而成	旧墙面打点刷浆、黑活屋面新作刷浆	可加入少量的月白浆
白矾水	白矾加水形成	壁画抹灰面层处理、小式石活铁活固定	
黑矾水	黑烟子用酒或胶水化开后与黑矾加水混合，之后倒入红木水内煮熬至深黑色	金砖墁地钻生泼墨	应趁热使用
绿矾水	绿矾加水形成	庙宇黄色墙面刷浆	

瓦的制作

屋面瓦件常见的有板瓦、筒瓦、勾头瓦、滴水瓦、罗锅瓦、折腰瓦等。传统瓦的制作工艺大致可以分为以下步骤：挖土、踩泥、制坯、晾干、装窑、烧制、出窑。

屋面常见瓦件

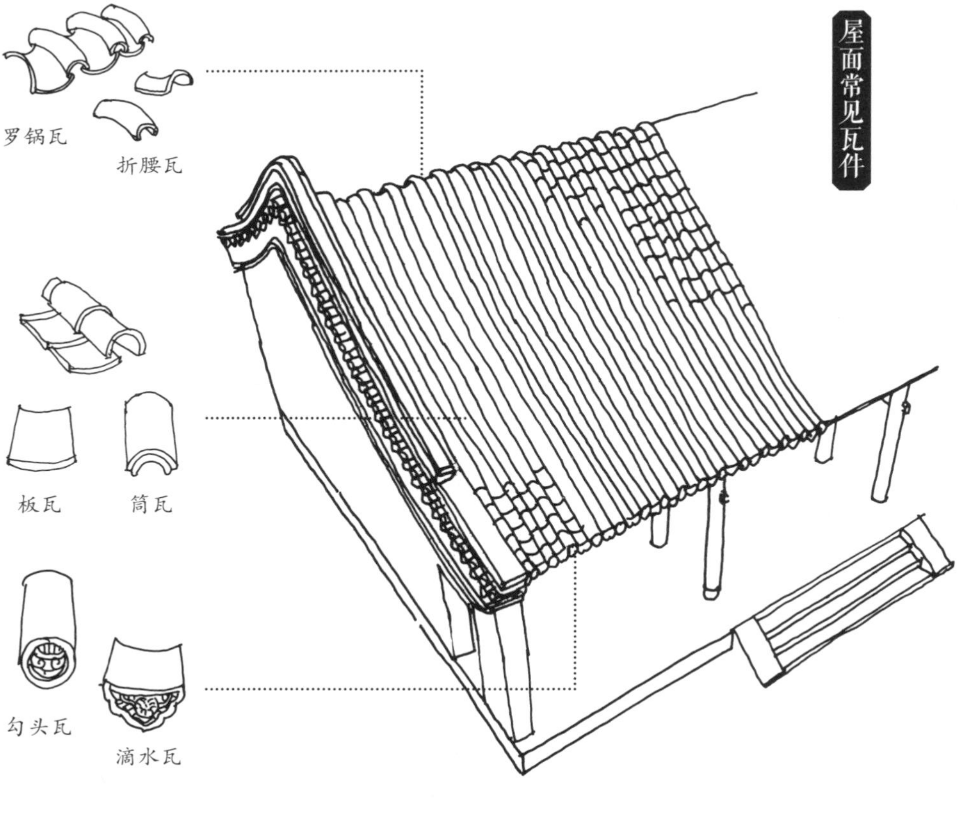

罗锅瓦

折腰瓦

板瓦

筒瓦

勾头瓦

滴水瓦

合瓦屋面

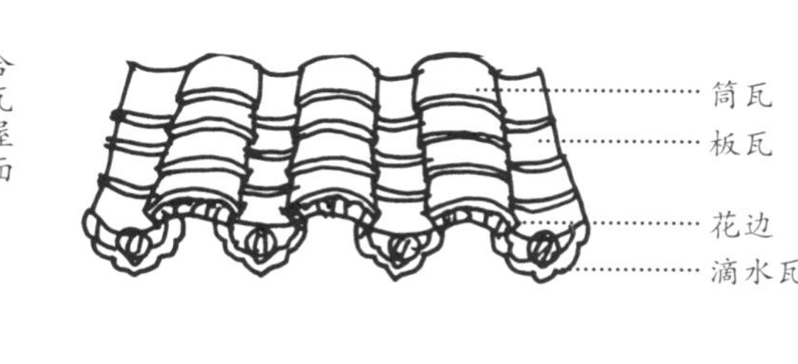

筒瓦屋面

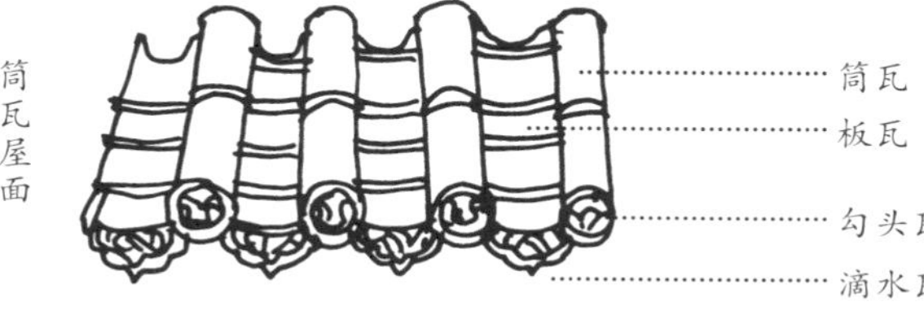

铃铛排山脊

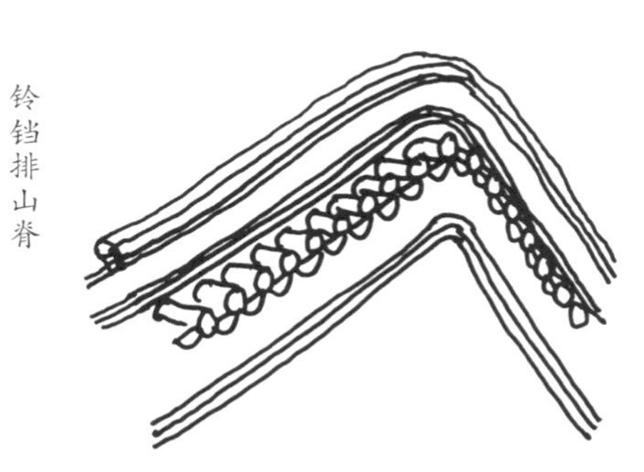

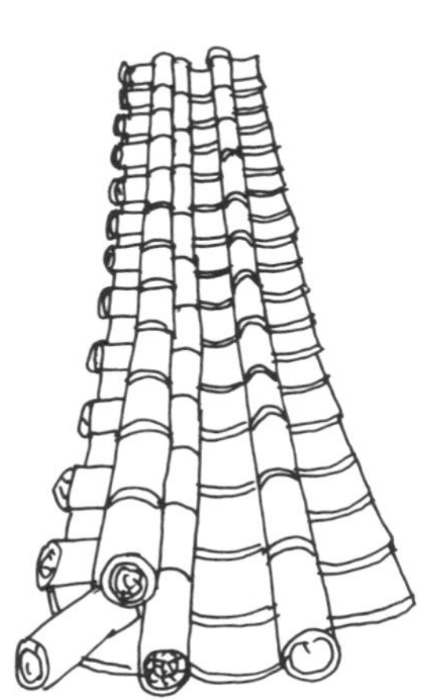

各类常见瓦件

板瓦　筒瓦

花勾头瓦

勾头瓦

滴水瓦

罗锅瓦　折腰瓦

花勾头瓦

勾头瓦

花滴水瓦

挖土

含沙性的年久塘积泥，是做瓦的好材料，窑匠选好了质地合适的土，根据所要烧制的砖瓦数量计算出用土量，再进行采挖。

踩泥

把泥放在一个池子里，人赶着牛踩踏，一般需半天时间，踩到泥均匀黏度合适则可。之后把泥膏从泥坑里搬运到瓦坊备用，并用麻袋包裹起来，每天都要在麻袋上浇适量的水，防止其硬化。

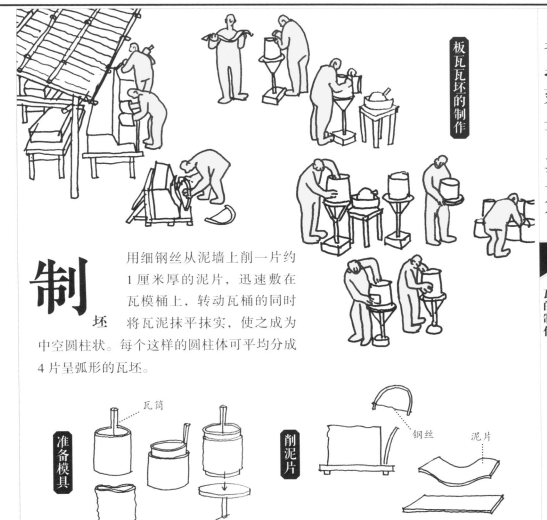

板瓦瓦坯的制作

制坯

用细钢丝从泥墙上削一片约1厘米厚的泥片，迅速敷在瓦模桶上，转动瓦桶的同时将瓦泥抹平抹实，使之成为中空圆柱状。每个这样的圆柱体可平均分成4片呈弧形的瓦坯。

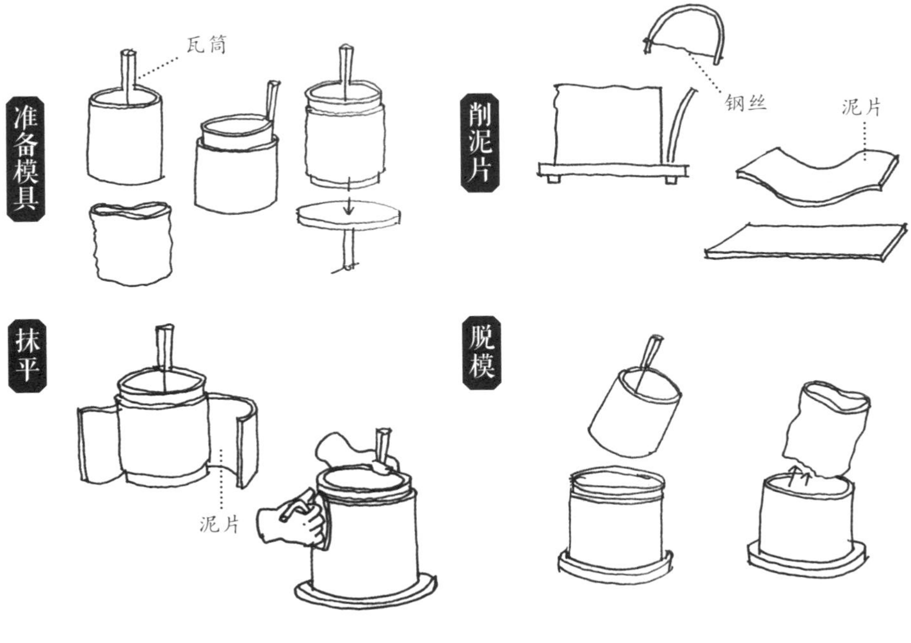

筒瓦瓦坯的制作
1. 准备模具
2. 添泥
勾头瓦瓦坯的制作
3. 脱模
4. 修边
5. 连接
6. 完成

滴水瓦瓦坯的制作

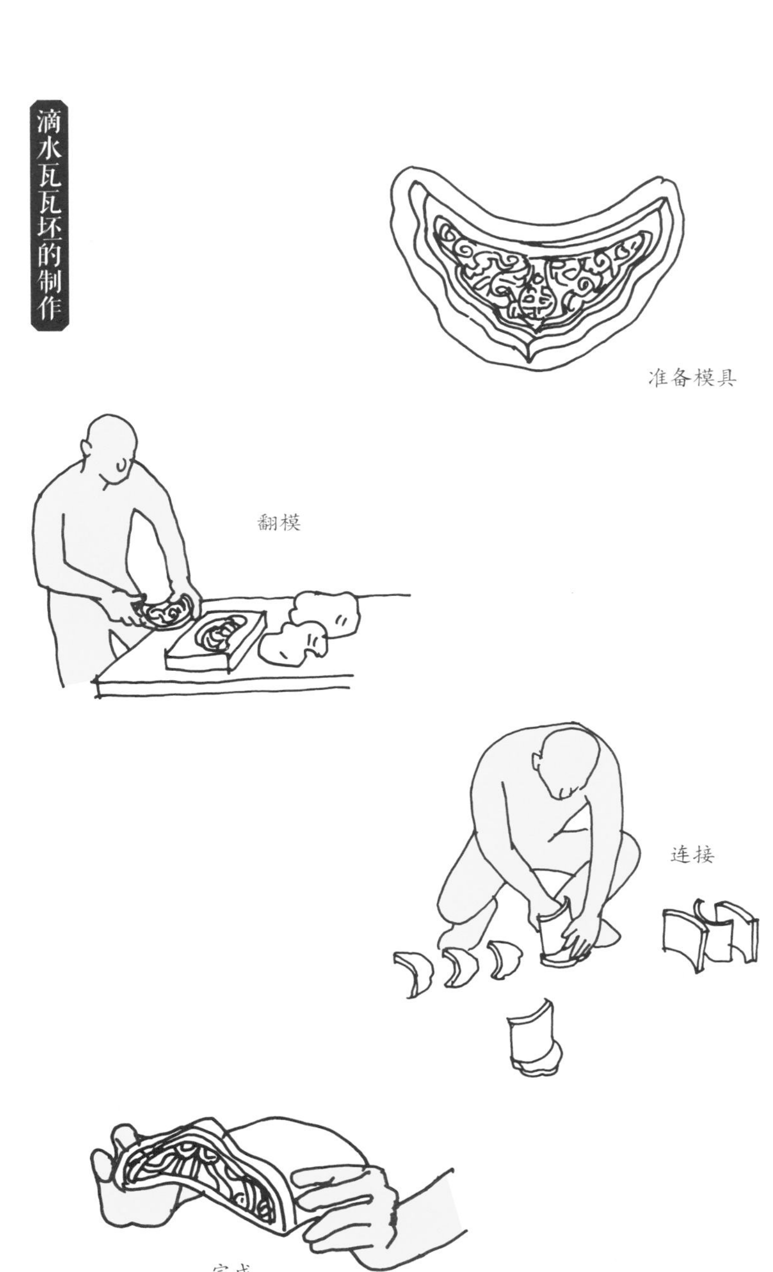

晾干

待坯体稍干后，把瓦桶收拢来，轻轻沿着瓦桶折线掰成一片片泥瓦，整齐地上下排列码放，等完全风干。这是最耗费时间的，天晴需要10~20天，若雨天则需要近两个月。为了防雨，常用草帘子盖好，一般在旱季、少雨季打造瓦坯。

装窑

烧制瓦窑是古老圆形窑（主要是柴燃窑）。一般先把风干的瓦坯一层层地堆码，而且层与层之间、行与行之间都要留烟火道。最上面留一个井口大的烟口，周围用泥土封死。

烧瓦

将瓦装入窑。窑火连续烧 3~5 天，视瓦片数量的多少来决定时间的长短。烧瓦最重要的是把握好火候，时间太长、火太大容易将瓦烧坏，时间太短、火太小又烧不透。

出窑

窑内完全冷却后即可出窑。熄火后还要闷数天，期间要经常淋水进行洇窑，这样是为了让瓦变成青色，而且还有降温的作用，如此才能烧出优质瓦片。

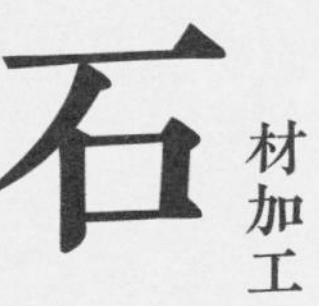

石材加工

石材的加工手法有劈、截、凿、扁光、打道、刺点、砸花锤、剁斧、锯、磨光等，不同的建筑形式或不同的使用部位，对石料表面有不同的加工要求。以哪种手法作为最后一道工序，就叫哪种作法，如以剁斧作法交活儿的，就叫“剁斧作法”，但剁斧后磨光的，应称为“磨光作法”。

劈

劈大块石块时先用錾子凿出若干楔窝，间距8~12厘米，窝深4~5厘米。楔窝与铁楔需做到：下空，前、后空，左、右紧，这样才能把石料挤开。然后在每个楔窝处安好楔子，再用大锤轮番击打，第一次击打时要轻，以后逐渐加重，直至劈开。上述方法叫“死楔”法。也可以只用一个楔子（蹦楔），从第一个楔窝开始用力敲打，要将楔子打蹦出来，然后再放到第二个楔窝里，如此循环，直至将石料劈开。死楔法适用于容易断裂和崩裂的石料。蹦楔法的力量大，速度快，适用于坚硬的石料（如花岗石）。如果石料较软（如砂石）或有特殊要求，如劈成三角形或劈成薄石板时，常常先在石面上按形状规格要求弹好线，然后沿着墨线将石料表面凿出一道沟，叫作“挖沟”。石料的两个侧面也要“挖沟”，然后再下楔敲打，或用錾子由一端逐渐向前“蹾”，第一遍用力要轻，以后逐渐加重，直至将石料蹾开。

截

把长形石料截去一段就叫作“截”。截取石料的方法有两种。传统方法是将剁斧对准石料上弹出的墨线放好，然后用大锤猛砸斧顶。沿着墨线逐渐推进，反复进行，直至将石料截断。由于剁斧的“刃”是平的，石料上又没有挖出沟道，所以不会对石料造成内伤。但这种方法对少数石料无法奏效。近代也有使用下述方法的：先用錾子沿着石料上的墨线打出沟道，然后用剁子和大锤沿着沟道依次用力敲击，直至将石料截断。这种方法效率较高，但据说会对一些石料造成内伤。

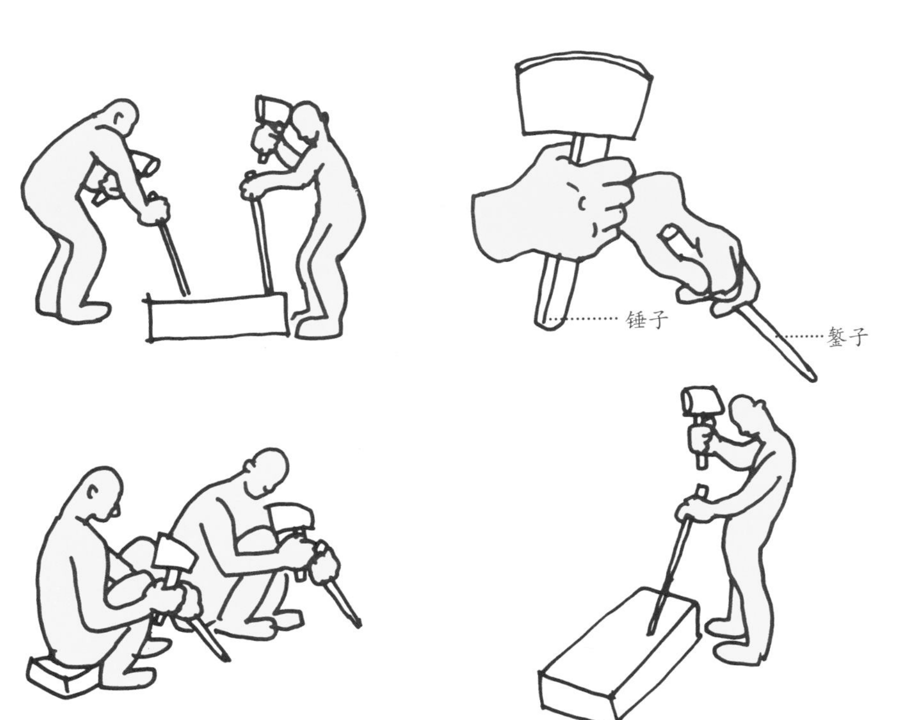

用锤子和錾子将多余的部分打掉即为“凿”。
特指对荒料凿打时可叫“打荒”。特指对底部凿打时可叫“打大底”。
用于石料表面加工时，有时可按工序直接叫“打糙”或“见细”。

扁光

用锤子和扁子将石料表面打平剔光就叫“扁光”。经扁光的石料，表面平整光顺，没有斧迹凿痕。

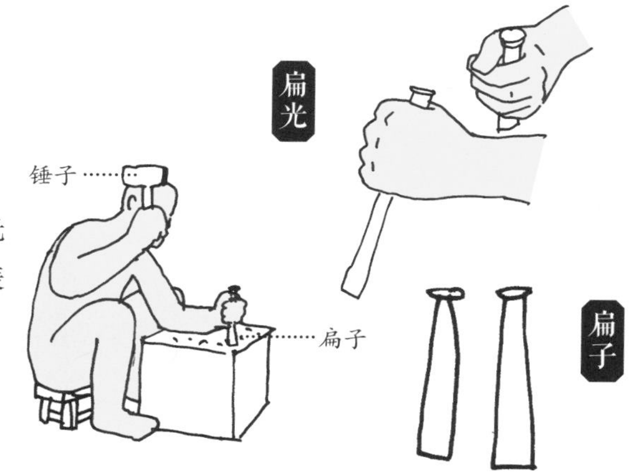

打道

“打道”是指用锤子和錾子在基本凿平的石面上打出平顺、深浅均匀的沟道，可分为打糙道和打细道。打糙道又叫“创道”，打很宽的道叫“打瓦垄”，打细道又叫“刷道”。打糙道一般是为了找平，打细道是为了美观或进一步找平。

刺点

“刺点”是凿的一种手法，操作时錾子应立直。刺点凿法适用于花岗石等坚硬石料，汉白玉等软石料及需磨光的石料均不适于刺点，以免留下錾影。

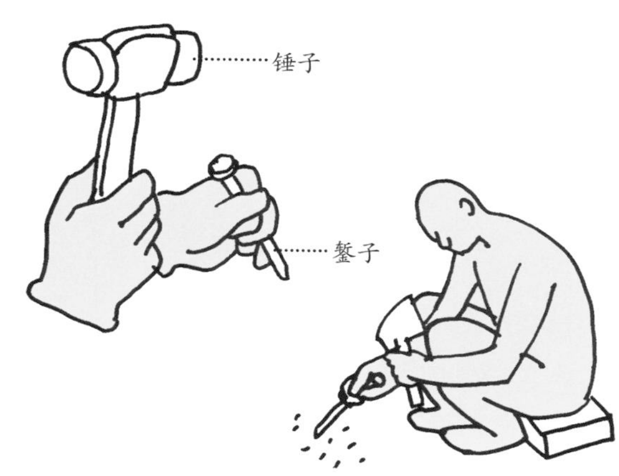

砸 花锤

在刺点或打糙道的基础上，用花锤在石面上锤打，使石面更加平整。需磨光的石料不宜砸花锤，以免留下“印影”。

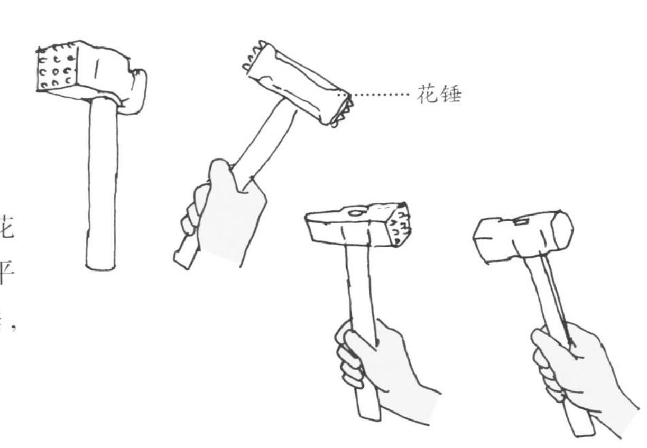

剁 斧

剁斧又叫“占斧”。用斧子（硬石料可用哈子）剁打石面。剁斧的遍数应为 2~3 遍，两遍斧交活为糙活，三遍斧为细活。第一遍斧主要目的是找平，第三遍斧既可作为最后一遍工序，也可为打细道或磨光做准备。石料表面以剁斧为最后工序的，最后一遍斧应轻细、直顺、匀密。使用哈子虽比斧子省力，但不宜在第三遍时使用，也不宜用于软石料。

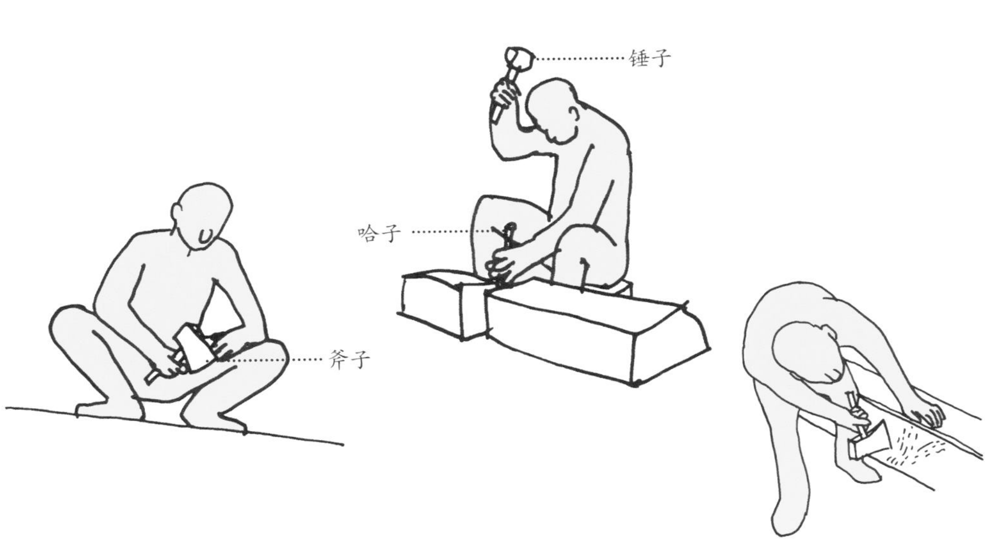

锯

用锯和“宝砂”（金刚砂）将石料锯开，这种方法适用于制作薄石板。

光

用磨头（一般为砂轮、油石或硬石）沾水，可将石面磨光。磨时要分几次磨，开始时用粗糙的磨头（如砂轮），最后用细磨头（如油石、细石）。磨光后可做擦酸和打蜡处理。根据石料表面磨光程度的不同，可分为“水光”和“旱光”。“水光”指光洁度较高，“旱光”指光洁度要求不太高，即现代所称的“亚光”。

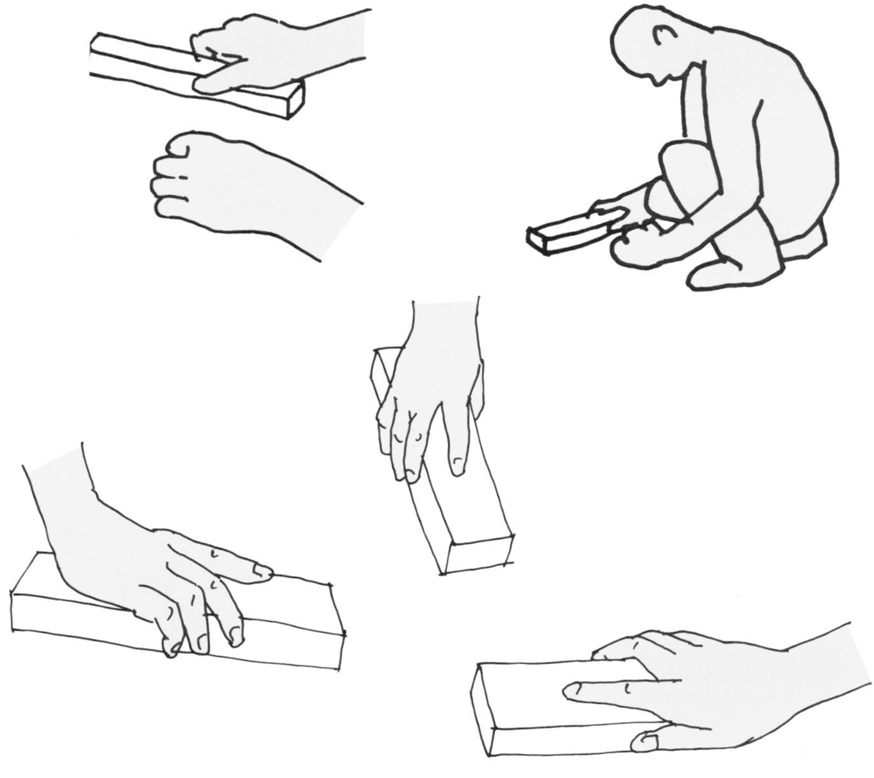

油漆制作

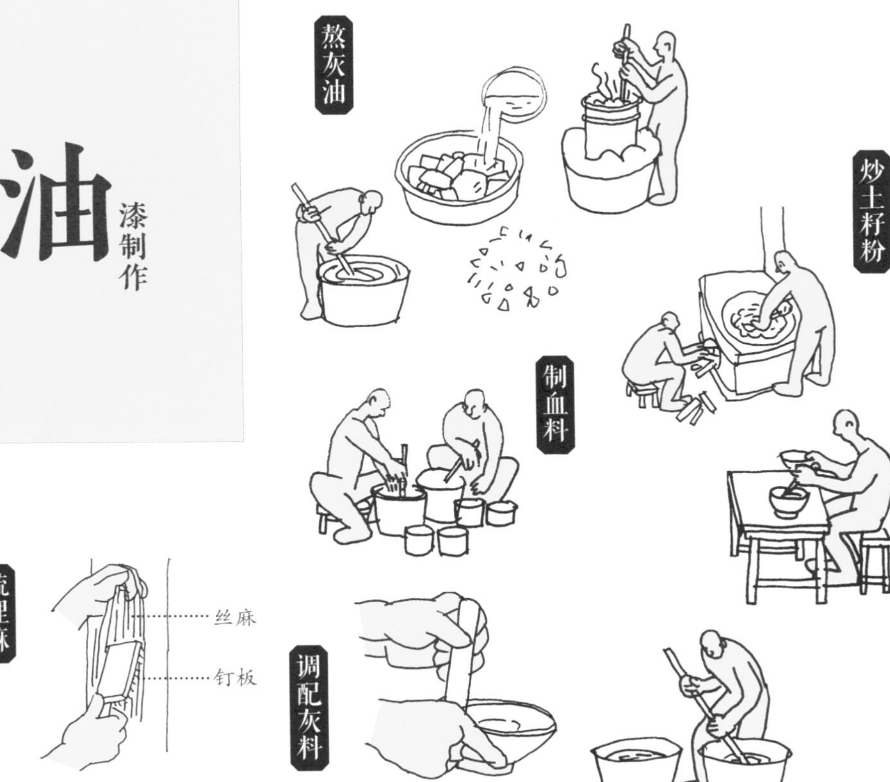

古建筑油漆常用材料包括油漆涂料、地仗材料以及其他材料。油漆涂料包括光油、大漆等。地仗材料又包括白面、血料、砖灰、油灰、生油、石灰、线麻和夏布。其他材料有棉花、石膏粉和蜡等。其中，部分地仗材料、地仗灰和颜料光油需要预加工。地仗材料的预加工包括熬灰油、熬光油、制血料、打满和梳理麻。如熬灰油，需要进行炒土籽粉和章丹、加油熬炼、试油等过程；熬光油，是由有经验的技工按照一定的方法制成的；制血料，血料系由生血制成的材料，必须经加工以后才能使用；打满，“满”用白面、石灰水、灰油调成，调制满的过程称打满。古建地仗灰包括中灰、细灰、粗灰等灰料，这些灰料系由以砖灰、满、血料等材料共同调和而成。颜料光油的配制是由颜料与光油调制而成。如洋绿油，是由光油和洋绿调成；章丹油，由光油与章丹调配而成。

彩画颜料

古建筑彩画颜料主要指绘制彩画所用的颜料，一部分是图案部分大量使用的颜料，一部分是绘画部分大量使用的颜料。对于用量大的色，彩画行业界称为“大色”，用量少的称为“小色”。

大色全是矿物颜料，小色有矿物颜料，也有植物颜料和其他化学颜料。矿物颜料多由天然矿石研磨而成，比如赭石（又名土朱），系天然赤铁矿，因产品多呈块状，故称赭石，多产自山西代县，有“代赭石”之名，传统彩画作小色用，随用随研。又如丹砂（又名朱砂），有红色和黑色两种晶体。存在于自然界中呈红褐色，叫作辰砂，亦名丹砂或者朱砂，因产于湖南辰州质最佳，故称辰砂。大者成块，小者成六角形的结晶体。彩画中作小色用，使用时研细。植物颜料由天然花汁、花叶、树脂等加工制造而成，如花青，由靛蓝加工而成，颜色深艳，沉稳凝重；胭脂（又名燕脂），红色颜料之一，古代制胭脂之方，以紫铆染绵者为最好，以红花叶、山榴花汁制造次之，前者彩画作小色用；藤黄，为常绿小乔木，分布于印度、泰国等地，树皮被刺后渗出黄色树脂，名曰藤黄，有毒，可以用水直接调和使用。

彩画中所用的大色均用单一颜料加胶调配。小色都是用已调好的大色加已调好的白色配制。彩画的胶多为骨胶,骨胶及用骨胶所调制的颜料不可一次调制过量，避免颜料变质。此外，彩画还包括调配彩画颜料所用的各种性能的胶及矾、大白粉、光油、纸张等其他材料。常用胶料有动物胶和植物胶，传统以动物胶为主。彩画中，很多的颜料含有毒性，因此在加工过程中需要注意做好防护措施。

植物颜料加工
矿物颜料加工

营建工具

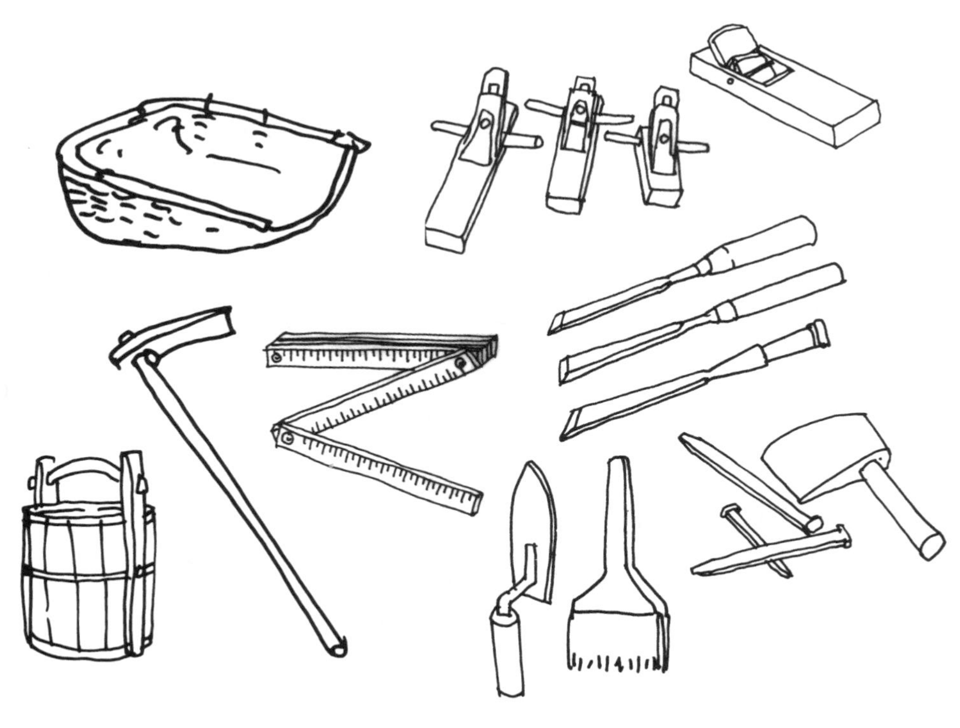

木作工具

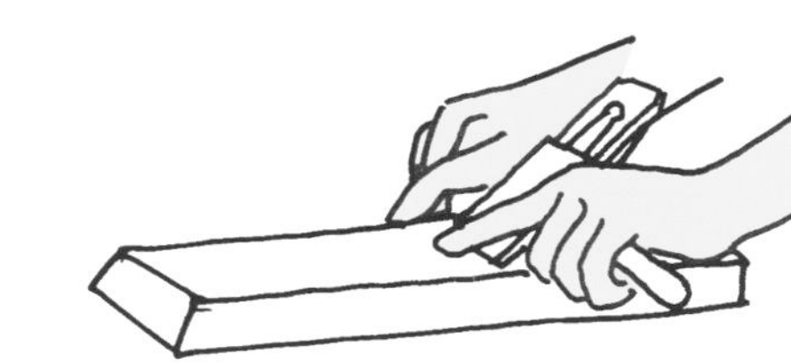

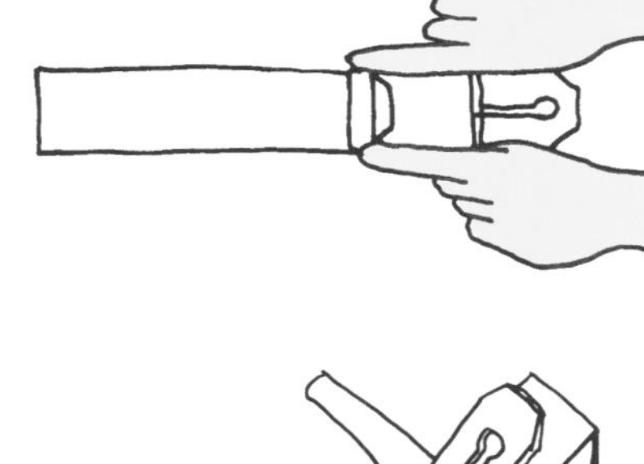

平拉刨

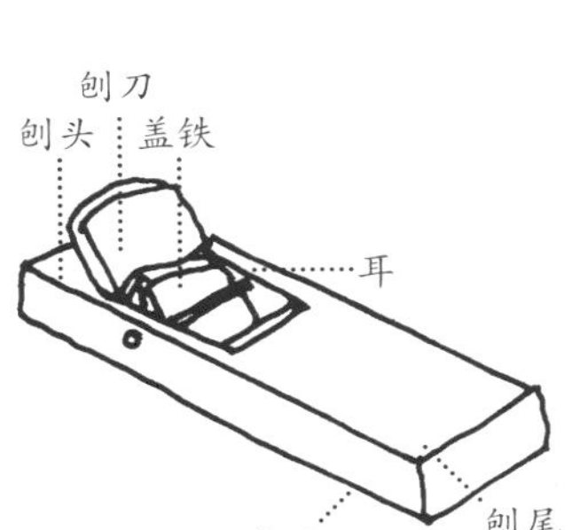

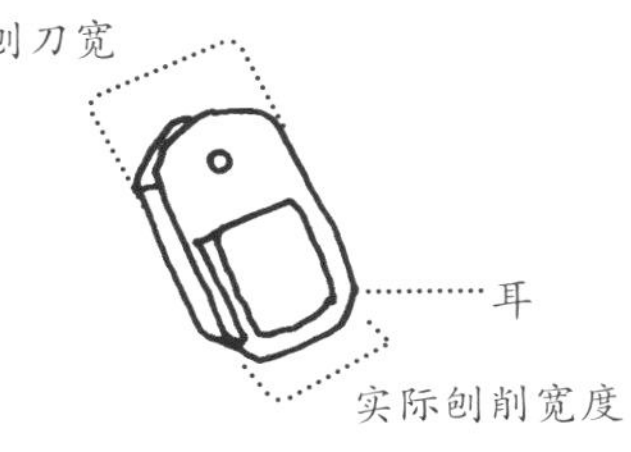

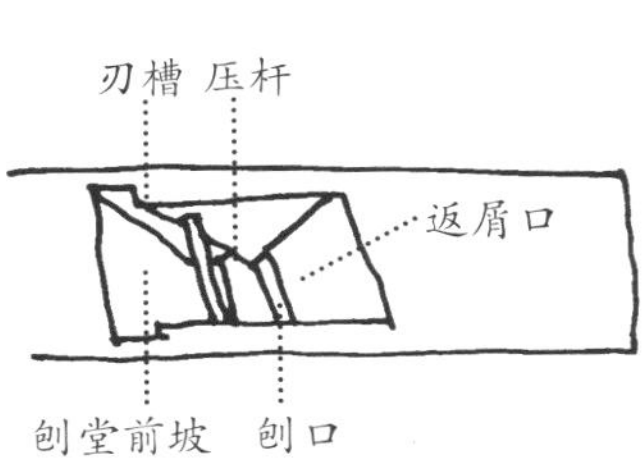

刨子

刨子是木工最重要、最基本的工具之一，它的作用是对不同类型的毛料进行刨削，使其具有一定尺寸、形状和光洁的表面。刨子分为平刨、槽刨、线刨、圆刨、边刨等。

平刨

平刨是使用最广泛的一种刨子，用于刨削木料表面，使其具有一定光洁度和平直度。平刨按其刨削方式分两种：一种是平推刨，向前推时进行刨削；另一种是平拉刨，向后拉时进行刨削。

根据刨削工序和刨削质量的要求，平推刨常见有长平刨、中平刨、短平刨等，一般短刨用于刨削木料的粗糙面，长刨用于刨削粗刨后木料的找平、找直，使加工木料达到要求。

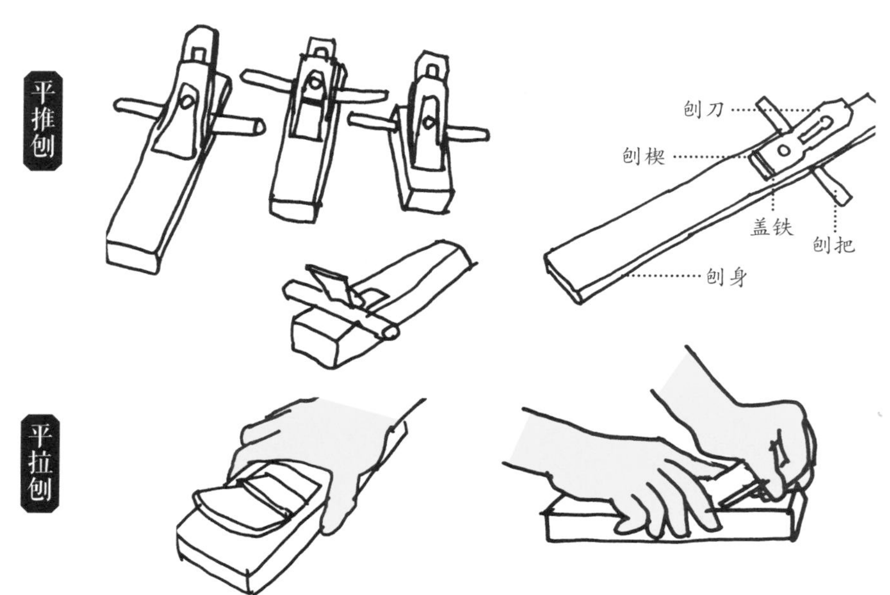

槽刨

槽刨又称“沟刨”，顾名思义，槽刨是用于刨削沟槽的专用刨子。

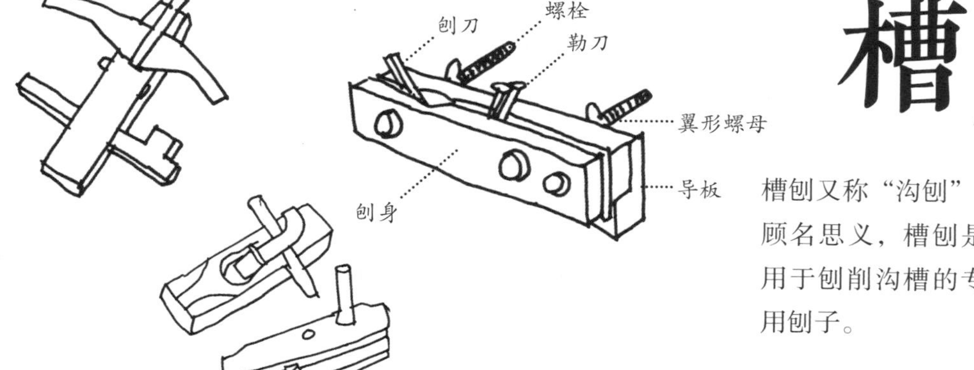

刨

圆刨是用于刨削曲面或圆柱面的专用刨，刨刀和刨身底部均呈圆凹形和圆凸形。

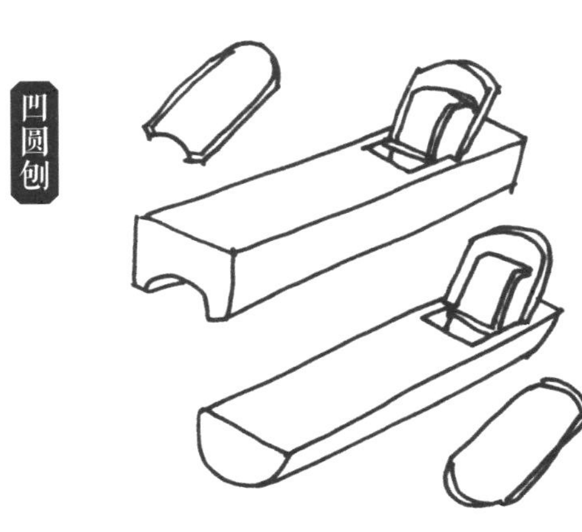

线刨

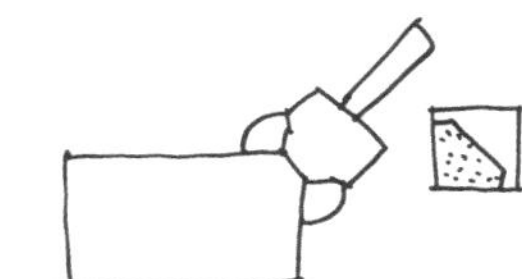

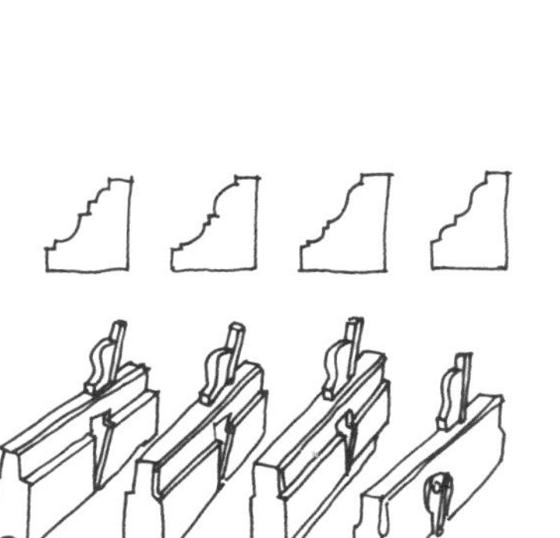

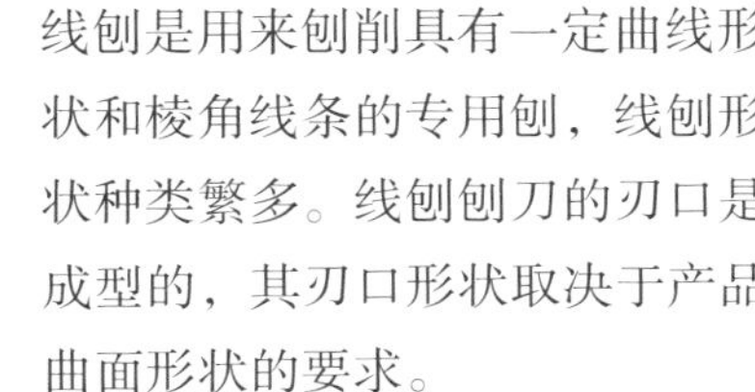

线刨是用来刨削具有一定曲线形状和棱角线条的专用刨，线刨形状种类繁多。线刨刨刀的刃口是成型的，其刃口形状取决于产品曲面形状的要求。

头刨

回头刨又称板刨、平槽刨，常用于直线条修整和串带扒槽。

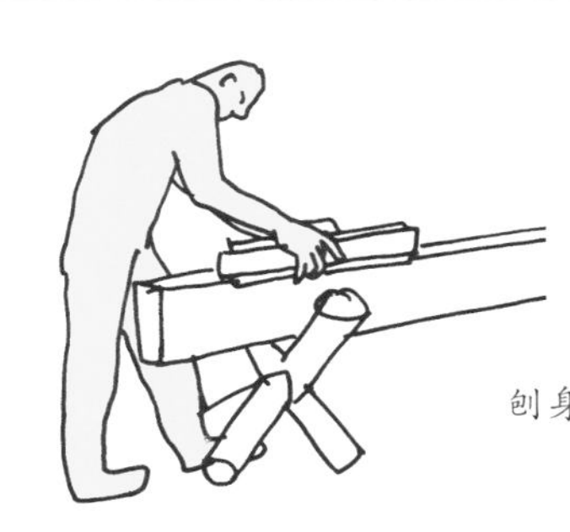

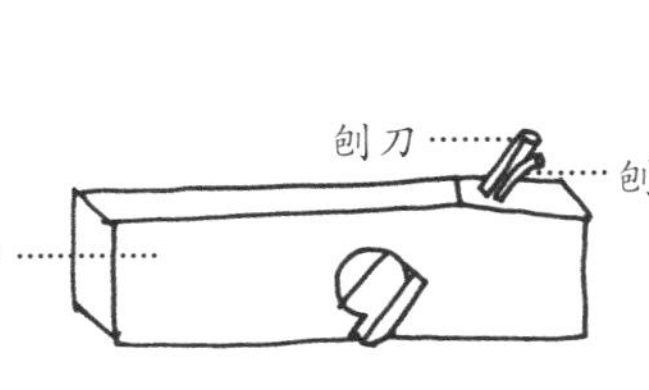

锛

“锛”是一种削平木料的加工工具，分为大锛和小锛。大锛用来砍平比较大的木材，柄较长，使用的时候需双手握住锛柄。小锛的柄则比较短,用来砍平小木件。

锯

完成锯割操作的主要工具是锯，它的作用是把木材锯割成长度、宽度和厚度符合要求的坯料，以及榫的锯制等。锯的工作量是比较大的，是木工工具中的重要工具之一。依其结构的不同，可分为框锯、侧锯、鸡尾锯、横锯、钢丝锯等。

框锯

框锯又称架锯、拐锯，是木工操作的主要解木工具。框锯的大小是根据锯条长短来定的。框锯的用途不同，锯齿的齿距也随之不同。长锯条齿距较大，用于锯割较大的木料，适于两人操作，锯割效率较高；短锯条齿距较小，用于顺锯和截锯。框锯按照其锯条长度和齿距不同，分为粗锯、中锯、细锯、曲线锯等。

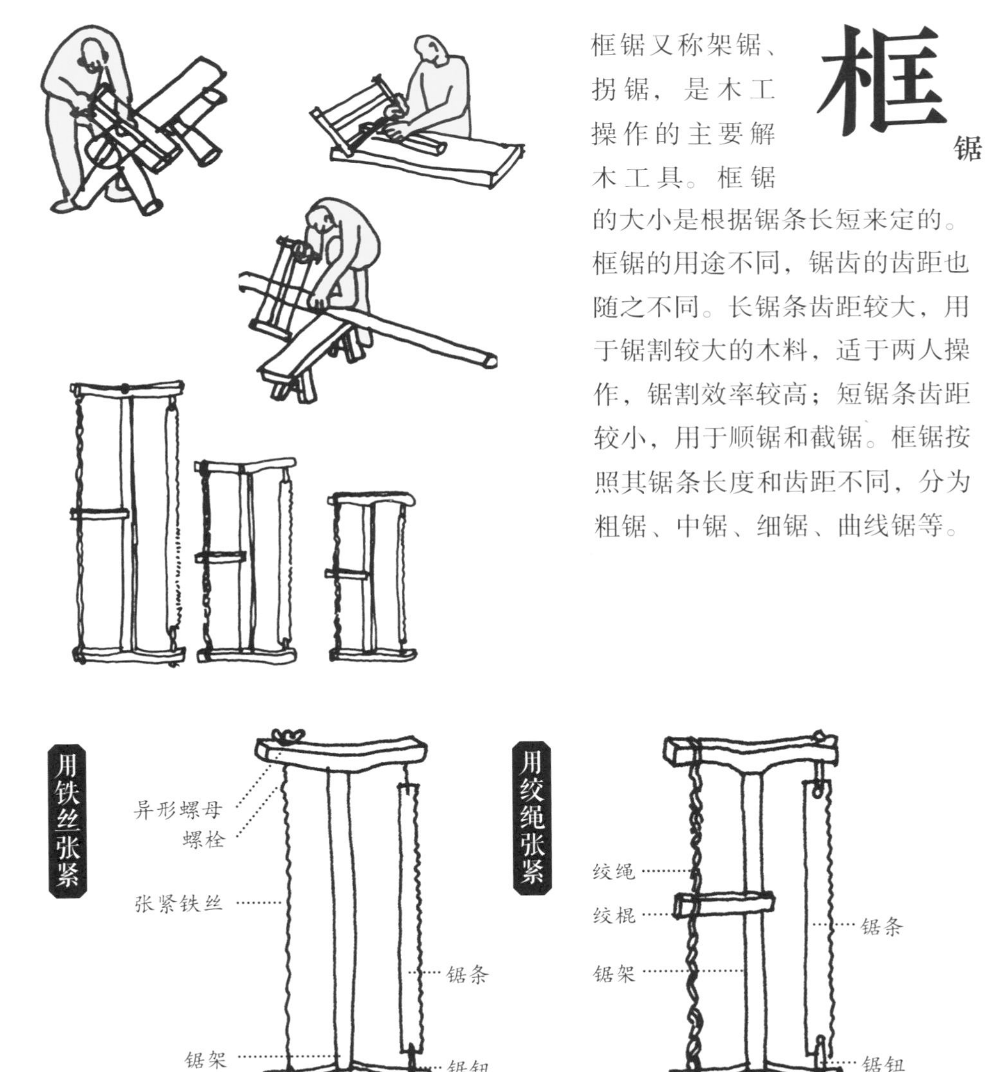

鸡尾锯

鸡尾锯又称开孔锯、狭手锯、线锯，由锯板和锯把组成，锯板窄而且长，前端呈尖形。鸡尾锯主要用于锯割曲线工件和工件开孔。

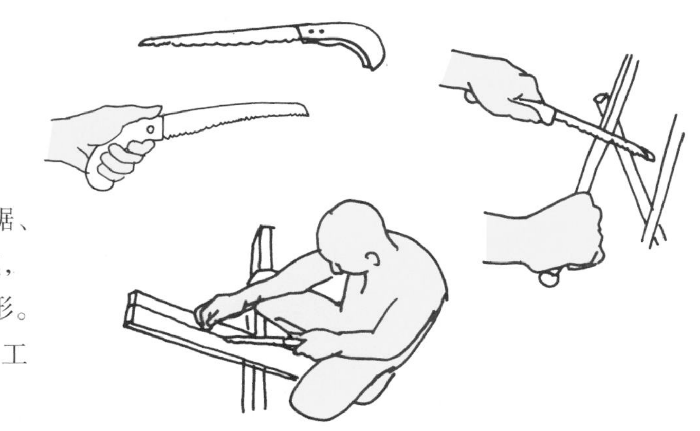

横锯

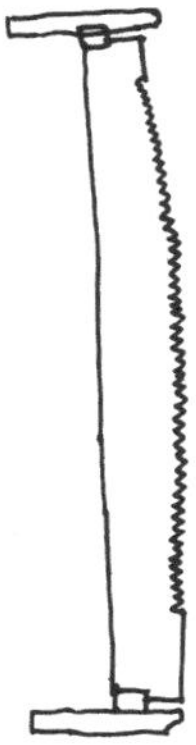

横锯又称快马锯，有纵割锯和横割锯之分，用来纵锯或横截原木和板材。

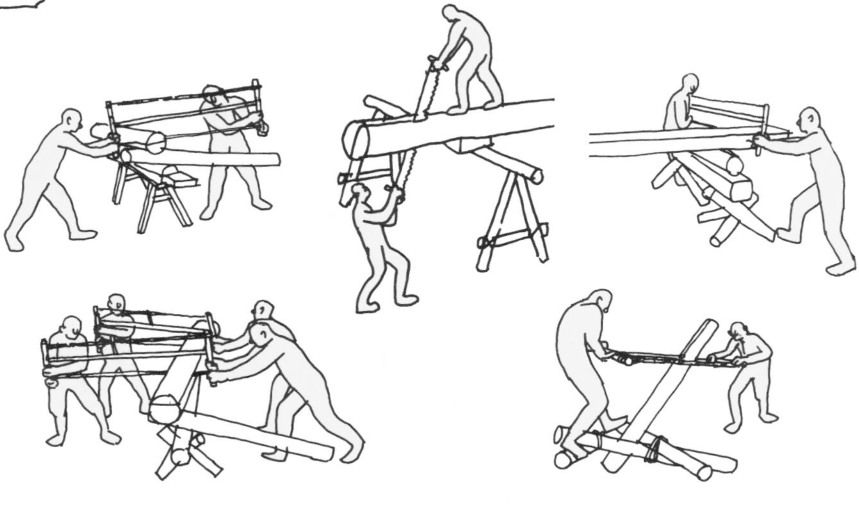

卧式锯剖原木

立式锯剖原木

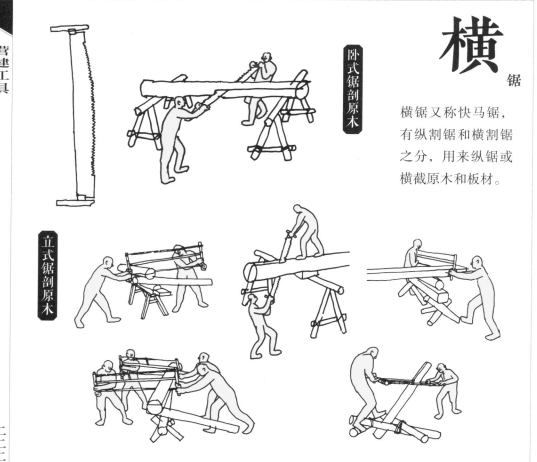

锯

侧锯又称割槽锯、搂锯，是在木板上锯割槽沟的专用锯，用于锯割燕尾榫槽和榫结合处的缝隙。

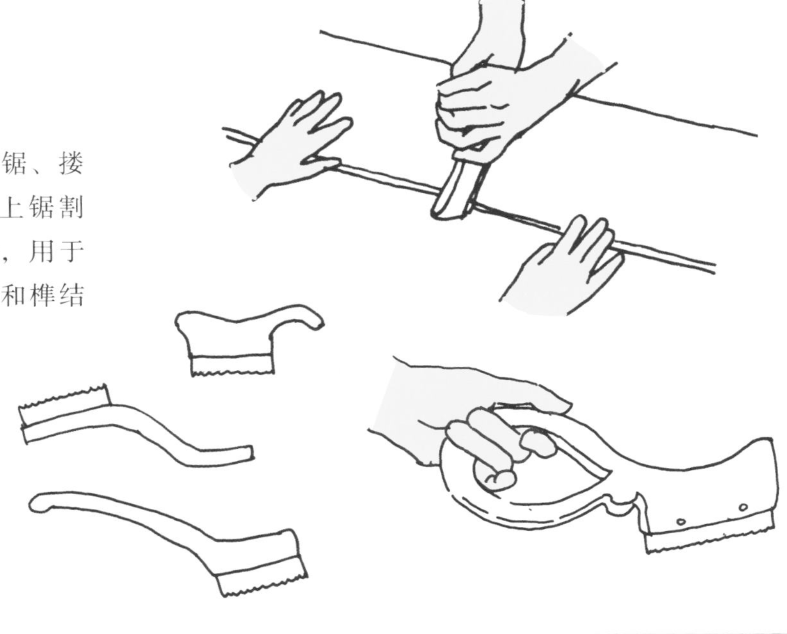

钢丝锯

钢丝锯又称弓锯，因其形状像弓一样而得名。钢丝锯的用途与曲线锯、鸡尾锯基本相同，但相比它们更灵活、更细巧。钢丝锯用来锯割较薄板材的曲线图案和各种细小弯曲的木制品零件；用鸡尾锯难以锯割的弧形图案，也常用钢丝锯锯割。

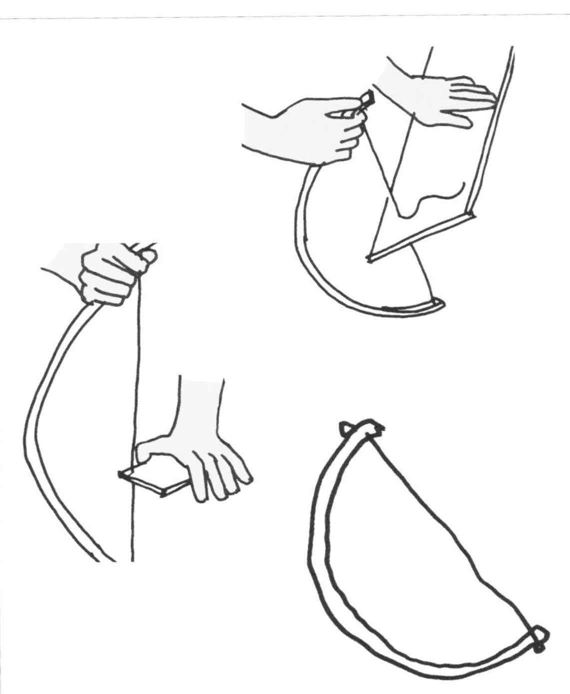

凿

凿、铲、锥、钻是常用的穿剔工具。凿用于凿榫孔和剔槽，常用斧子或锤子等捶打。凿的形式很多，常见的有平凿、圆凿、斜凿等。

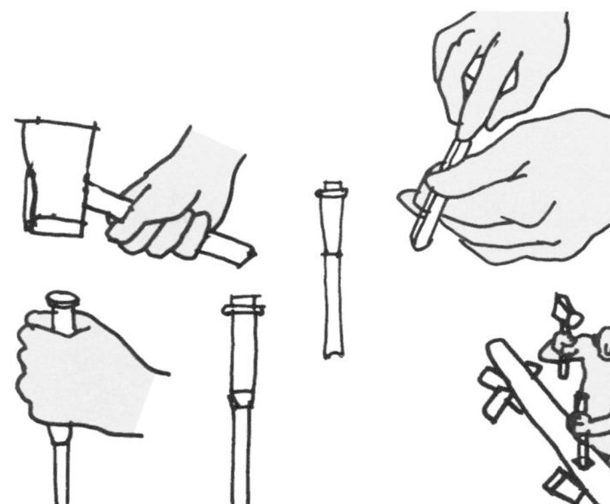

平凿

平凿又称板凿，凿刃平整，用来凿方孔。其规格以刃宽为准，常见凿刃宽度有1分、3分、4分、5分、6分和7分等多种。

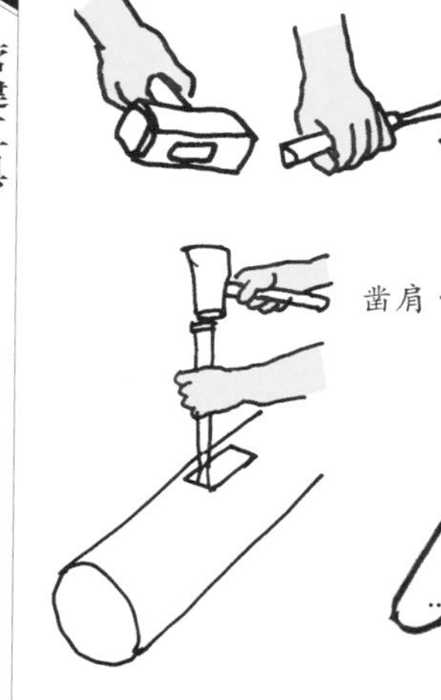

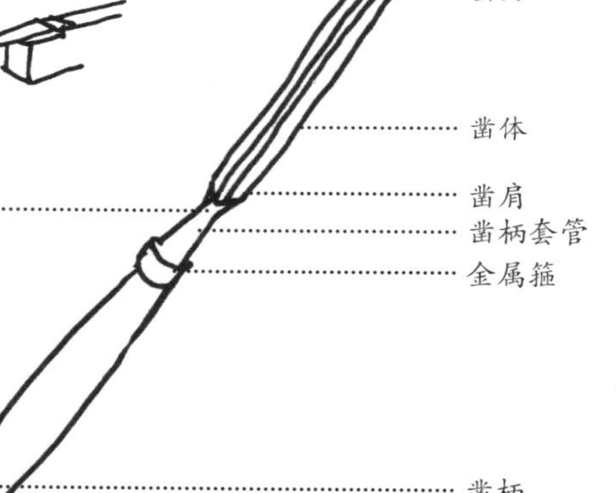

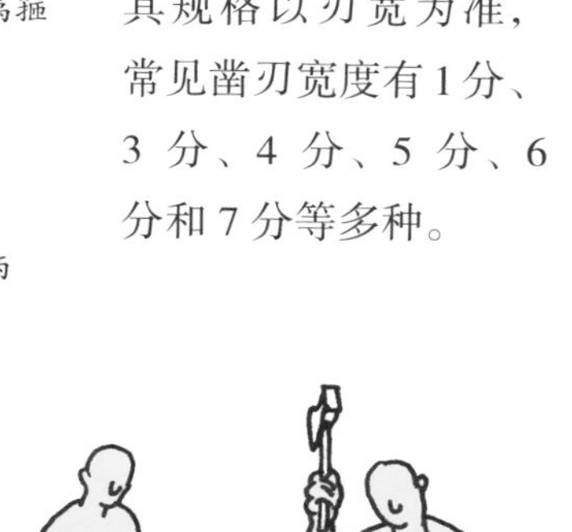

圆凿

圆凿有内圆凿和外圆凿两种，凿刃呈圆弧形，用来凿圆孔或圆弧形状。

斜凿

斜凿的凿刃是倾斜的，用来倒棱或剔槽。

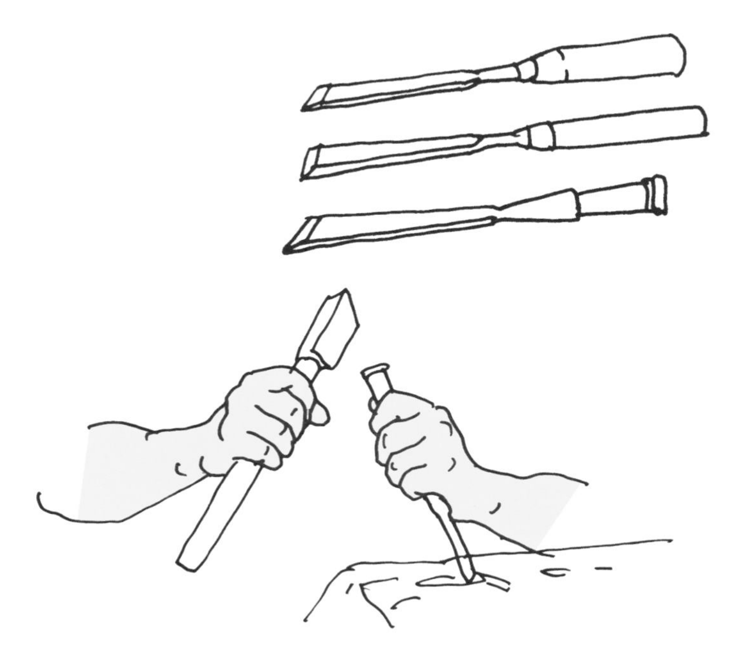

铲和凿是同一类型的工具，铲稍薄于凿，多用来雕刻和铲削，因此要求轻便锋利。铲的规格不同，形状各异。刃口有直刃、圆刃和斜刃等，用途也各不相同。

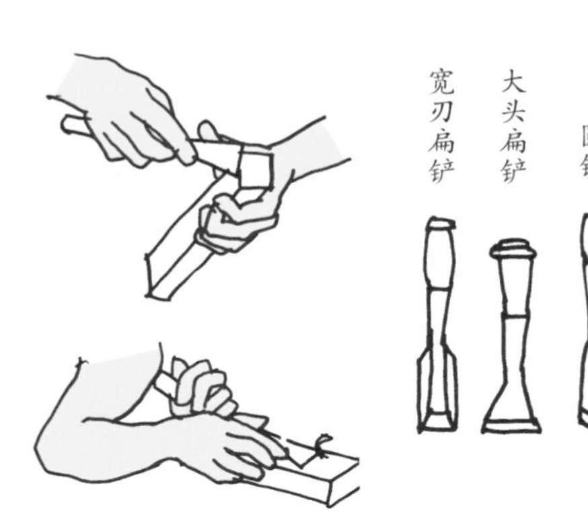

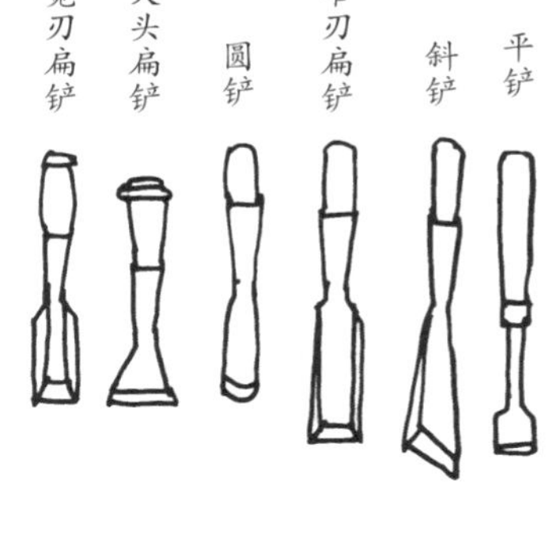

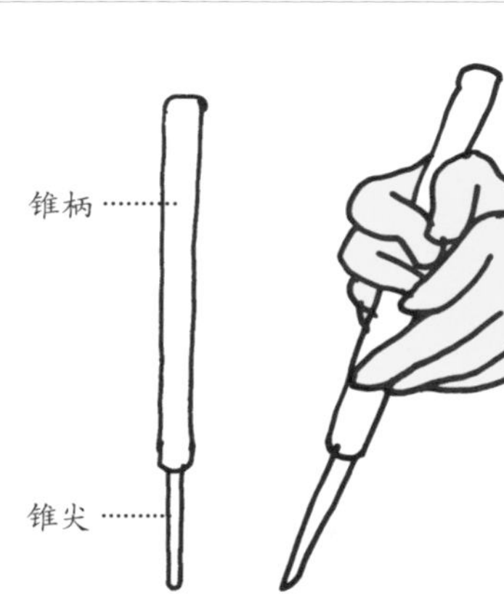

锥

手锥又叫搓钻，由锥柄和锥尖组成，用来钻孔。

钻

拉钻因皮条转动钻杆，因此又名皮条钻或牵钻。拉钻是一种传统的钻孔工具，由搓钻演变而来。

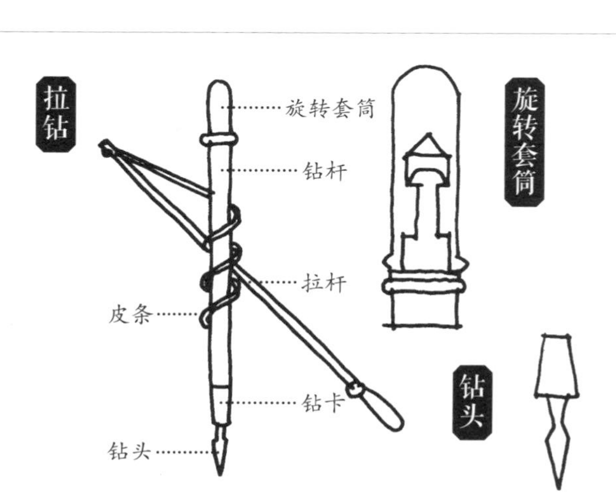

手压钻是一种钻削较小孔眼的手钻，因用钻陀的惯性使钻杆旋转，因此又名陀螺钻。

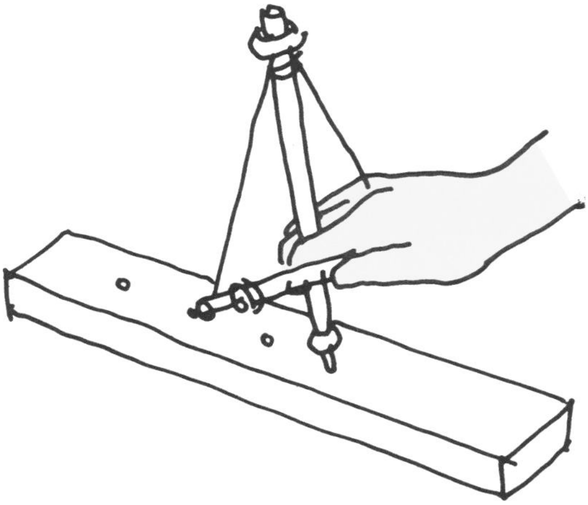

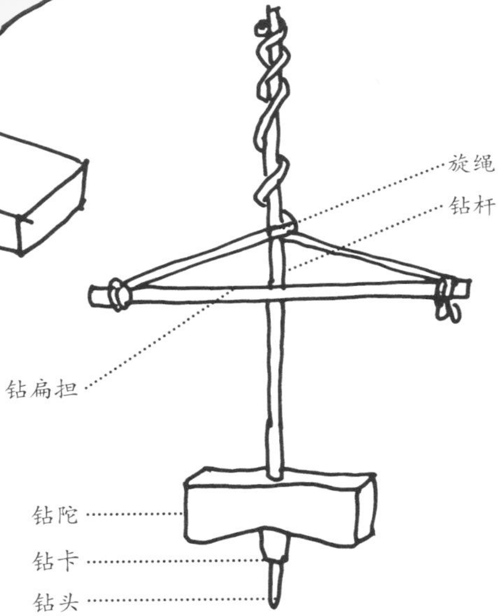

旋绳
钻杆
钻扁担
钻陀
钻卡
钻头

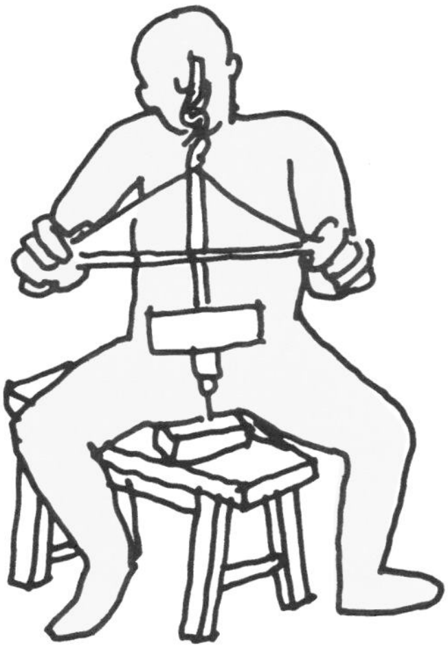

直角尺

直角尺又称画线尺、曲尺、拐尺或方尺，是木工常用工具之一，主要用来画垂直线和平行线，测量构件相邻两个面是否成直角，检查组装后的部件是否垂直。尺和线坠、墨斗、墨毙、线勒子都是测量及画线的工具。

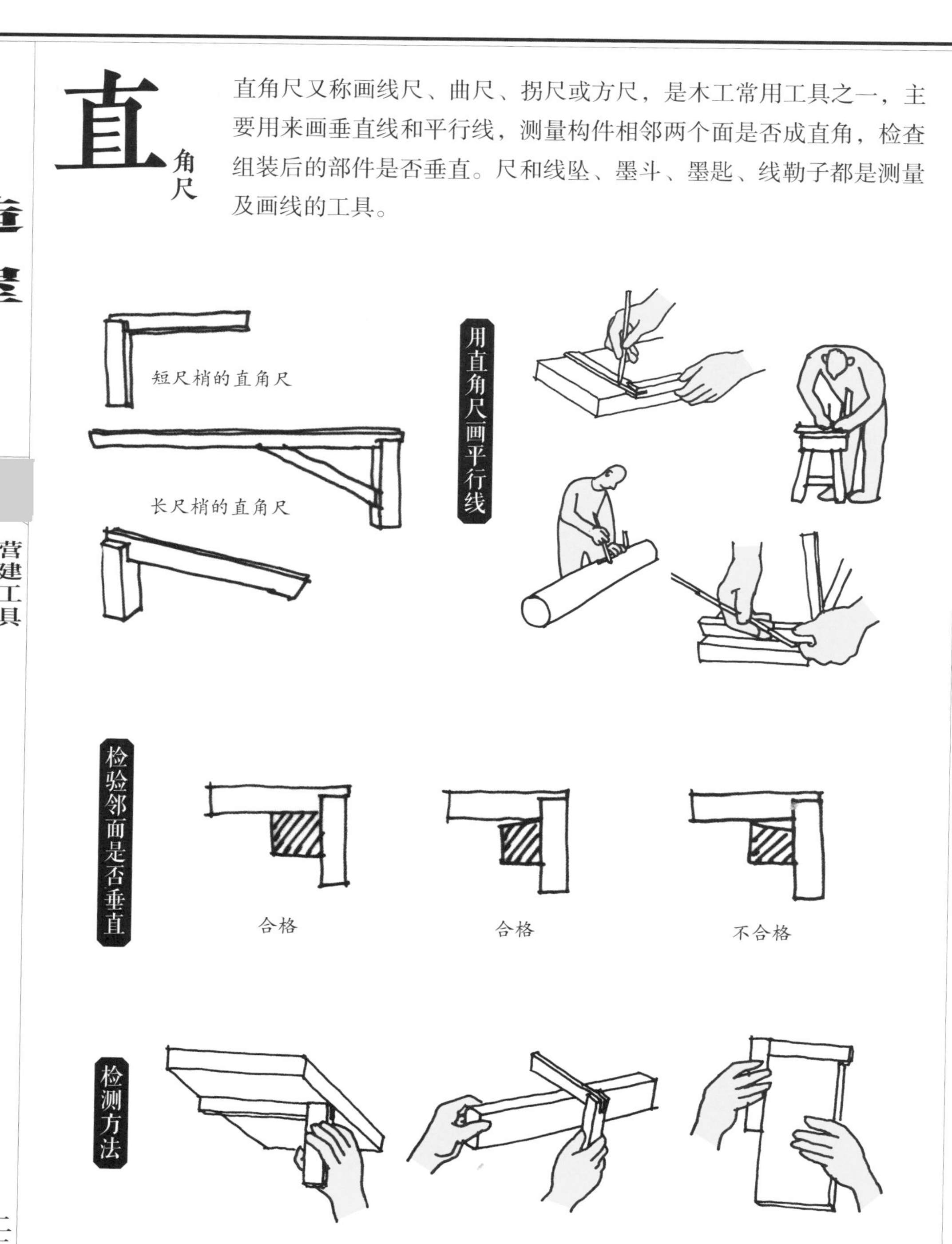

活动角尺

活动角尺又称活尺，主要用来画任意角度的斜线和测量角度。

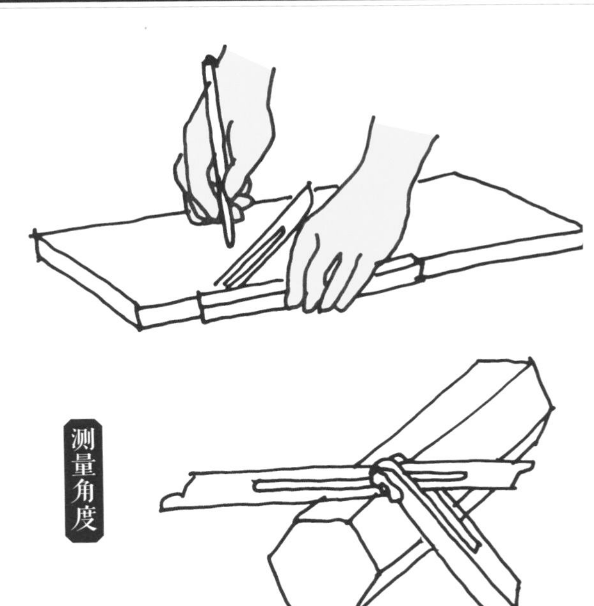

三角尺

“三角尺”有的为等边直角三角形，两边夹角为45°，有的三角尺三个内角分别为90°，60°和30°。

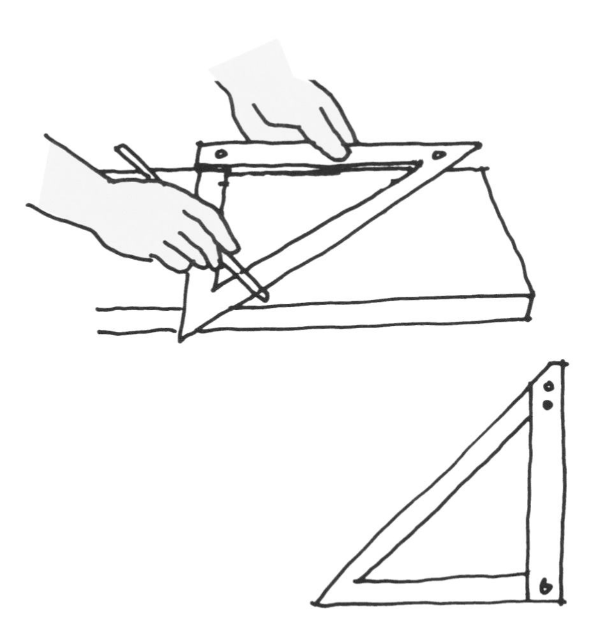

五尺

“五尺”长约五尺，多为木制，两端各有外凸的小方块，防止五尺杆磨损。近世木工也有用折尺代替五尺的。折尺有四折、六折和八折三种，多为木制，也有用钢制的。在浙江中西部有六尺，用于断料，同时又是挑工具的扁担。五尺常用于丈量地基、量画木料的大尺度墨线。

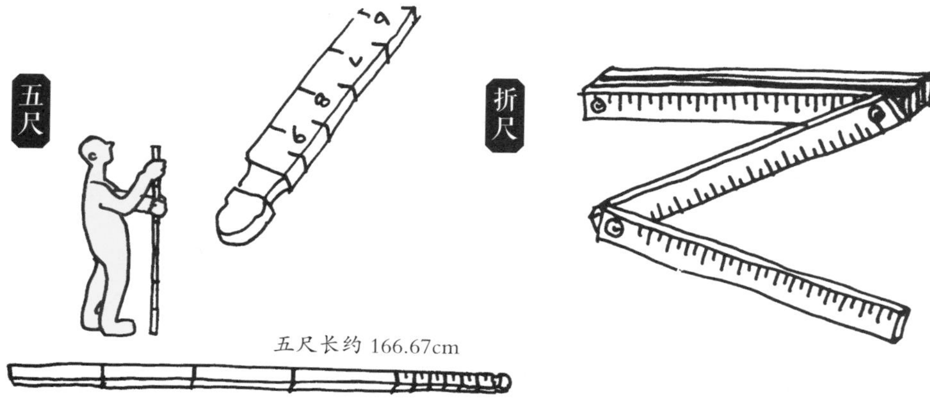

水平尺又称水准仪，有金属制和木制两种。水平尺结构比较简单，尺的中部和端部各装有横竖水准管（玻璃管），管内注有一定容积的酒精，留有气泡，水准管中央有刻度线。检查水平时，把水平尺置于被测工件的上面，观察水平尺横向水准管中气泡的静止位置。当气泡位居水准管中央时，将水平尺调转 180°，如果气泡仍静止于水准管的中央位置，则说明被测工件表面是水平的。检查垂直面的方法与检查水平面的相同。

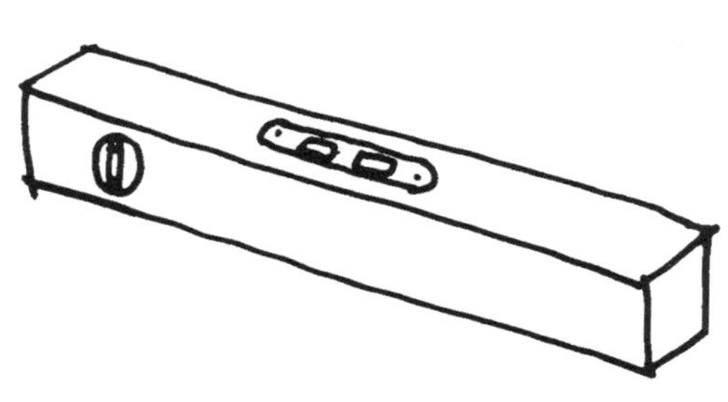

坠

线坠主要用于测量垂直度。用金属制作一个小正圆锥体，锥底中心有一带孔螺栓，系一根细线绳，便构成了一个线坠。检测时，持细绳的手高于眼眉，使线坠自然下垂，闭上一只眼睛，用另一只眼睛观测被测对象是否与线坠的直线在同一平面内，当被测对象与线坠的细绳在同一平面内时，说明被测对象是垂直的。吊看时，视点与被测对象之间的距离一般为其高度的 0.5~1.5 倍，具体视实际情况确定。

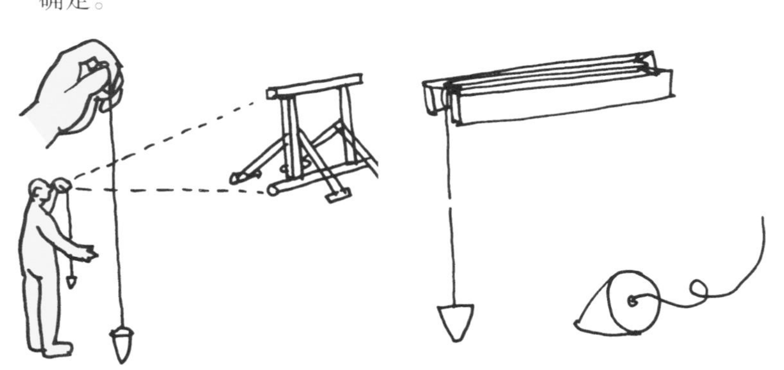

墨斗

“墨斗”是画长线的专用工具。用墨斗画线时，首先在需要画线的木料两端，根据要求的尺寸，标出弹线的记号。将墨斗盒加足墨汁，使墨线吸墨。然后将定针扎在木料一端的标记上，拉出墨线牵直拉紧在需要的位置，再提起中段弹下即可。为了方便，有的将定针用较重的材料代替，这样在使用时当重垂用。

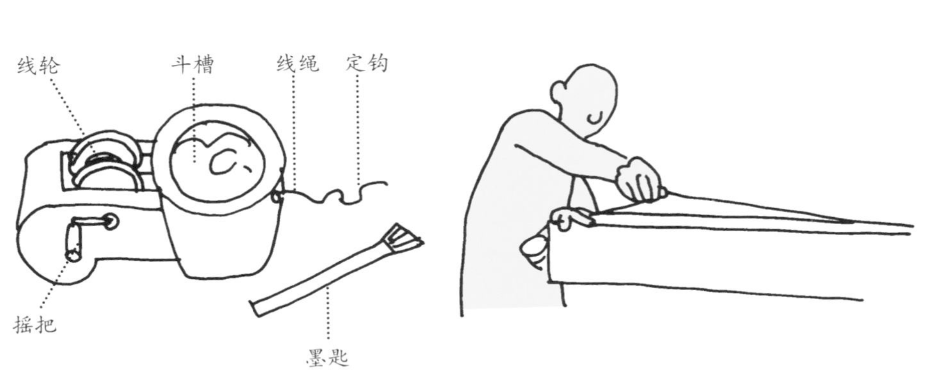

匙

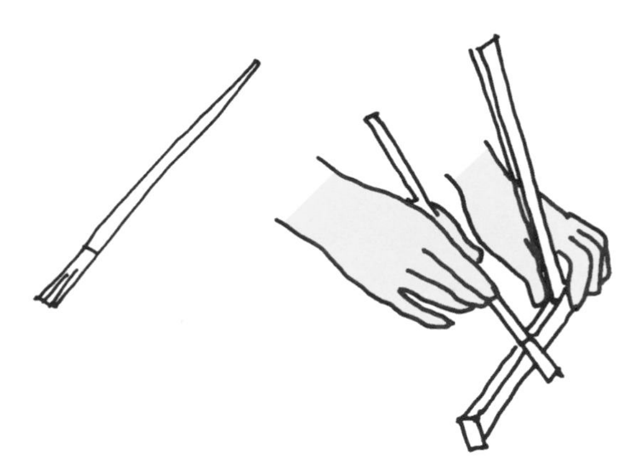

墨匙又称竹笔，是墨斗的附具，一种最古老的画线工具。使用时用墨匙沾取墨斗里的墨汁，配合角尺等在木料上画线。

线勒子

线勒子又称料勒子、勒线器，适用于在较窄工件上划平行线。线勒子分单线勒子和双线勒子。单线勒子主要用于勒划工件宽度和厚度上的平行线，不但速度快，而且尺寸准；双线勒子用于勒划凿眼宽度和榫头的厚度。常见的还有在硬木板上垂直钉圆钉，钉帽四周磨薄形成刀刃的简易线勒子。

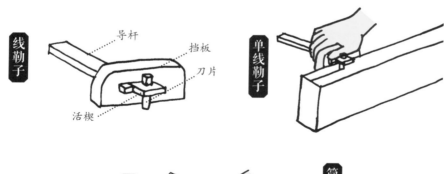

线勒子

导杆

挡板

刀片

活楔

单线勒子

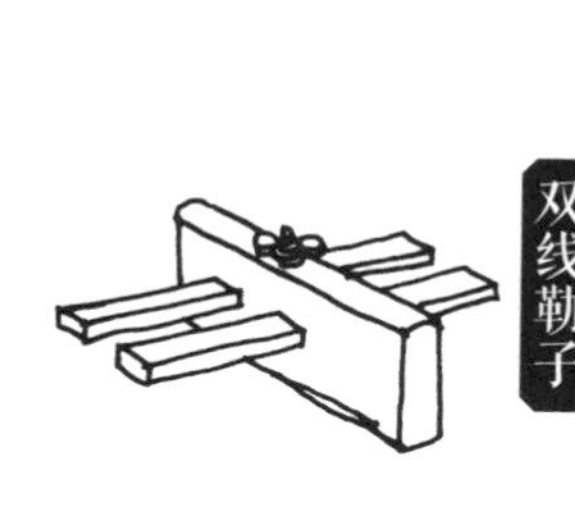

双线勒子

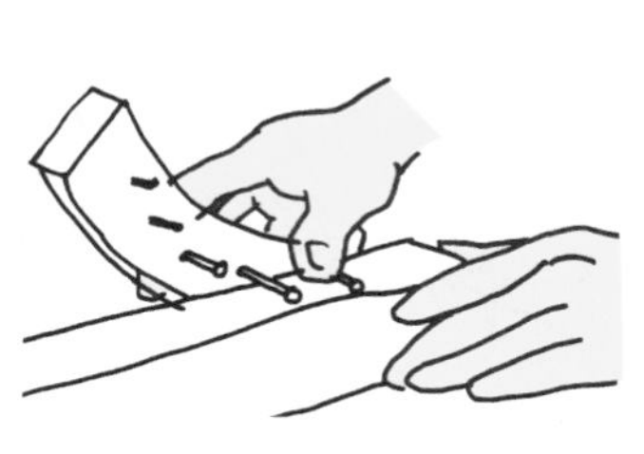

简易单线勒子

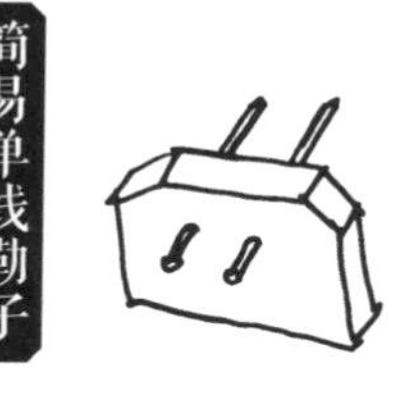

斧子

除以上工具之外，还有斧、锤、锉等辅助工具。

斧子是木工操作中不可缺少的砍削工具，它虽然结构简单，但是用途极广，不但用于砍劈木料，而且用于敲击、凿孔眼和组装木制品等。

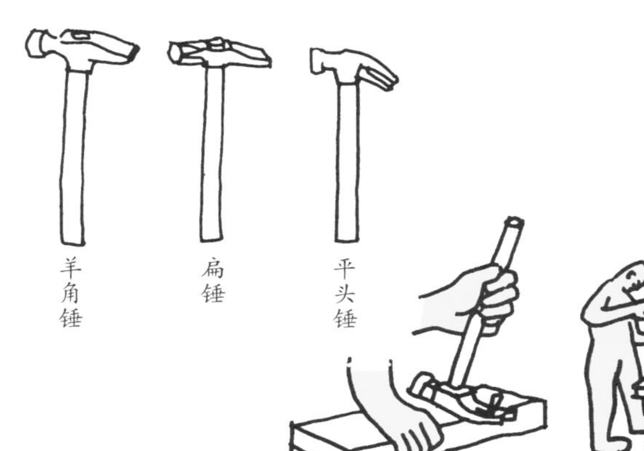

锤子

常用的锤子有羊角锤、扁锤和平头锤等。

锉子

木锉用来锉削或修整木制品的孔眼、凹槽或不规则表面，按锉齿的粗细分为粗锉和细锉；按形状分为圆锉、平锉和扁锉。

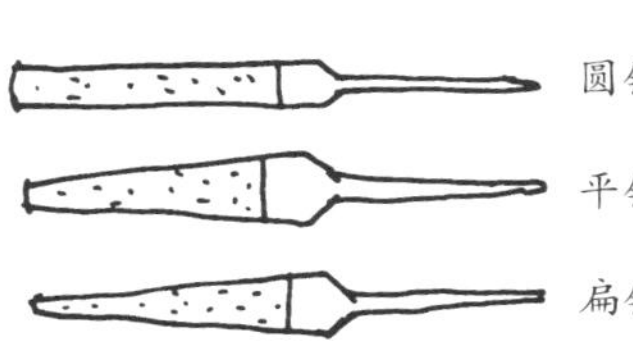

勒刀

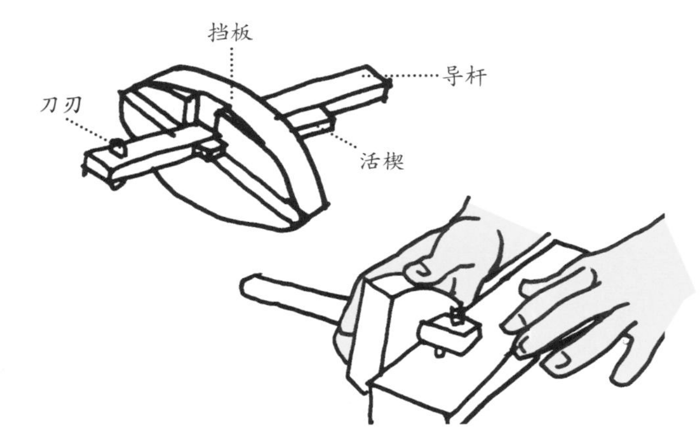

勒刀由挡板、导杆、刀刃和活楔等组成，勒刀用于裁割较薄的木板或纵向裁割纹理较直、材质较软工件的裁口。

刮刀

刮刀也叫刮子、刮皮刀等。使用时由前向后拉动刮削柱料表面，常用于木料去皮。

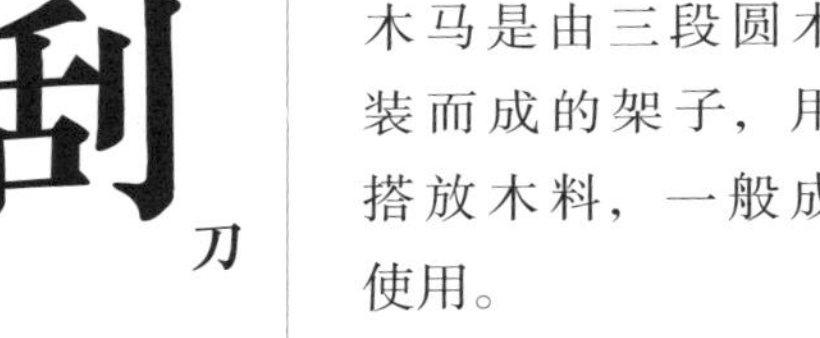

木马

木马是由三段圆木拼装而成的架子，用来搭放木料，一般成对使用。

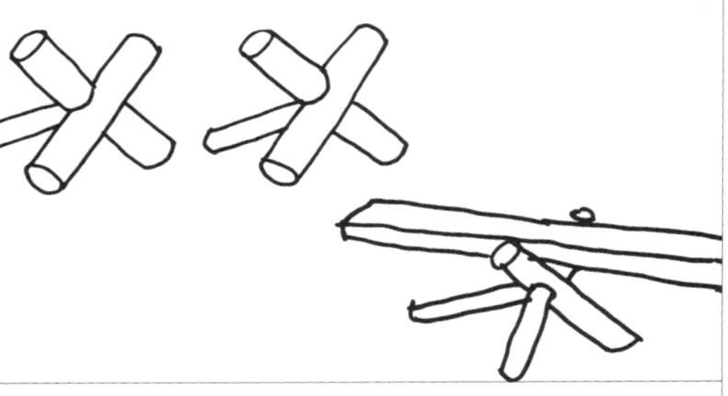

夹剪

夹剪是钉在木工操作台上用来固定木料的工具，使木料在被推刨受力时稳定不移位。

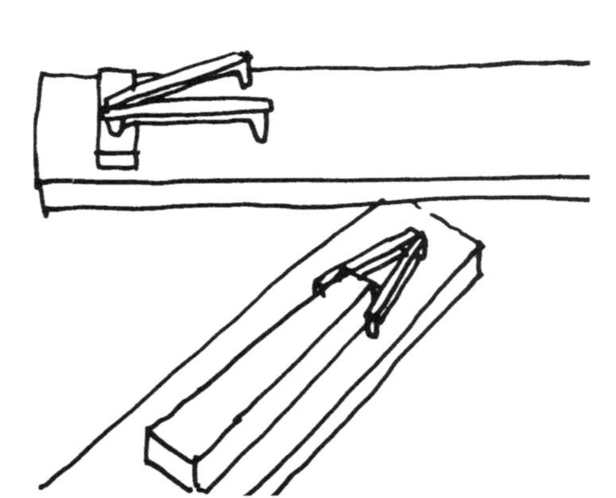

油擦

油擦也叫油抹子、油筒，用来维护工具，防止工具木料开裂。一般于筒状木料或竹筒或牛角内装适量油，筒口用布料裹紧塞实，使用时将油擦倒置擦拭工具。

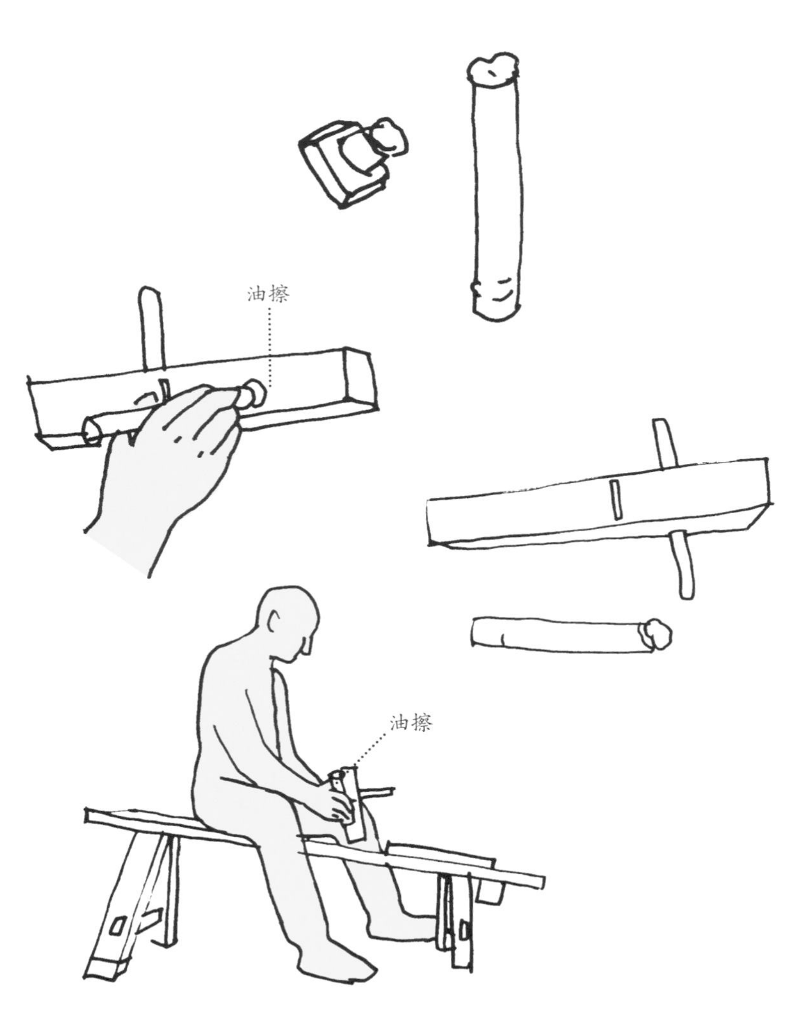

泥 水作工具

瓦刀

瓦刀由薄铁板制成，呈刀状，是砍削砖瓦、涂抹泥灰的工具，也用于铺设或修补屋面时的瓦垄和裹垄的赶轧。

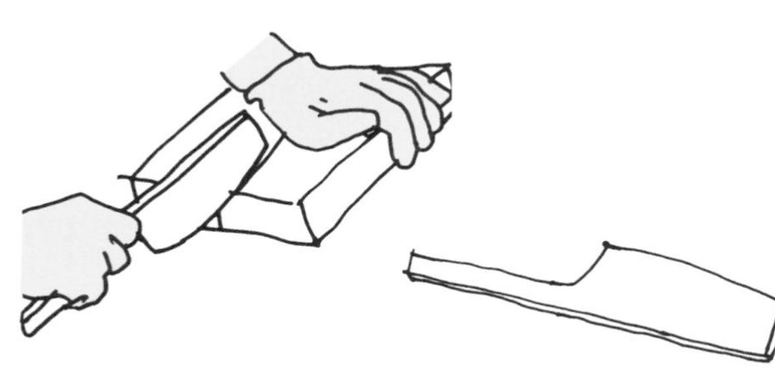

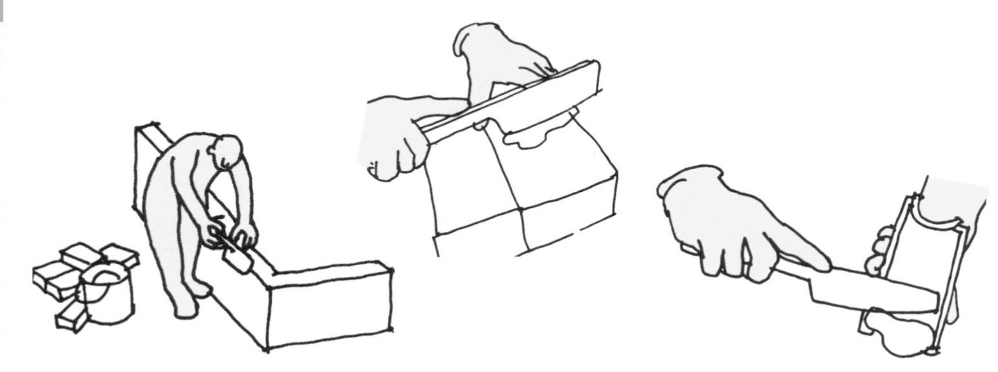

抹子

抹子用于墙面抹灰、屋顶苫背、筒瓦裹垄，但不用于夹垄。古代的抹子比现代抹灰用的抹子小，前端更加窄尖。由于比现代的抹子多一个连接点，所以又叫“双爪抹子”。

鸭嘴

“鸭嘴”是一种小型的尖嘴抹子，抹灰工具之一，用于勾抹普通抹子不便操作的狭小处，也用于堆抹花饰。

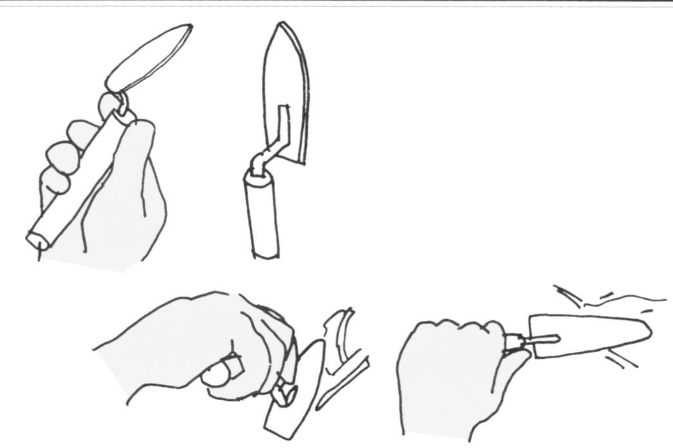

灰板

木制的抹灰工具之一。前端用于盛放灰浆，后尾带柄，便于手执，是抹灰时的托灰工具。

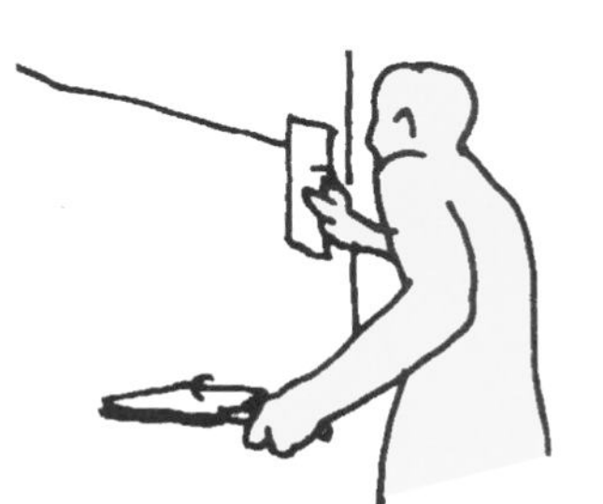

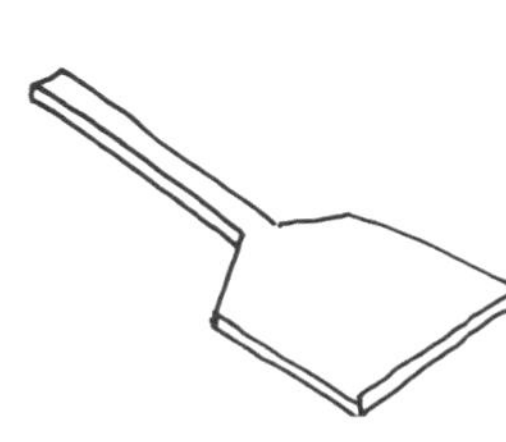

皮锤

由木手柄和锤头组成，用于将砖蹾平、蹾实。

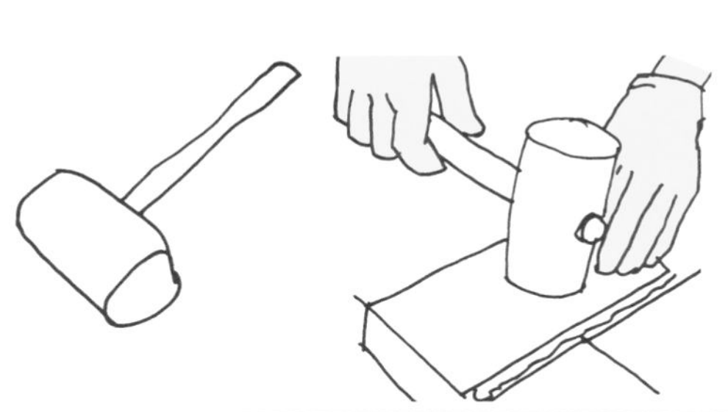

蹾锤

砖墁地的工具，用于将砖蹾平、蹾实。使用时以木棍在砖面上的连续戳动将砖找平找实。近代多用皮锤代替。

木宝剑

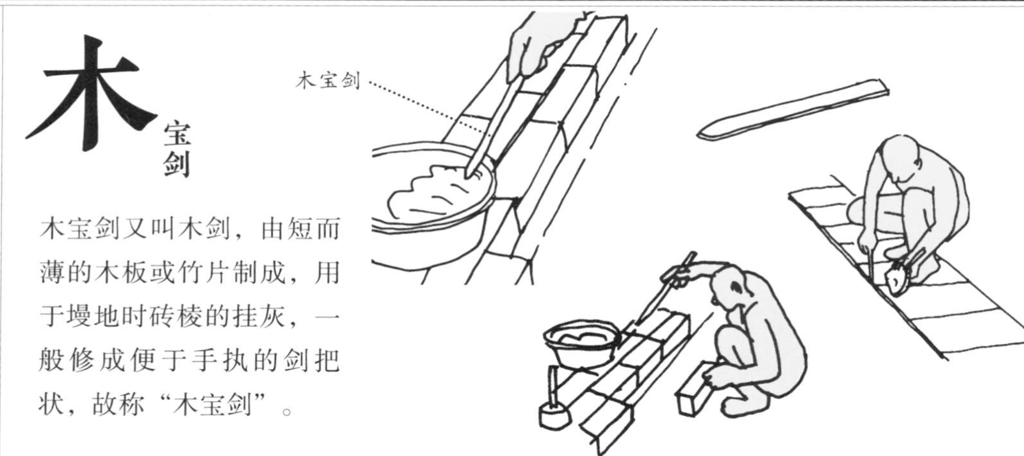

木宝剑又叫木剑，由短而薄的木板或竹片制成，用于墁地时砖棱的挂灰，一般修成便于手执的剑把状，故称“木宝剑”。

斧子

斧子是砖加工的主要工具，用于砖表面的铲平以及砍去侧面多余的部分。斧子由斧棍和刃子组成。斧棍中间开有“关口”，可楔刃子。刃子呈长方形，两头为刃锋。两旁用铁卡子卡住后放入斧棍的关口内。两边再加垫料（旧时多用布鞋底）塞紧即可使用。

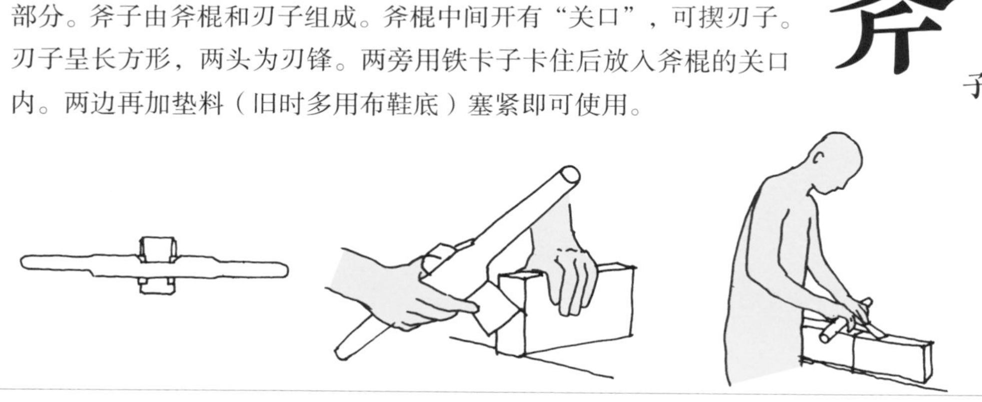

扁子

砖加工工具。用短而宽的扁铁制成，前端磨出锋刃。使用时以木敲手敲击扁子，用来打掉砖上多余的部分。

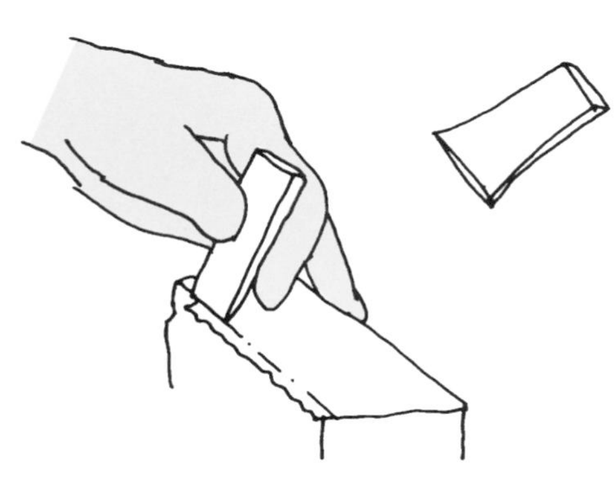

木敲手

砖加工工具，指便于手执的短枋木。作用与锤子相同，但比铁锤轻便，敲击的力量轻柔。材料多用硬杂木，以枣木的较好，使用时以木敲手敲击扁子，剔凿砖料。

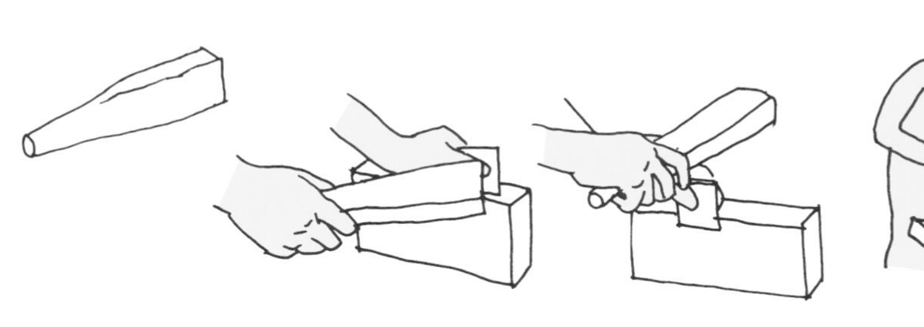

平尺板

用薄木板制成，小面要求平直。短平尺用于砍砖的画直线，检查砖棱的平直等。长平尺叫平尺板，用于砌墙、墁地时检查砖的平整度，以及抹灰时的找平、抹角。

方尺

木制的直角拐尺，用于砖加工时直角画线和检查，也用于抹灰及其他需用方尺找方的工作。

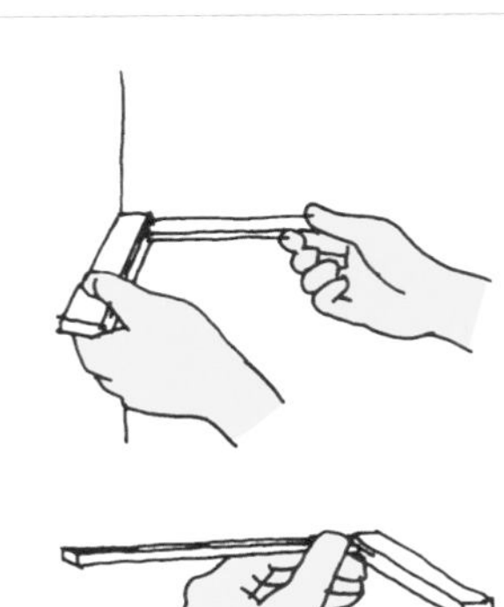

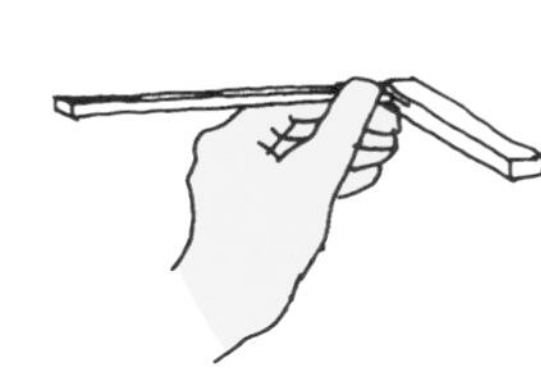

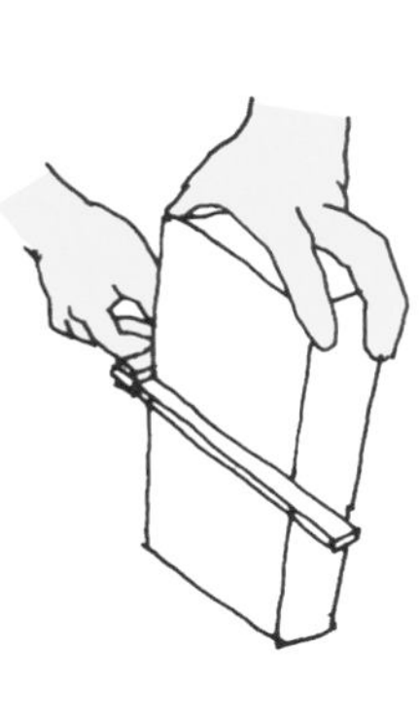

包灰尺

砖加工工具之一。与方尺形态类似，但是角度略小于 90°，砍砖时用于度量砖的包灰口是否符合要求。

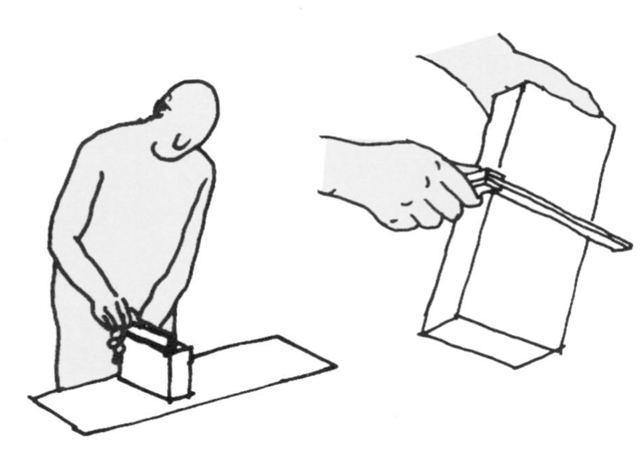

制子

度量工具，多用于制作小木片。制子往往比尺子要简便，也不容易出错。

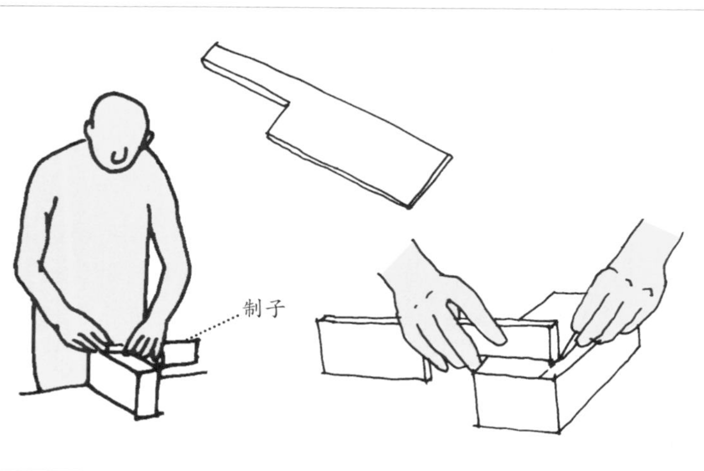

头

“磨头”用于砍砖或砌干摆墙时的磨砖等。糙砖、砂轮或油石都可做磨头。

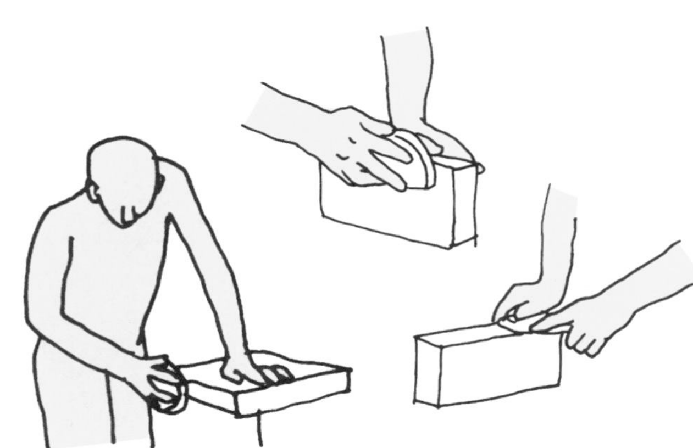

制瓦工具

钢丝弓

用于修整或切割泥坯。

拉梁

用来拉削泥片。

瓦筒子

也叫瓦骨子，由数十支长约30厘米弧势渐变的实木细条或竹条内串而成，展之为一梯形平面，合之为一个上口小、下口大的圆柱，其间两端各有一支稍微粗壮的木条组成手柄。瓦模的四周还钉上三四根“瓦子筋”，用来划分瓦坯。

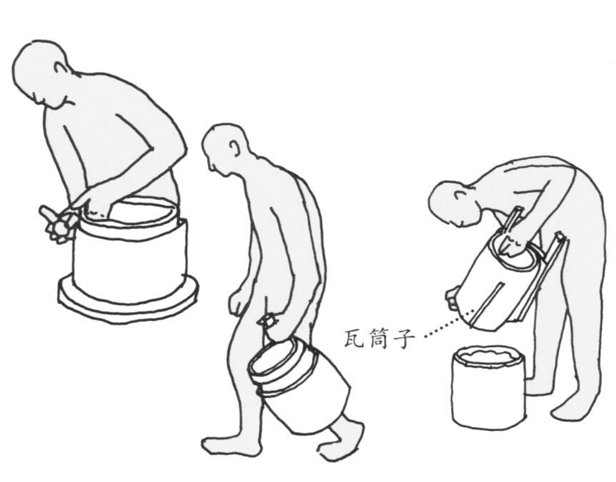

瓦模具

制作勾头瓦、花边瓦、滴水瓦等具有装饰性的瓦件时，需要用到模具翻制瓦坯部件。

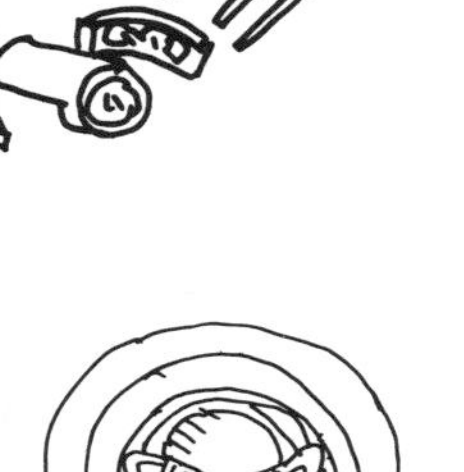

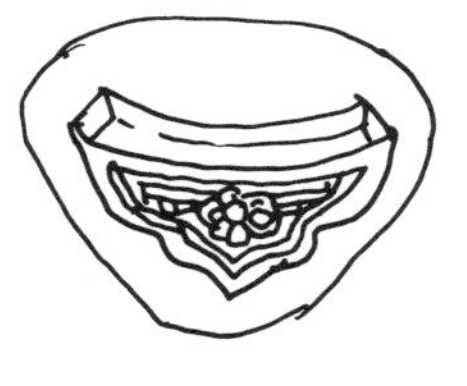
滴水瓦模具

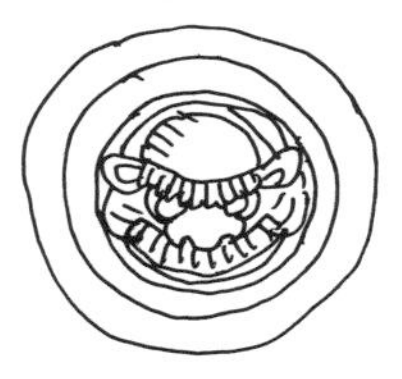
筒瓦瓦当模具

筒瓦瓦当模具

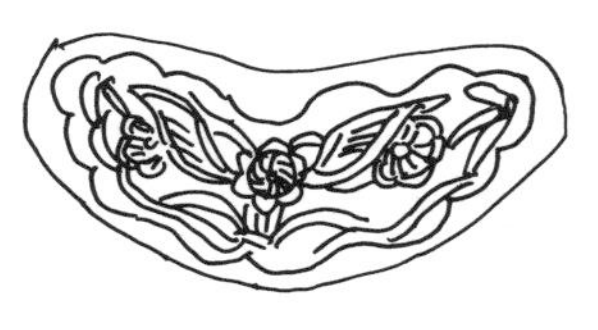
滴水瓦模具

花边瓦模具

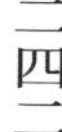

瓦衣

瓦衣也叫瓦布，瓦模外套瓦布，为防止瓦坯和瓦模粘连。

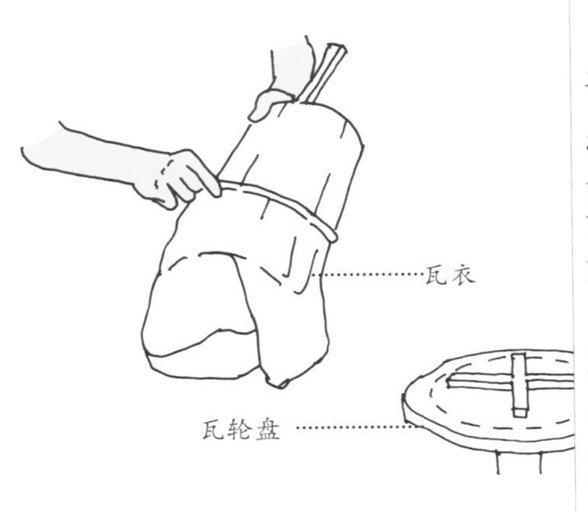

瓦轮盘

瓦轮盘的核心由几根实木构成，中间有转柱，底部配有滑轮。

弯盘

弯盘用于拍实、抹平坯泥。

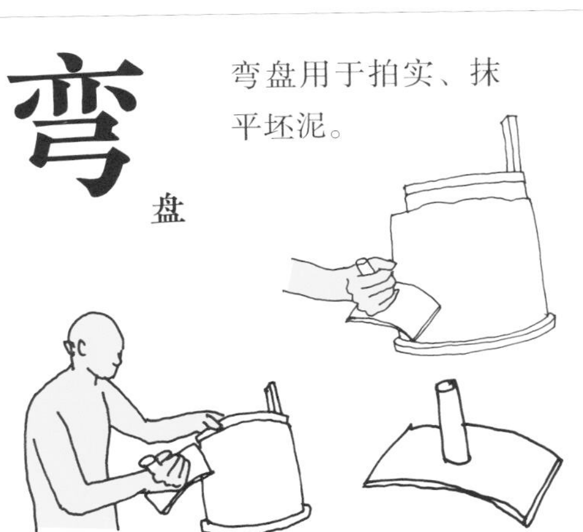

斗板

斗板用于刮平坯料表面。

搯签

搯签的作用是把超过瓦长度的泥坯料划齐。

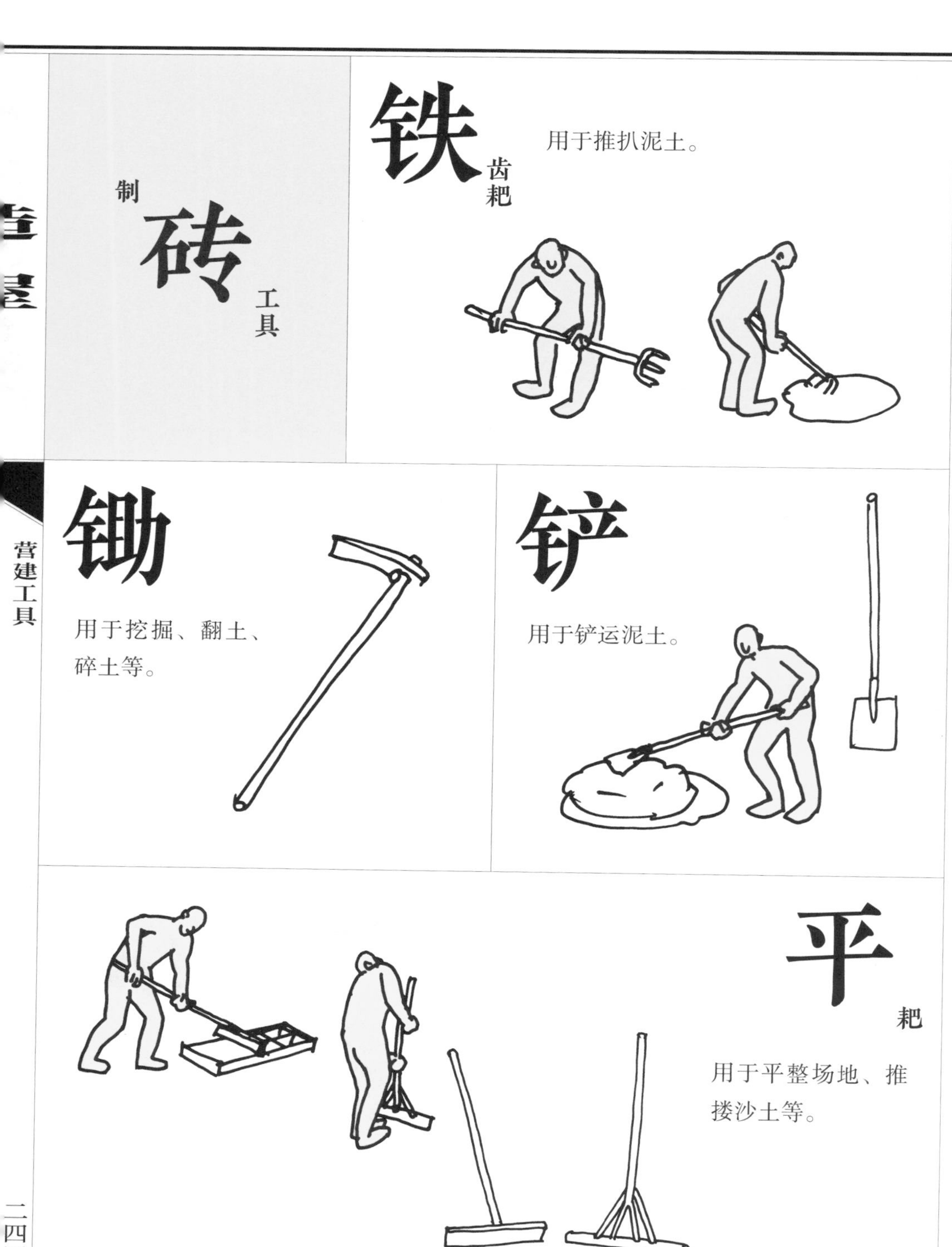
制砖工具
铁齿耙
用于推扒泥土。
锄
用于挖掘、翻土、碎土等。
铲
用于铲运泥土。
平耙
用于平整场地、推搂沙土等。

扁担及水桶

用于挑运水来洇湿土壤。

泥弓

不同大小的泥弓2~3把，大泥弓用于切割泥块，小泥弓用于修平砖坯。

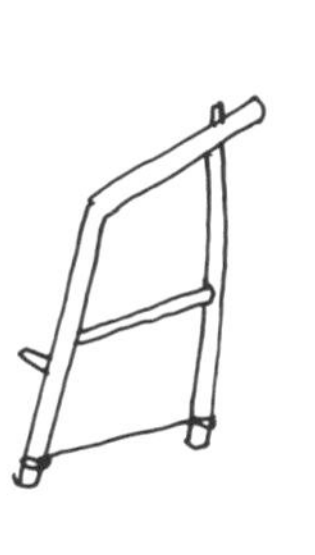

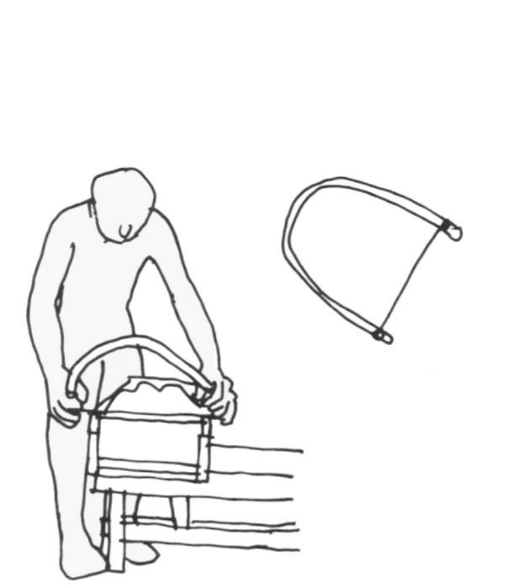

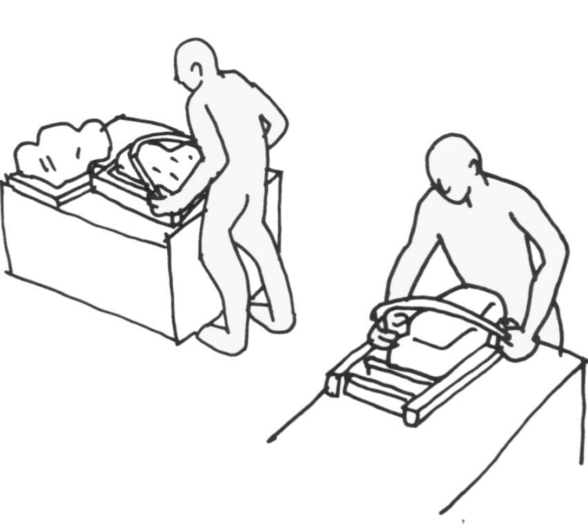

砖母

对于制砖的模具，各地的称呼也不尽相同，有砖斗、砖模、砖壳、砖架等。制作砖母的木材要求很高，最基本的有：耐潮，湿水浸而不变形。砖母制作时，不能简单按照砖的尺寸来定，一定要将泥料的收缩率计算在内。砖母分单母、双母、三母，多的可制成四母、五母，这要根据砖的不同规格和制砖人的体力来定。

泥砖垫板

垫于脱模的砖坯下，方便堆放搬运。

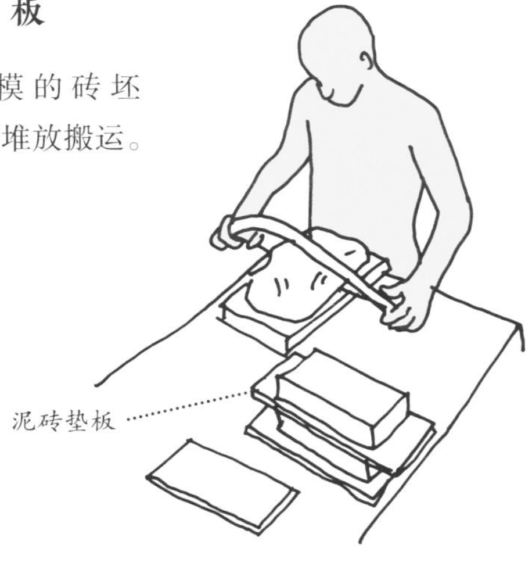

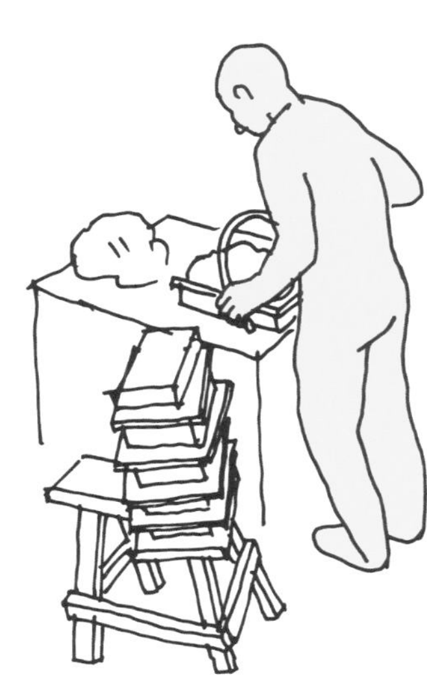

压板

用于修整砖坯。

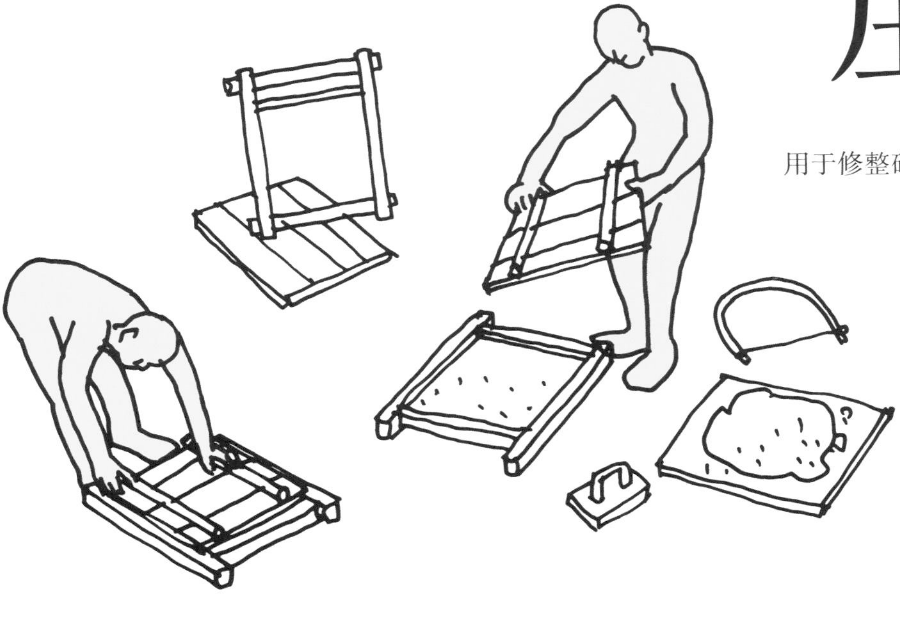

土作工具

夯

夯是土作夯筑的主要工具。根据夯的形状和夯底宽度，夯可分为大夯、小夯和燕别翅。制作夯的木材一般为榆木。可由一人或二人执夯操作。

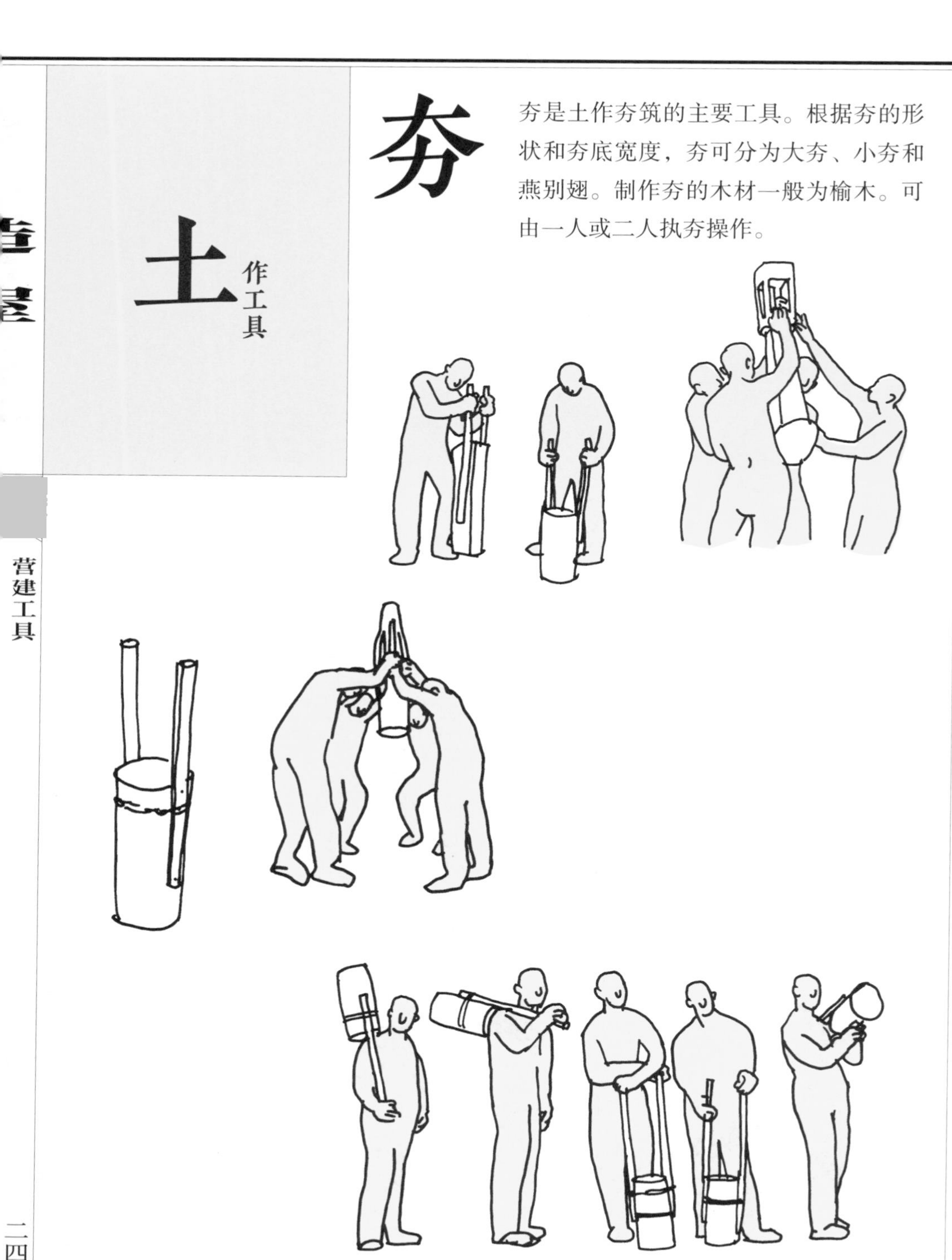

硪

硪是土作夯筑的主要工具之一。硪为熟铁制品，也可用石制品。按重量可分为 8 人硪、16 人硪和 24 人硪等。

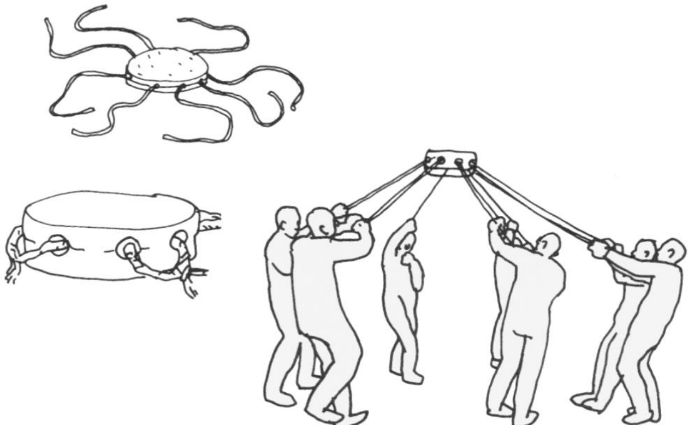

拐子

用于打拐眼。

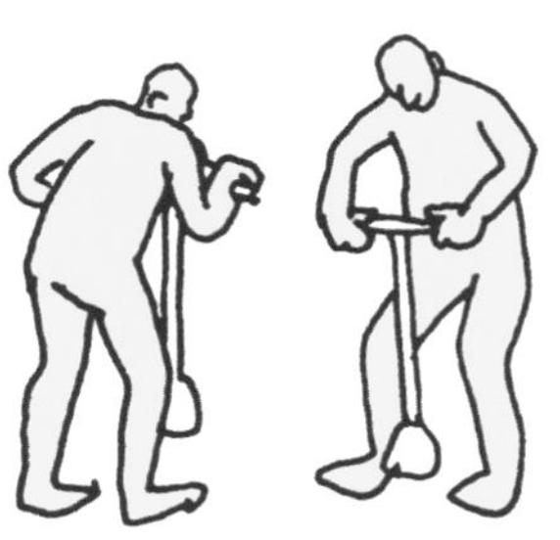

搂耙

用于铺设灰土时的找平或落水时将水推散。

版筑墙模具

也称打墙墙架、墙板等。一般用两块侧板和一块端板组成，另外一端加活动卡具。

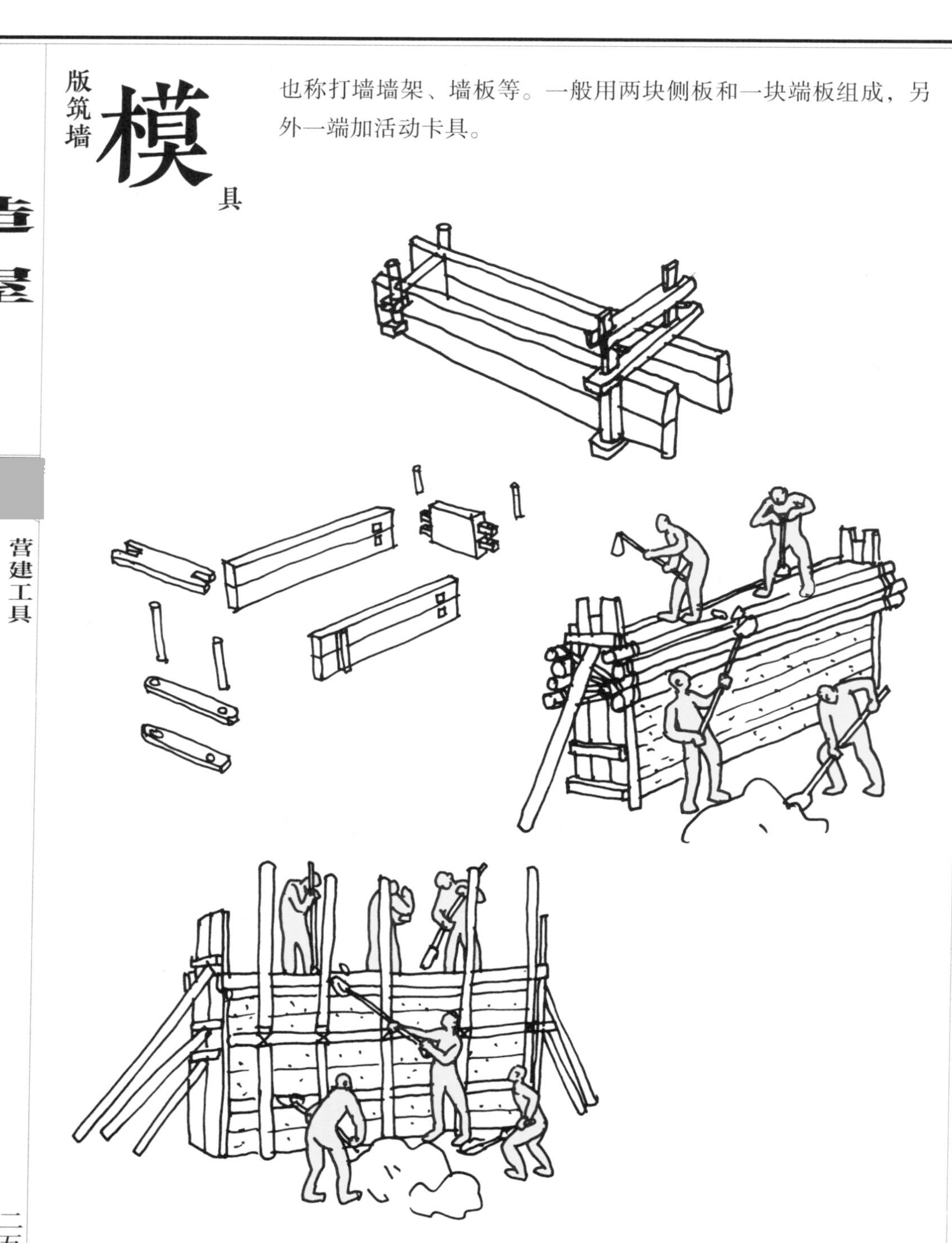

夯杵

夯杵也称舂杵棍，约与人等高，用重实而不易开裂的木料制成。

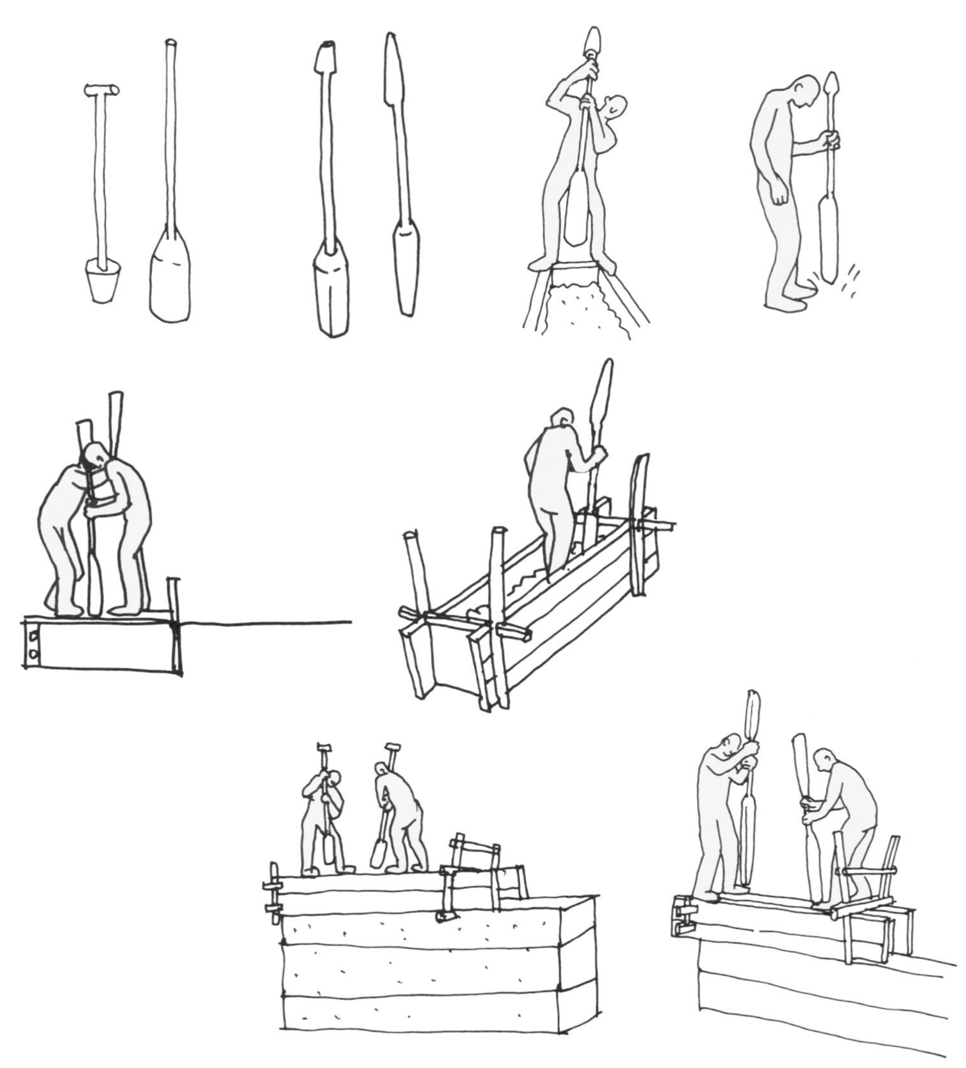

大拍板

大拍板长约 1 米，用于重拍拆模后的毛墙两面，使墙面表皮硬实。

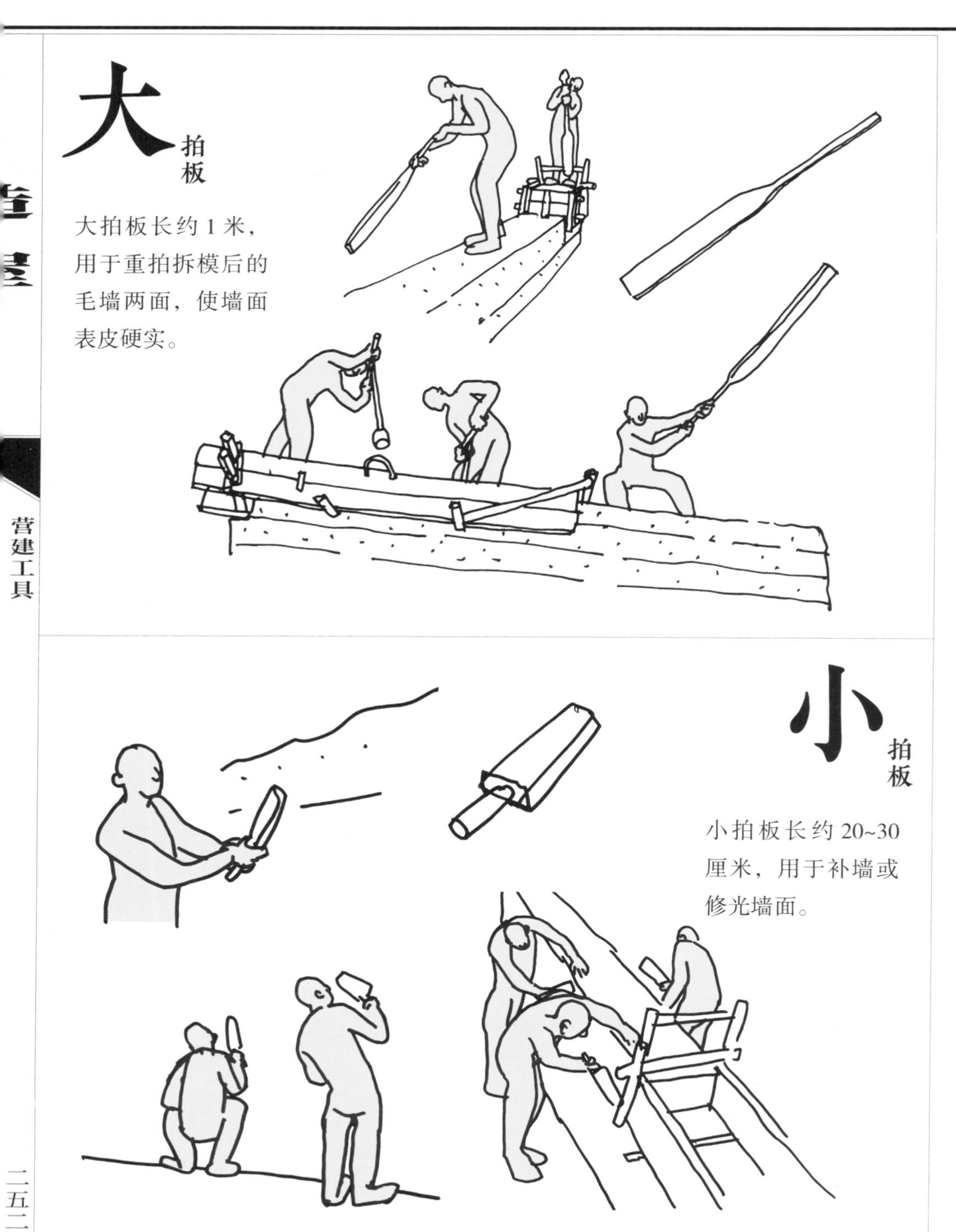

小拍板

小拍板长约 20~30 厘米，用于补墙或修光墙面。

撮箕

用于运送土料。

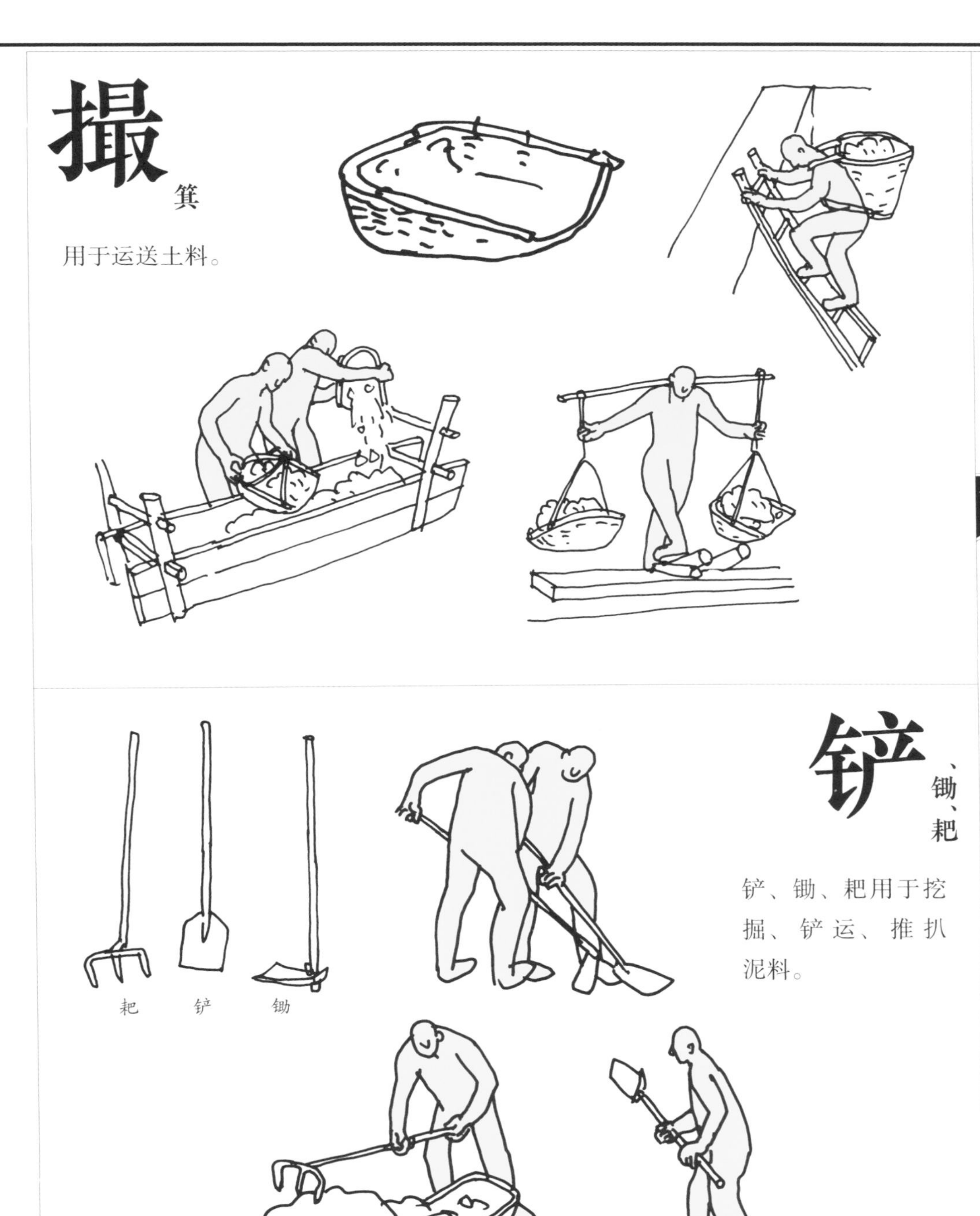

铲、锄、耙

铲、锄、耙用于挖掘、铲运、推扒泥料。

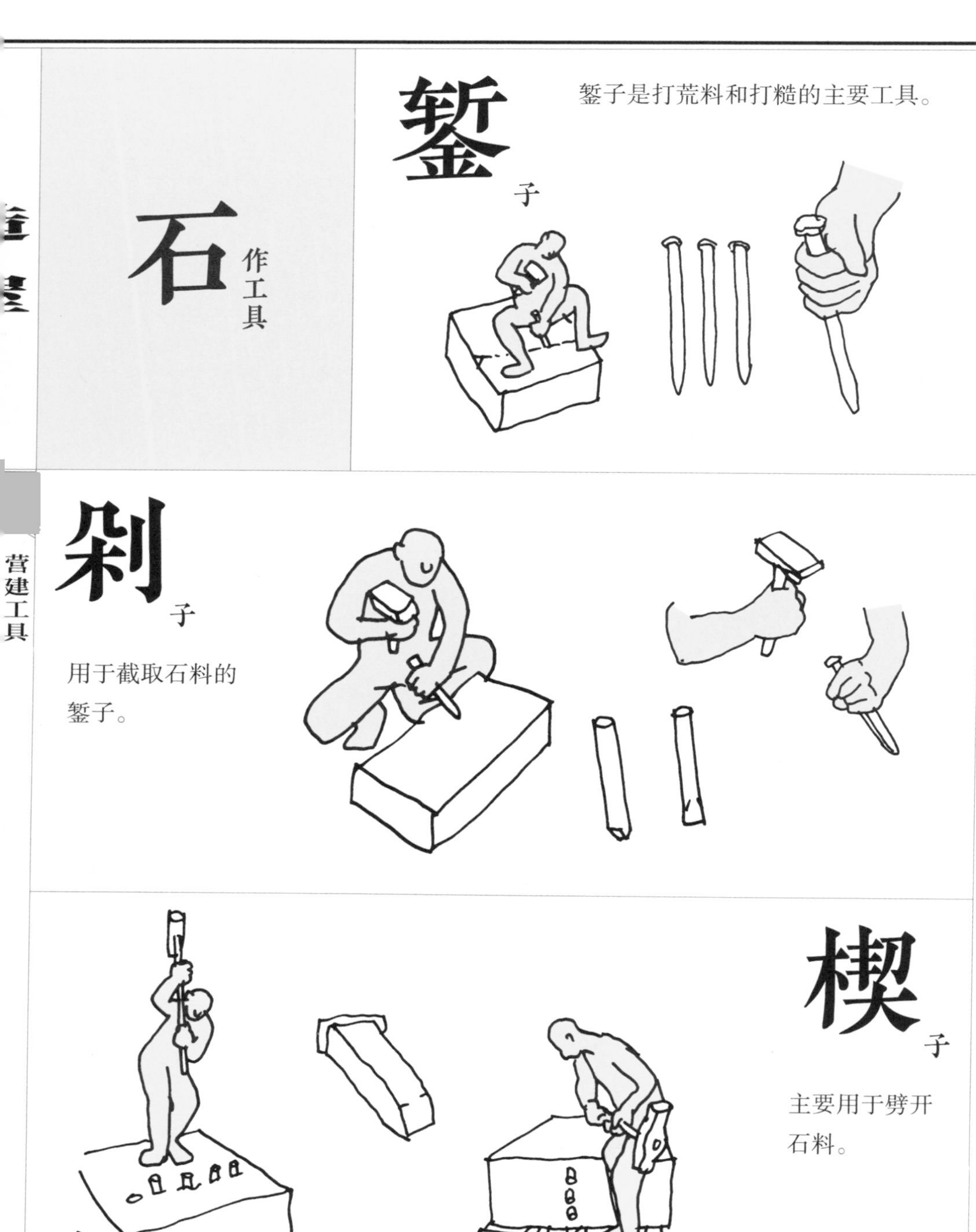

石作工具

錾子

錾子是打荒料和打糙的主要工具。

剁子

用于截取石料的錾子。

楔子

主要用于劈开石料。

扁子

又叫卡扁或扁錾，用于石料齐边或雕刻时的扁光。

刀子

用于雕刻花纹。

撬棍

插入石块的缝隙中，用力将撬棍向下压，将石块撬起。

锤子

用于打击錾子或扁子等，可分为普通锤子、大锤、花锤、双面锤和两用锤。大锤用于开采石料。花锤的锤顶带有网格状尖棱，主要用于敲打不平的石料，使其平整（砸花锤）。双面锤一面是花锤，一面是普通锤。两用锤一面是普通锤，一面可安刃子，因此两用锤既可以当锤子用，也可当斧子用。

油漆彩画工具

手皮子

用于上油灰、抹灰；传统用牛皮，现用橡胶材料。皮子分硬、软两种，硬皮子用于踏灰、开浆；软皮子用于溜细灰、拈腻子，分大、中、小不同规格。

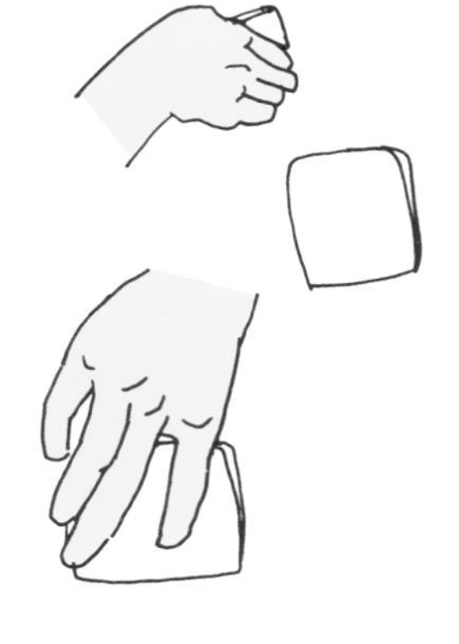

小铁板

用于上油灰、抹灰。

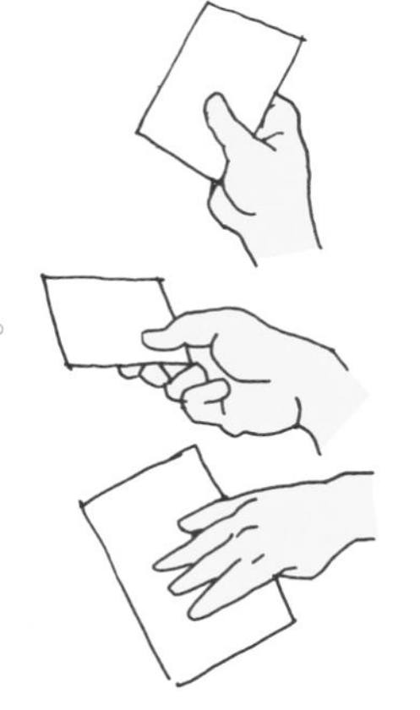

刷子

用于刷浆。

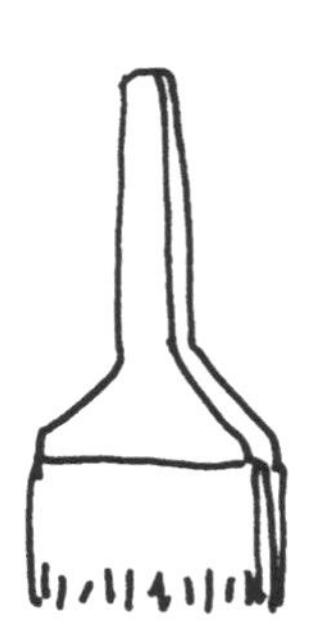

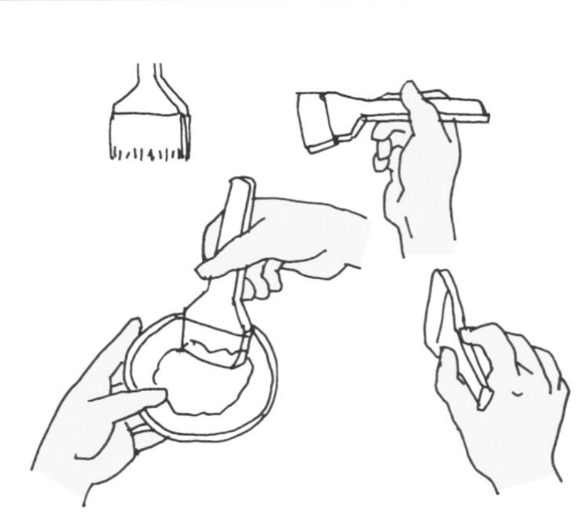

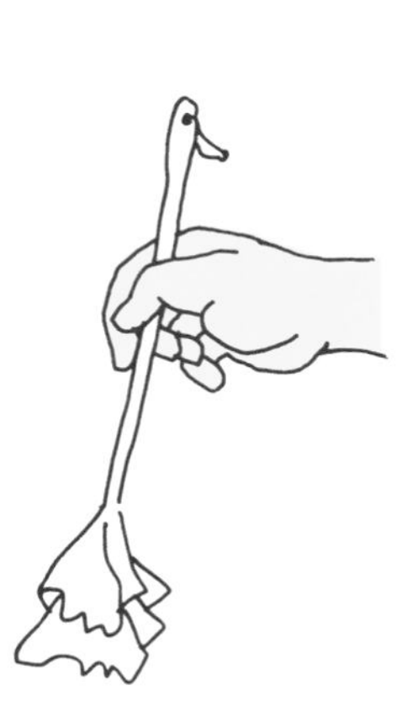

布掸子

用擦布和木柄绑扎而成，用于抽掸操作面的灰尘。

钉板

梳麻时用的铁钉刷子，又称钉板。地仗工艺中所用线麻原料有丈余长，麻缕粗硬，皮子、麻根又混杂其中，不能直接使用，需先将麻适当截短，截成长段，再将麻拧成卷，按实，用斧剁即可，然后将麻挂起用钉板分梳，去掉皮、梗、杂质，并使麻经细软、直顺。

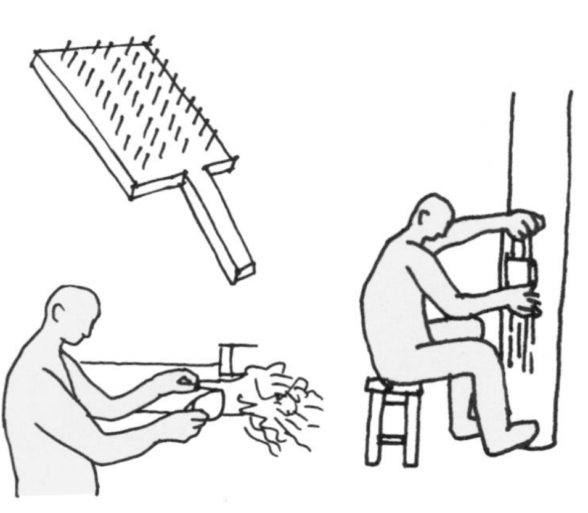

麻轧子

由枣木或槐木制成，用于披麻。

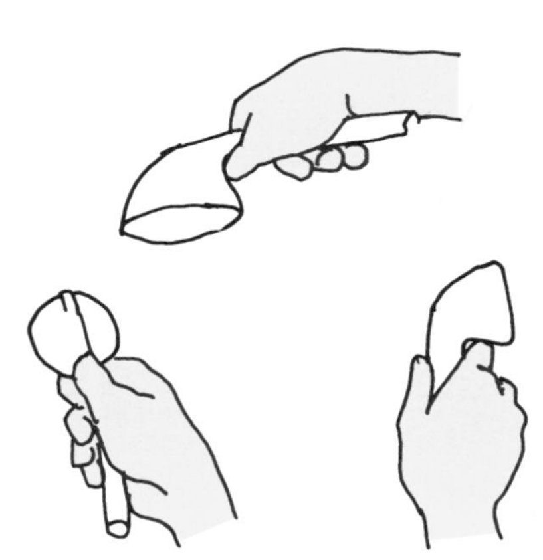

麻秧板

竹板制成，披麻时用于压秧角浮麻，常与麻轧子配合使用。

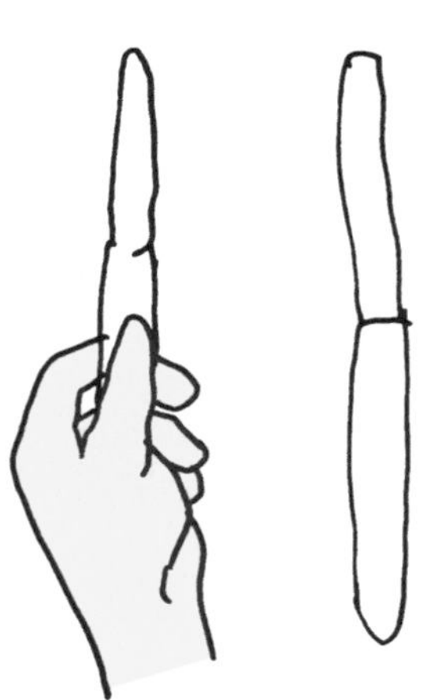

板子

在操作地仗工艺过程中用板子将抹灰的地方刮平直，过厚的灰收下。

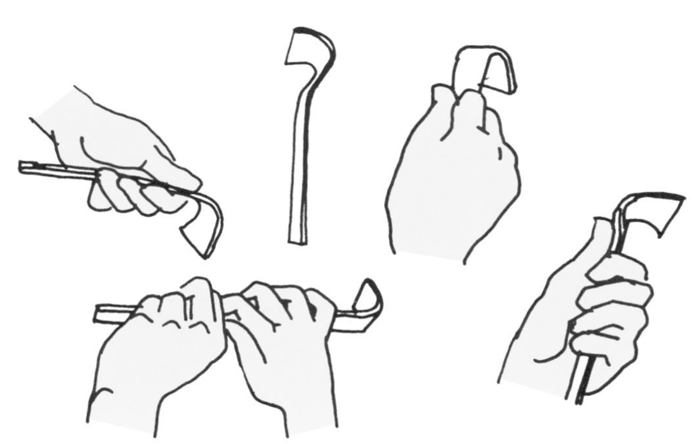

挠子

钢板制成，用于挠旧地仗。

小斧子

用于斩砍旧地仗。

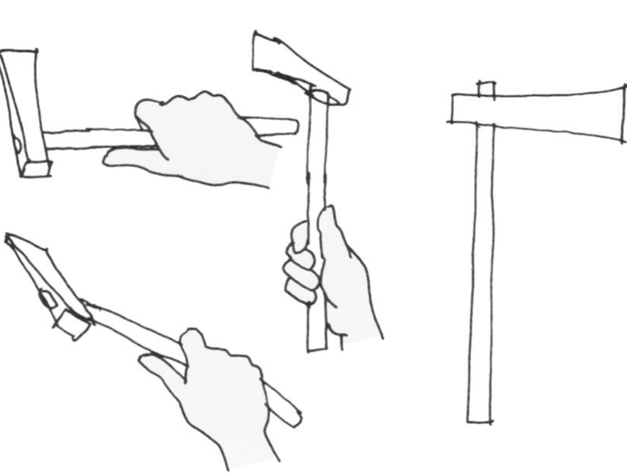

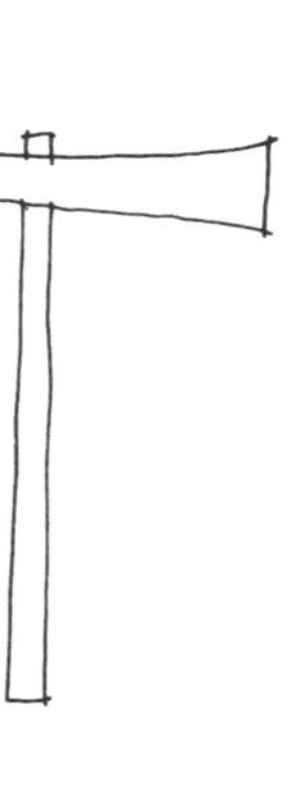

扁铲

用于铲除旧地仗。

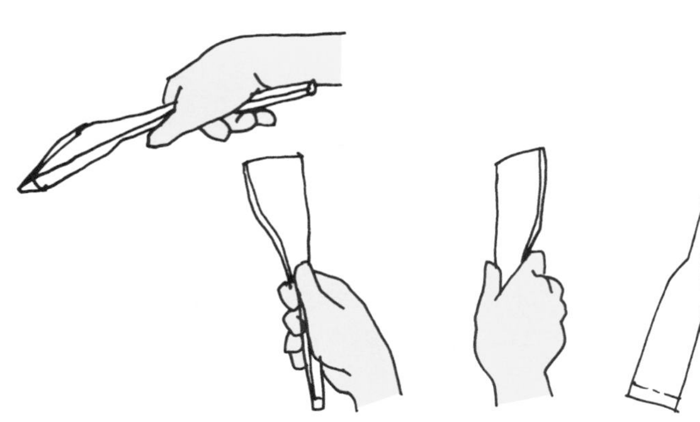

调灰耙

呈船桨形，用于搅拌油灰。

金夹子

竹板挖磨而成，木板称金撑子，夹子不用时撑子在中间，用于贴金。

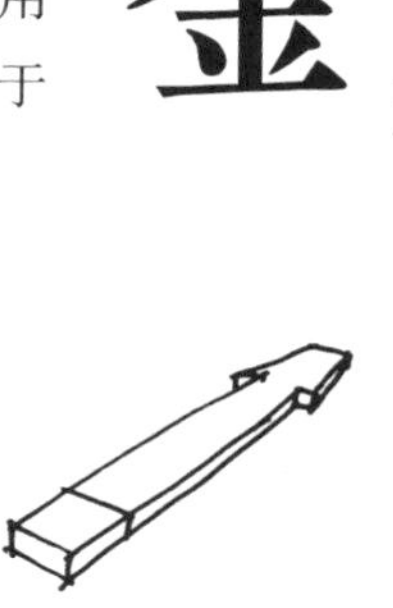

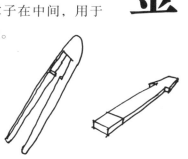

线轧子

由铁皮折成，传统作法用竹片挖成，是地仗施工中用来轧各种线型的模具。

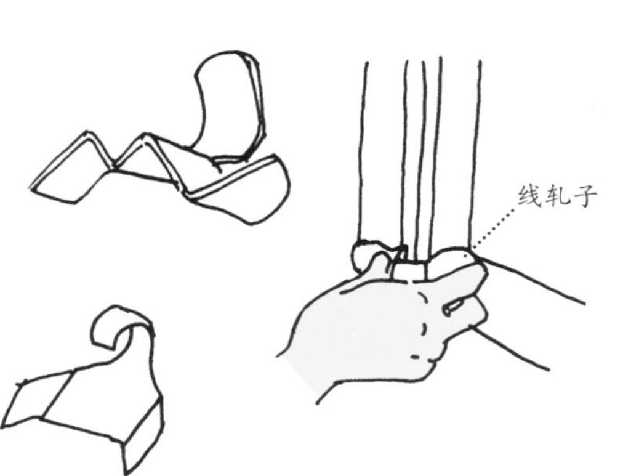

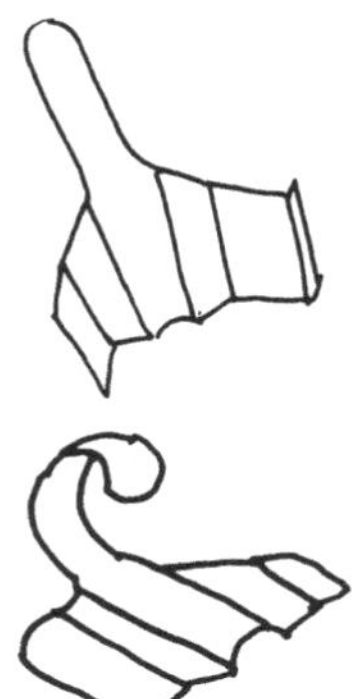

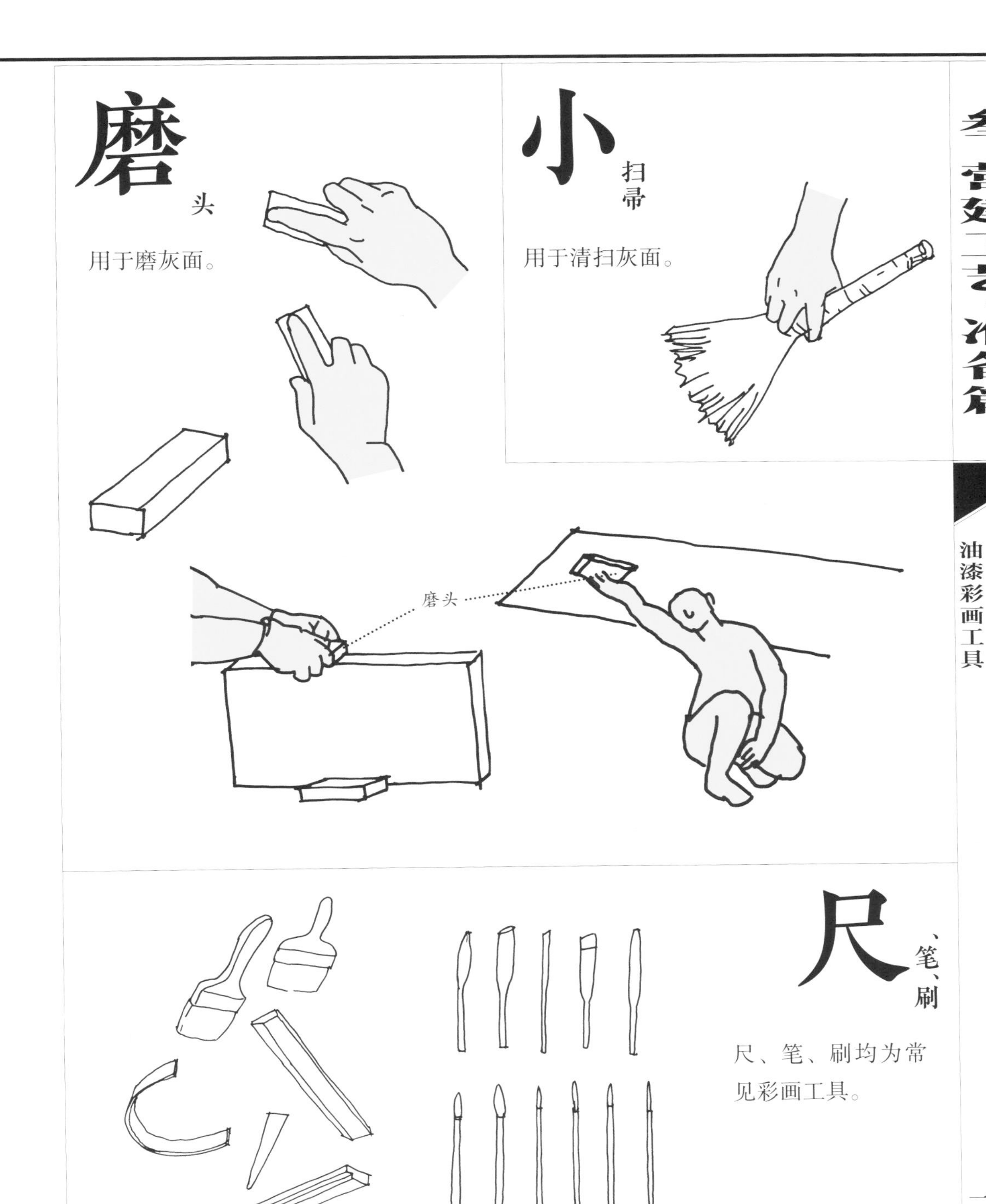

磨头

用于磨灰面。

小扫帚

用于清扫灰面。

尺、笔、刷

尺、笔、刷均为常见彩画工具。

沥粉器是制造凸起的线条用的专用的工具，是锥形的管子。

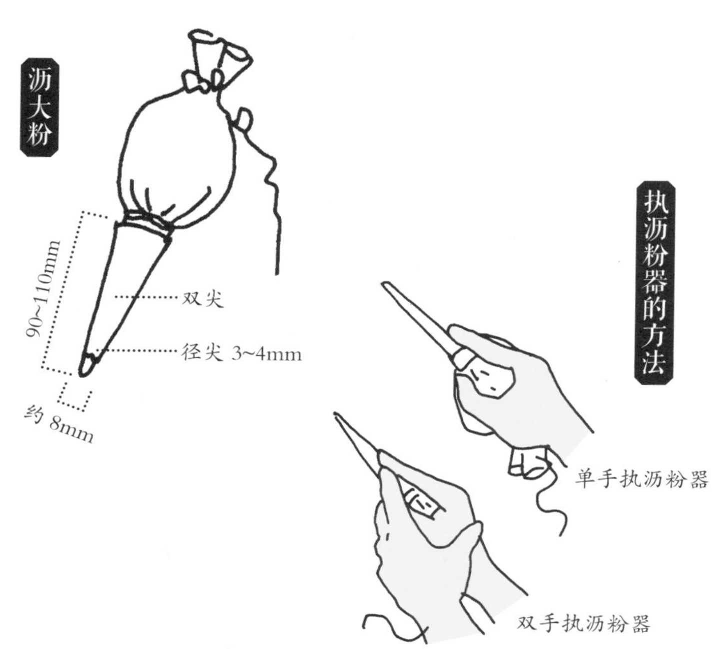

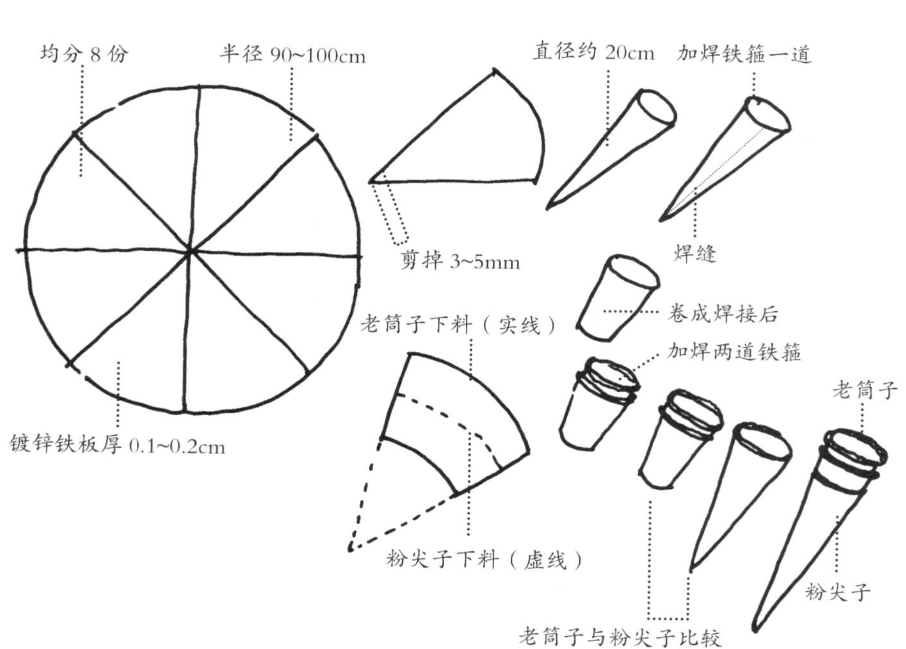

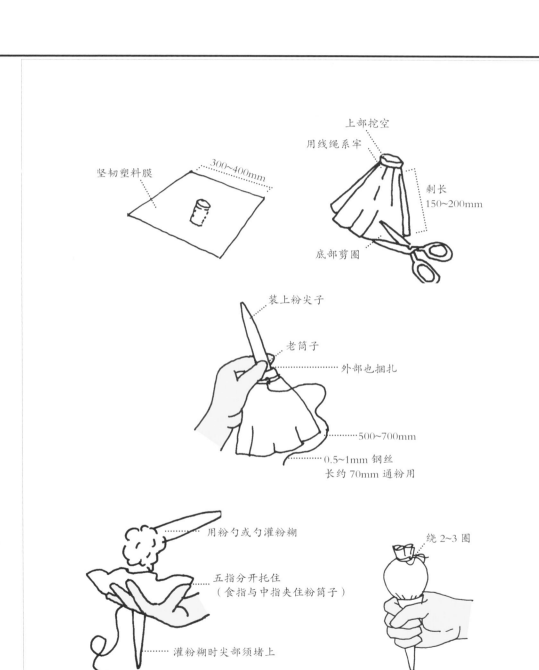

坚韧塑料膜

300~400mm

上部挖空

用线绳系牢

剩长
150~200mm

底部剪圈

装上粉尖子

老筒子

外部也捆扎

500~700mm

0.5~1mm 钢丝
长约 70mm 通粉用

用粉勺或勺灌粉糊

五指分开托住
（食指与中指夹住粉筒子）

灌粉糊时尖部须堵上

屋基工艺

构架工艺

墙体工艺

屋顶工艺

装修工艺

装饰工艺

肆

中国传统村落民居的营建工艺
造屋篇

屋基工艺

地基

地基指建筑物基础以下的部分，包括承受全部建筑物重量的土层或岩石。古建筑地基处理一般比较简单，主要为原土夯实。当遇到软弱地基时，常采用换土法和桩基对地基进行加固处理。

当建筑不得已建在淤泥或杂填土上时，民间有采用换土地基的。即把软性地层挖去，换上沙土或河沙。

桩基

桩基也称地丁，多用于松软土、水泊基等地形中，利用土和桩的摩擦力来防止沉降。

我国传统民居的基础处理由于各地区地势、地貌条件的差异而形成了不同的作法。其中北方地区民居基础开槽较深，需至冰冻线以下，常采用条石基础，砖、石砌筑基础，夯土基础；南方地区开槽较浅，需挖至老土，常见的有碎石基础、石砌基础、夯土基础等。

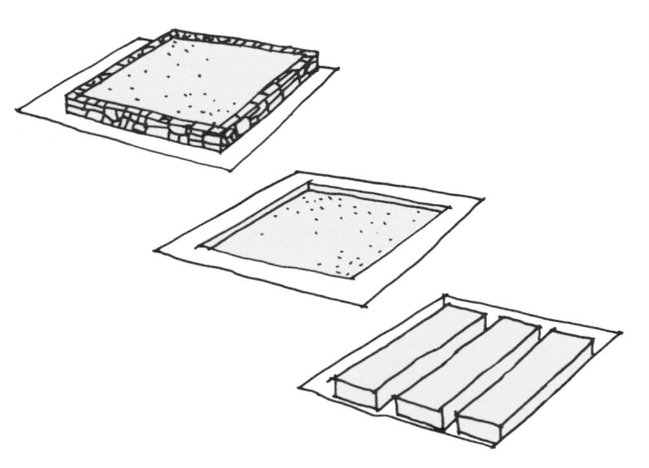

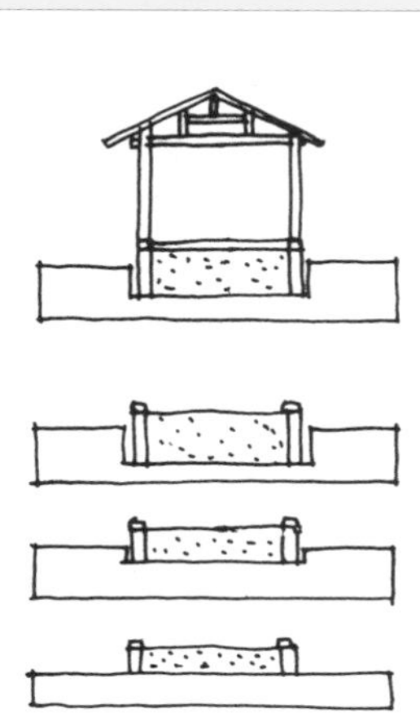

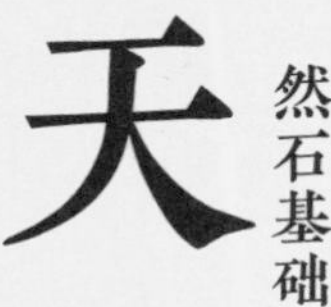

全国各地山区民居皆无严格意义上的基础，以毛石铺垫平整即可筑墙立柱。以贵州黔东南雷公山区苗族吊脚楼为例，在坡地开挖屋基，用山石或河石将房屋地基砌好，顶部用泥土和碎沙石铺平，然后用木锤夯砸平整，使屋基平台坚实牢固。筑台多为“干码”，以土塞缝。横纹砌筑容易断裂，因而将石块立排，在转角处用较大块石收边。

砖石砌筑基础

北方民居常见以砖满堂砌筑的屋基形式，也有砖石混合砌筑的，即阶条石、角柱石和土衬石等用石料，其余用砖砌筑。

砖石砌筑基础工艺步骤包括：定位放线、开挖基槽、做浅基础垫层、码磉墩、掐砌拦土、包砌台明等。

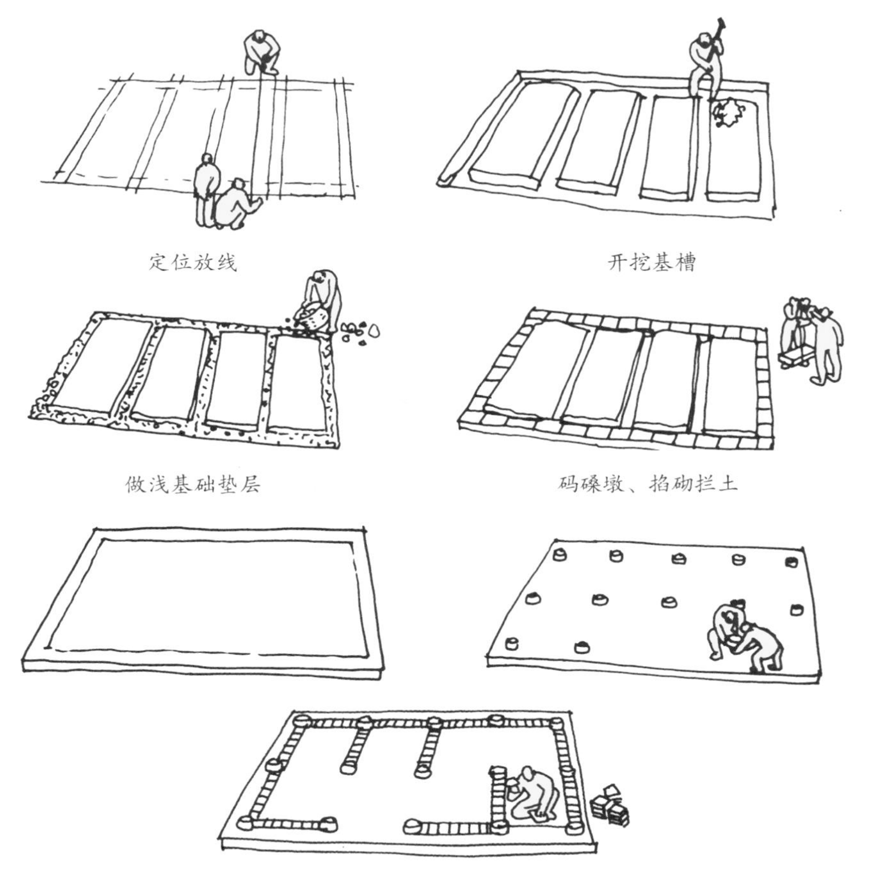

定位放线

开挖基槽

做浅基础垫层

码磉墩、掐砌拦土

包砌台明并安放柱顶石

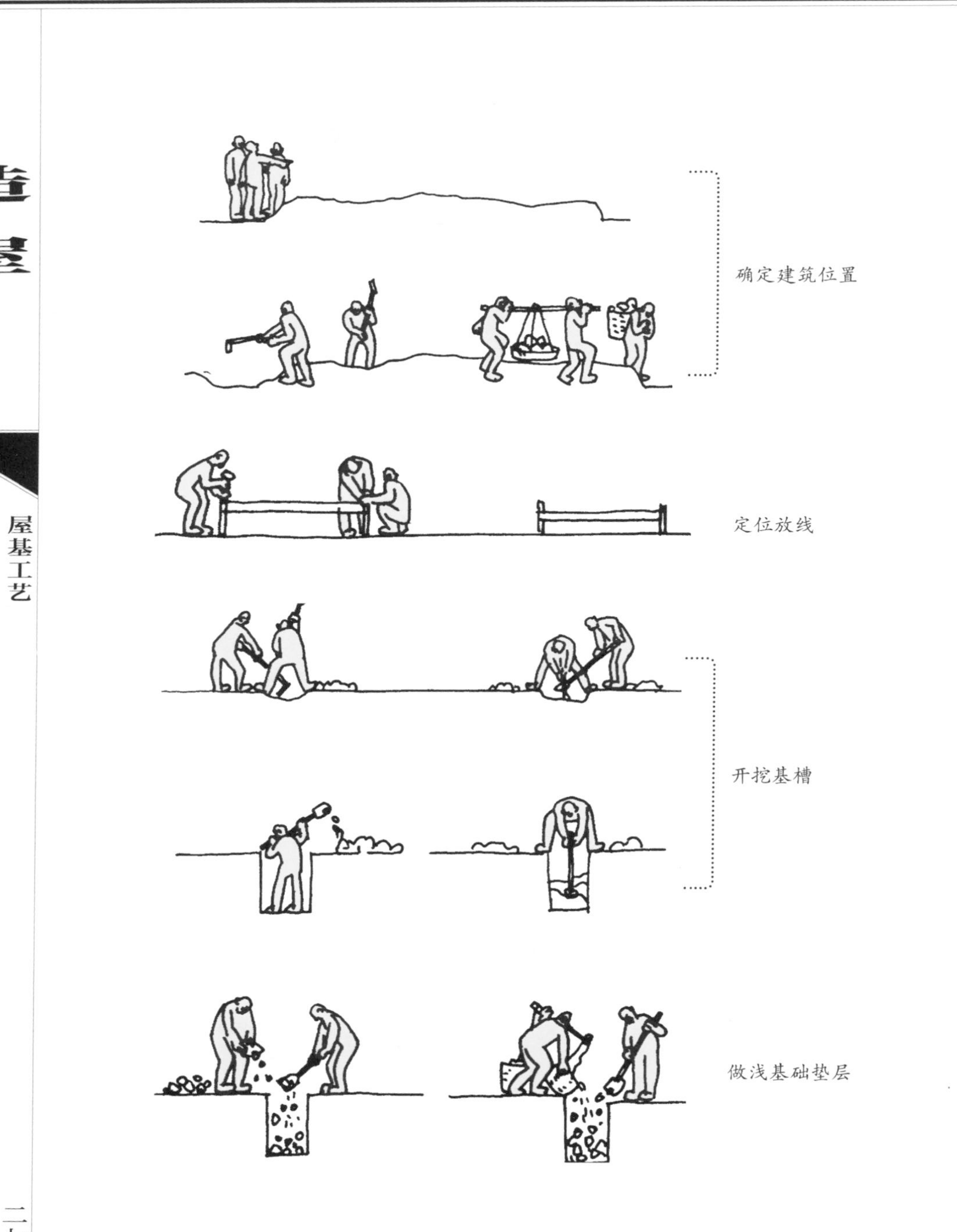
确定建筑位置
定位放线
开挖基槽
做浅基础垫层

做浅基础垫层

码磉墩、掐砌拦土

回填房心土

安放柱顶石

定位放线

根据台基总尺寸确定建筑位置，再在台基位置四周下龙门桩，钉龙门板，在龙门板上标记墙的轴线、开槽压线等。把需要的点用线坠引至地面，随着基础的砌筑逐次把所需的点引至基础墙体上并画出标记。根据这些标记码磉墩、包砌台明等。

1. 确定建筑位置

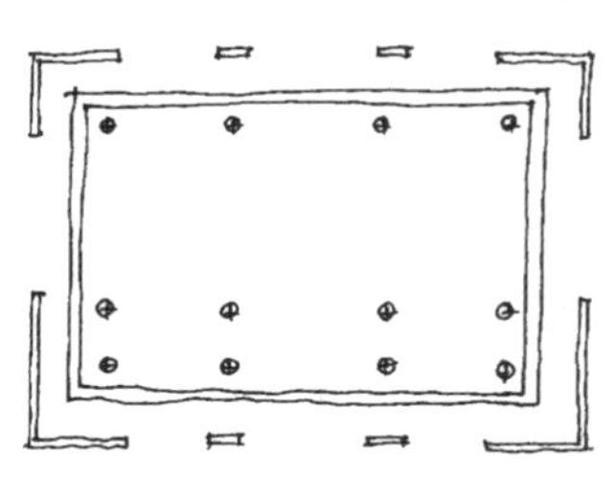

2. 下龙门桩，钉龙门板

3. 把需要的点用线坠引至地面

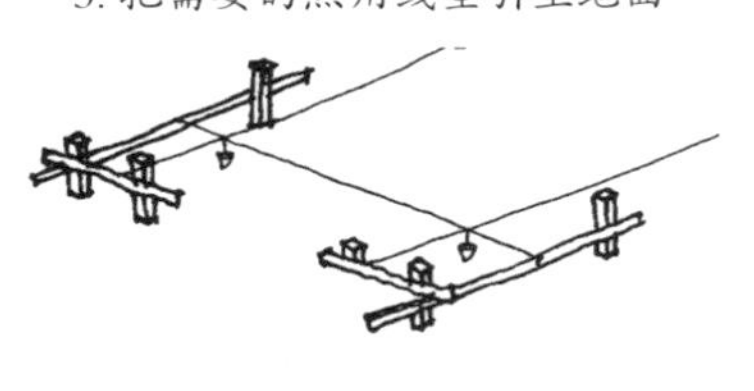

开挖基槽

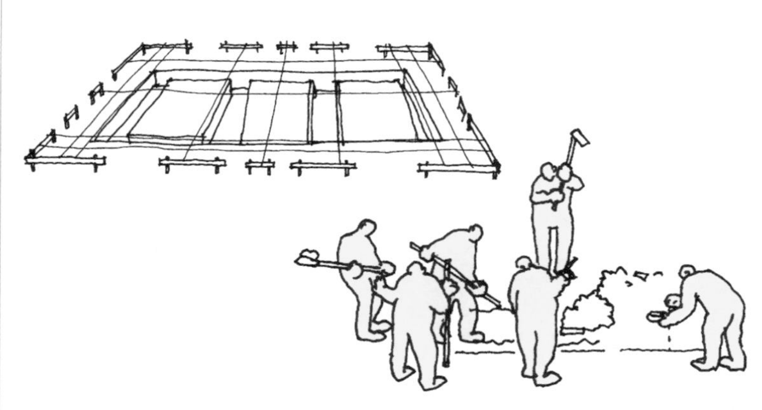

把开槽压线引至地面，用撒石灰线的方法标示，然后开挖基槽。

做浅基础垫层

屋基常采用“小式大夯灰土作法”。每夯一层叫“一步”，共夯三层。而素土夯实是明代以前建筑基础常用作法，至清代部分民居仍在使用。

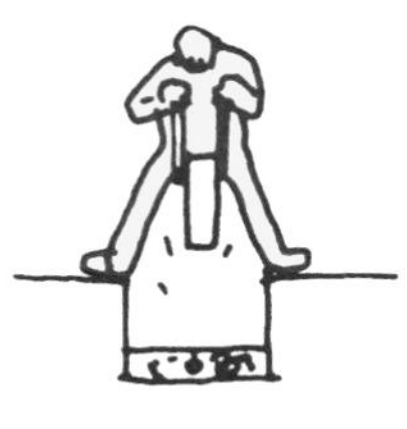

原土拍实

第一步，用夯或硪将槽底原土拍实。

定位铺虚土

第二步，槽底铺灰土并用灰耙搂平。

灰土是用水泼后的生石灰和黄土过筛拌匀制成，配比为3:7。

纳虚盘踩

第三步，是用双脚把灰土踩实。

打头夯

每个夯窝之间的距离为三个夯位，每个夯位至少夯打3次，其中至少1次应打高夯。

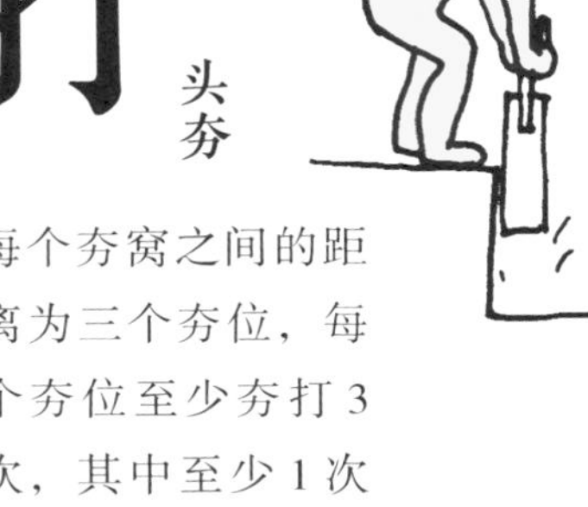

打二三四夯
打法同头夯，但位置要交叉。
跺埂
将夯窝之间挤出的土埂用夯打平。
掖边
高夯斜下，冲打沟槽边角处。
找平
用平锹将灰土找平。
以上程序重复二至三次。
落水
在夯槽内均匀泼洒清水。
打高硪
槽内灰土不再黏鞋时，即可打高硪。
三层灰土都照此程序夯筑，最后一层灰土可加一次“颠硪”。“小式大夯灰土”有“三夯两硪一颠”之说。

码 磉墩

码磉墩至柱顶石下皮。

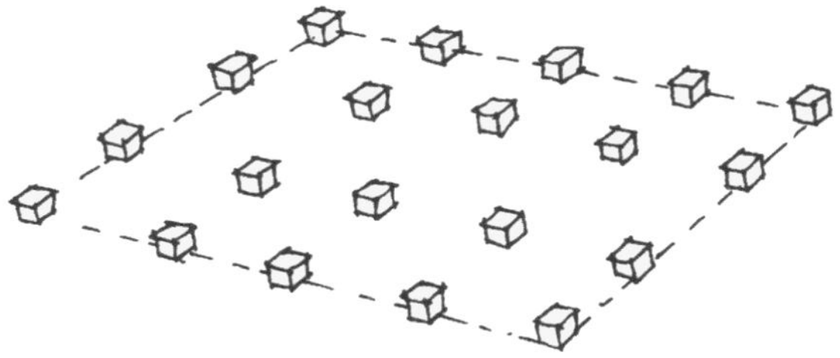

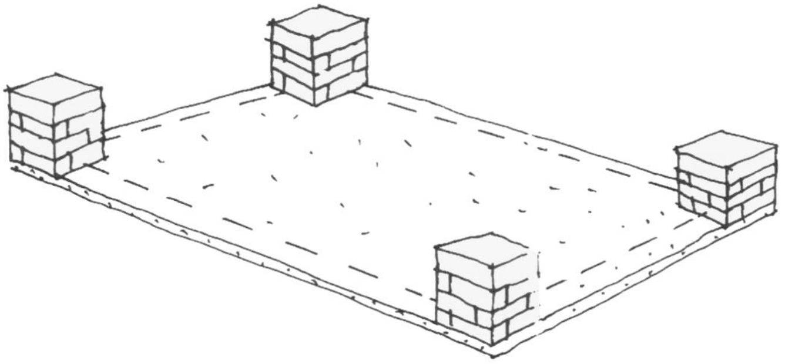

掐 砌拦土

先码磉墩后掐砌拦土，也可将磉墩和拦土连在一起，一次砌成。

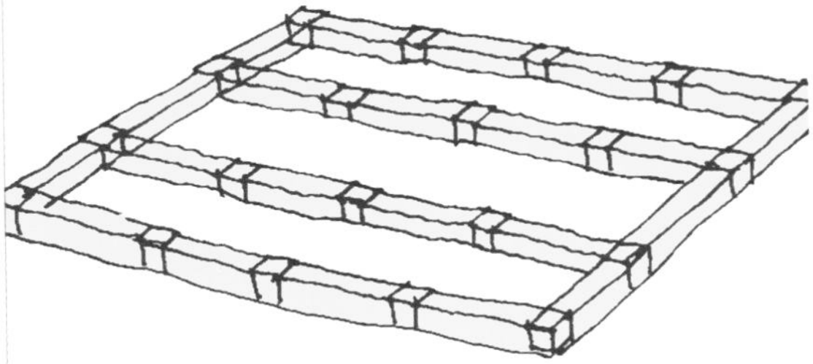

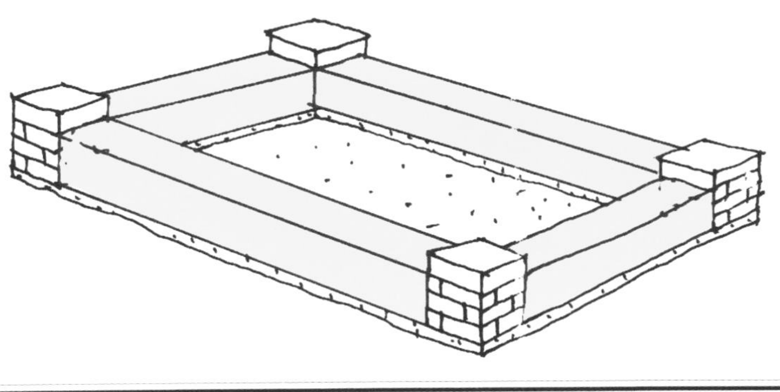

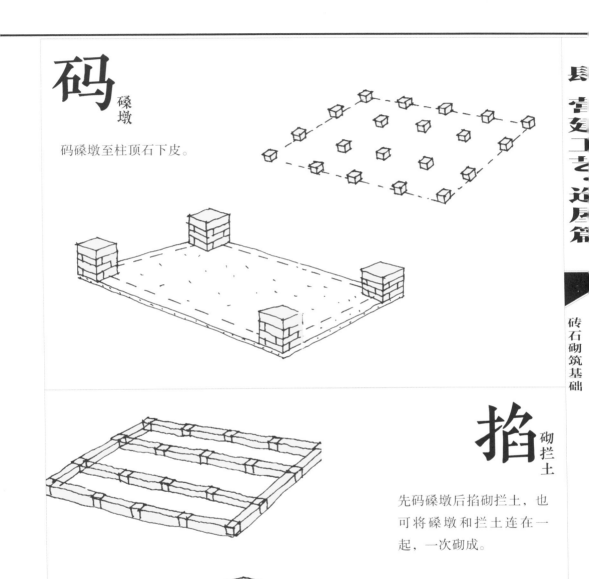

包砌台明

包砌台明是在前、后檐及两山的拦土和磉墩外侧进行。在露明部分中，阶条石使用石活，其他如陡板、埋头等或用石活，或用砖砌。背里部分用糙砖砌筑。有时也将拦土和包砌台明的背里部分连成一体一次砌成。包砌台明一般应与台基的施工进度相同。但如果阶条之上没有墙体，可局部或全部延至屋顶工程竣工后再包砌台明。这样可以保证台明石活不致因施工而损伤或弄脏。

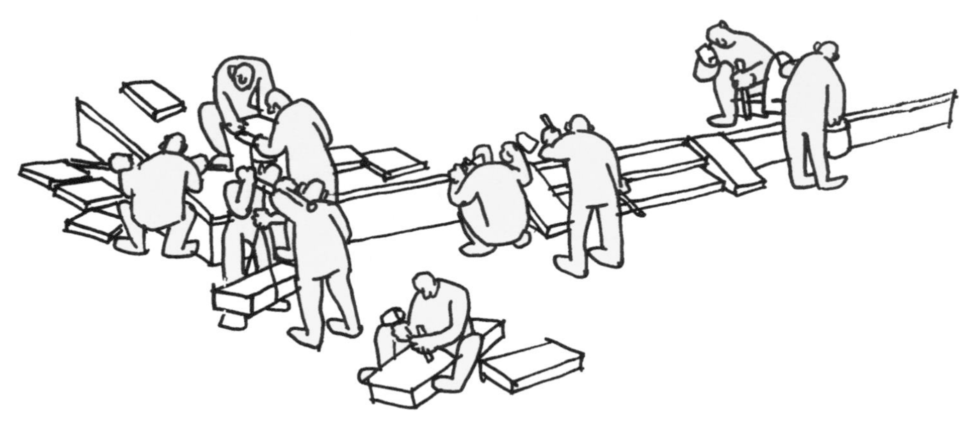

拴通线

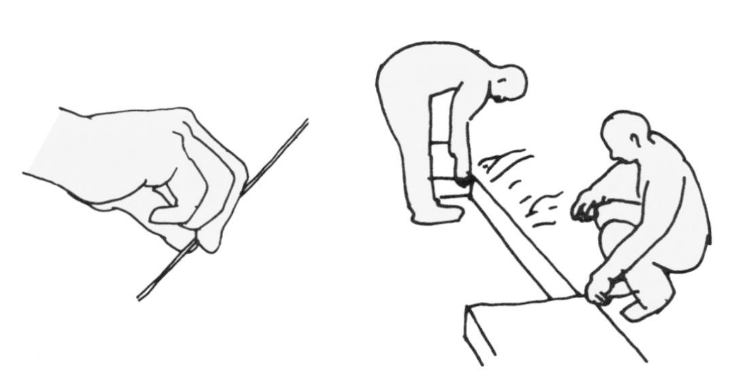

所有石活的安装均应按规矩拉通线，按线安装。

石活就位

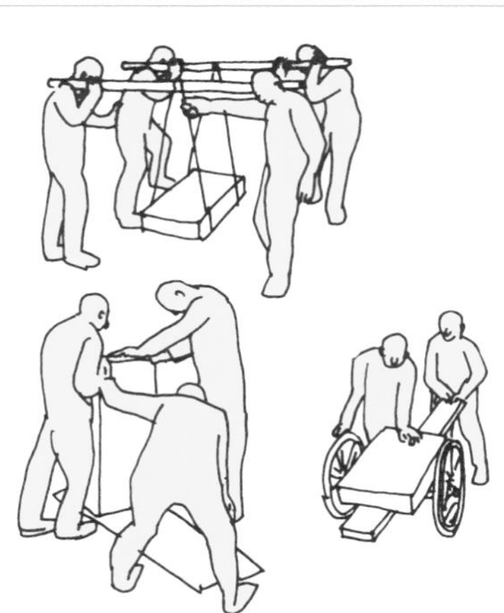

石活就位前，可适当铺灰坐浆。下面应预先垫好砖块等垫物，以便撤去绳索，再用撬棍撬起石料，拿掉垫在下面的砖头，石活若不跟线的都要用撬棍点撬到位。

背山

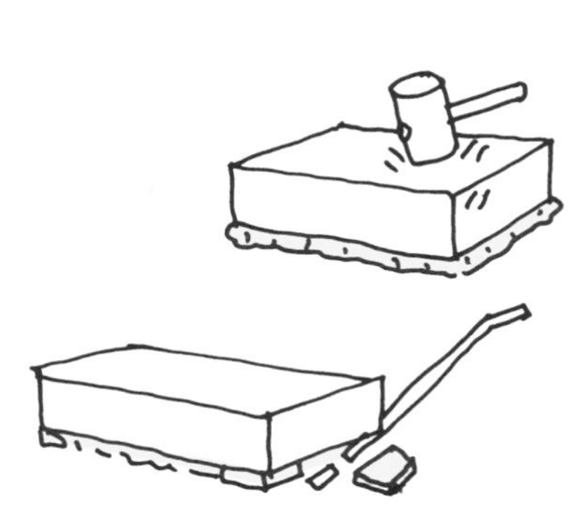

石活放好后要按线找平、找正、垫稳。如有不平、不正、不稳，均应通过“背山”解决，一般情况下，“打石山”或“打铁山”均可。如石料很重，则必须用生铁片“背山”。

勾缝

灌浆前应先勾缝。如石料间的缝隙较大，应在接缝处勾抹麻刀灰。如缝子很细，应勾抹油灰或石膏。

灌浆

灌浆应在“浆口”处进行。“浆口”是在石活某个合适位置的侧面预留的一个缺口，灌浆完成后再把这个位置上的砖或石活安装好。灌浆前宜先灌注适量清水冲去石面上的浮土，以利于灰浆与石料的附着粘接。灌浆至少应分三次灌，第一次应较稀，以后逐渐加稠，每次间隔时间不宜太短，灌浆以后应将弄脏了的石面冲刷干净。

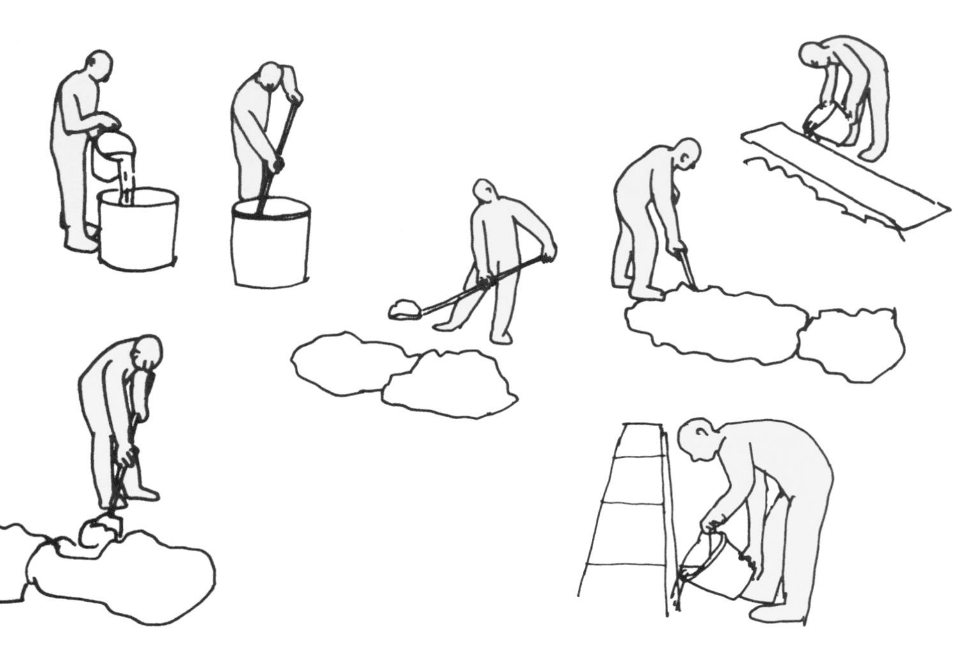

洗平

安装完成后，局部如有凸起不平，可进行凿打或剁斧，将石面“洗平”。

碎石基础

与北方常见的砖砌基础不同，南方常见石砌基础。

定位放线

据建筑图样确定建筑位置，钉好龙门桩、龙门板，拉好准绳，放线。

开挖沟槽

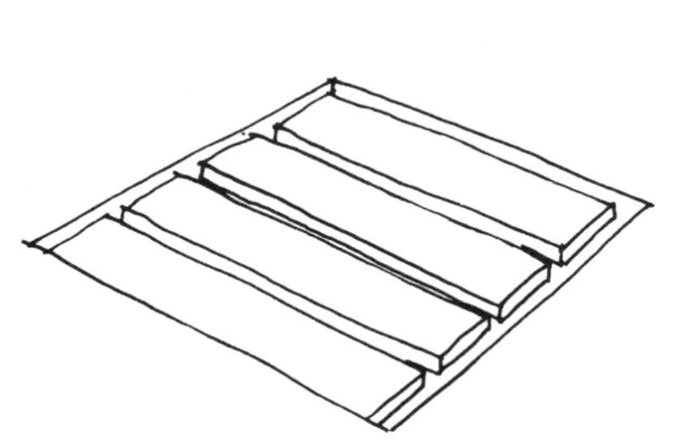

一般开挖到老土，基槽宽度一般为墙厚的 1.5~2 倍。

做浅基础垫层

先铺设一层碎石或片石，再在上面铺沙增加密实度。如此铺三层。

砌条石

基础垫层上铺砌条石，找平后铺砌侧塘石、陡板石等。

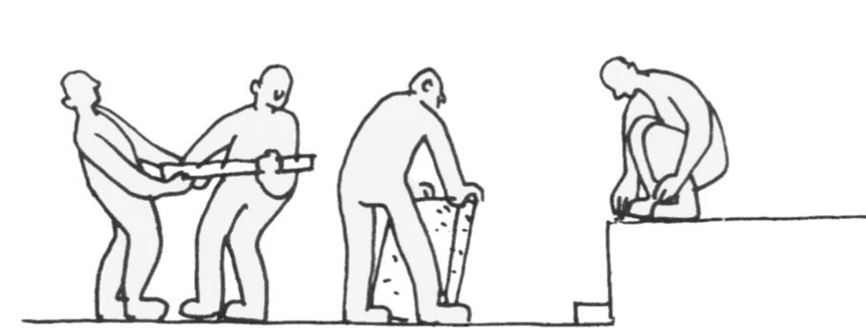

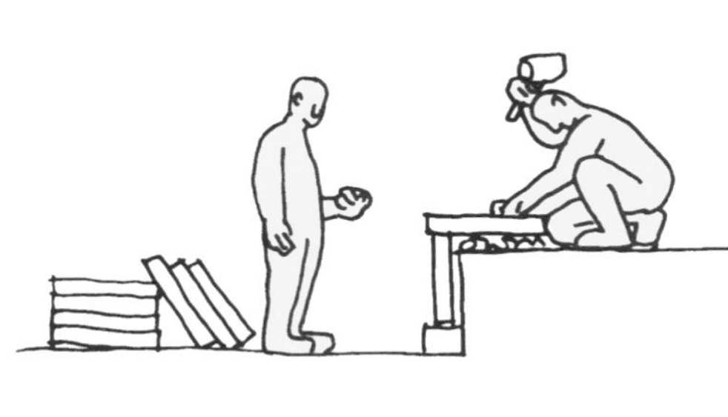

放柱础

放线安放柱础，柱础间铺地袱石。

台基石活加工的一般程序

台基石活加工的一般程序包括：确定荒料、打荒、弹打扎线、装线抄平、砍口齐边、刺点或打道、扎线打小面、截头、砸花锤、剁斧、打细道、磨光。

在各种形状的石料中，长方形石料最多，其他形状的石料的加工也往往是在长方形石料的加工基础上再做进一步的加工。

确定荒料

根据石料在建筑中所处的位置，确定所需石料的质量和荒料尺寸并确定石料看面。

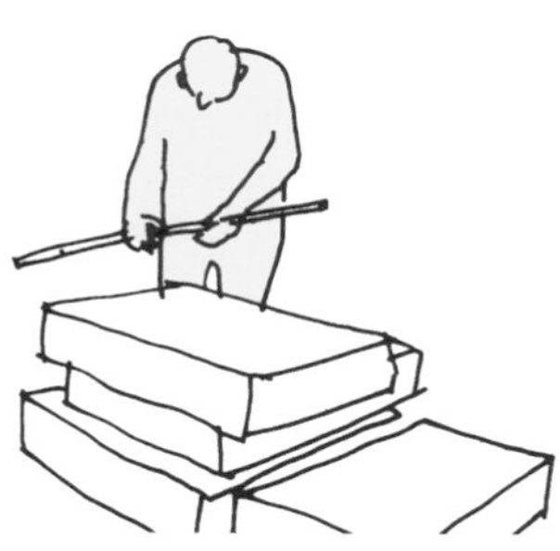

打荒

在石料看面上抄平放线，然后用錾子凿去石面上高出的部分。

弹 打扎线

在规格尺寸以外1~2厘米处弹扎线，把扎线以外石料打掉叫打扎线。

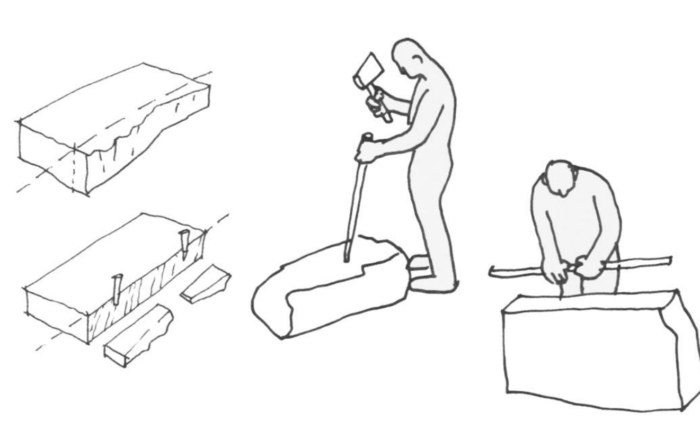

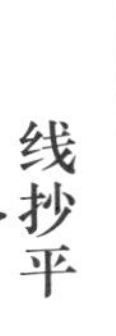

在任意一个小面上、靠近大面的地方弹一道通长的直线。如果小面高低不平不宜弹线，可先用錾子在小面上打荒找平后再弹线。找三根装棍和一条线。将二根装棍的底端分别放在A点和C点上，上端拴在线上。装棍要立直，线要拉紧。把第三根装棍直立在E点上，上端挨近墨线，使装棍沾上墨迹。然后把A、C两点上的装棍移到B、D位置，位于E点的装棍不动，并让移位后的墨线仍然通过装棍上的墨迹标记，此时D处装棍的下端就是D点的准确位置。画出D点弹出AD和CD墨线，小面上的四条墨线就是大面找平的标准。

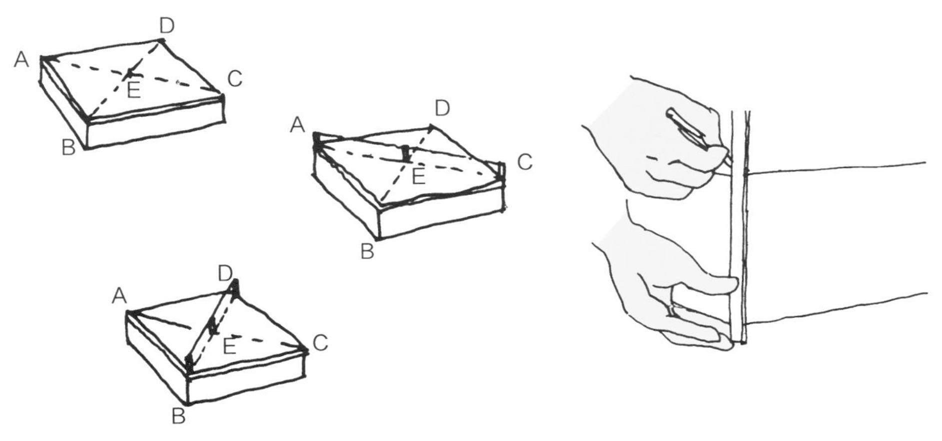

砍 口齐边

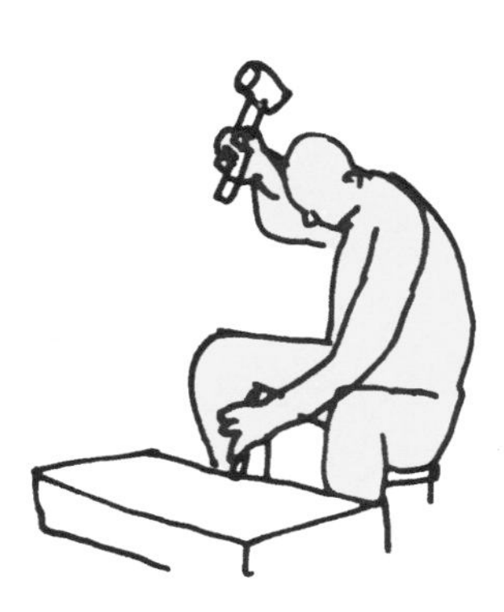

沿墨线用錾子将墨线以上多余部分凿去，再用扁子沿墨线将石面扁光。

刺 点或打道

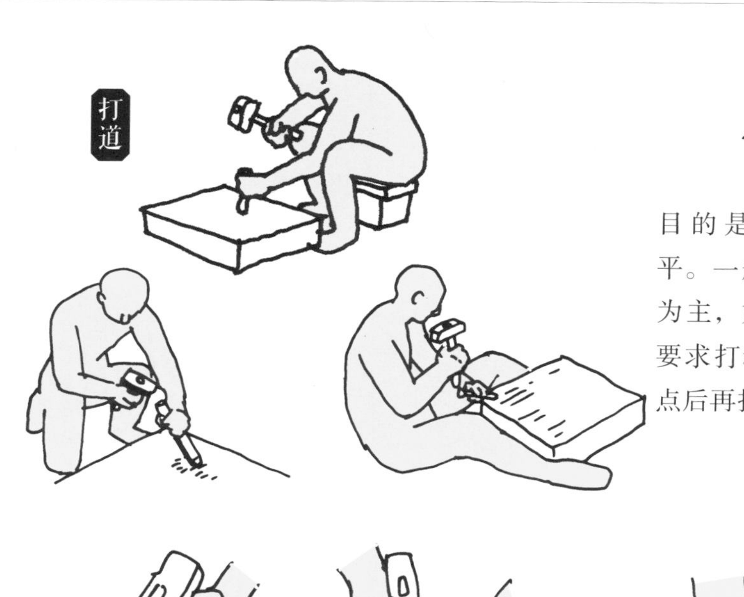

目的是将石料找平。一般应以刺点为主，如石料表面要求打糙道，则刺点后再打道。

扎 线打小面

在大面上按规格尺寸弹线，以扎线为准在小面上加工。

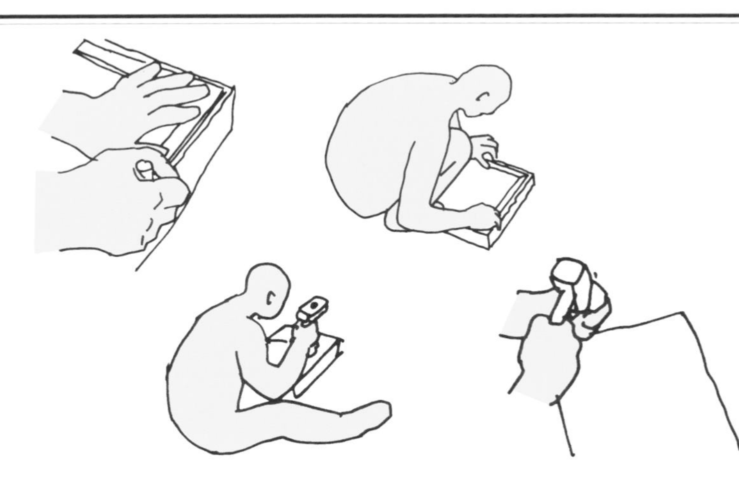

截 头

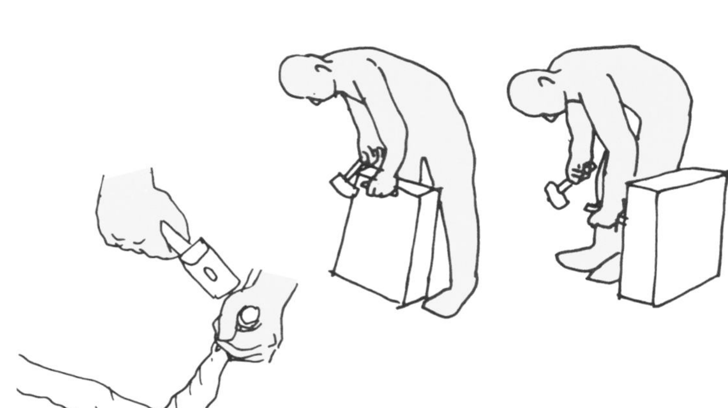

又叫退头或割头。以打好的两个小面为准在大面两头扎线并打出小面。

砸 花锤

如表面要求砸花锤交活，此即为最后一道工序，如要求剁斧等，之后还应继续加工。

剁斧

剁斧应在砸花锤之后进行，剁斧一般按“三遍斧”作法。

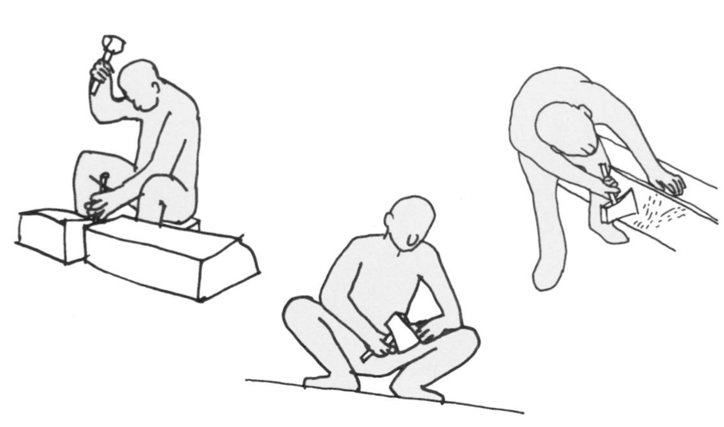

打细道

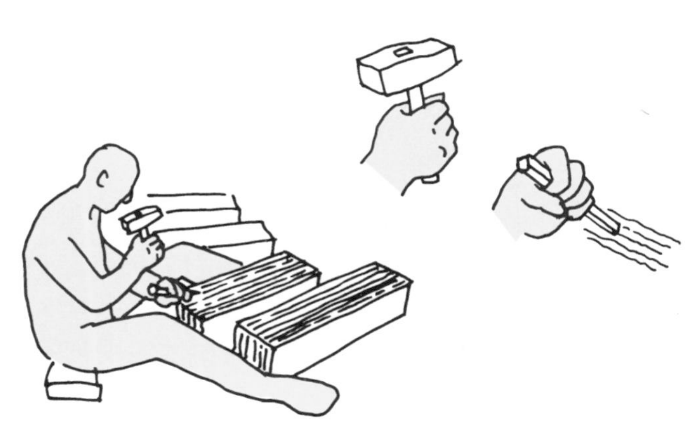

实际操作中可在建筑快竣工时再刷细道。表面要求磨光的应免去打细道这道工序。

磨光

磨光应在剁斧基础上进行。先用金刚石擦水磨几遍，然后用细石沾水再磨数遍。

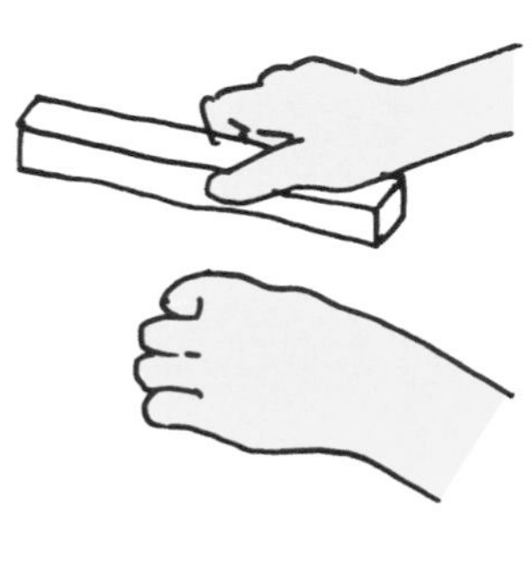

自身连接

自身连接有榫卯连接、磕绊连接、仔口连接等形式。榫卯连接要做榫和榫窝；磕绊连接要做“磕绊”；仔口连接要做“仔口”。“仔口”亦作“梓口”，“凿做仔口”又叫“落槽”。

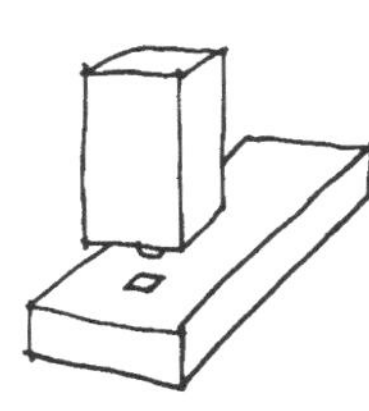

榫卯连接

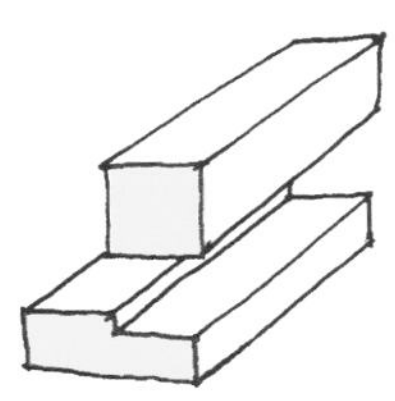

磕绊连接

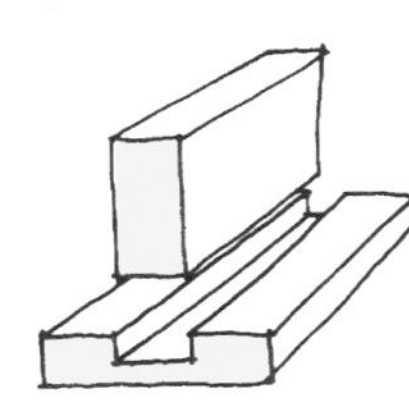

仔口连接

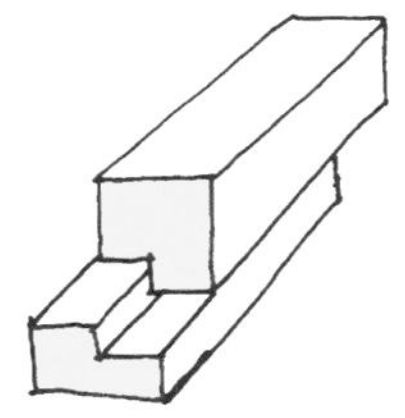

磕绊连接

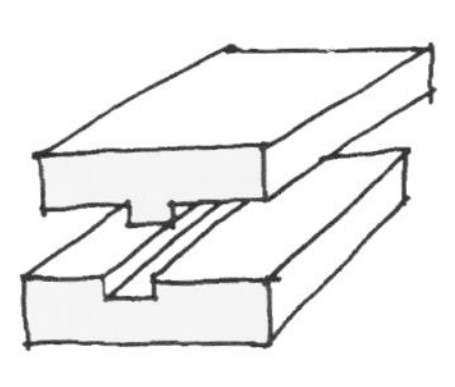
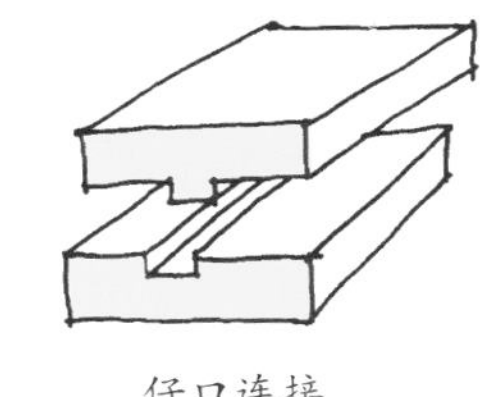

仔口连接

铁活连接

铁活连接指的是用“拉扯”、“银锭”(“头钩”)、“扒锔”连接。

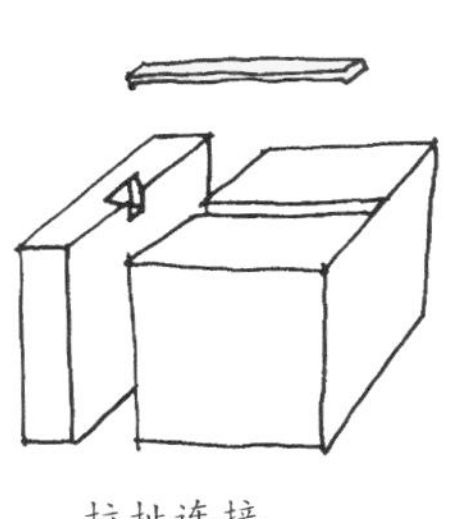

拉扯连接

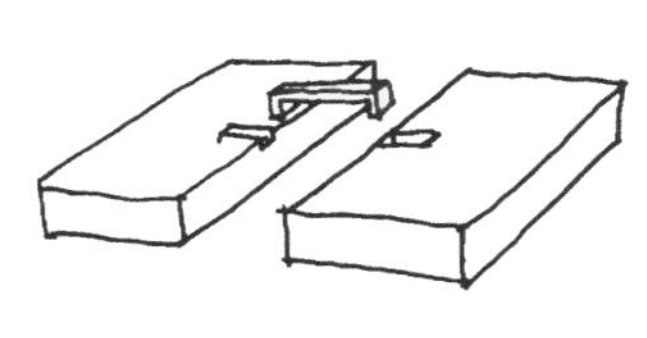

扒锔连接

台阶安装

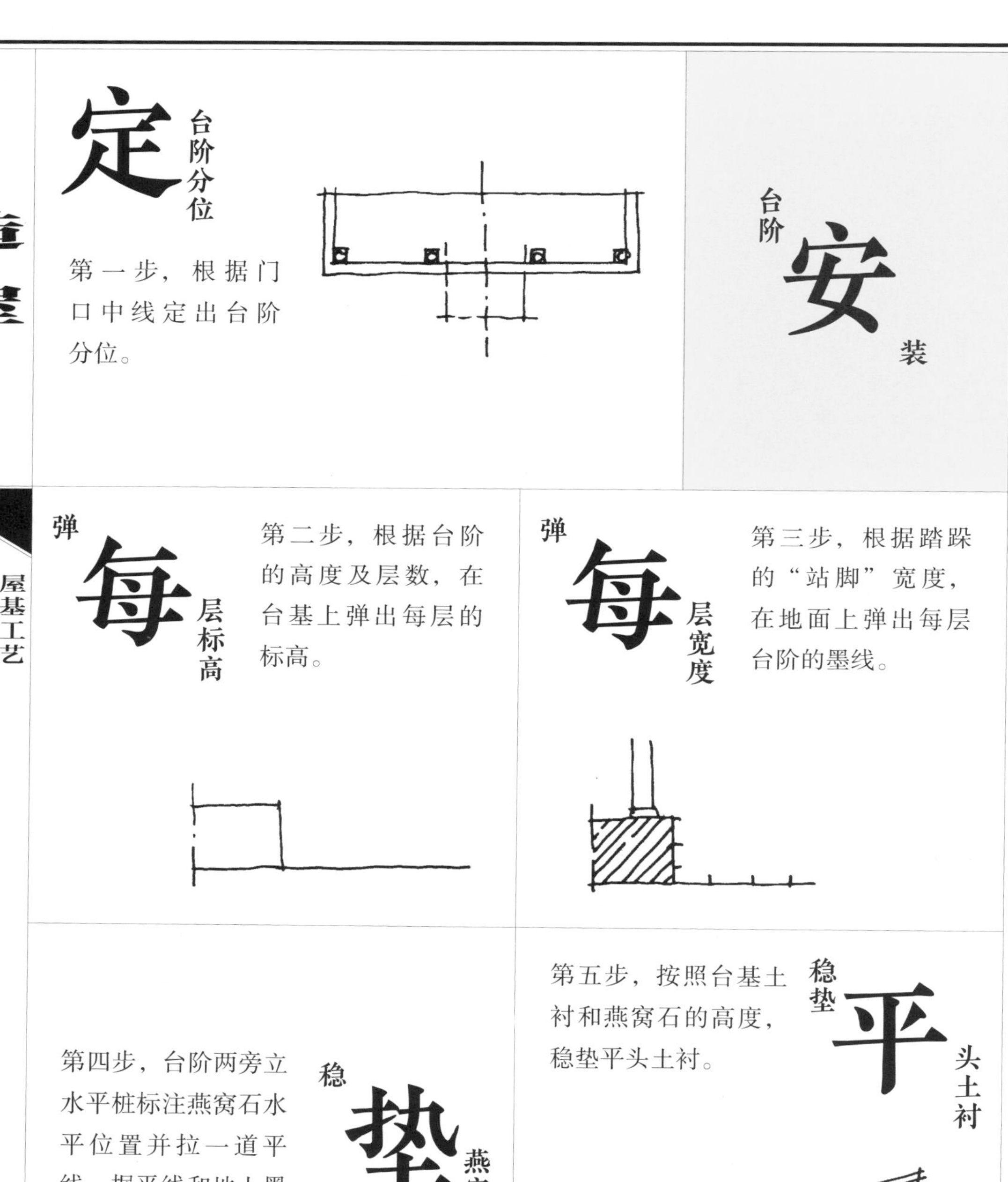

定 台阶分位

第一步，根据门口中线定出台阶分位。

弹每层标高

第二步，根据台阶的高度及层数，在台基上弹出每层的标高。

弹每层宽度

第三步，根据踏跺的“站脚”宽度，在地面上弹出每层台阶的墨线。

稳垫燕窝石

第四步，台阶两旁立水平桩标注燕窝石水平位置并拉一道平线，据平线和地上墨线来稳垫。

稳垫平头土衬

第五步，按照台基土衬和燕窝石的高度，稳垫平头土衬。

砌实

第六步，在燕窝石、平头土衬和台明之间用砖或石料砌实并灌足灰浆。

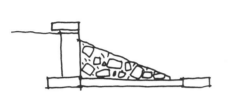

稳垫中基石、上基石

第七步，稳垫前，可从阶条石向燕窝石拉一条斜线，用以代替垂带石上棱。安装时不允许“亮脚”，少量的“淹脚”尚可。每层台阶的背后都要用石或砖背好，并灌足灰浆（常用桃花浆或生石灰浆）。

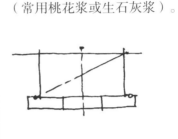

安砌象眼石

第八步，安砌象眼石，象眼石背后要灌足浆。

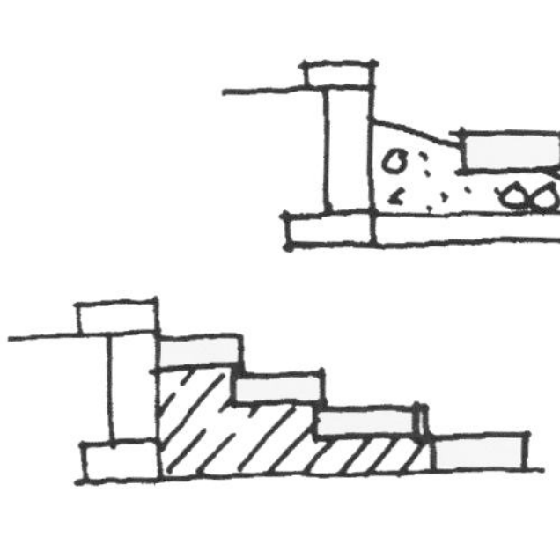

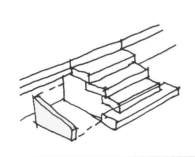

安砌垂带

第九步，安砌垂带。

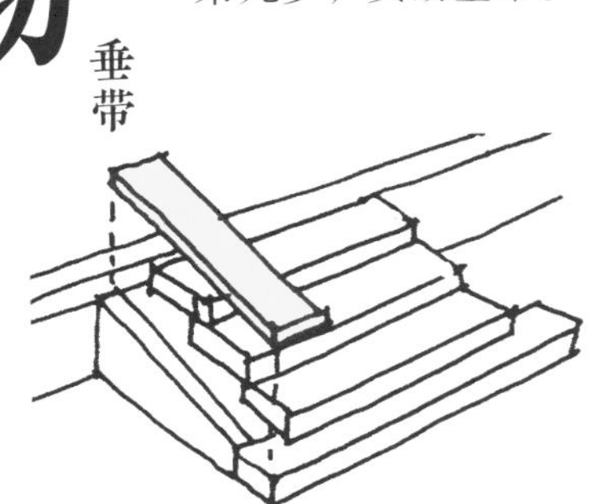

打点、修理

最后，打点、修理。

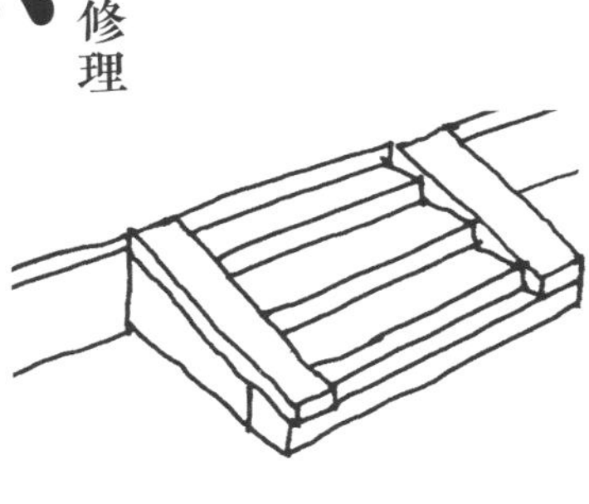

台阶安装示意图

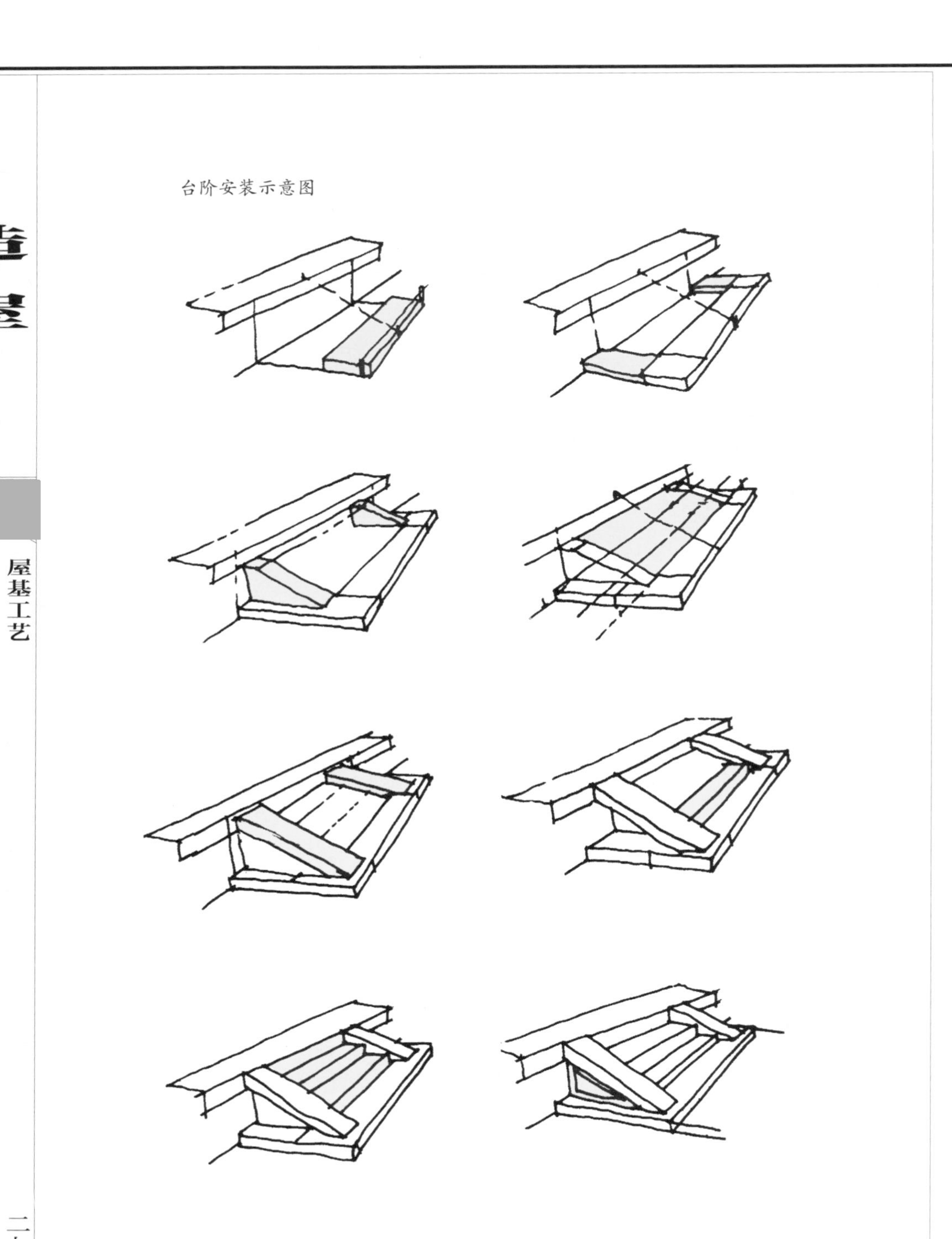

墁地

用砖铺装地面叫“墁地”，传统建筑地面以砖墁地作法为主，也常见焦渣地面、夯土地面等。砖墁地包括方砖类和条砖类两种，室内地面一般都使用方砖。民居中砖墁地面的作法常见的有细墁地面、淌白地面和糙墁地面等。墁地第一步是垫层处理，即用素土或灰土夯实作为垫层，基础垫层处理好之后，需按设计标高抄平，之后才开始铺墁地面。

细墁地面作法多用于民居室内，作法讲究的宅院的室内外地面也可用细墁作法，但一般限于甬路、散水等主要部位，极讲究的作法才全部采用细墁作法。细墁地面表面平整光洁，地面砖的灰缝很细，表面经桐油浸泡，地面平整、细致、洁净、美观，坚固耐用。

垫层处理

第一步是垫层处理，即用素土或灰土夯实作为垫层。

抄平

基础垫层处理好之后，需按设计标高抄平。室内地面可按平线在四面墙上弹出墨线，其标高应以柱顶石的方盘上棱为准。廊心地面应向外做一定坡度的“泛水”。

冲趟

在室内开间方向的两端及正中拴好曳线并各墁一趟砖，即为“冲趟”。

揭 趟、浇浆

将墁好的砖揭下，在泥的低洼处做适当的补垫，再在泥上泼白灰浆。

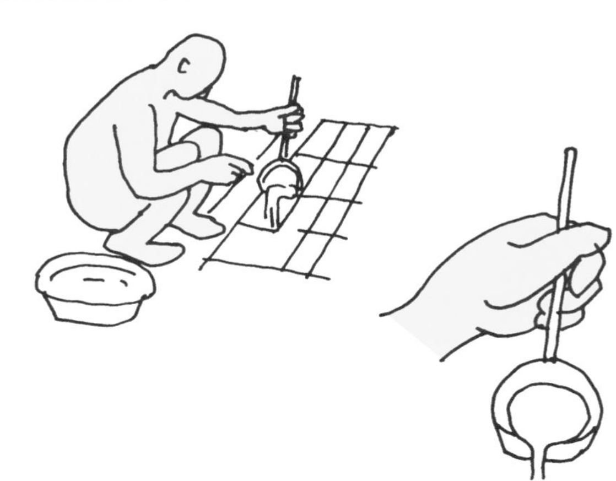

上 缝

先在砖的两肋用麻刷蘸水刷湿，必要时可用矾水刷棱。用“木宝剑”在砖的侧面砖棱处抹上油灰，再把砖重新墁好。然后手持墩锤，木棍朝下，以木棍在砖上连续戳动前进，将砖戳平戳实，缝要严，棱要跟线。

铲 齿缝

用竹片将表面多余的油灰铲掉即“起油灰”，用磨头将砖棱磨平。

刹趟

以卧线为标准，进一步检查砖棱，如有多出部分，用磨头磨平。

样趟

在砖全部墁完后，砖面上如有残缺或砂眼，用“砖药”打点齐整。

打点活

曳线间拴一道“卧线”，以卧线为准按上述方法在冲趟砖水平垂直方向逐次墁砖。

墁水活并擦净

若还有不平处用磨头沾水磨平，之后将地面全部沾水揉磨一遍擦拭干净。

钻生

地面完全干透后，在地面上倒3厘米厚生桐油，并用灰耙来回推搂。钻生时间视情况可长可短，应以不再往下渗桐油为准。

起油

把多余的生桐油用厚牛皮刮去。

呛生

“呛生”又叫“守生”。把灰撒在地面上，厚约3厘米，两三天后即可刮去。在生石灰面中掺入青灰面，拌和后的颜色以砖的颜色为准。

擦净

将地面扫净后，用软布反复擦揉地面。

淌白地面

淌白地面可视作细墁地面作法中简易的作法。

淌白地面的砖料砍工程度不如细墁地用料那么精细，可与细墁的操作程序和细墁地作法相同，也可稍微简化一些（如，不揭趟）。墁好后的外观效果与细墁地面相似。

糙墁地面

糙墁地面所用的砖是未经加工的砖，其操作方法与细墁地面大致相同，但不抹油灰、不揭趟、不刹趟、不墁水活，也不钻生，最后只要用白灰将砖缝守严扫净即可。

构架工艺

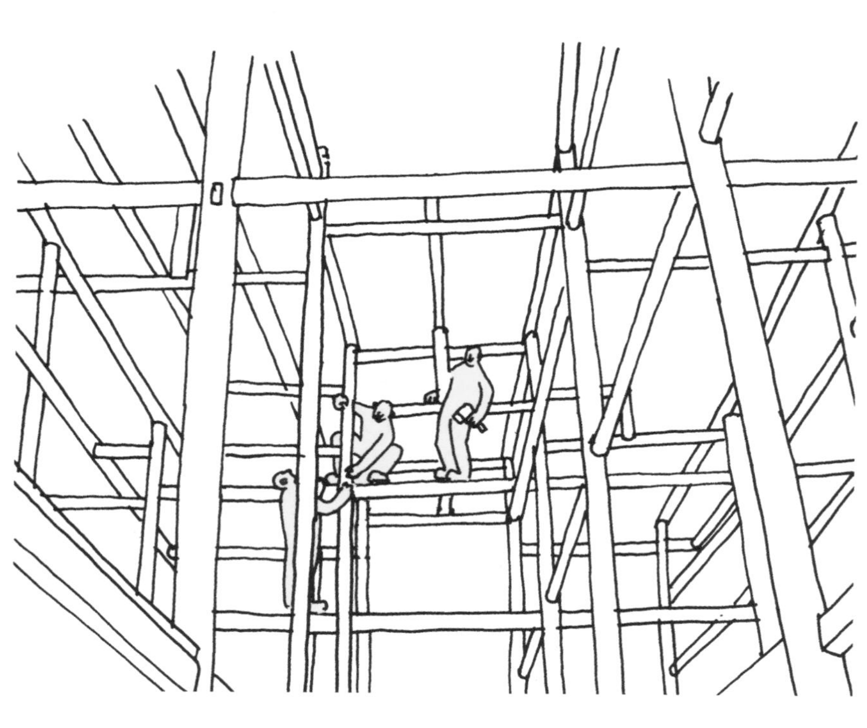

制备丈杆

丈杆的名称与制作技艺因方言和地区传承系统而异，也称杖杆、丈竿、篙尺、篙鲁、鲁杆等。大木匠用各种不同的木工符号将建筑的面宽、进深、构件的尺寸、位置等刻画在丈杆之上，然后凭着丈杆上刻画的尺寸去画线，进行大木制作。在大木安装时，也用丈杆来校核木构件安装的位置是否准确。丈杆会长期保存，以备将来房屋修理、改造时使用。

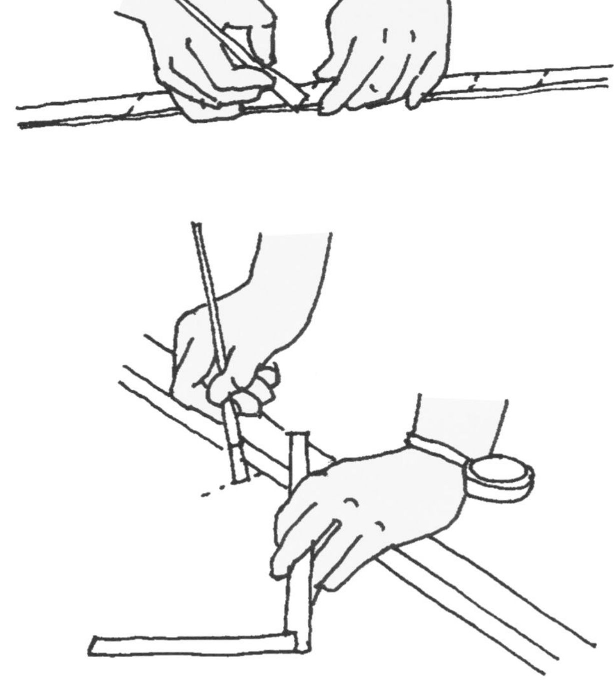

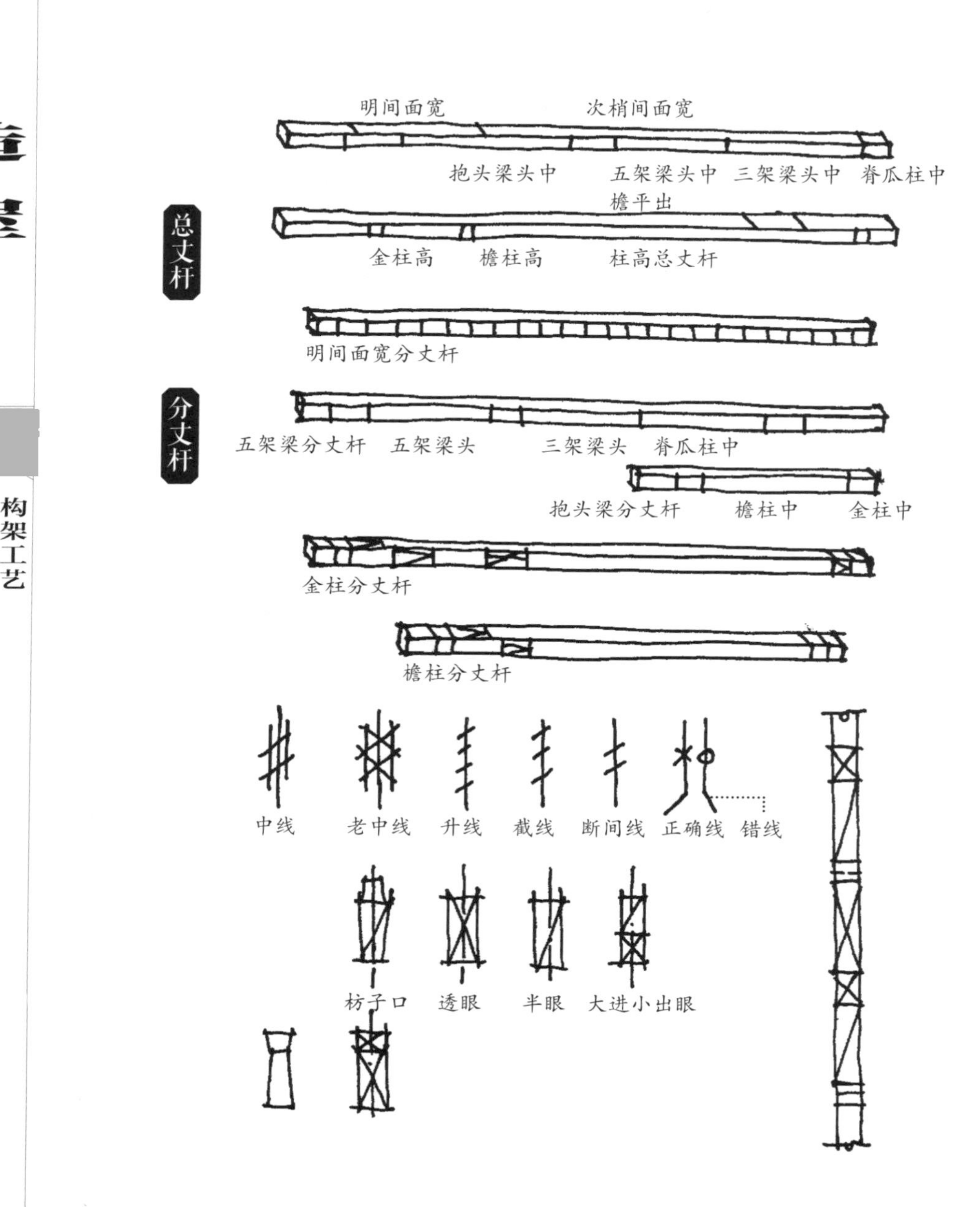
明间面宽
次梢间面宽
抱头梁头中
五架梁头中
三架梁头中
脊瓜柱中
檐平出
总丈杆
金柱高
檐柱高
柱高总丈杆
明间面宽分丈杆
分丈杆
五架梁分丈杆
五架梁头
三架梁头
脊瓜柱中
抱头梁分丈杆
檐柱中
金柱中
金柱分丈杆
檐柱分丈杆
中线
老中线
升线
截线
断间线
正确线
错线
枋子口
透眼
半眼
大进小出眼

备 料、验料

大木开工前需按照各种构件所需材料的种类、数量、规格等准备材料，备料时需考虑“加荒”，即所备毛料要比实际尺寸略大一些，以备砍、刨、加工。加工之前必须对原材进行检查，以确保大木构件的质量。

材 料的初加工

材料的初加工是指大木画线以前，将荒料加工成规格材的工作，如枋材宽厚去荒，刮刨成规格枋材，圆材径寸去荒，砍刨成规格的柱、檩材料等。

大木编号

木构架由许多单构件组成，每一个单件都有它的具体位置,大部分构件都是根据所在的位置和方向制作的。在完成一个构件的制作后，随即写上所在的位置号，以便于立架安装。大木编号是根据建筑物平面上构件的位置和方向排列的，各地的编号方法有所差异。北京地区编号方法可分为两种：一种叫“开关号”，一种叫“排关号”。这两种编号法则是根据事先考虑立架时的次序，以及地面的基础和其他工种搭接的关系酌情采用的。如果事先准备从明间开始向两侧立架，则编号的次序就要由明间向两侧开始编写,这叫作“开关号”，例如前檐明间东一缝柱、前檐次间西二缝柱等。如果由一端向另一端立架，编号也要由一端向另一端编写，这种编号法则叫作“排关号”，例如前檐柱一号、前檐柱二号，以此类推。角柱要按建筑物的方向进行编写，不在编号内，例如前檐东角柱。梁架及其他构件的编号，均用这两种方法。如：前檐明间东一缝七架梁、前檐次间东二缝五架梁等。

北京地区大木编号方法

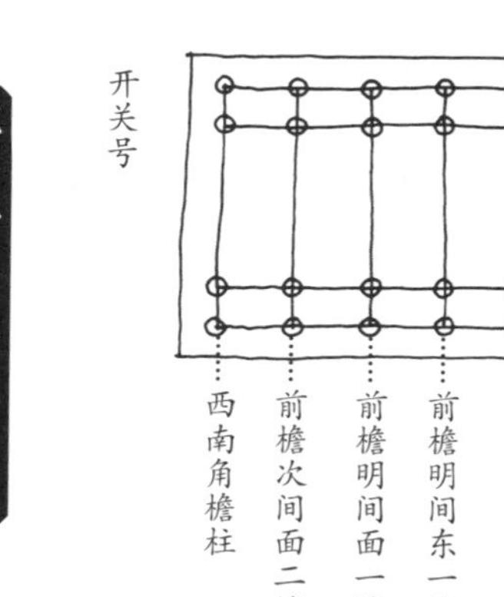

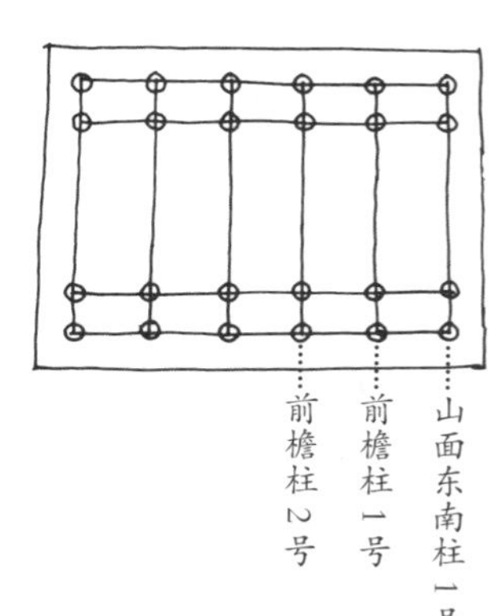

北京地区大木编号方法

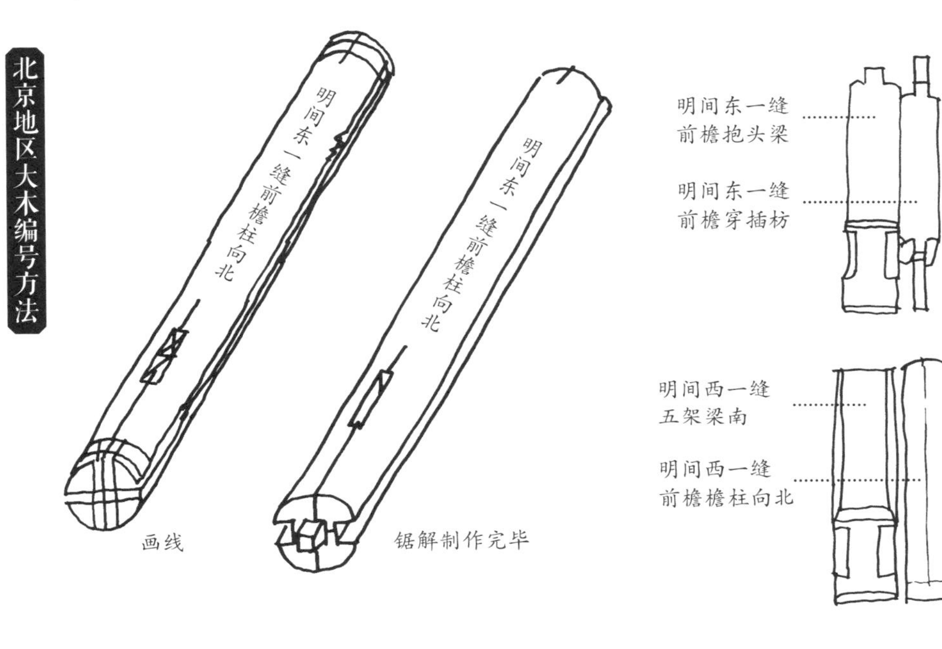

贵州黔东南苗族地区大木编号方法

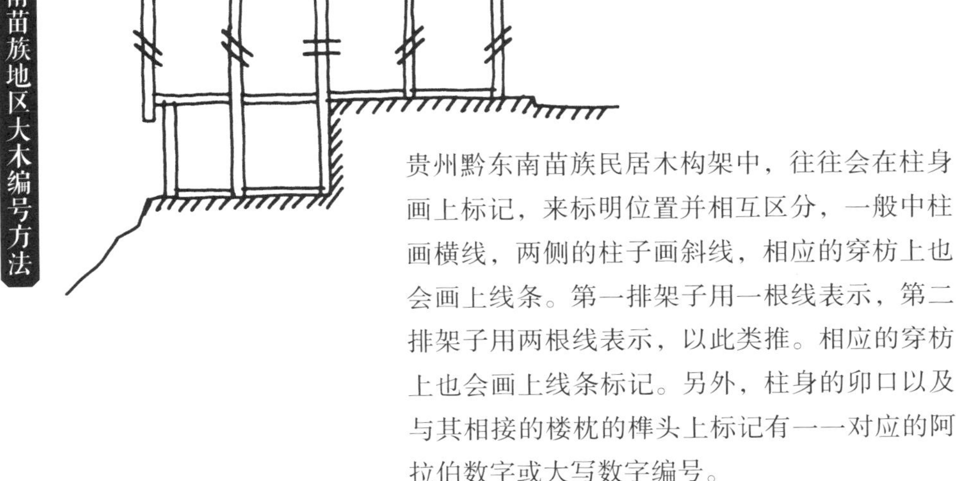

贵州黔东南苗族民居木构架中，往往会在柱身画上标记，来标明位置并相互区分，一般中柱画横线，两侧的柱子画斜线，相应的穿枋上也会画上线条。第一排架子用一根线表示，第二排架子用两根线表示，以此类推。相应的穿枋上也会画上线条标记。另外，柱身的卯口以及与其相接的楼枕的榫头上标记有一一对应的阿拉伯数字或大写数字编号。

湖北、湖南、重庆等地土家族地区大木编号方法——“鲁班字”

中墨线	东	西	中
前	柱	大	元（通“圆”）
后	挑		斗
三		扇	

东三后大挑·东方后面第三根大挑

西三前圆柱·西方前面第三根圆柱

东后扇斗·东方后面扇斗

抬梁式构架制作

抬梁式构架多用于北方寒冷地区，保温要求高，屋面苫背厚重，荷载大，因此梁柱断面皆较大，所以需要极结实的大梁和木柱。

梁架的制作

梁是上架木构件中最重要、最关键的部分，它承担着上架构件及屋面的全部重量。传统民居抬梁式构架中的梁主要有七架梁、五架梁、三架梁、六架梁、四架梁、月梁、双步梁、单步梁、抱头梁，还有一些附属构件，如瓜柱，它们同各种梁组合起来，构成组合梁架。

七架梁

在初加工好的规格木料上弹画出梁头及梁身中线、平水线、抬头线、滚楞线等，用丈杆在梁上点出梁的进深尺寸、瓜柱卯口位置等，围画梁身四面的中位线、每步架中线、盘头线，同时画出瓜柱卯口、垫板卯口等，之后根据檩碗样板摹画檩碗，在梁底画出馒头榫海眼，最后于梁身标注大木编号。

梁制作包括凿海眼、凿瓜柱眼、锯掉梁头抬头以上部分、剔凿檩碗、刻垫板口子、制作四面滚楞、截头等各道工序。

画线

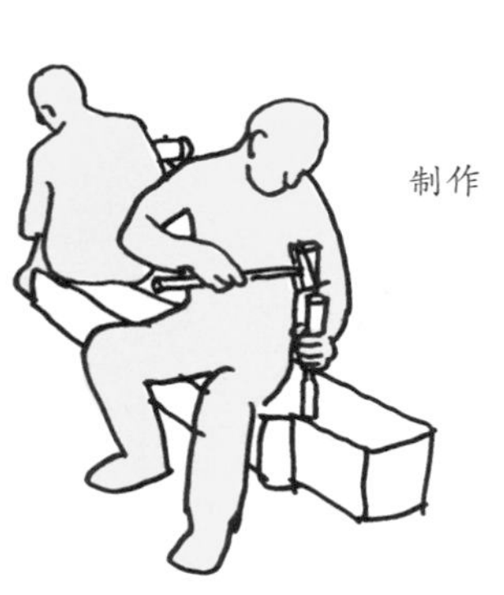

制作

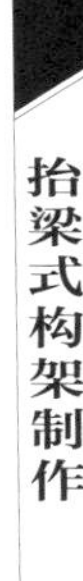

五架梁

作法基本与七架梁相同，只是梁的规格比七架梁小。

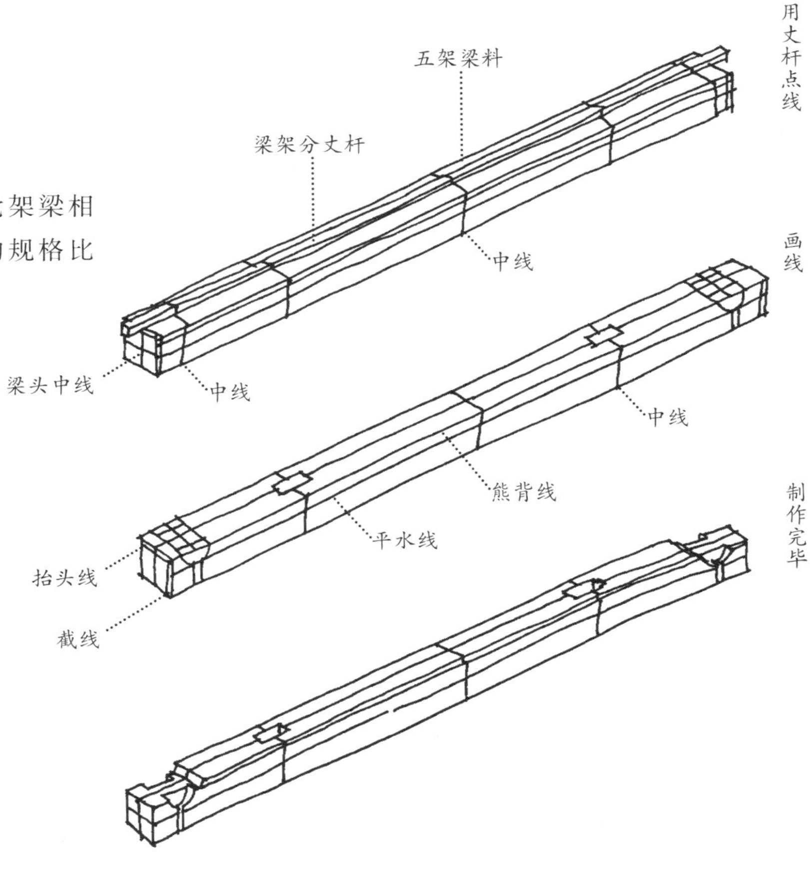

用丈杆点线

五架梁料

梁架分丈杆

中线

梁头中线

中线

画线

中线

熊背线

平水线

抬头线

截线

制作完毕

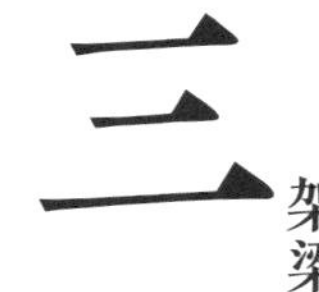

三架梁

三架梁两端放在五架梁瓜柱之上，其画线与作法大体上同七架梁、五架梁。

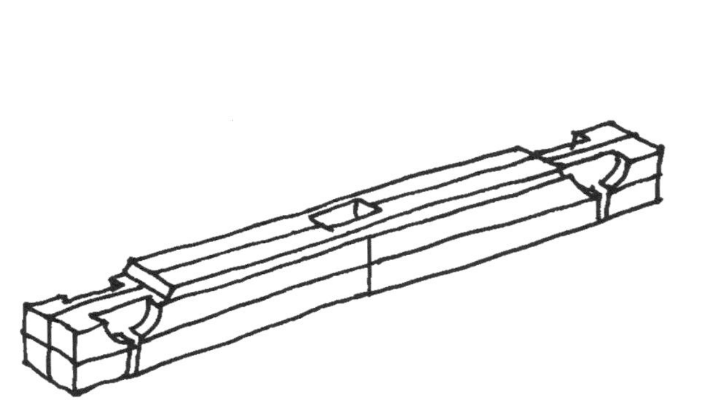

抱头梁

弹线方法与三架梁相同，根据丈杆上的各线位点画在梁的面上，再用弯尺画在梁的四面，然后画榫卯。梁的前端以中线画出檩碗和垫板口的线位，梁的下面以十字中线画出海眼。在梁的后端画出梁尾的大进小出榫。

凿海眼、锯掉梁头抬头以上部分、剔凿檩碗、刻垫板口子等。之后用锯齐线开出大进小出榫，先开榫，后断肩，然后用刨子裹一下楞，即四角倒楞。

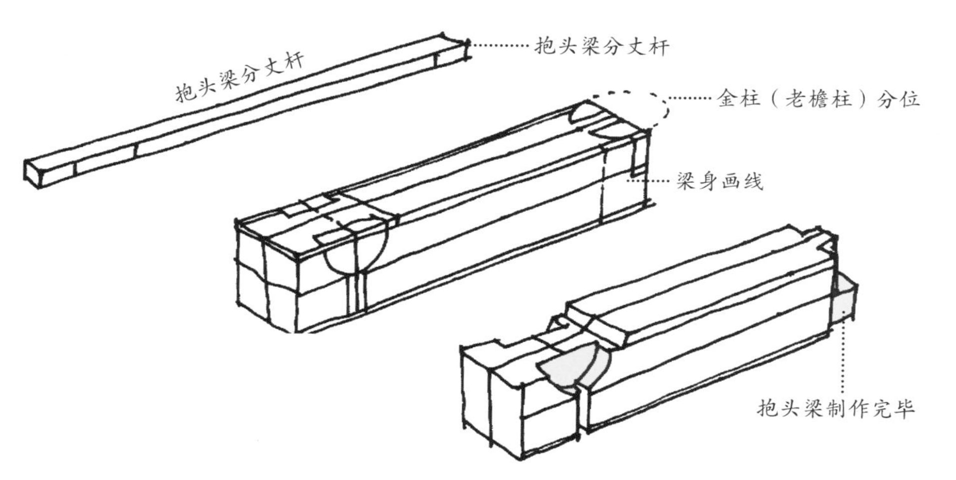

步梁

双步梁的作法，大体上同抱头梁，只是在梁的上面一步架的位置上，多凿出一个瓜柱的卯眼。

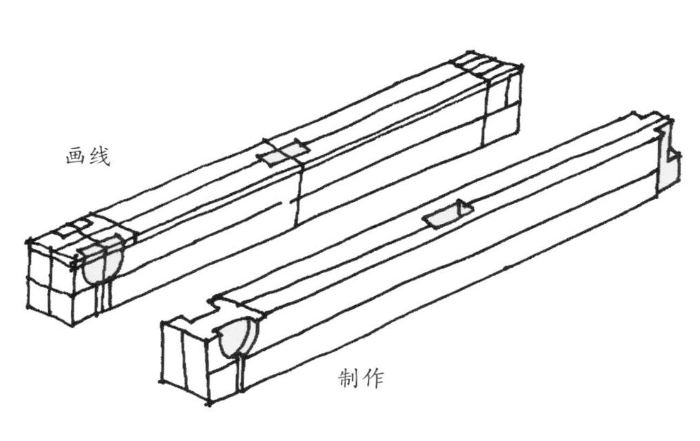

单步梁

单步梁从外形上讲均同抱头梁，但它位于双步梁之上，梁上一步架，断面宽与厚的尺寸要比双步梁稍小，其具体作法均同抱头梁。

月梁

月梁用于卷棚屋面的梁架（脊部做成圆形叫作卷棚屋面）。月梁的操作程序约同三架梁、五架梁，只有熊背作法，可有可无。

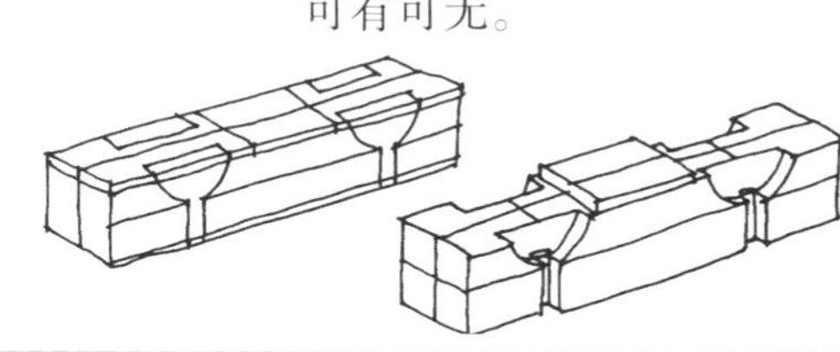

自承重梁的迎头十字线弹承重梁上下面的顺身中线。再以丈杆点画挑头和梁尾，梁尾开榫，以便插入柱内。梁的前端（即挑头）按线开榫插入柱内，在立架后将原先于挑头两侧扒下去的腮，仍然钉在原来的位置，故称为假梁头。梁头外顺外部施放沿边木，沿边木外钉挂檐板，梁身安楞木。梁身按楞木间距尺寸画楞木刻口。梁的两侧用锯按线先开榫，后断肩。榫开完后，用凿子凿剔楞木与梁相交的卯口。各卯口要求一律齐平，不得高低悬殊不一。

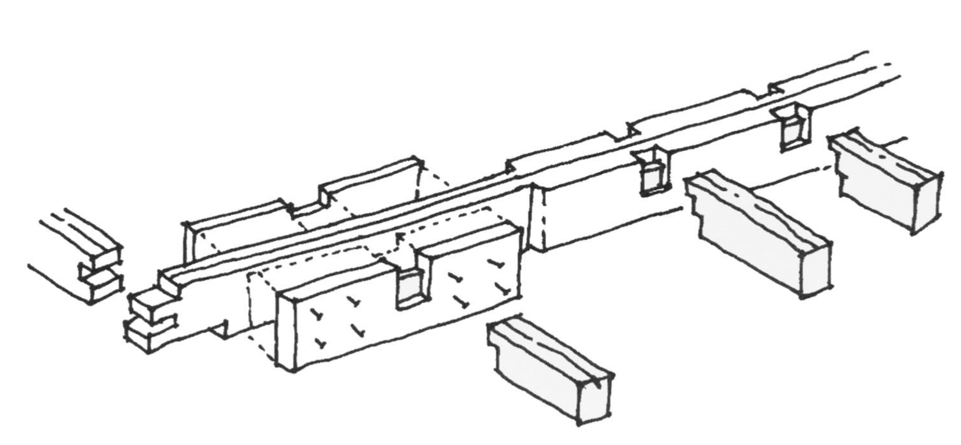

金瓜柱

在初加工好的规格木料上弹画出迎头及柱身四面中线，用小丈杆在柱身上点出柱头、柱脚、馒头榫、下脚榫的位置线，用画签、角尺等工具画柱头线、柱脚线、盘头线、榫卯线等，画下脚肩膀线时，如果梁背是平面而且与侧面格方成90度角，则可直接用方尺勾画。如果梁背为不规则的弧形面，则必须进行岔活，即把瓜柱立在梁背卯眼上，瓜柱的四面中线对准梁背及步架中线，再用吊线的方法，四面吊直，用拉杆压牢不得晃动。然后用岔子板一角沾墨一角贴在梁背上，沿梁背画出瓜柱管脚榫断肩线。

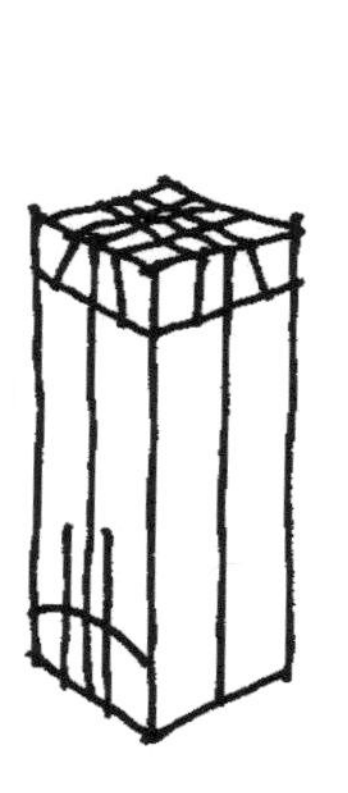

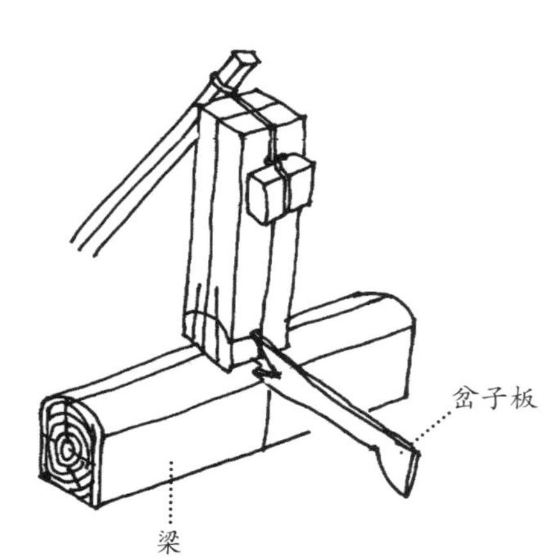

脊瓜柱

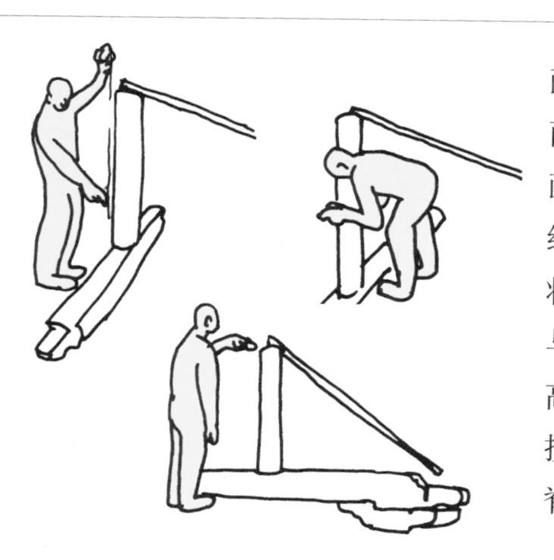

画上下两端迎头中线，弹四面中线。画柱脚肩膀线和榫，画法同槽瓜柱。之后按岔活线断肩、剔夹、做榫。然后将瓜柱安在梁背上，使下榫入卯，四周肩膀与梁背吻合。安好后按举架杆（反映脊步举高的小丈杆）确定出脊瓜柱柱头的实际高度，按此高度向上画脊檩碗，向下画垫板口子和脊枋卯口，按线制作即成。

柁墩

按柁墩上下面弹出中线，再依墩长的二分之一画出中线，柁墩的下面与梁背相交画出销的卯眼，梁背的卯眼尺寸同柁墩卯眼，用木销连接柁墩与梁背。柁墩的上面在中线的位置上栽馒头榫，与上层梁的下皮海眼相交。柁墩的位置与金瓜柱同（在下金步）。在作法上与槽瓜柱不同，瓜柱是木纹立用，而柁墩则是横纹使用。

一般先凿梁背与柁墩位置卯眼，然后凿柁墩的卯眼，把木销栽入梁背之上，再安放柁墩。卯眼全部完成后，按照眼的尺寸做木销。

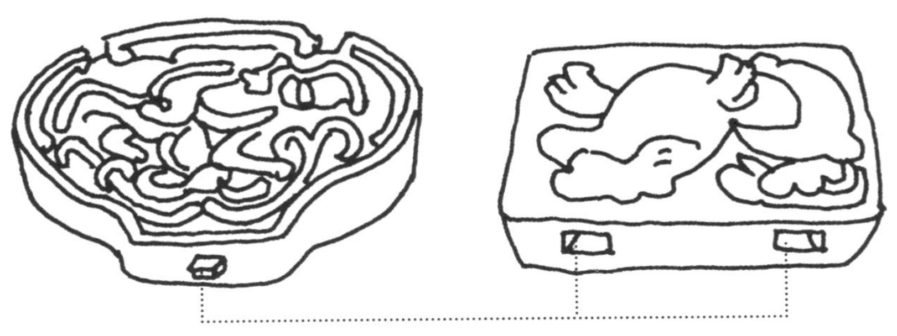

柁墩底部的卯眼及木销

柱的制作

柱子是垂直承受上部荷载的构件，它是抬梁式构架中最主要的构件之一。传统民居抬梁式构架中的柱有檐柱、金柱、中柱等。

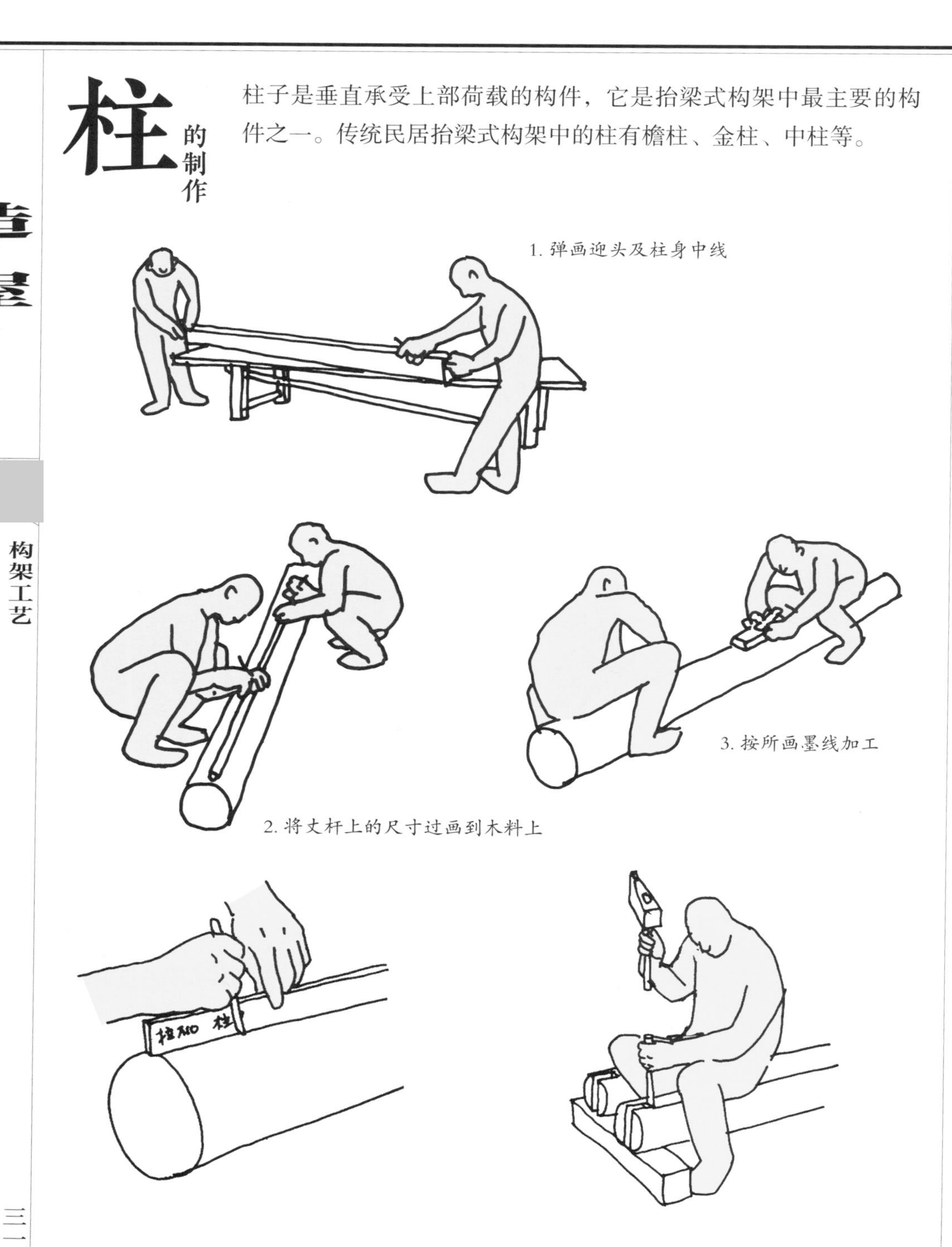

1. 弹画迎头及柱身中线

2. 将丈杆上的尺寸过画到木料上

3. 按所画墨线加工

檐柱

在初加工好的规格木料上弹画出迎头及柱身中线，用丈杆在柱身上点出柱头、柱脚、馒头榫、管脚榫、枋子口的位置线，用墨斗、角尺等工具画出升线、柱头线、柱脚线、盘头线、枋子口、穿插枋眼等，并于柱身标注大木编号。

制作：先做出柱头上的馒头榫及柱脚管脚榫。做完以后需在两头截面上依柱身上的柱中线复弹迎头十字线，然后依此线在柱头画出枋子卯口线。之后用锯、凿子等按所画出卯口的要求加工出各种卯口。

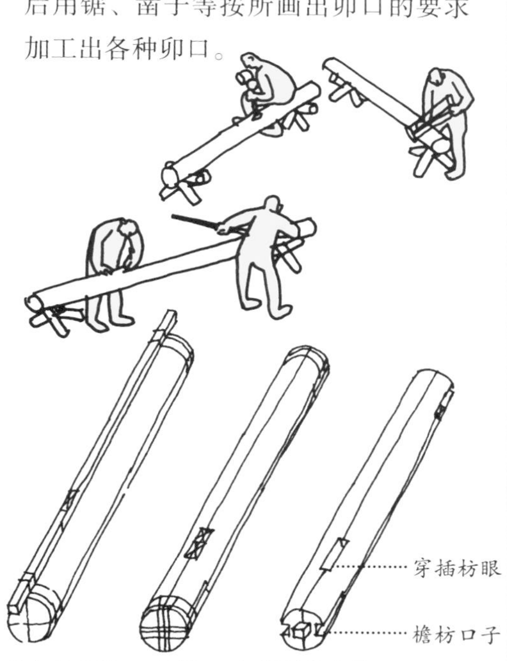

角檐柱

角檐柱四面都有升线，这是因为山面的外檐柱子同面宽的外檐柱子一样，向里面倾斜。角檐柱既有面宽的一面，又有山面的外檐一面，因此两面的升线均在角檐柱上表现出来。角檐柱在转角位置上，所以角檐柱柱头卯在作法上不同于一般檐柱。角檐柱与檐枋交接处需做箍头榫连接，所以是沿面宽方向开单面卯口。

金柱

画迎头及柱身中线，用丈杆在柱身上点出柱头、柱脚、上下榫及枋子口的位置线，用墨斗、角尺等工具画出柱头线、柱脚线、枋子口、上下榫外端截线、抱头梁及穿插枋卯眼等，要注意卯眼方向，并于柱身标注大木编号。之后用锯、凿子等按所画出卯口的位置加工出各种卯口。

中柱、山柱

制作中柱时需要了解中柱在建筑物中的位置及其与周围构件的关系。在中柱的前后（进深方向），分别有三步梁、双步梁、单步梁与它相交在一起，在左右两侧（面宽方向），有脊檩、脊垫板、脊枋、关门枋等与它相交。脊枋与柱头可做燕尾榫拉结，其下的关门枋只能做半榫，双步梁、三步梁等无法做拉结力强的榫，只能在梁下附以替木或雀替，起联系和拉结前后梁的作用。单步梁下不必装替木。柱头做出檩碗，柱脚做管脚榫。关门枋以下的槛框等构件通常采取后安装的方法，做倒退榫，在大木构架立完之后再安装。画线时可画出槛框卯眼位置。

山柱与中柱基本相同，只是外侧没有构件与它相交，做起来比中柱稍微简单一些。

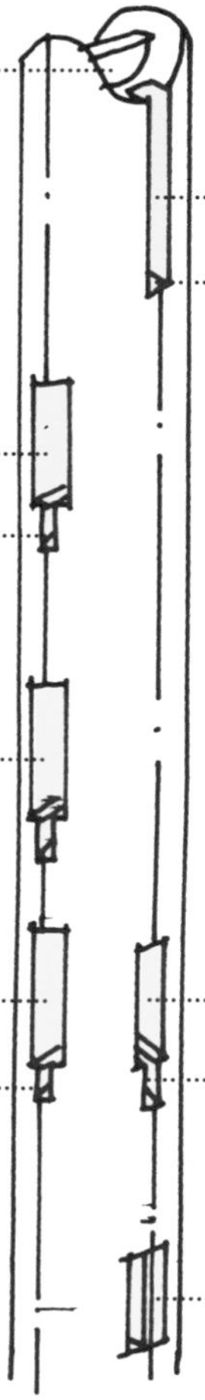

檐枋

在初加工好的规格木料上弹画出迎头中线、枋子长身中线、滚楞线，用丈杆在枋子中线上点出面宽尺寸、枋子榫位置，用柱子断面样板画出柱头外缘与枋相交的弧线（即枋子肩膀线），画燕尾榫榫头线，画回肩线，在枋子上面注写大木编号。之后用锯、凿子等按线开榫、断肩、回肩、盘头、滚楞刮圆等。

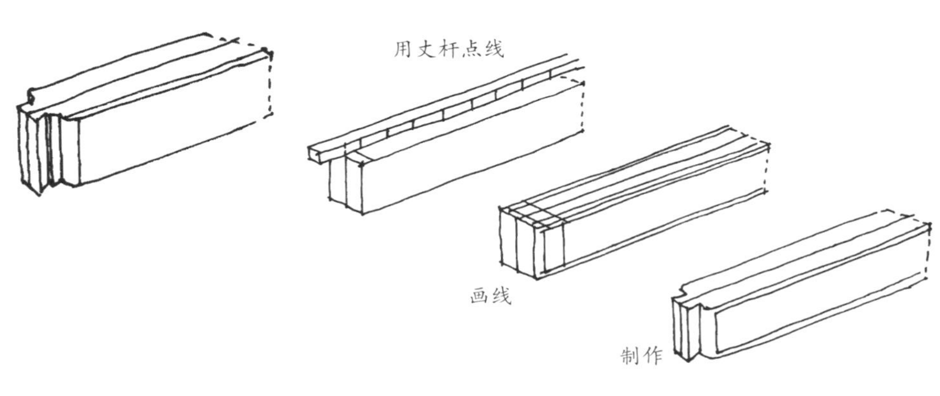

金枋、脊枋

金枋、脊枋的作法与檐枋基本相同。两端如与瓜柱柁墩或梁架相交时，肩膀不做弧形抱肩，改做直肩，两侧照旧做回肩。另外，由于梁、瓜柱等构件自身厚度各不相同，枋的长度亦有差别。在制作金枋、脊枋时，一定要注写好大木位置号，对号安装，不能将金枋安装到脊枋位置，也不可将脊枋安装到金枋位置。

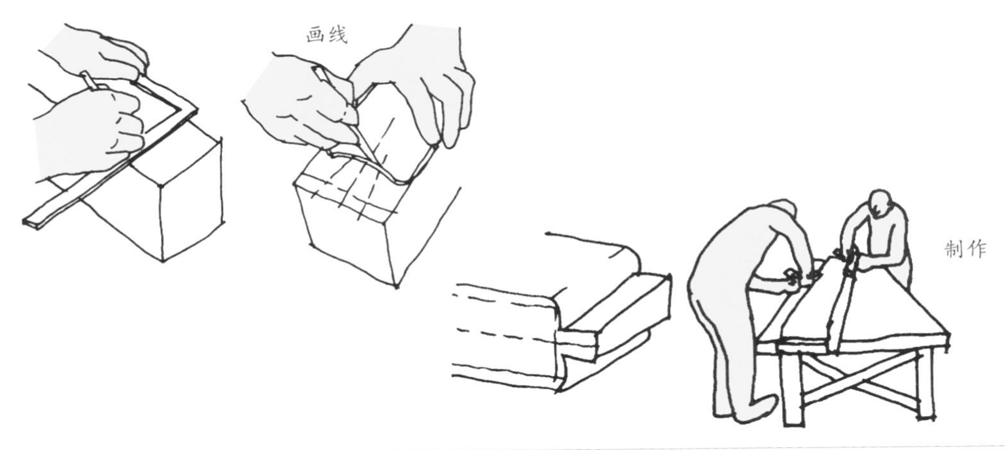

箍头枋

用于梢间、做箍头榫与角柱相交的檐枋称为“箍头枋”。小式建筑常用单面箍头枋，枋头一般做成“三岔头”形状。

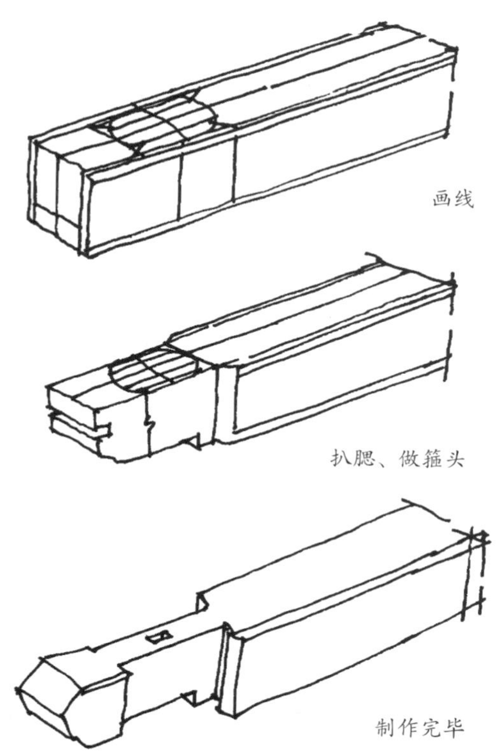

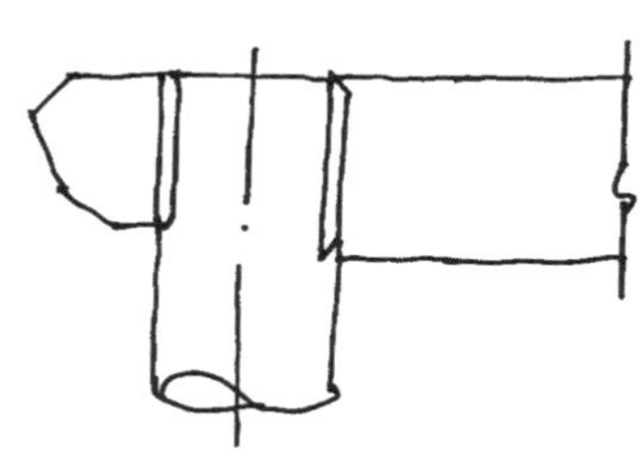

在初加工好的规格木料上弹画出迎头中线、枋子长身中线、滚楞线，用丈杆在枋子中线上点出面宽尺寸、枋子榫位置。

用柱头画线样板或柱头半径画杆，以柱中心点为准，画出柱头圆弧（退活）。在圆弧范围内，以中线为准，画出榫厚。画出扒腮线，箍头与柱外缘相抵处画出撞肩和回肩。将肩膀线、榫子线以及扒腮线均过画到枋子底面。全部线画完后，在枋子上面标写大木位置号。

先扒腮，将箍头两侧面及底面多余部分锯掉，两侧扒至外肩膀线即可，下面可扒至减榫线。扒腮完成后在箍头两侧面画出三岔头形状，并按线制作。箍头做好后，再制作通榫，可先将榫子侧面刻掉一部分，刻口宽度略宽于锯条宽度，然后将刻口剔平，将锯条平放在刻口内，按通榫外边线锯解，两面同样制作，最后断肩。然后，对已做出的箍头及榫子加以刮刨修饰，枋身制作滚楞，箍头榫制作即告完成。

穿插枋

画迎头中线，弹长身上下面中线及四面滚楞线。用廊深分丈杆点出檐柱与金柱中，向外各留出榫长。以檐柱中和枋身中线交点为圆心，以 1 / 2 檐柱径为半径，向内一侧画弧，为枋子前端肩膀线。然后以枋中线为准，画出榫厚。沿枋子立面将榫均分两份，上面一半做半榫，下面一半做透榫。插入金柱一端榫子画法同前。

用锯把穿插枋两端盘齐，开出大进小出榫、断肩、拉圆回肩，用刨子把四角滚楞刮圆。

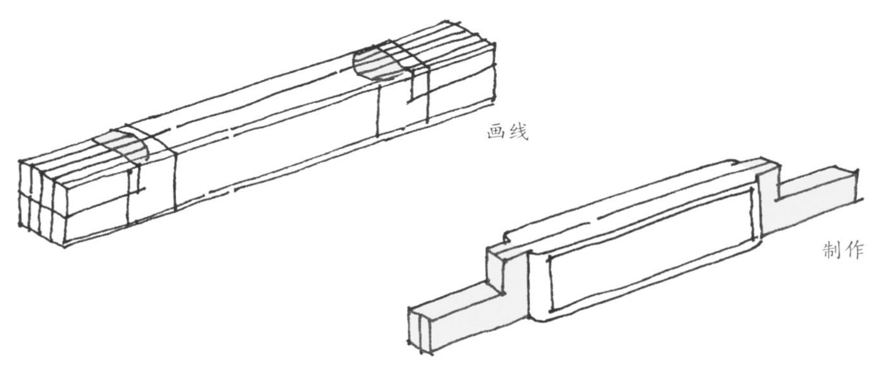

雀替

按设计外形、尺寸放出 1：1足大样，并依大样用三合板、五合板、纸板等套画出足尺样板，同时在样板上标出雀替所在位置名称及数量。根据样板在板材上画出雀替外形，并用方尺画出倒退榫尺寸线，要求准确、方正，同时在雀替的隐蔽部位（背部）标写所在位置名称。依所画的线进行加工，分别锯出雀替的曲线外形，“起峰”、开榫后交由下道工序进行雕刻加工。在以上工序中应反复核对尺寸，并在雀替的隐蔽部位（背部）标写所在位置名称。在柱子的相应位置上依倒退榫尺寸开凿卯口。雀替倒退榫入位，在雀替的迎头处用铁钉固定。

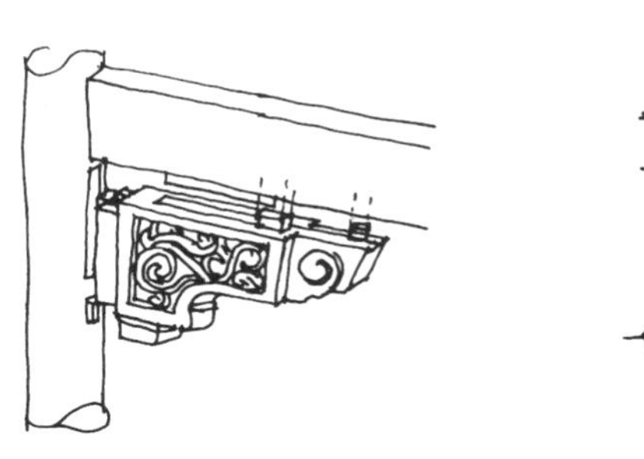

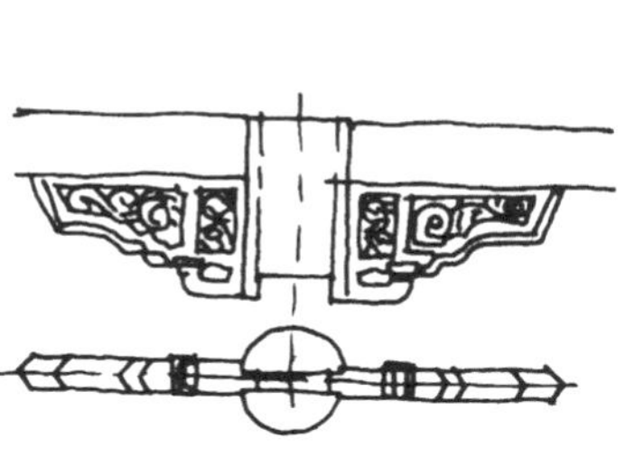

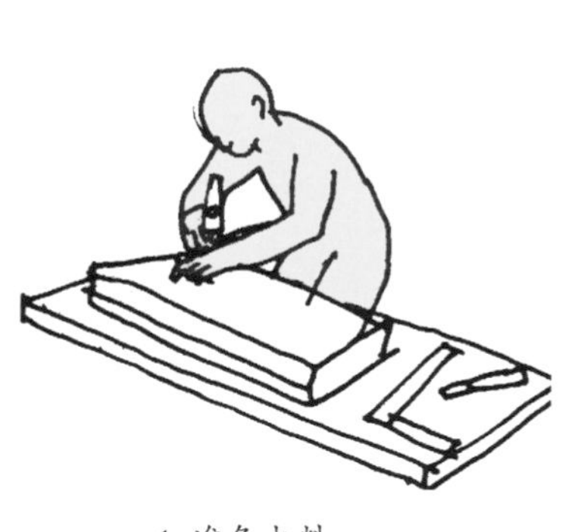

1. 准备木料

2. 依样板画线

3. 锯出外形

4. 雕刻

5. 开凿柱身卯口

6. 安装固定

正身檩

在初加工好的规格木料上弹画出迎头中线、长身中线、金盘线。
用锯把檩两端盘齐，开出榫头、凿卯口、断肩，用刨子刮出上下两面的金盘线。

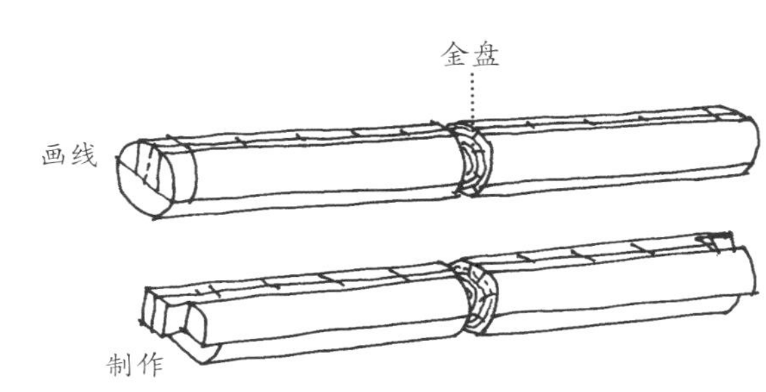

搭置于正身梁架的檩均为正身檩，正身檩包括檐、金、脊檩。

梢檩

在初加工好的规格木料上弹画出迎头中线、长身中线、金盘线。檩子朝内一段按正身檩接头做榫或卯,朝外一端向外让出四椽四当(或按檐平出尺寸)，画截线。在梢檩与排山梁架搭置的地方，以中线为准刻鼻子卯口。最后点椽花线、标注大木编号。
用锯把檩两端盘齐，开出象鼻子榫的巴掌榫、燕尾卯口、燕尾榫、断肩、用凿子剔做出燕尾卯口，用刨子刮出上下两面的金盘线。

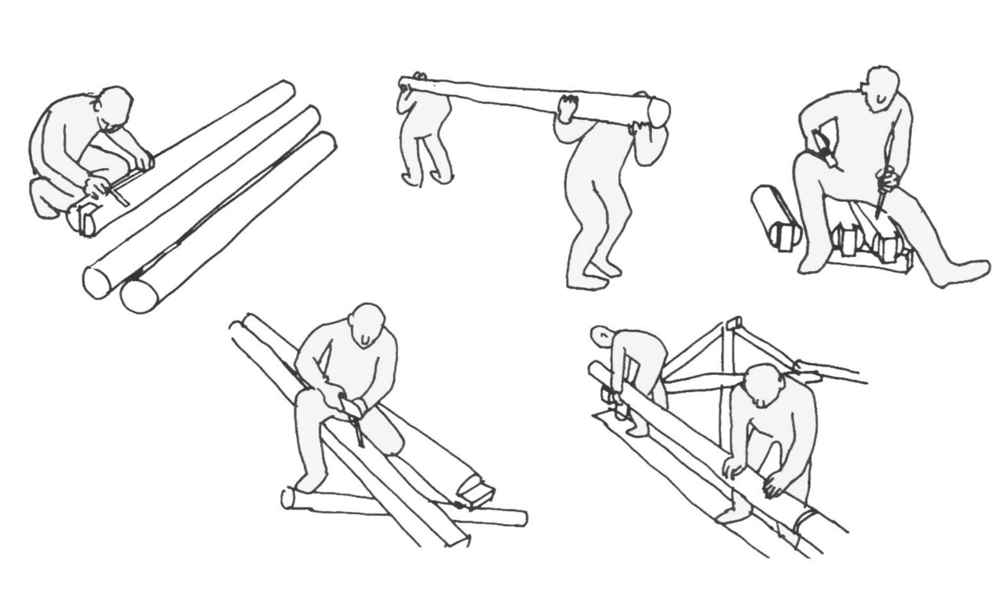

垫板

在垫板一端点画出一道盘头线，以盘头线向里，用相对应的面阔丈杆，点画面宽尺寸，画垫板长短宽窄尺寸线，在垫板上标写位置号。用锯按照两端盘头线把垫板盘齐即可。

博缝板

博缝板内面需按檩子位置剔凿檩窝，以便安装，檩窝下还应有燕尾枋口子。首先用准备好的博缝板足尺样板，在初加工后的博缝板上，套画出博缝板上下边弧线，以步架上下相间檩中角度垂线画出上下龙凤榫卯，套画出两端檩碗、燕尾枋卯口，檐出与檐步架连做带博缝头时还应画出博缝头。

用锯拉出博缝板上下边弧线，把博缝板两端盘齐，开出上下龙凤榫卯、断肩，用凿子剔做出卯口、檩碗、燕尾枋卯口，用刨子把下边面净光。

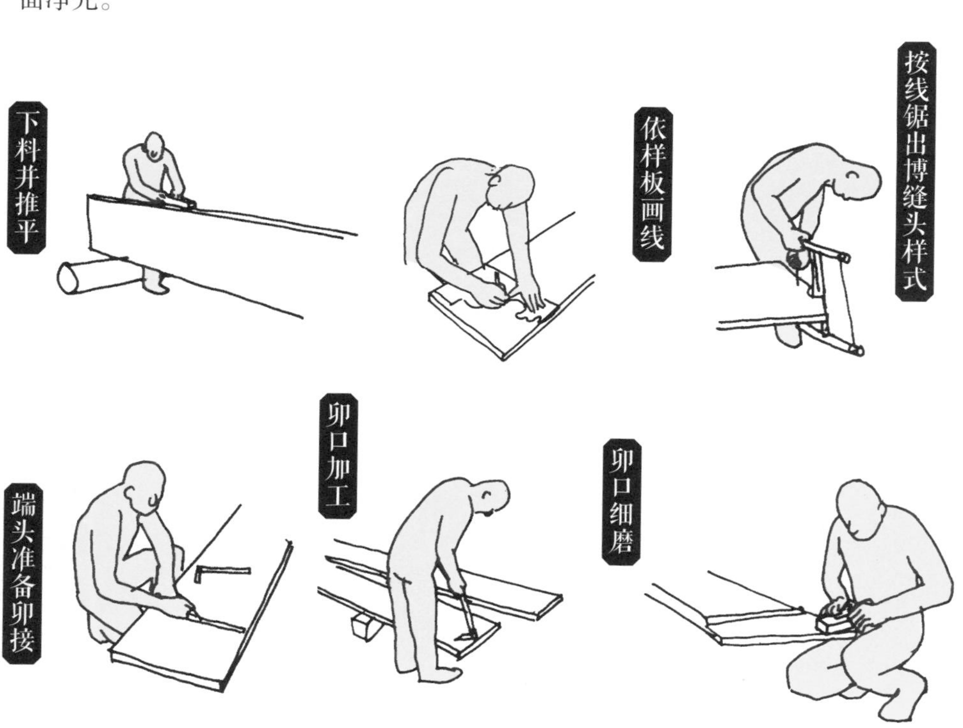

制作博缝板样板，
沿屋顶描画博缝曲度线

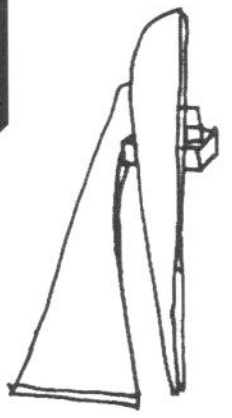

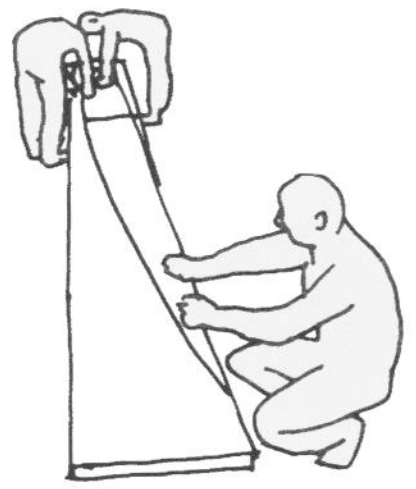

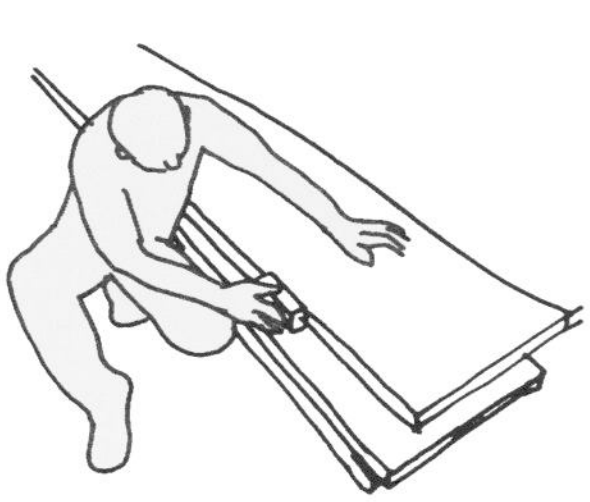

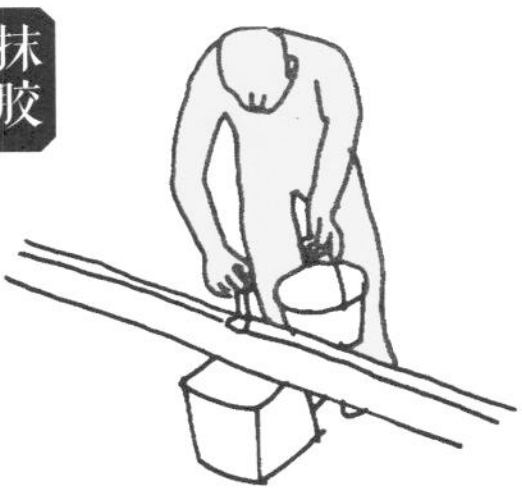

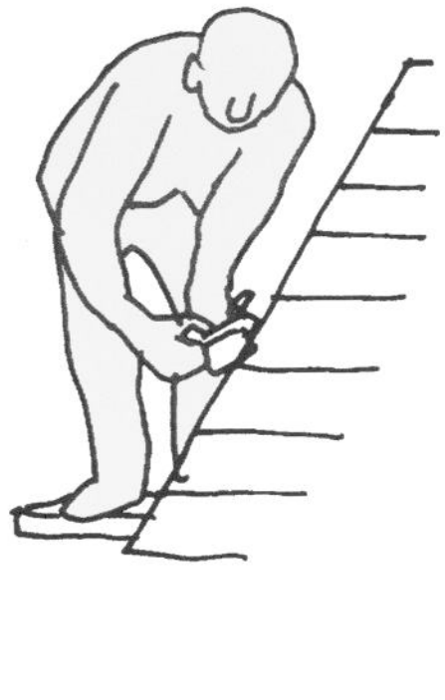

望板

瓦下望板又有顺望板、横望板之分。横望板与顺望板，只有横与竖之分，在作法上相同，但横望板要加工柳叶缝。柳叶缝作法按望板厚一份刮一坡棱，使得板与板之间搭接严实。在铺钉横望板时，板的顶端应在椽中线上搭线，但又不要集中搭接在一条椽子上，要求交错铺钉。

先按尺寸画出燕尾枋的形状，及端头直榫，燕尾枋一端的直榫厚同枋厚，宽按本身宽度，安装时直接插入柱内。抹角部分可直接用锯做出其抹角的形状，做完后净活，写上大木编号。

尾枋

椽子

在初加工好的规格木料上弹画出迎头中线、长身中线等，用样板套画出椽长，画出椽头盘头线、交掌盘头线，弹出椽金盘线。檐椽后尾和其他椽子的两端作法依钉铺方法不同而异。斜搭掌式要求在两椽相接处锯成斜面，尖端锐角为30度左右。乱搭头式因为椽子位置相错钉铺，椽头仅要求锯截平齐即可。用锯把椽头盘齐拉出交掌斜面，用刨子刮出金盘线，按序码放以备安装。

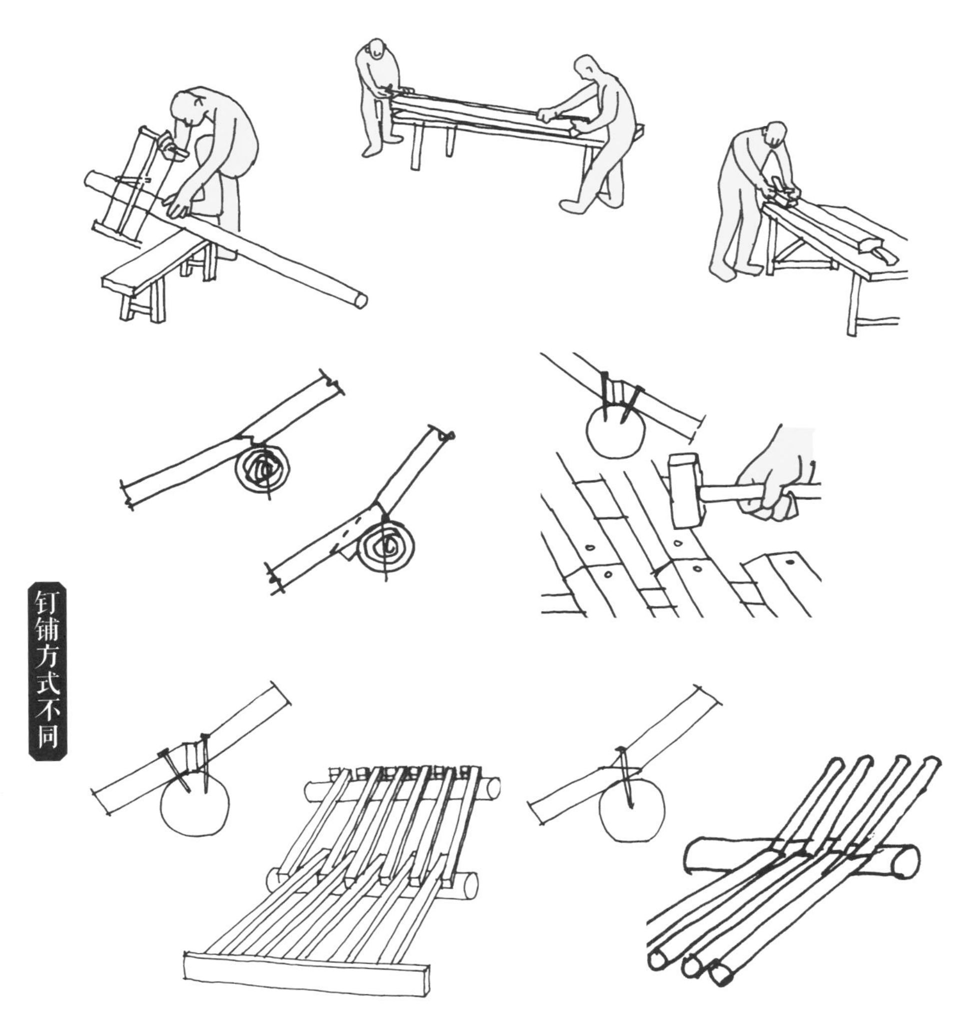

罗锅椽

罗锅椽制作之前需放实样套样板，按样板制作。为避免造成罗锅椽脚部分过高，常在脊檩金盘上置脊枋条作为衬垫。先将脊枋条钉置在檩脊背上，再钉罗锅椽。如使用脊枋条，在放实样时应一同放出来，套罗锅椽样板时将它所占高度减去。

把加工好的规格毛料进一步加工刨光成规格椽板料，用样板套画出罗锅椽圆弧、椽长、两端盘头线。

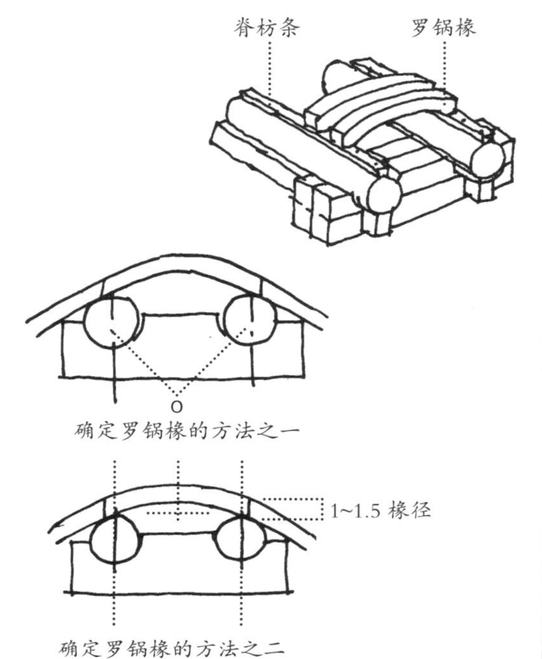

确定罗锅椽的方法之一

确定罗锅椽的方法之二

飞椽

飞椽制作前需放实样套样板，按样板制作。在枋木上颠倒放线，即可一次开解成两根飞椽。锯解成形之后，在飞椽头与闸挡板交接处，画出闸挡板卯口尺寸线，之后按线凿剔之后即可完成。

按样板放线

3 7

3 7 3

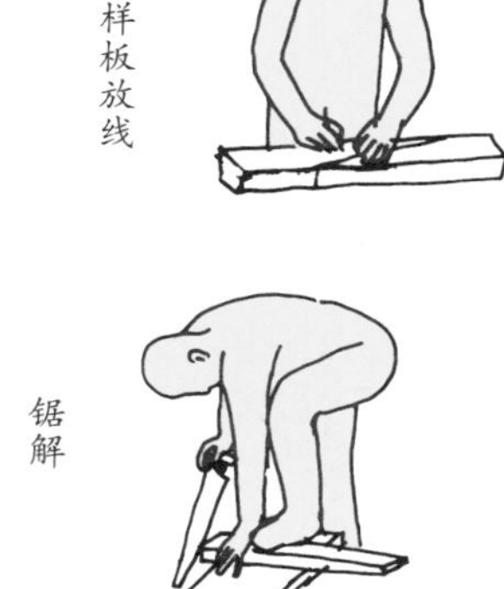
锯解

画出闸挡板卯口尺寸线

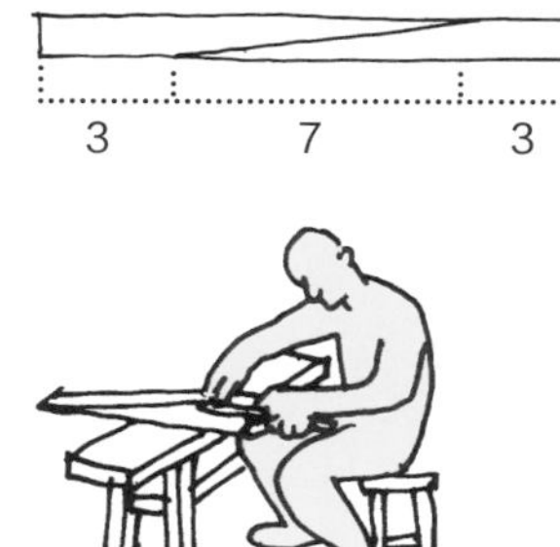

凿剔完成

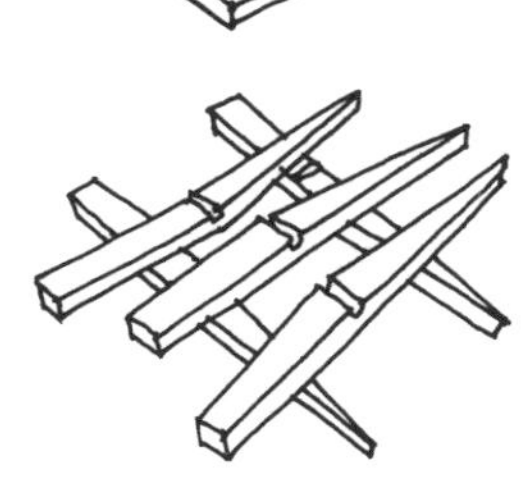

椽碗

以椽碗宽与厚的尺寸为依据，根据现场木料情况，从实际出发进行打截。打截、放线、砍刨之后，再以丈杆上排好的椽花尺寸一一过画到料上，再按照椽径尺寸用画签画出椽径的圆周。

椽径的圆径画完之后，即依所画圆周凿剔圆眼即“椽碗”。圆眼的凿法，要有一定的坡度，坡度大小，随举而定，圆眼按着坡度凿好，以便椽子顺坡度贯通。椽碗制作的要求是，椽子穿入椽碗，既要通畅，又要严密。

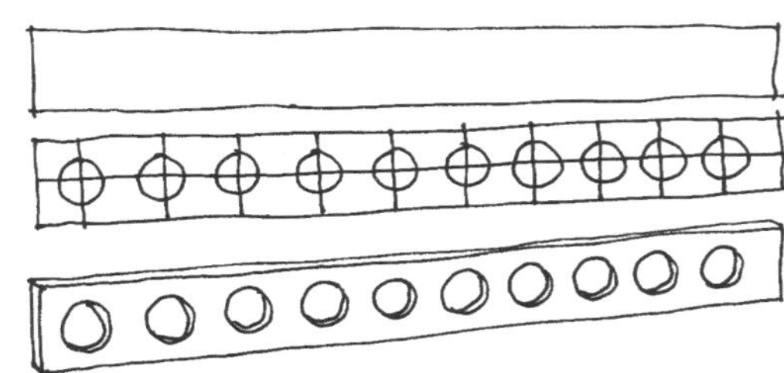

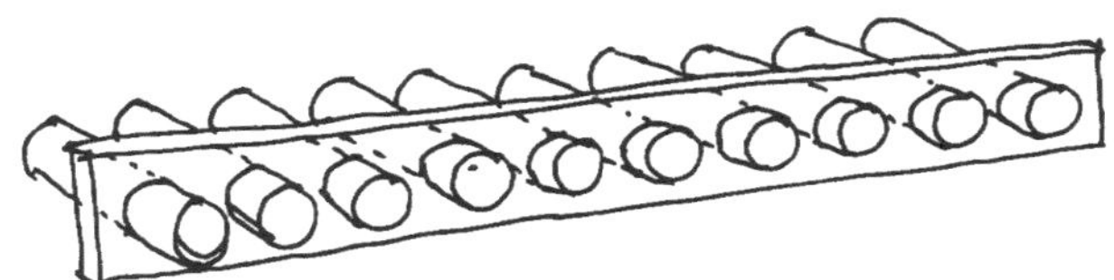

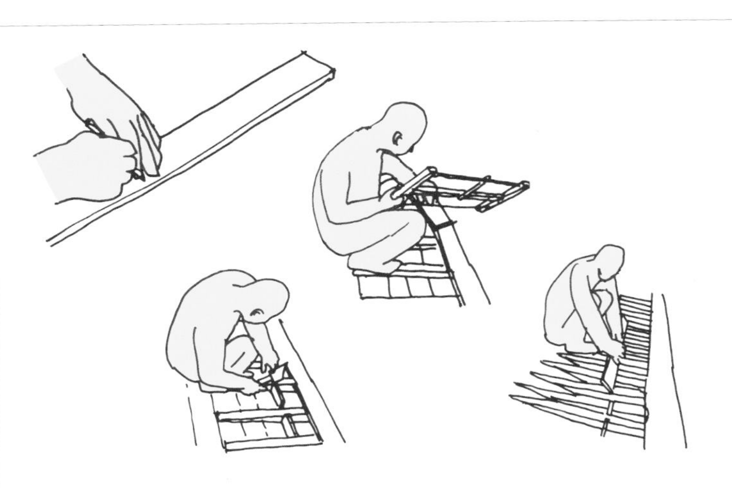

闸挡板

闸挡板是用以堵飞椽之间空当的闸板。闸挡板厚同望板、高同飞椽高。长按净椽当加两头入槽尺寸。

大连檐

大连檐位于飞檐之上，大连檐的高宽均以一个椽径尺寸为依据，可分几段定长。

作法如下：

按面阔角定大连檐长，进行打截。打截之后再放线，画出大连檐尺寸，在枋木上可颠倒放线，一次开锯成两根。

小连檐

小连檐是钉附在檐椽椽头的横木，小连檐长随通面宽，宽同椽径，断面呈直角梯形或矩形。

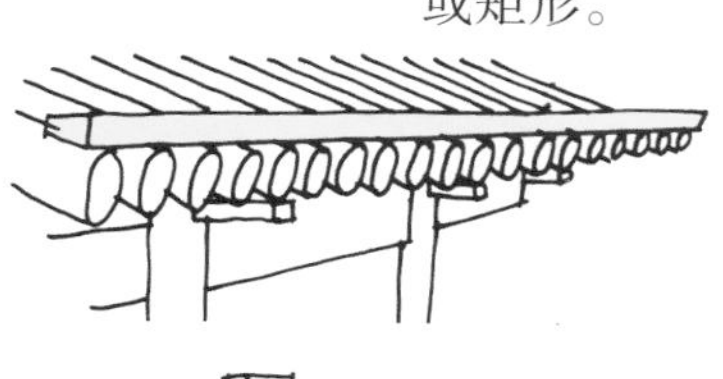

制作 考究的再加工成五角形

瓦口木

凡瓦口制作之前，需由瓦工负责人事先排出瓦挡尺寸（即瓦口的挡距），交给木工负责人按瓦的挡距打样板以备制作瓦口。瓦口长随大连檐，宽依板瓦中高再加两底台的尺寸，共得尺寸若干，厚按瓦口高四分之一选料。选料之后先打截，在刨光的面上按照样板弧线套画在瓦口样板料的面上。画线翻样板时松紧要求一致，然后按线用挖锯挖去余料即可。

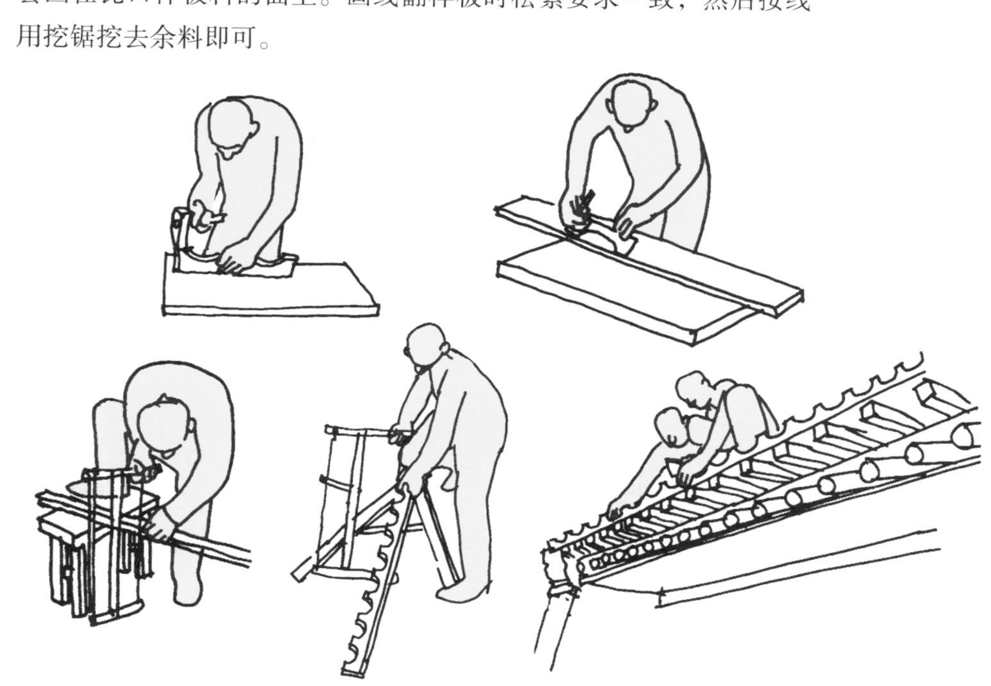

抬梁式大木安装

首先安装下架，包括柱子、梁、枋、板类等构件的安装，待用丈杆检验进深与面宽尺寸无误后，将枋子等榫卯缝隙内钉入木楔子。柱头端检校尺寸完成后拨正柱脚，使其与柱顶石的十字中轴线对齐。用“戗杆”上端与柱头绑牢，待用铅垂线把柱子吊正。最后安装上架，包括六架梁、七架梁、瓜柱、檩条等构件的安装，待大木构件安装完之后，即可安装椽望等构件。

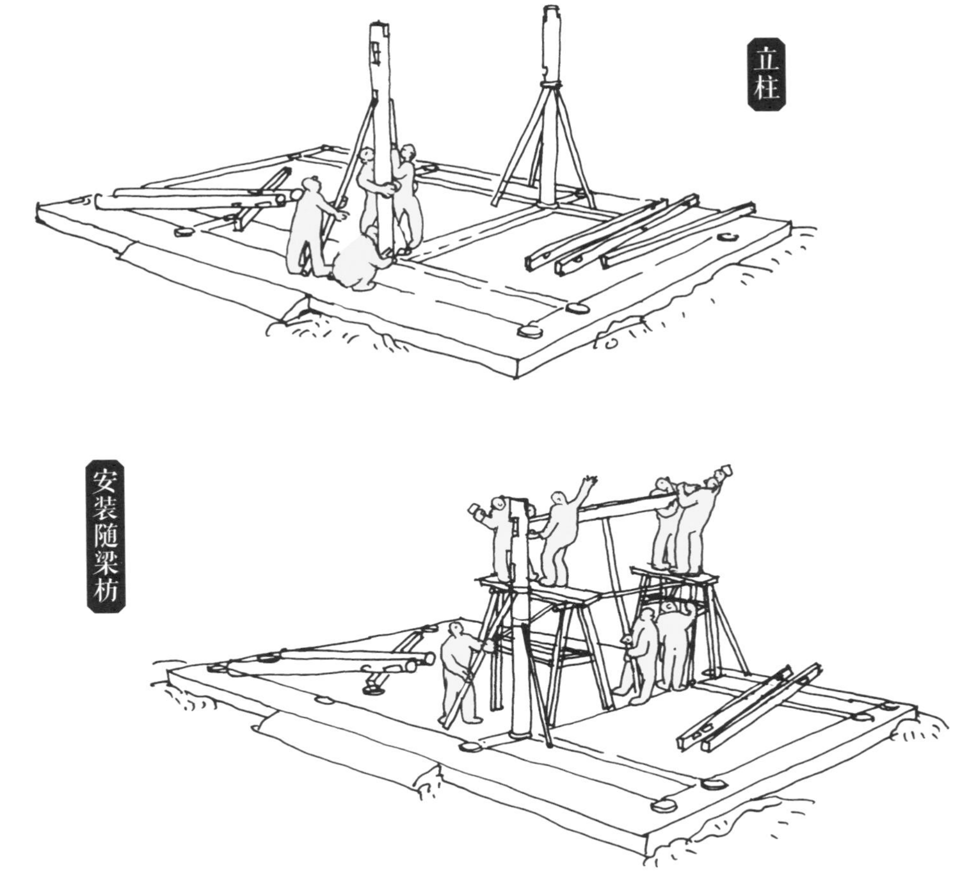

安装枋

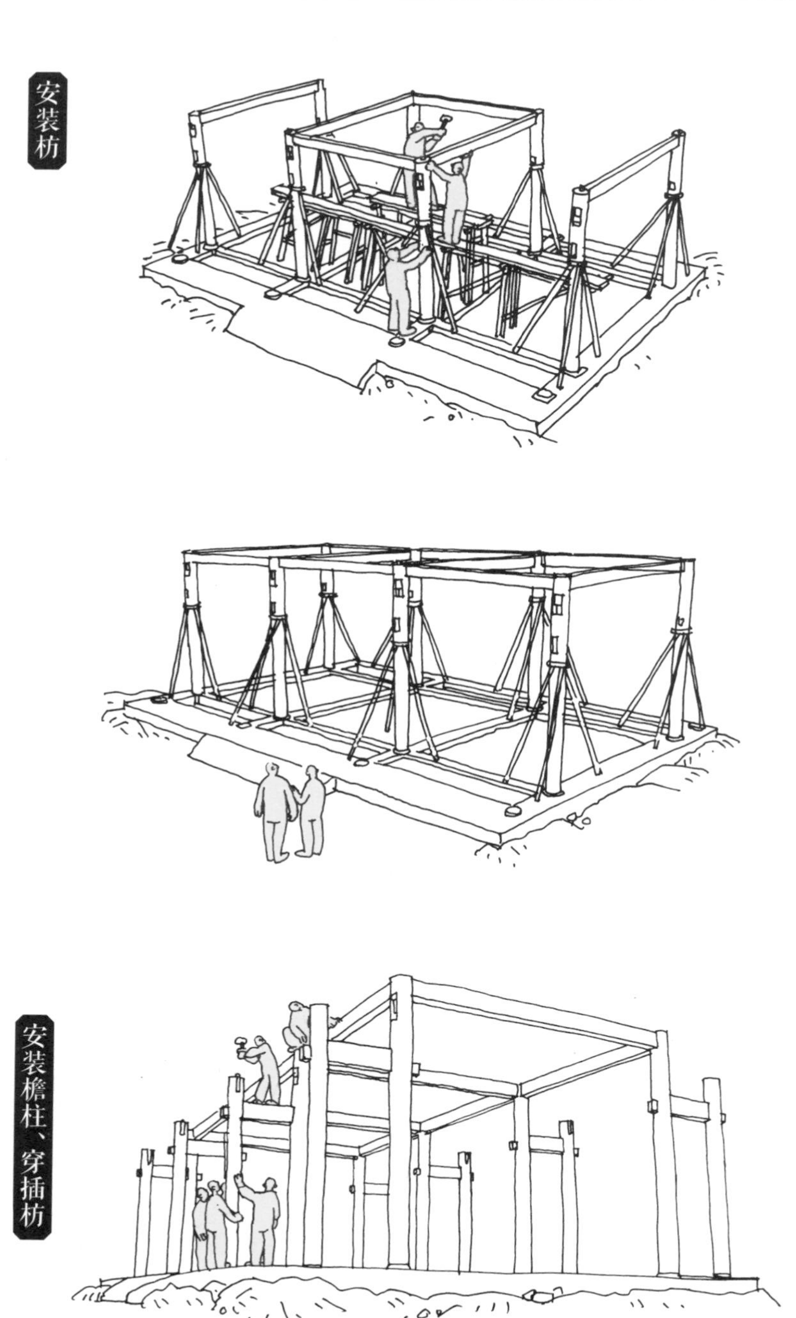

安装檐柱、穿插枋

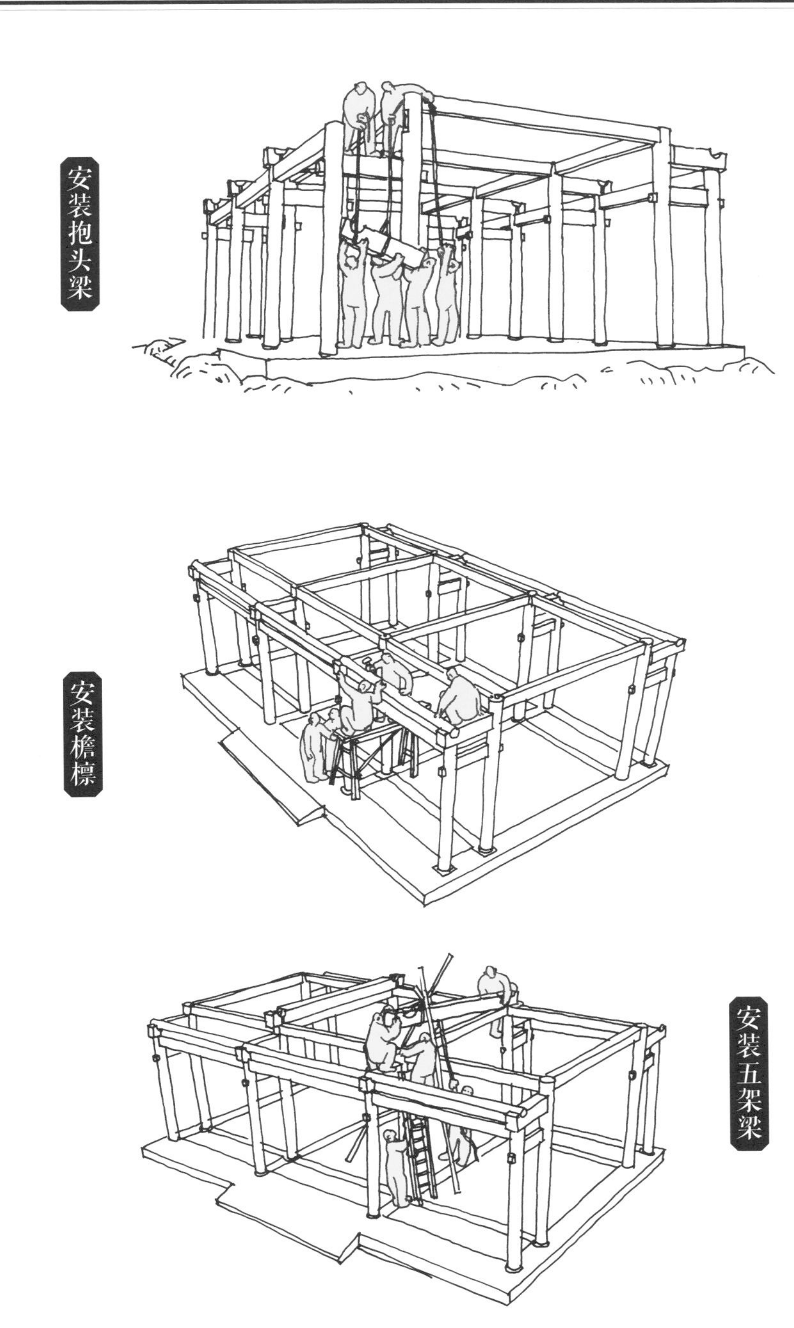
安装抱头梁
安装檐檩
安装五架梁

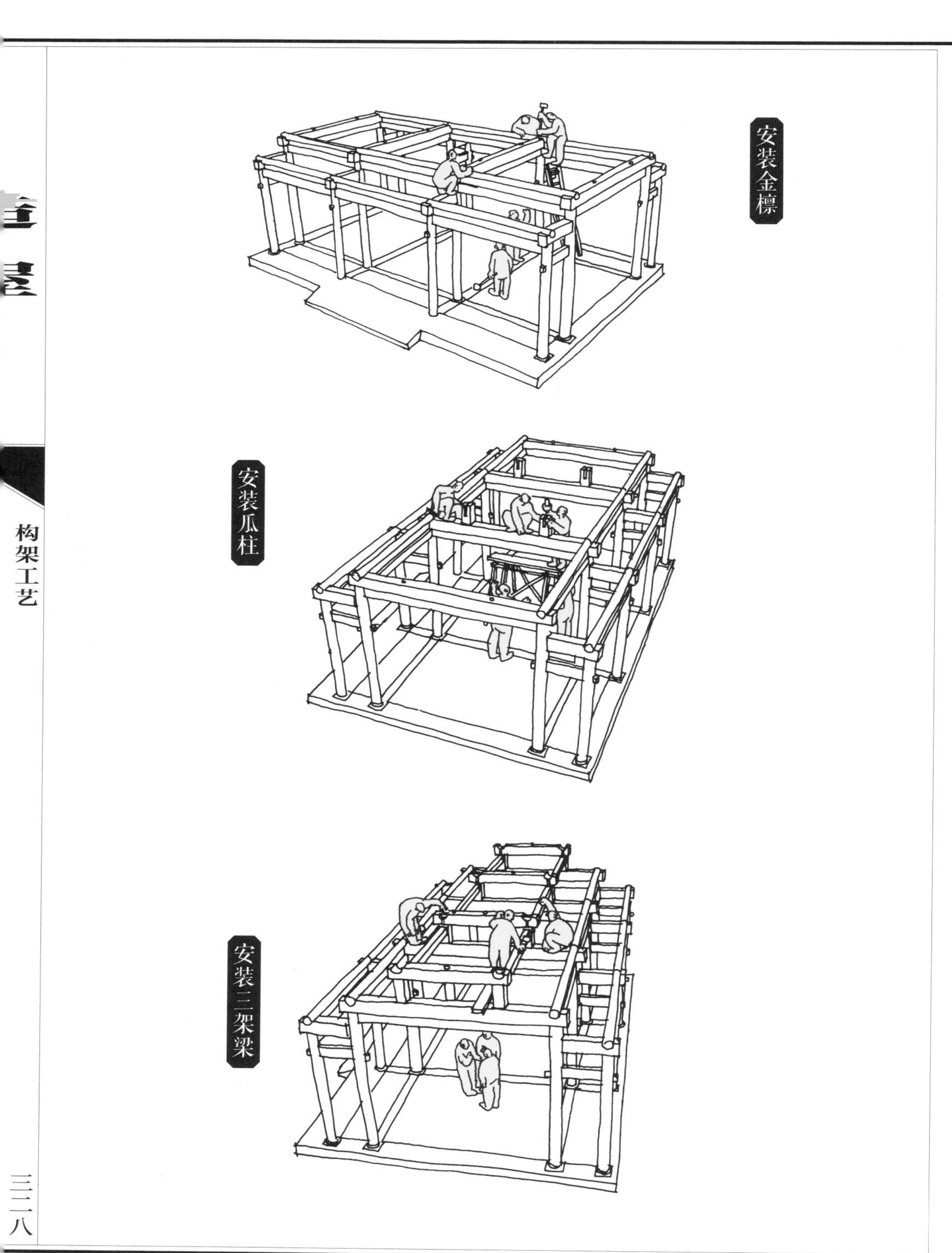

安装金檩

安装瓜柱

安装三架梁

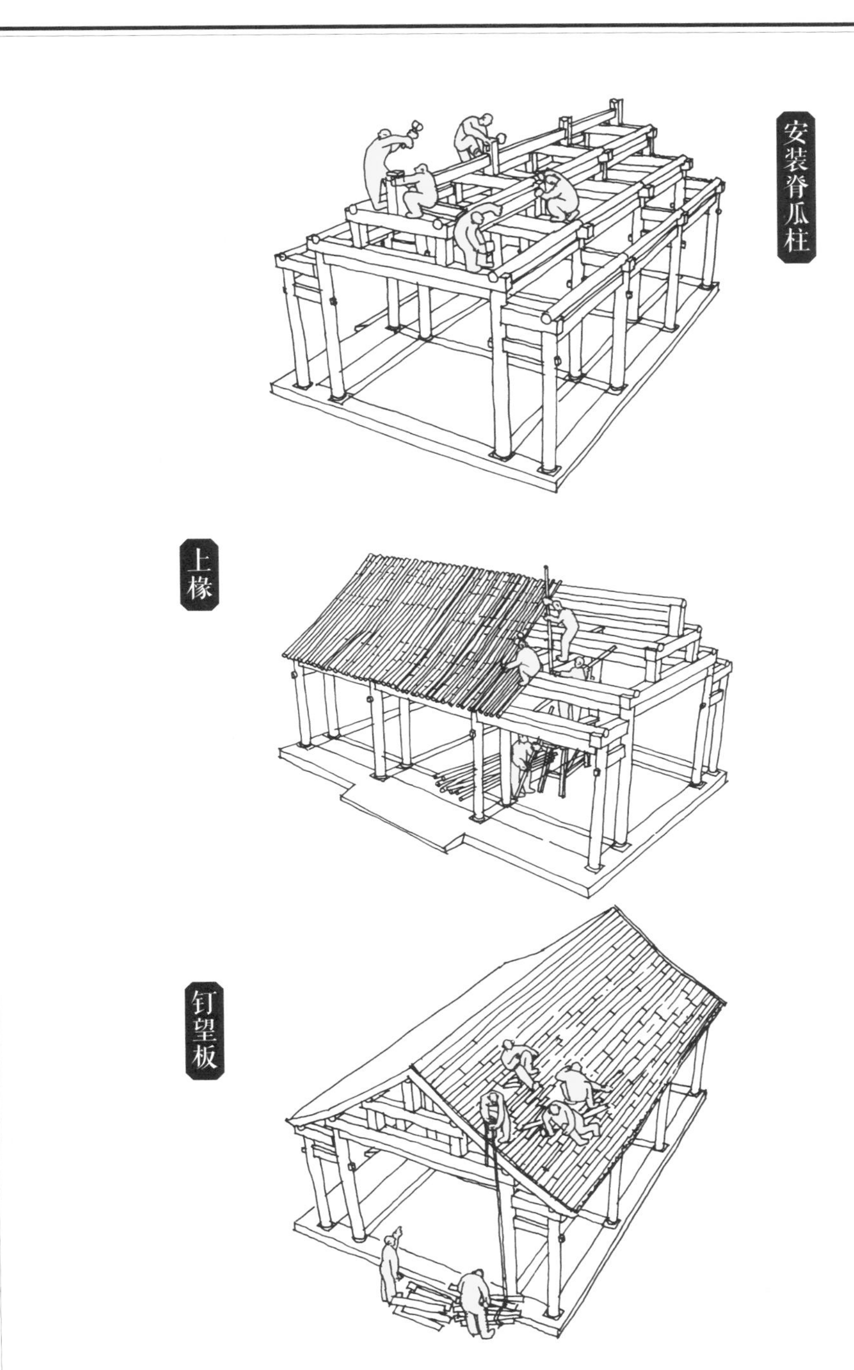
安装脊瓜柱
上椽
钉望板

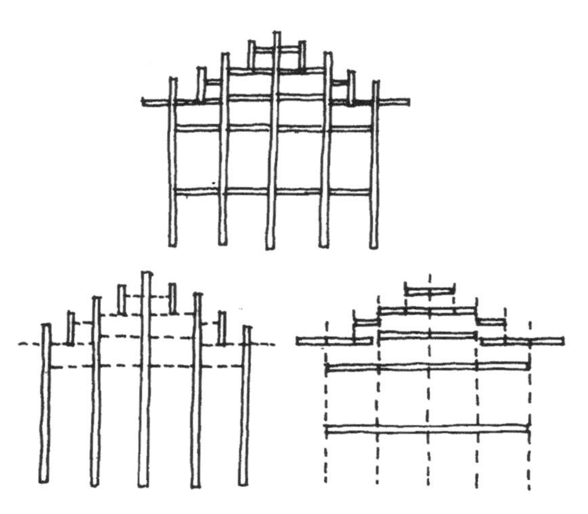

穿斗式构架制作

穿斗式构架多用于南方湿热多雨地区，屋面轻薄，无苦背作法甚至屋顶无望板，因此穿斗架构件断面皆较细小。与抬梁式构架不同，穿斗式构架以不同高度的柱子直接承托檩条，屋面荷载通过檩条直接传给柱子，穿枋及斗枋在大多数情况下仅为稳定拉接构件。

柱类构件制作

比较讲究的作法是柱材放八卦线、十六瓣线等取圆后再做柱，部分地区做柱为了节约材料、争取柱材的最大横截面，不再特意取圆，只是将木材大致砍直后即直接画线制作。柱子根据设计高度上下各浮五厘米左右斩砍，选好用料方向，按丈杆上的标记点出榫卯位置、柱身高度等，使用墨签、角尺与墨斗配合画线，依次画柱子的高度线、卯口位置圈线、柱身中线、迎头十字线、柱身其余三根顺身中线、柱身卯口线，之后徒工根据墨线加工柱子。大木匠师会以同样步骤画好第一排架的其他柱子，并且直至画好所有排架的柱子。各种柱子画线及制作过程相似，只是高度和卯口位置不同，故不作一一介绍。

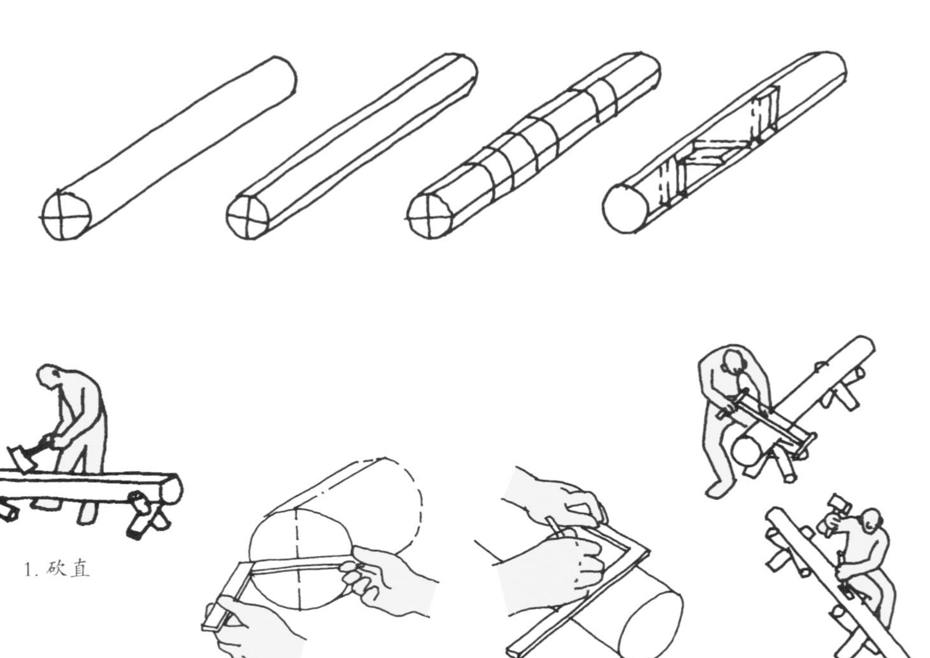

1. 砍直

2. 画迎头十字线

3. 画榫卯位置线

4. 加工

穿枋类构架制作

穿类构件按照排扇组装的顺序和方向其截面的长宽会有相应变化。如长穿枋贯穿所有的立柱，穿枋厚度中间宽两头略窄，宽度也是中间宽两头窄，目的是为了排扇组装的时候方便。穿类构件的加工首先需在预先改好的板材上画好墨线，之后裁去多余木料并推平表面，画线标明对应柱子的位置后，编号堆放备用，待对应柱子加工好后再来做榫头。各类枋片加工的过程相似，故不作一一介绍。

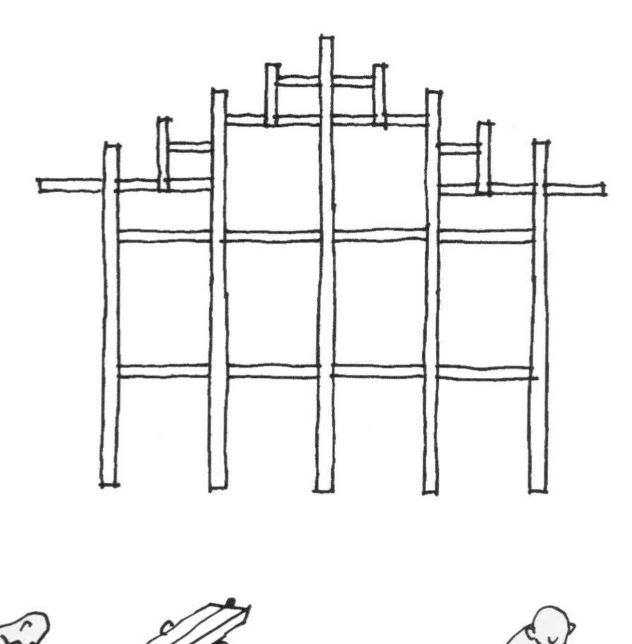

斗式大木安装

穿斗架的架设方法也不同于抬梁式，由于大量穿枋，斗枋须穿透多个柱身，无法在立体空间装配，所以整榀排柱架须在地面装配好，然后整体起立，临时支戗到位，再用斗枋将各榀屋架串连，最后架檩成为整体。正因为如此，穿斗架无法建造高大的房屋。

构件加工

排扇

立架

上梁

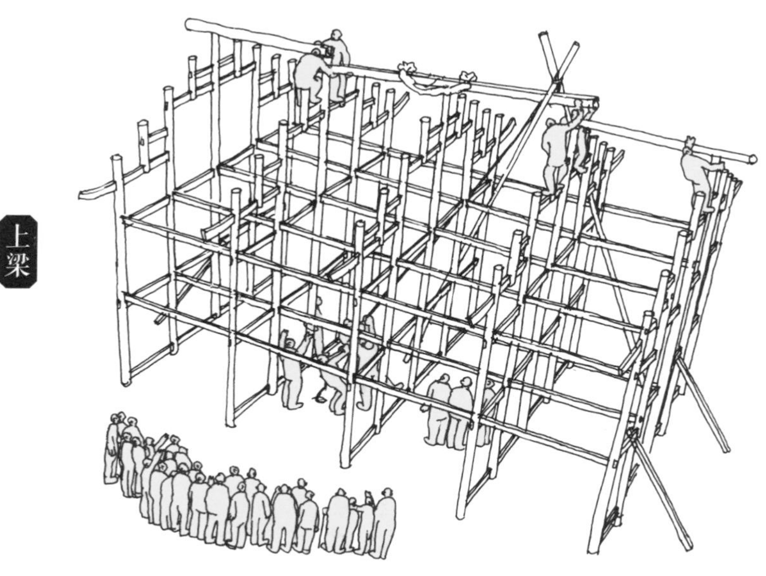

上檩椽

上瓦

墙体工艺

砖墙

砖墙体的砌筑，常因房屋的重要程度不同，使用不同的砖料进行砌筑，常见的砖墙砌筑类型有干摆墙、丝缝墙、淌白墙、糙砖墙和碎砖墙等。

干摆

干摆砖的砌筑方法即“磨砖对缝”作法。这种作法常用于较讲究的墙体下碱或其他较为重要的部位，如梢子、博缝、檐子、廊心墙、影壁、槛墙等。用于山墙、后檐墙、院墙等体量较大的墙体时，上身部分一般不采用干摆砌法。但在极其重要的建筑中，也可同时用于上身和下碱，叫作“干摆到顶”。干摆墙要用“五扒皮”砖，如用“膀子面”者，也叫作“沙干摆”。总之，沙干摆是干摆中的简易作法，故工匠中有“沙干摆，不对缝”的说法。干摆墙摆砌过程中应有专人“打截料”，补充砍砖中的未尽事宜。

弹线

先将基层清扫干净，然后用墨线弹出墙的厚度、长度及八字的位置、形状等。

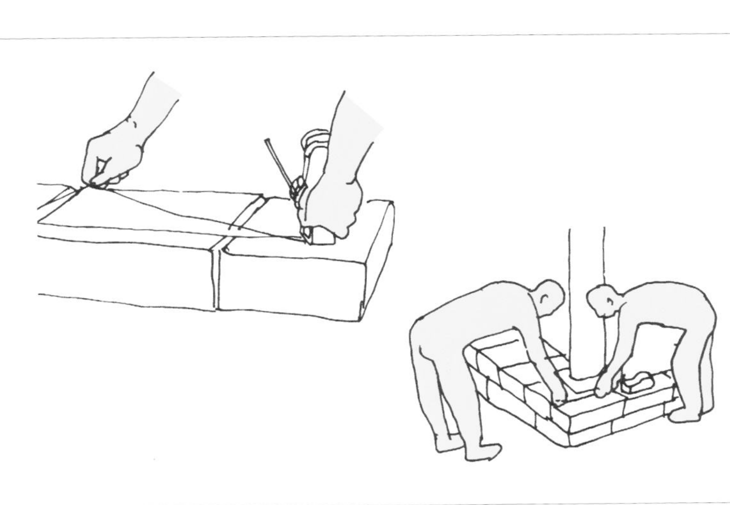

样活

按照砖缝的排列形式（如三顺一丁排法）进行试摆即“样活”。

拴线、衬脚

在两端拴的两道立线，叫作“拽线”。拽线之间要拴两道横线，下面的叫“卧线”，上面的叫“罩线”（“打站尺”后拿掉）。砌第一层砖之前要先检查基层（如台明、上衬石等）是否凹凸不平，如有偏差，应以麻刀灰抹平，叫作“衬脚”。

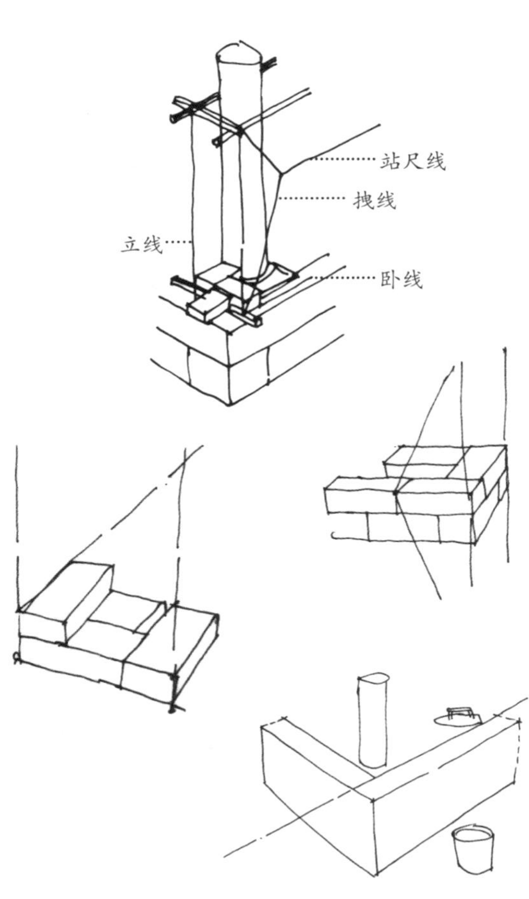

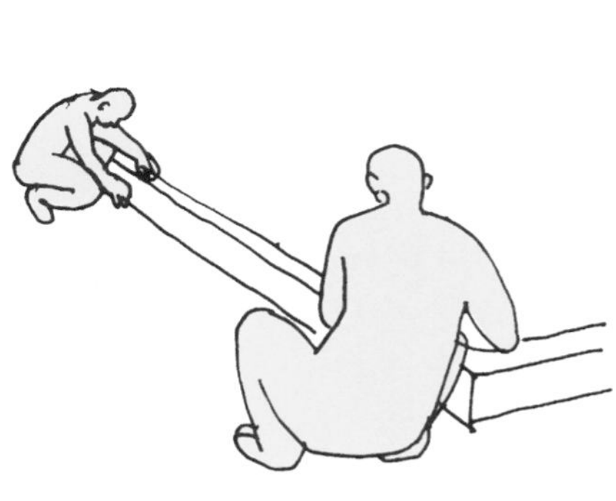

摆 第一层砖

在抹好衬脚的台明上进行摆砌，砖的立缝和卧缝都不挂灰，即要“干摆”。

砖的后口要用石卡垫在下面，即“背撒”。背撒时应注意：

1. 石片不要长出砖外，即不应有“露头撇”。
2. 砖的接缝即“顶头缝”处一定要背好，即一定要有“别头撇”。
3. 不能用两块重叠起来背撒，即不可有“落落撒”。

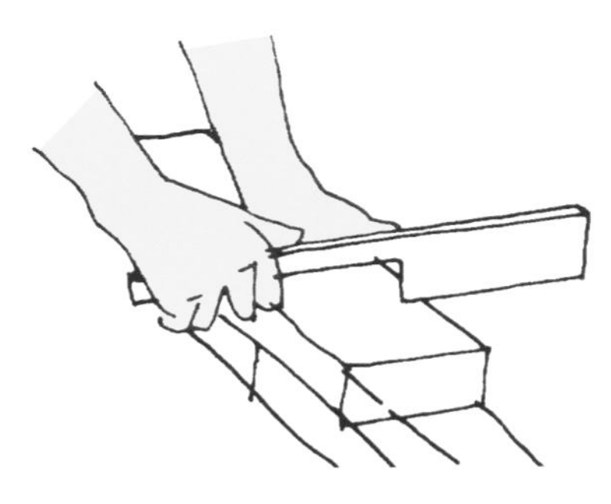

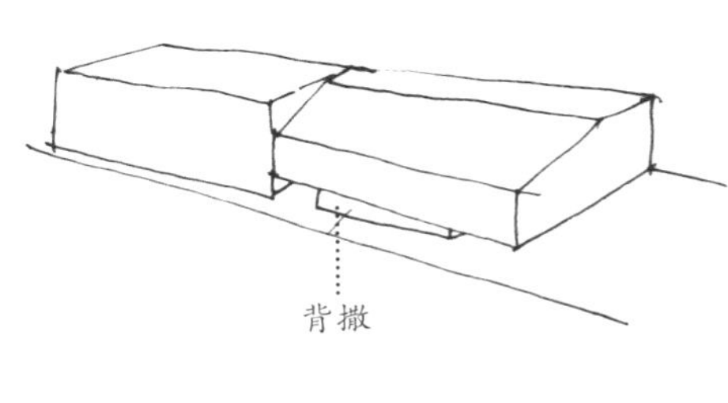

打站尺

摆完砖后要用平尺板逐块进行“打站尺”。打站尺的方法是，将平尺板的下面与基础上弹出的砖墙外皮墨线贴近，中间与卧线贴近，上面与罩线（又叫打站尺）贴近。然后检查砖的上、下棱是否也贴近了平尺板，如未贴近或顶尺，必须纠正。打站尺还可以横向进行，并可以多打几层，以确保有一个好的开端。

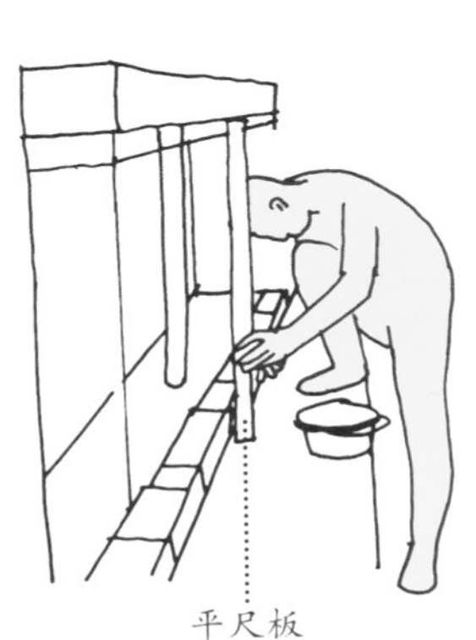

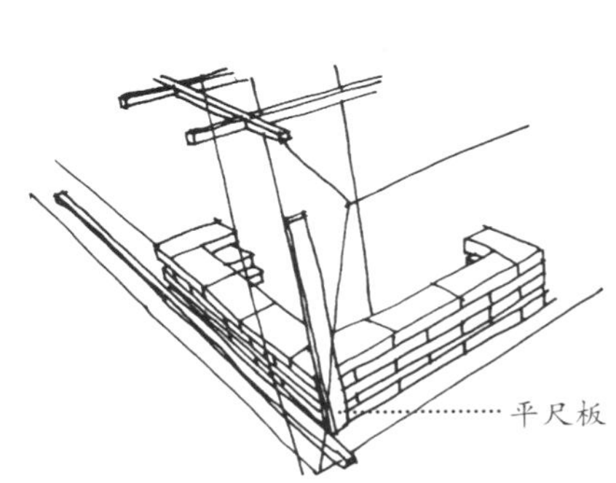

背里 填馅

干摆可在里皮、外皮同时进行，也可只在外皮进行。如果只在外皮干摆，里皮要用糙砖和灰浆砌筑，叫作“背里”。如里、外皮同时干摆时，中间的空隙要用糙砖填充，即“填馅”。

无论是背里还是填馅，均应注意下列几点：

1. 应尽量与干摆砖的高度保持一致，如因砖的规格和砌筑方法不同而不能做到每一层都保持一致时，也应在3~5层时与外皮砖找平一次。

2. 背里或填馅砖与干摆砖不宜紧挨，要留有适当的“浆口”，浆口的宽度常见为1~2厘米。

背里

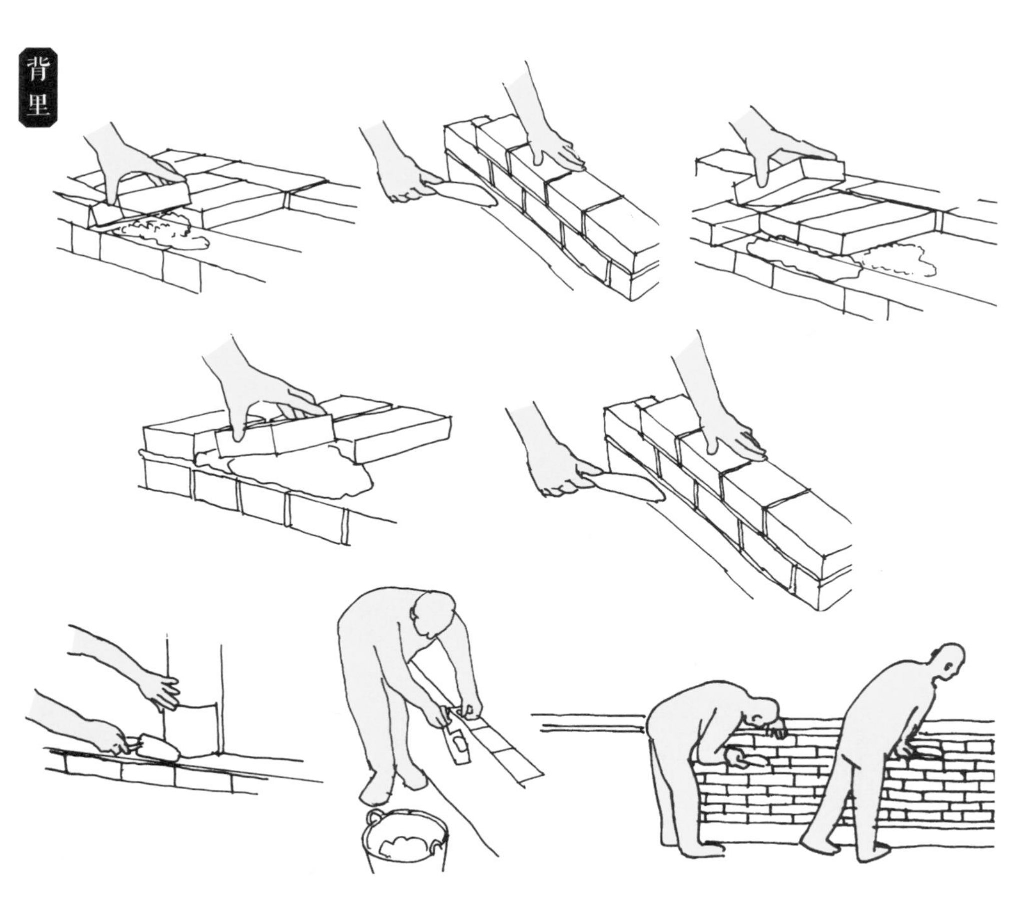

填馅

灌浆

灌浆要用桃花浆或生石灰浆，极讲究的作法用江米浆。浆应分三次灌，第一次和第三次应较稀，第二次应稍稠。灌浆之前可对墙面进行必要的打点，以防浆液外溢，弄脏墙面。第一次灌浆时一般只灌 1/3，叫作“半口浆”。第三次叫“点落窝”，即在两次灌浆的基础之上弥补不足的地方。

抹线

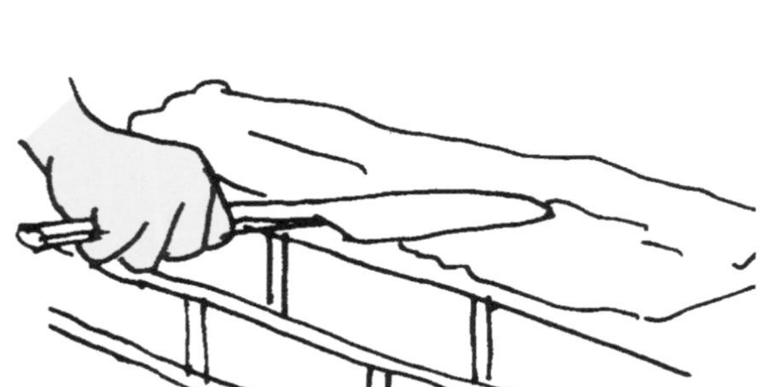

点完落窝后要用刮灰板将浮在砖上的灰浆刮去，然后用麻刀灰将灌过浆的地方抹住，即“抹线”，又叫“锁口”。抹线可以防止上层灌浆往下串面撑开砖，所以这是一道不可省略的工序。

刹趟

在第一次灌浆之后，要用“磨头”将砖的上棱高出的部分磨去，即为刹趟。刹趟是为了摆砌下一层砖时能严丝合缝，故应同时注意不要刹成局部低洼。

逐层摆砌

以后每层除了不打站尺外，砌法都应按照上述要求做。

此外，还应该注意下列几点：

1. 摆砌时应做到“上跟绳，下跟棱”，即砖的上棱以卧线为标准，下棱以底层砖的上棱为标准。

2. 摆砌时，砍磨得比较好的棱应朝下，有缺陷的棱朝上，因为缺陷可在刹趟时去掉。

3. 最后一层之上如果需退“花碱”（“墙肩”），应使用膀子面砖（膀子面朝上）。

4. 摆砖时如发现明显缺陷，应重新砍磨加工。

5. 干摆墙要“一层一灌，三层一抹，五层一墩”，即每层都要灌浆，但可隔几层抹一次线，摆砌若干层以后，可适当搁置一段时间（一般要经过半天）再继续摆砌。

打点修理

干摆墙砌完后要进行修理，其中包括墁干活、打点、墁水活和冲水。打点修理分以下四个过程：

1. 墁干活，用磨头将砖与砖接缝处高出的部分磨平。

2. 打点，用砖面灰（砖药）将砖的残缺部分和砖上的沙眼填平。

3. 墁水活，用磨头沾水将打点过的地方和墁过干活的地方磨平，再沾水把整个墙面揉磨一遍，以求得色泽和质感的一致。

以上过程可随着摆砌的进程随时进行。

4. 冲水，用清水和软毛刷子将整个墙面清扫、冲洗干净，显出“真砖实缝”。

丝缝

丝缝的摆砌比干摆还要细致和不容易。丝缝与干摆的不同之处在于：

1. 丝缝墙的砖与砖之间要铺垫老浆灰。灰缝有两种作法，一种是越细越好，最大不超过 2 毫米。另一种灰缝较宽，一般 3~4 毫米。为了确保灰缝的严实，还可在已砌好的砖外棱上也打上灰条，叫“锁口灰”。砖砌好后要用瓦刀把挤出砖外的余灰刮去，但不必划缝。

2. 丝缝墙可以用“五扒皮”砖，也可以使用“膀子面”砖，如果使用膀子面砖，摆砌时应将砖的膀子面朝下放置。

3. 丝缝墙一般不背撒，也不刹趟。

4. 如果说干摆砌法的关键在于砍磨的精准，那么丝缝砌法还要注重灰缝的平直，厚度一致以及砖不得“游丁走缝”。

淌白缝子

淌白缝子与丝缝作法近似，主要不同是：淌白缝子不墁干活和水活，也不用水冲，但应将墙面清扫干净。淌白缝子作法所用的砖料应为淌白截头砖。应注意砖棱的朝向问题。砌“低头活”和“平身活”时，砖的好棱应朝上，当砌筑“抬头活”时，好棱应朝下。在耕缝之前，应将砖缝过窄处用扁子作“开缝”处理。

还有一种淌白缝子作法，特点是：砌筑时灰缝可稍宽。耕缝之前先把砖缝用灰抹平，灰干后的颜色与砖色相近。然后把整个墙面刷2~3遍砖面水。在灰未干之前，用平尺板贴近砖缝位置，并用耕缝的专用工具“溜子”顺着平尺板在灰缝处耕出宽2~3毫米的假砖缝。再用毛笔蘸烟子浆沿假砖缝描黑。

淌白缝子是模仿丝缝墙面外观效果的一种作法，也是各种淌白墙面中的细致作法。

普通淌白

普通淌白墙与淌白缝子的不同之处在于：

1. 淌白墙可以用淌白截头砖，也可用淌白拉面砖。
2. 一般用月白灰。
3. 砖缝厚度大于淌白缝子，一般应为4~6毫米。
4. 砌完之后，可用“耕缝”，也可以“打点缝子”。

淌白描缝

与普通淌白墙一样，也是先打灰条，灰缝厚4~6毫米，然后灌浆，继而打点灰缝。不同之处在于：

1. 要用老浆灰或深月白灰。
2. 要用毛笔蘸黑烟子浆沿平尺板描缝。

1. 带刀缝的作法

带刀缝作法与淌白墙作法近似，也是先在砖上用瓦刀抹好灰条，即抹上“带刀灰”，然后灌浆。

不同之处是：（1）带刀缝的灰缝较大，一般为 5~8 毫米。（2）带刀缝墙的砖料不经砍磨。（3）灰为月白灰或白灰膏。（4）砌筑完毕后不打点弥缝，但要用瓦刀或溜子划出凹缝，缝子应深浅一致。

2. 灰砌糙砖的作法

灰砌糙砖的特点是不打灰条，而是满铺灰浆砌筑。灰缝 8~10 毫米。砌好后也可灌浆加固。如为清水墙作法，灰缝要打点勾缝，颜色可为深月白色或白色。灰砌糙砖除了可用素灰砌筑外，也可以用掺灰泥砌筑，泥缝厚不超过 2.5 厘米。

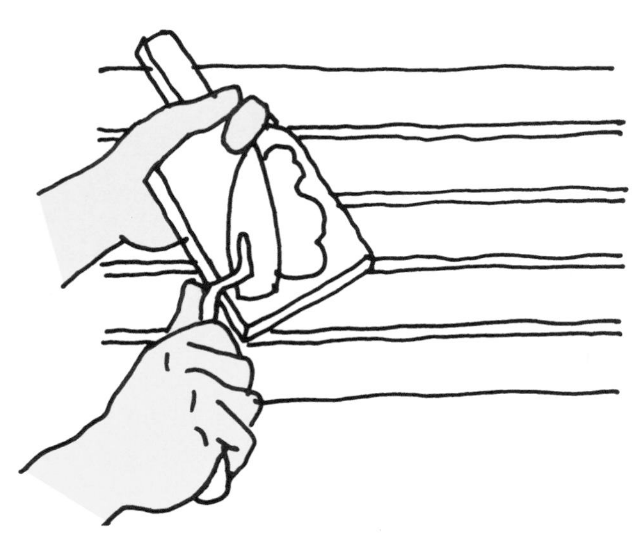

碎砖墙主要以碎砖（包括规格不一的整砖）用掺灰泥砌筑。碎砖墙常见于建筑中不讲究的墙体、基础等，也用整砖“四角硬”墙体的墙心部分。碎砖墙还可作为“外整里碎”墙的背里部分。

耕缝

墙面勾缝常用手法有：耕缝、打点缝子、划缝、弥缝、串缝、作缝、描缝、抹灰作缝等。耕缝作法适用于丝缝及淌白缝子等灰缝很细的墙面作法。

耕缝所用的工具：将前端削成扁平状的竹片或用有一定硬度的细金属丝制成“溜子”（如可用自行车上的辐条制成）。灰缝如有空虚不齐之处，事先应经打点补齐。耕缝要安排在墁水活、冲水之后进行。耕缝时要用平尺板对齐灰缝贴在墙上，然后用溜子顺着平尺板在灰缝上耕压出缝子来。耕完卧缝以后再把立缝耕出来。

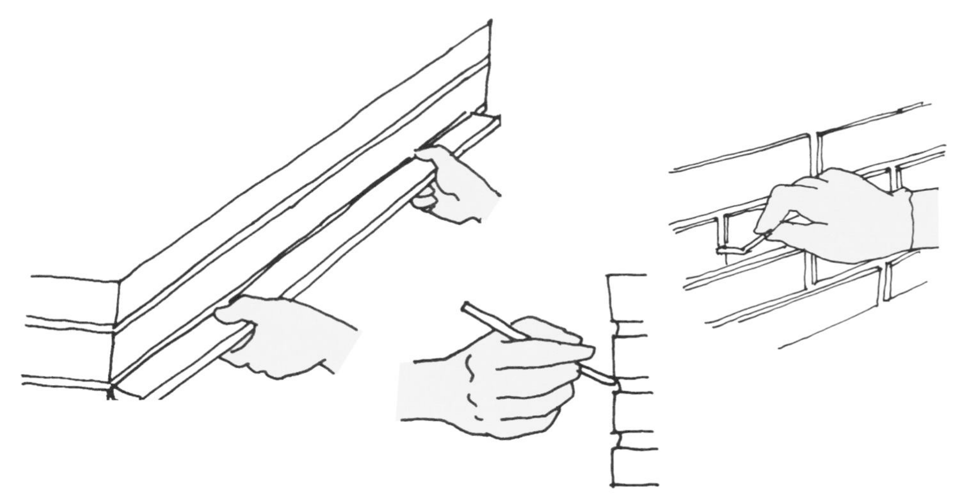

打点缝子

打点缝子的方法：用瓦刀、小木棍或钉子等顺砖缝镂划，然后用溜子将小麻刀灰或锯末灰等“喂”进砖缝。灰可与砖墙“喂”平，也可稍低于墙面。缝子打点完毕后，要用短毛刷子蘸少量清水（蘸后甩一下）顺砖缝刷一下，叫“打水茬子”。这样既可以使灰附着得更牢，又可使转棱保持干净。

划缝

划缝作法主要用于带刀缝墙面，也用于灰砌糙砖清水墙，有时还用于淌白墙。划缝的特点是利用砖缝内的原有灰浆，因此也称作“原浆勾缝”。划缝前要用较硬的灰将缝里空虚之处塞实，然后用前端稍尖的小木棍顺着砖缝划出圆洼缝来。

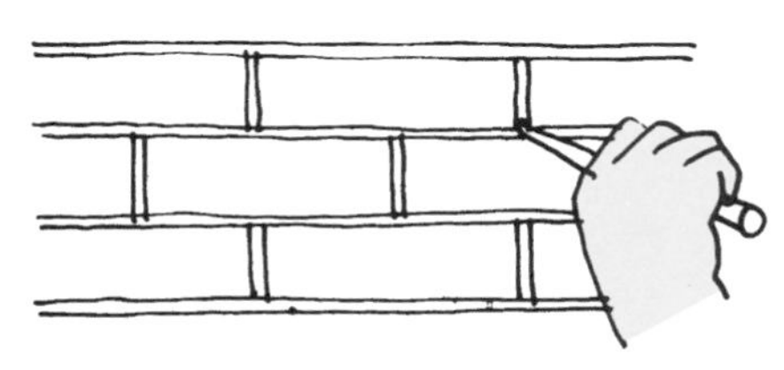

弥缝

弥缝作法用于墙体的局部，如灰砌墀头中的梢子里侧部分、某些灰砌砖檐。弥缝的具体作法是：以小抹子或鸭嘴把与砖色相近的灰分两次把砖缝堵平，即“弥”平，然后打水茬子，最后用与砖色相近的稀月白浆涂刷墙面。弥缝后的效果以看不出砖缝为好。

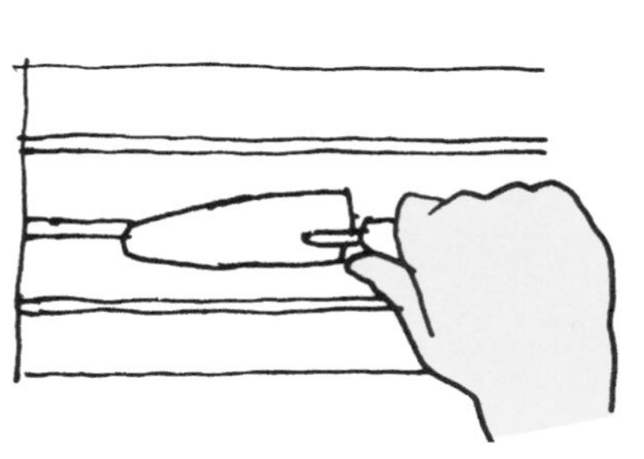

串缝

串缝作法只用于灰缝较宽的墙面。串缝所用灰一般为月白麻刀灰或白麻刀灰（只用于部分砖墙）。串缝时用小抹子或小鸭嘴挑灰分两次将砖缝堵平，串轧光顺。

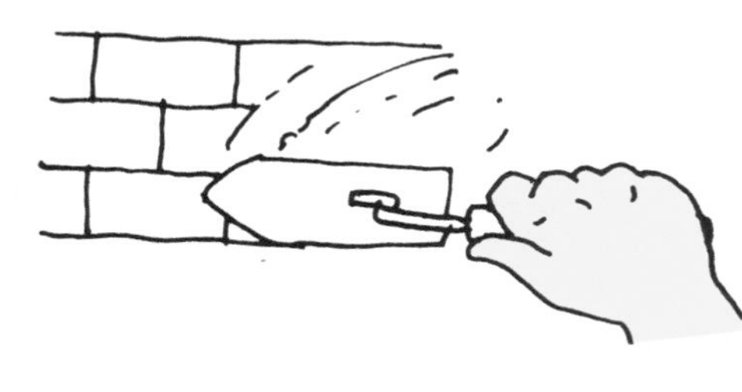

作缝

将缝子着意做出艺术形式叫作“作缝”，如把灰缝做成“带子条”“荞麦棱”“圆线”等。作缝手法一般都是施用虎皮石墙。清代末年，墙面勾缝中出现可把细灰缝做成黑色或白色的圆线缝，但这种作法并不十分常见。由于“作缝”十分强调灰缝的效果，所以作缝所使用的灰的颜色都应与墙面形成较大的反差对比，如虎皮石用深灰或灰黑色，砖墙用白色或黑色。

描缝

用于淌白墙面。描缝所用材料为烟子浆，描缝方法如下：先将缝子打点好，然后用毛笔蘸烟子浆沿平尺板将灰缝描黑。在描的过程中，为防止墨色逐渐变浅，每两笔可以相互反方向地描，如第一笔从左往右描，第二笔从右往左描（两笔要适当重叠）。这样可以保证描出的墨色深浅一致，看不出接茬。描缝时应注意修改原有灰缝的不足之处，保证墨线的宽窄一致，横平竖直。

抹灰作缝

抹灰作缝又分为：

1. 抹青灰作假砖缝

简称“做假缝”，用于混水墙抹灰。特点是远观有干摆或丝缝墙的效果。作法如下：

先抹出清灰墙面，颜色以近似砖色为好。再刷青浆轧光。趁灰未完全干的时候，用竹片或簿金属片（如钢锯条）沿平尺板在灰上划出细缝。

2. 抹白灰刷烟子浆镂缝

简称“镂活”，多用于廊心墙穿插当、山花象眼等处。常见的形式不仅有砖缝，还可镂出图案花卉等。其方法是：先将抹面抹好白麻刀灰，然后刷上一层黑烟子浆。等浆干后，用錾子等尖硬物镂出白色线条来。根据图面的虚实关系，还可轻镂出灰色线条。

3. 抹白灰或月白灰描黑缝

简称“抹白描黑”。作法是：先用白麻刀灰或浅月白麻刀灰抹好墙面，按砖的排列形式分出砖格，用毛笔蘸烟子浆或青浆顺平尺板描出假砖缝。

组合等级与主次

各种砌筑类型的组合时常遵循“主细次糙”的组合原则，即细致的砌筑类型用于主要部位（指下碱、墀头、台明、梢子、砖檐、墙的四角、槛墙、廊心墙等）。同在一个墙体或建筑中，主要部分一般应使用同一种砌筑类型（局部改作石活者除外），如都使用干摆作法；次要部分如上身、墙体四角等部位也应使用同一种砌筑类型，如丝缝作法，也可与主要部分采用同种砌筑类型，如也使用干摆作法。

夯土版筑墙

版筑墙用两块侧板和一块端板组成模具，另外一端加活动卡具。夯筑后拆模平移，连续筑至所需长度，称为第一版，再把模具移放第一版之上，筑第二版。逐版升高直到所需高度为止。用这种方法筑成的是一道整墙，以若干版叠加而成。

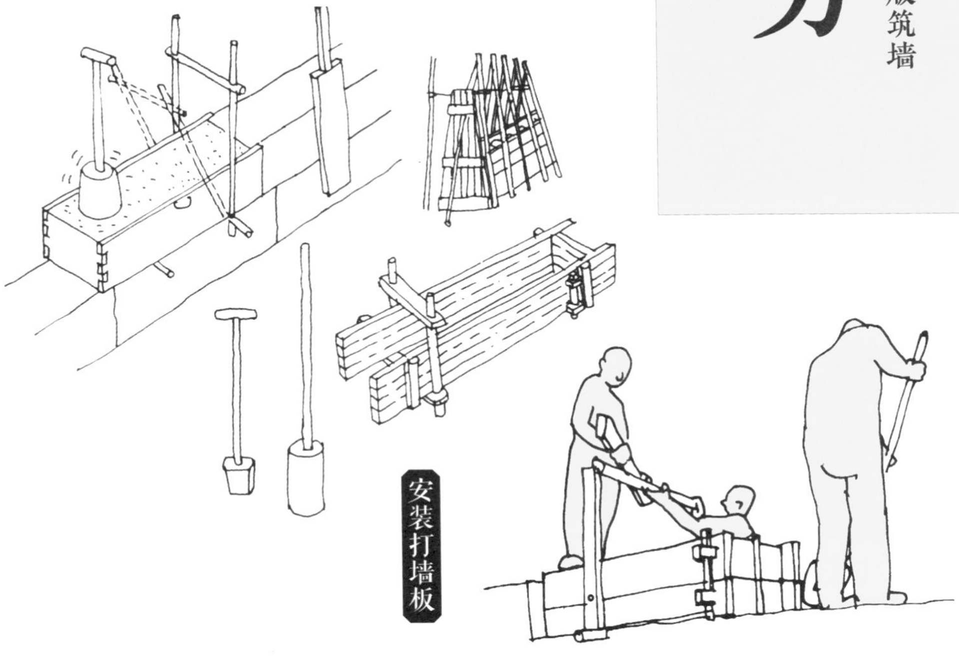

安装打墙板

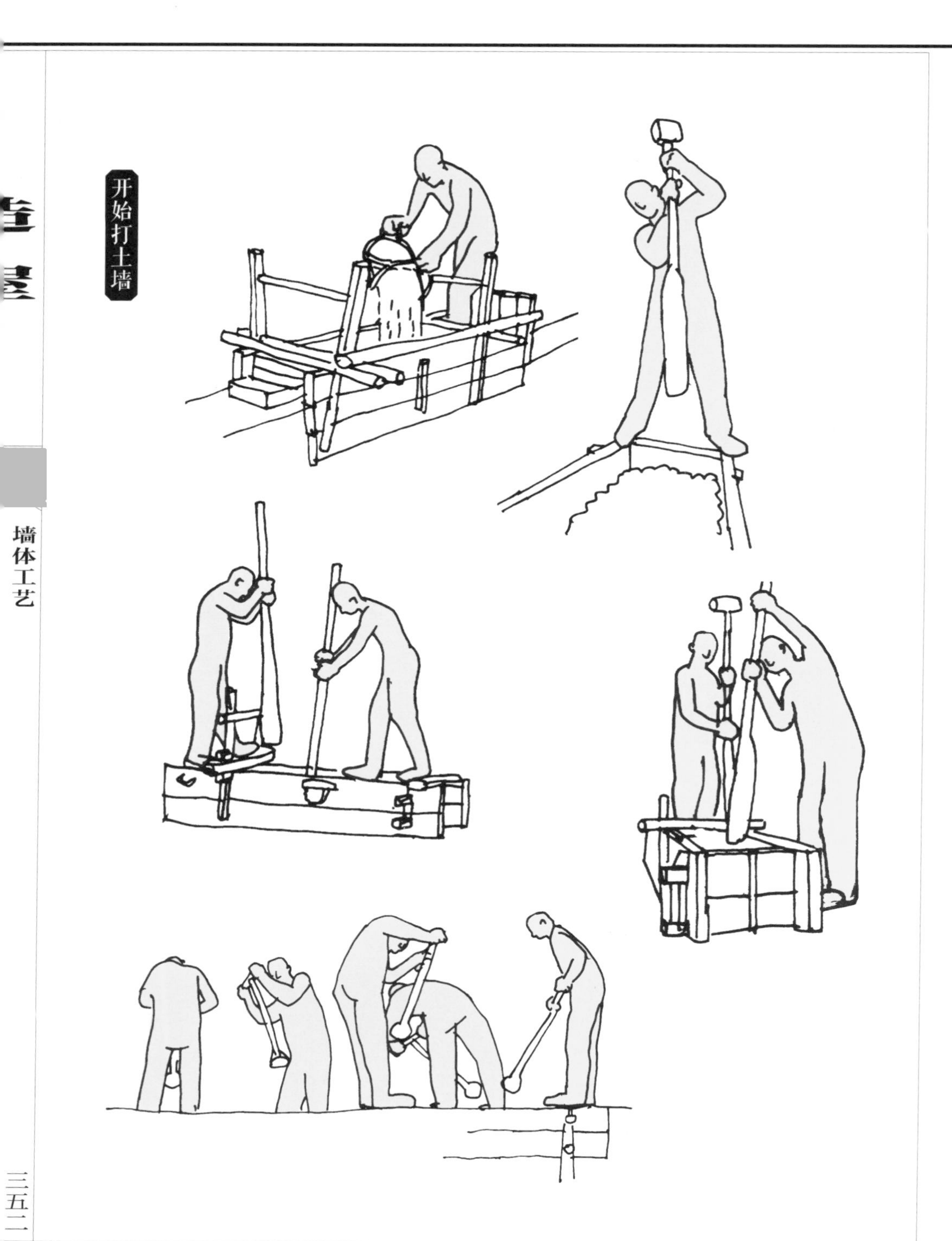
开始打土墙

拆打墙板
边加土边夯打

打紧修光
修墙板
修墙板

编竹夹泥墙

先在房屋墙壁分位立枋柱，使空当不要太大，以一米稍多为最佳，空当太大则编壁不坚固；在空当处先用竹篾条编好壁体，然后在壁体内外抹泥（泥中或加秸秆），候泥稍干即抹石灰。

屋顶工艺

灰背的操作过程叫作“苫背”。

“苫背”是指在屋顶木基层（屋背）上，铺筑防水、保温垫层的一项工程。苫背的工艺可分为以下步骤：抹护板灰—泥背—晾泥背—抹灰背—扎肩—晾背。

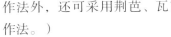

抹护板灰

护板灰是保护木望板并与上一层泥背分隔的一层抹灰层。它是在木望板上抹一层1~2厘米厚的深月白麻刀灰，要求表面平整。护板灰主要用于保护望板和椽子。如果苫背基层是用席箔、苇箔等其他作法，则不用护板灰。（除了木望板和席箔、苇箔作法外，还可采用荆芭、瓦芭、砖芭和石芭作法。）

苫泥背

在护板灰上苫2~3层泥背，多用滑秸泥。每层泥背厚度不超过5厘米。当遇有屋顶中腰部分或局部位置泥背太厚时，可事先将一些板瓦反扣在护板灰上以减轻屋面的重量，此瓦称为“垫囊瓦”。每苫完一层泥背后，要进行“拍背”，时间应选择在泥背干至七成至八成时。拍背可以使泥背层变得密实，是一道十分关键的工序。

晾泥背

泥背经拍打密实后，仍需充分晾晒数日，让水分蒸发出来，晾背过程中泥背表面产生的裂缝属于自然现象，易于水分蒸发，可不做处理。

抹灰背

1. 抹月白灰背。月白灰背可以对防水层进行保护并起到保温和垫囊的作用。它是在泥背上，苫2~4层大麻刀灰或大麻刀月白灰，每层灰背厚度不超过3厘米。每层苫完后要反复赶轧坚实后再开始苫下一层。

2. 在月白灰背上开始苫青灰背。青灰背每苫完一趟后，要在灰背表面“拍麻刀”。打拐子、粘麻：在大麻刀青灰背干至八成时，可在灰背上“粘麻打拐子”，也可只打拐子不粘麻，用梢端呈半圆状的木棍在背上打出许多圆形浅窝，每五个拐子一组，呈梅花形状，每组拐子之间要粘麻。

扎肩

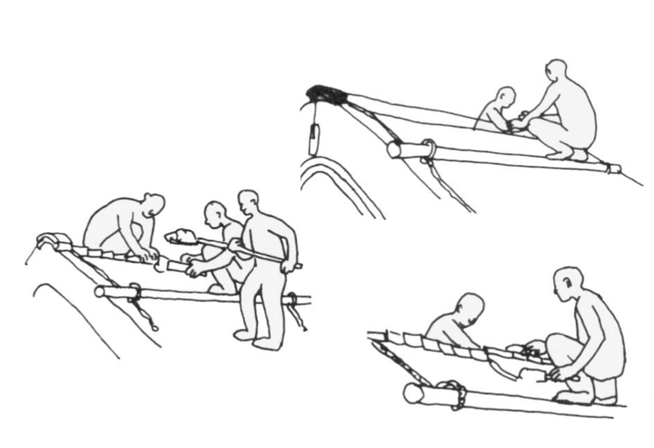

苫完背以后要在脊上抹“扎肩灰”。抹扎肩灰时应拴一道横线,作为两坡扎肩灰交点的标准,线的两端拴在两坡博缝交点上棱。前、后坡扎肩灰各宽30~50厘米，上面以线为准，下脚与灰背抹平。

晾背

晾灰背是苫青灰背最后的一道工序。灰背苫完以后，让其在自然状态下水分蒸发掉而干燥，晾背时不要暴晒和雨淋，至彻底干透为止。如果灰背不干就瓷，水分不易蒸发掉，会侵蚀木构架使之糟朽。

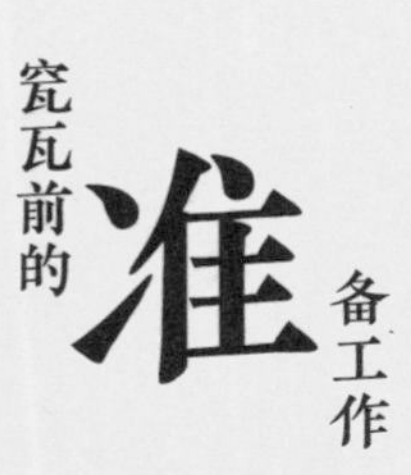

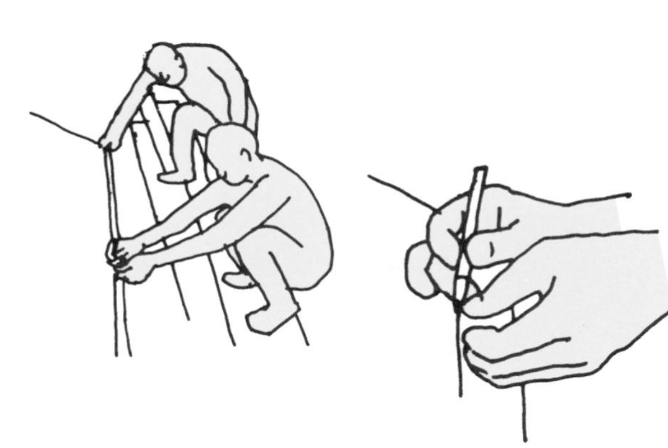

分中

宽瓦前的准备工作包括分中、排瓦当、号垄、宽边垄、拴线。分中就是在檐头找出整个房屋的横向中点并做出标记，这个中点就是屋顶中间一趟底瓦的中点。确定了屋面中间一趟底瓦中以后，再从两山博缝外皮往里返大约两个瓦口的宽度，并做出标记。屋面瓦垄的数量由瓦口的宽窄决定，瓦口越窄，瓦垄越多。决定了这两个瓦口的位置，也就固定了两垄边垄底瓦的位置。上述这种作法适用于铃铛排山作法，如为披水排山作法，应当先确定披水砖檐的位置，然后从砖檐里口往里返两个瓦口，这两个瓦口就是两垄边垄底瓦的位置。

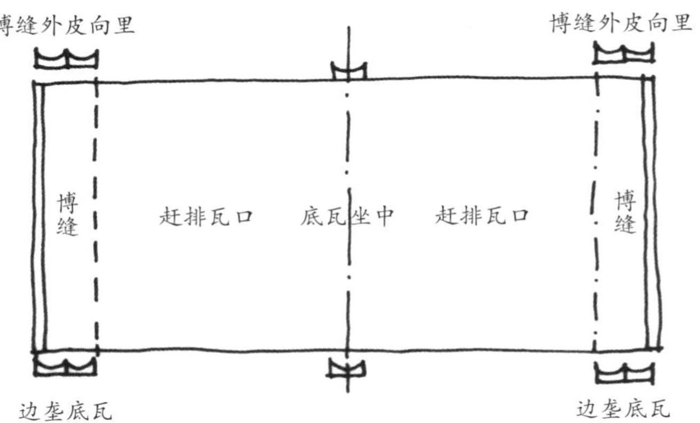

排瓦当

在已确定的中间一趟底瓦和两端瓦口之间赶排瓦口，如果排不出“好活”，应调整某几垄“蛐蜒当”的大小（两垄底瓦之间的距离）。具体作法是，用小锯将相连的瓦口适当截断，即“断瓦口”，瓦口位置确定后，将瓦口钉在连檐上。瓦口定好之后每垄瓦的位置就确定了。

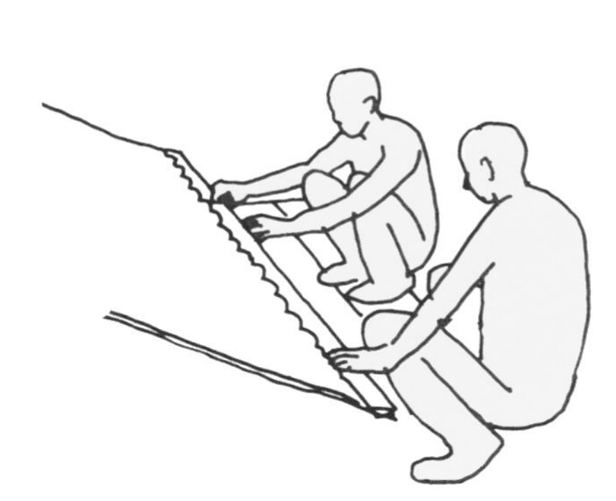

号垄

将各垄盖瓦（注意是盖瓦不是底瓦）的中点平移到屋脊扎肩灰背上，并做出标记。

宽边垄

在两坡边垄位置拴线、铺灰，各宽两趟底瓦、一趟盖瓦。硬山、悬山建筑，要同时宽好排山沟滴。披水排山作法中，要下好披水檐，做好稍垄。两端的边垄应平行，囊（瓦垄的曲线）要一致，边垄囊要随屋顶囊。在实际操作中，宽完边垄后应调垂脊，调完垂脊后再宽瓦。

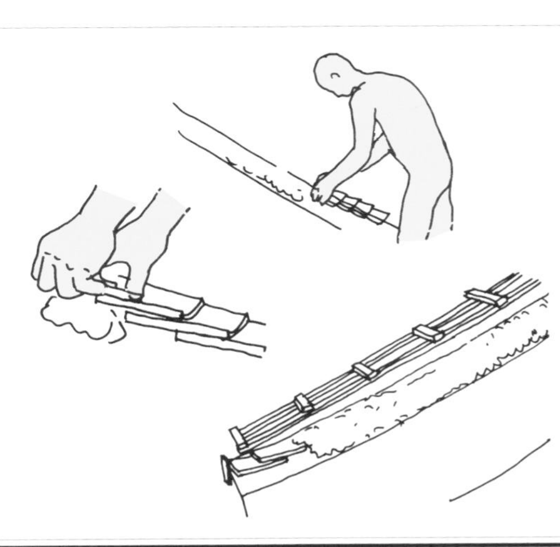

拴线

以两端边垄盖瓦垄“熊背”为标准，在正脊、中腰和檐头位置拴三道横线，作为整个屋顶瓦垄的高度标准。脊上的叫“齐头线”，中腰的叫“楞线”或“腰线”，檐头的叫“檐头线”。脊上与檐头的两条线又可统称为上下齐头线。

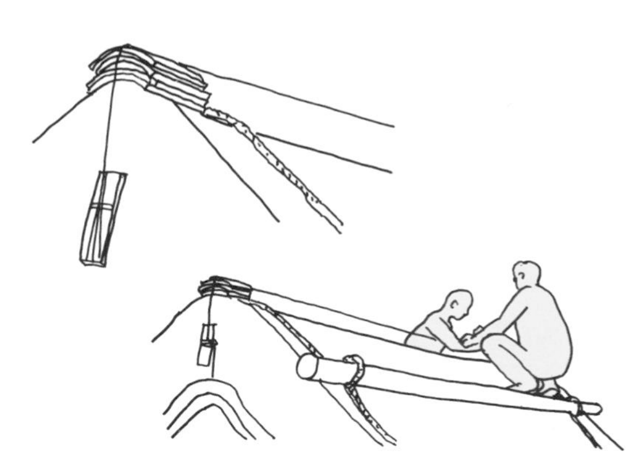

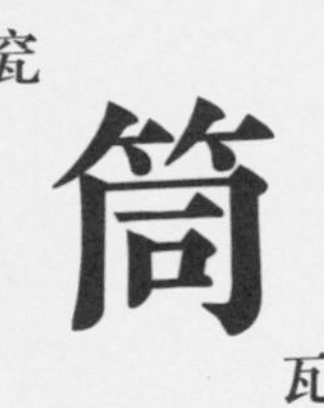

宽筒瓦

筒瓦屋面是布瓦屋面的一种，它以板瓦作底瓦，筒瓦作盖瓦。宽筒瓦的程序包括：审瓦、沾瓦、冲垄、宽檐沟头滴瓦、宽底瓦、宽盖瓦、捉节夹垄（裹垄、半捉半裹）、清垄、刷浆提色。

审瓦

在宽瓦之前应对瓦件逐块检查，这道工序叫“审瓦”。尤其是筒、板瓦更应严格检查。瓦件的挑选以敲之声音清脆，不破不裂，没有隐残者，敲之作“啪啪”之声的即为次品。外观应无明显曲扭、变形，无粘疤、掉釉等缺陷。颜色差异较大的，可用于屋面不明显的部分。在实际操作过程中，审瓦可随宽瓦过程进行。

沾瓦

用生石灰浆浸沾底瓦的前端（露头的一侧），沾浆的部分应占瓦长的 2 / 3。

冲垄是在大面积宽瓦之前先宽几垄瓦，实际上，“宽边垄”也可以看成是在屋面的两侧冲垄。边垄“冲”好以后，按照边垄的曲线（囊）在屋面的中间将三趟底瓦和两趟盖瓦宽好。如果宽瓦人员较多，可以再分段冲垄。这些瓦垄都必须以拴好的“齐头线”“楞线”和“檐口线”为标准。

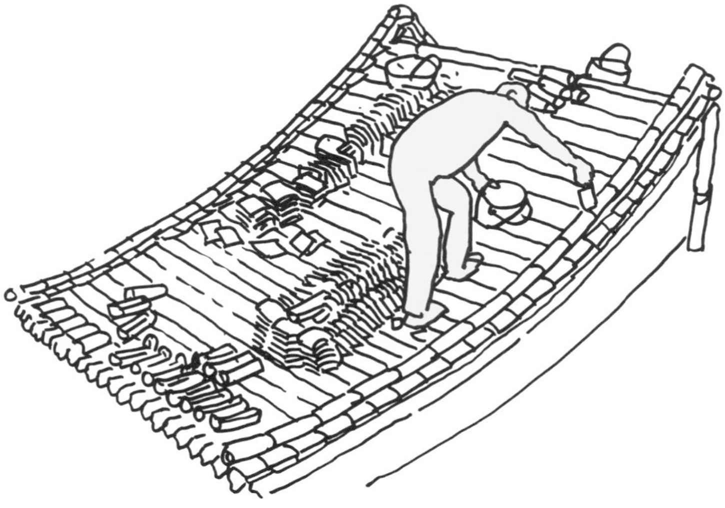

瓮檐沟头滴瓦

沟滴即勾头瓦和滴水瓦。瓮檐头勾头和滴水瓦要拴两道线，一道线拴在滴水尖的位置，滴水瓦的高低和出檐均以此为标准。第二道线即冲垄之前拴好的“檐口线”，勾头的高低和出檐均以此为标准。滴水瓦的出檐最多不超过本身长度的一半，一般在6~10厘米。勾头出檐为瓦头“烧饼盖”的厚度，就是说，勾头要紧靠着滴子，勾头的高低以檐线为准。

滴子瓦蛐蜒当。勾头之下，应放一块遮心瓦（可以用碎瓦片代替）。遮心瓦的作用是遮挡勾头里的盖瓦灰。

宽 **底** 瓦

1. 开线。先在齐头线、楞线和檐线上各拴一根短铅丝（叫作“吊鱼”），“吊鱼”的长度根据线到边垄底瓦翅的距离确定，然后“开线”，按照排好的瓦当和脊上号好垄的标记把线的一段拴在一个插入脊上泥背中的铁钎上，另一端拴一块瓦，吊在房檐下。这条瓦用线叫作“瓦刀线”。瓦刀线的高低应以“吊鱼”的底楞为准，如果瓦刀线的囊与边垄的囊不一致时，可在瓦刀线的适当位置绑上几颗钉子来进行调整。底瓦的瓦刀线应拴在瓦的左侧（盖瓦的时候拴在右侧）。

2. 宽瓦。拴好瓦刀线后，铺灰（或泥底瓦）。如用泥（指掺灰泥），还可在铺泥后再泼上白灰浆，此作法为“坐浆”。底瓦灰（泥）的厚度一般为 4 厘米。底瓦应窄头朝下，从下往上依次摆放。底瓦的搭接密度应能做到“三搭头”，又叫“压六露四”，即每三块瓦中，第一块与第三块能做到首尾搭头，或者说，每块瓦要保证有 6/10 的长度被上一块瓦压住。“三搭头”和“压六露四”的说法是指大部分瓦而言，檐头和靠近脊的部位则应“稀檐头密脊”，檐头的三块瓦一般只要“压五露五”即可，脊根的三块瓦常可达到“压七露三”（或“四搭头”）。底瓦灰（泥）应饱满，瓦要摆正，不得偏歪（俗称“侧偏”）。底瓦垄的高低和直顺程度都应以瓦刀线为准。每块底瓦的“瓦翅”，宽头的上楞都要贴近瓦刀线。

3. 背瓦翅。摆好底瓦以后要将底瓦两侧的灰（泥）顺瓦翅用瓦刀抹齐，不足之处要用灰（泥）补齐，“背瓦翅”一定要将灰（泥）“背”足、拍实。

4. 扎缝。“背”完瓦翅后，要在底瓦垄之间的缝隙处（称作“蛐蜒当”）用大麻刀灰塞严塞实，这一过程叫作“扎缝”，扎缝灰应能盖住两边底瓦垄的瓦翅。

5. 勾瓦脸，也叫“挂瓦脸”或“打点瓦脸”。即清垄后要用素灰将底瓦接头的地方勾抹严实，并用刷子蘸水勒刷。

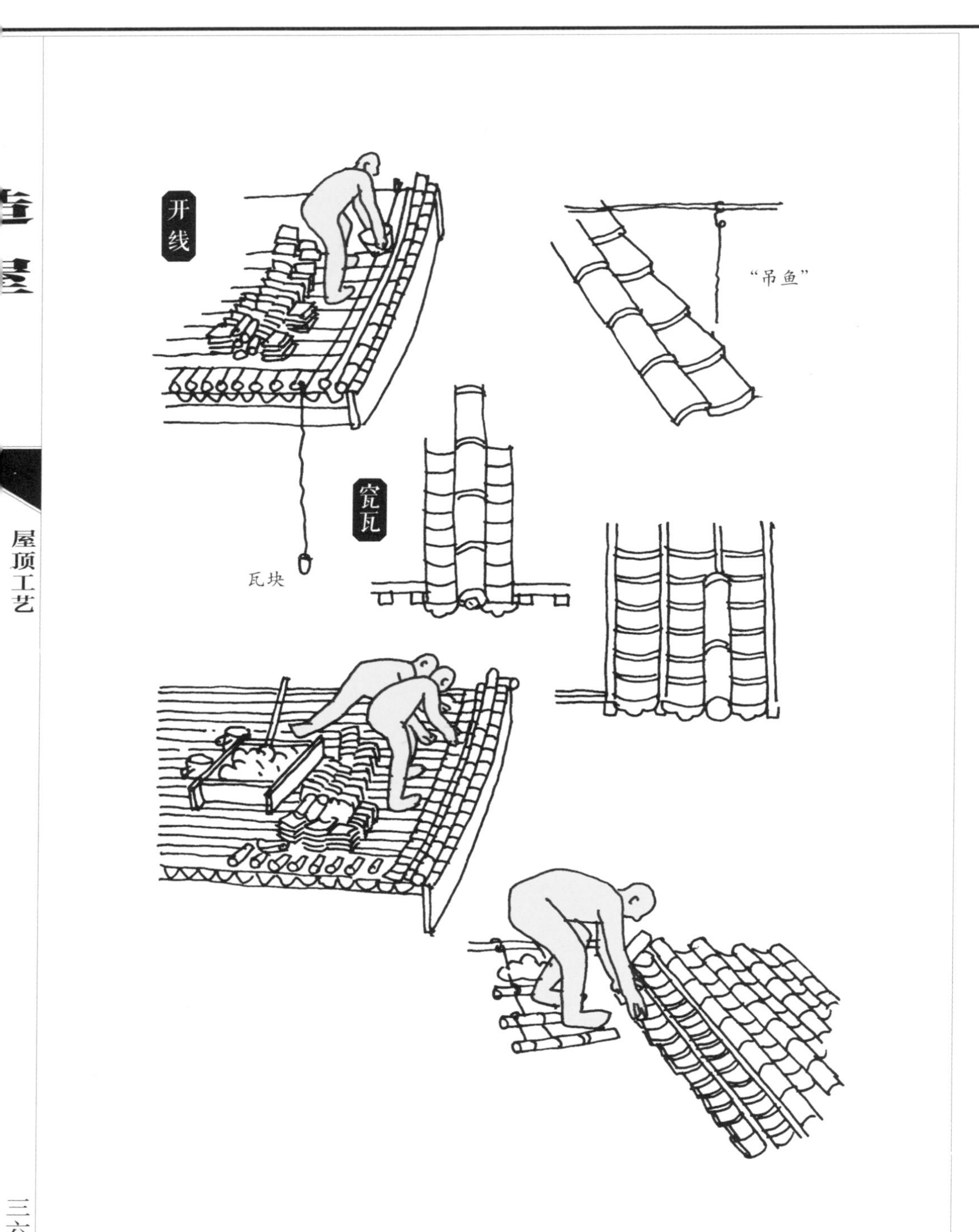
开线
"吊鱼"
瓦块
瓮瓦

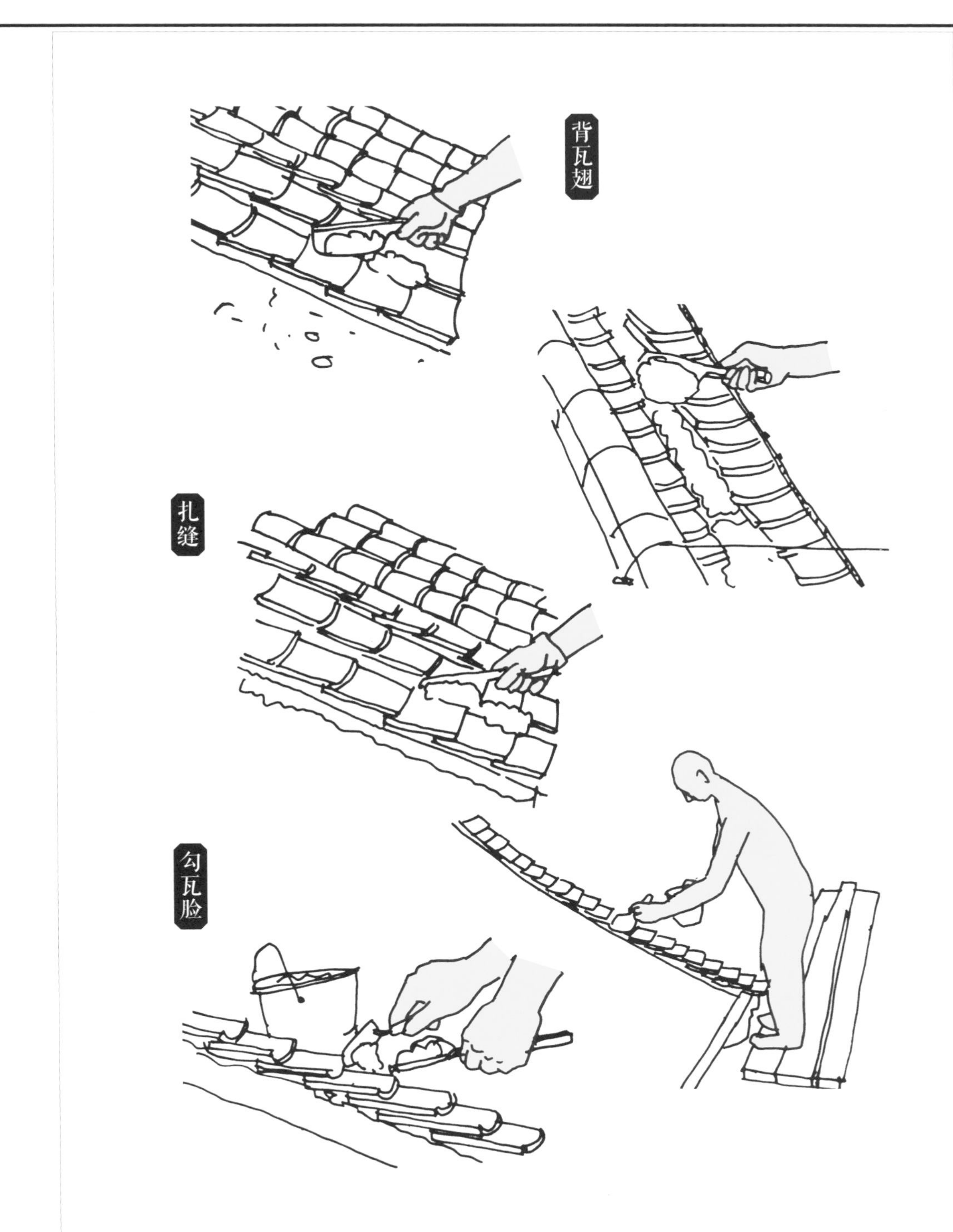
背瓦翅
扎缝
勾瓦脸

宽 盖 瓦

按楞线到边垄盖瓦瓦翅的距离调好“吊鱼”的长短，然后以吊鱼为高低标准“开线”。瓦刀线两端以排好的盖瓦垄为准。盖瓦的瓦刀线应拴在瓦垄的右侧(宽底应拴在左侧)，故此侧称为“细肋”。盖瓦灰应比底瓦灰稍硬，盖瓦不要紧挨底瓦，它们之间的距离叫“睁眼”。睁眼的大小不小于筒瓦高的1/3，盖瓦要熊头朝上，从下往上依次安放，上面的筒瓦应压住下面筒瓦的熊头，熊头上要抹“熊头灰”（又叫“节子灰”）。熊头灰使用月白灰，一定要抹足挤严。盖瓦垄的高低直顺都要以瓦刀线为准，每块盖瓦的瓦翅都应贴近瓦刀线。如果瓦的规格不十分一致，应特别注意不必每块都“跟线”，否则会出现一侧齐、一侧不齐的情况。工匠称此要领为“大瓦跟线，小瓦跟中”。

捉节夹垄、裹垄、半捉半裹

将瓦垄清扫干净后用月白灰在筒瓦相接的地方勾抹，这项工作叫“捉节”，然后用月白灰将睁眼抹平，叫“夹垄”。夹垄应分糙细两次夹，操作时要用瓦刀把灰塞严拍实。上口与瓦翅外楞抹平，叫作“背瓦翅”。瓦翅一定要“背严”“背实”，不得开裂、翘边，不得高出瓦翅，否则很容易开裂而造成渗水。夹垄时应将夹垄灰赶轧光实，下脚应直顺，并应与上口垂直。与底瓦交接处无小孔洞和多出的灰。

第二种作法为裹垄作法：用裹垄灰分糙、细两次抹，打底要用泼浆灰，抹面要用煮浆灰。现在两肋夹垄，夹垄时应注意下脚不要大，然后在上面抹裹垄灰，最后用浆刷子蘸青浆刷垄并用瓦刀赶轧出亮。垄要直顺，下脚要干净，灰要“轧干”，不得等干，至少要做到“三浆三轧”。赶光轧亮时不宜用铁撸子，否则会对灰垄质量产生不好的影响。

第三种作法是半捉半裹作法，介于第一种作法和第二种作法之间，仅将不齐的地方用灰补齐即可，整齐的部位仍用捉节夹垄作法。

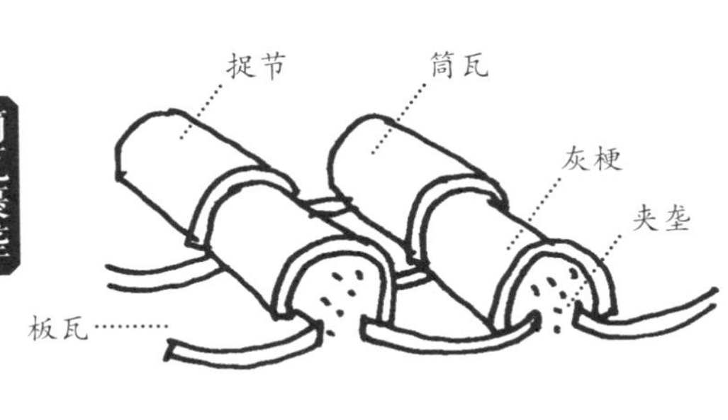

筒瓦裹垄

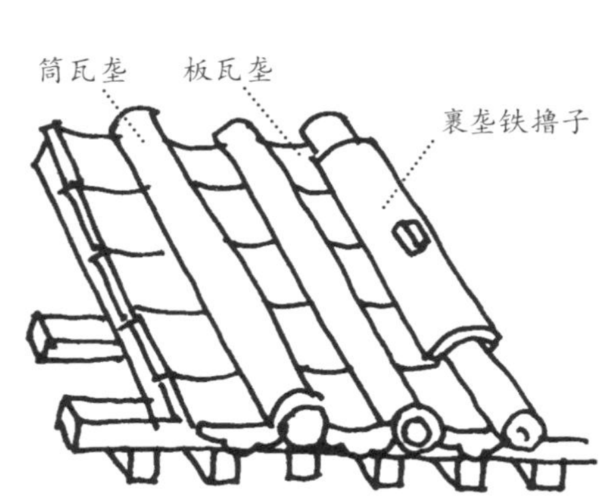

筒瓦捉节夹垄

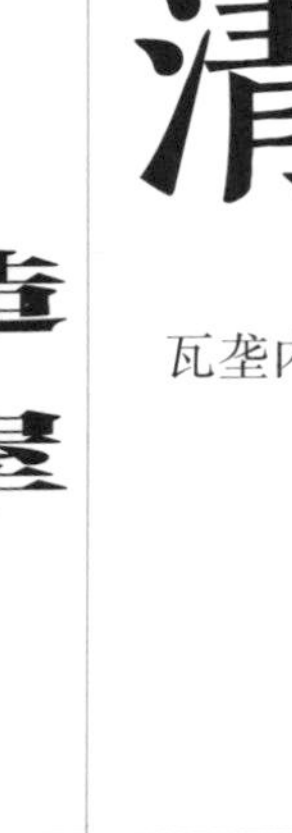

清垄

瓦垄内应清干净。

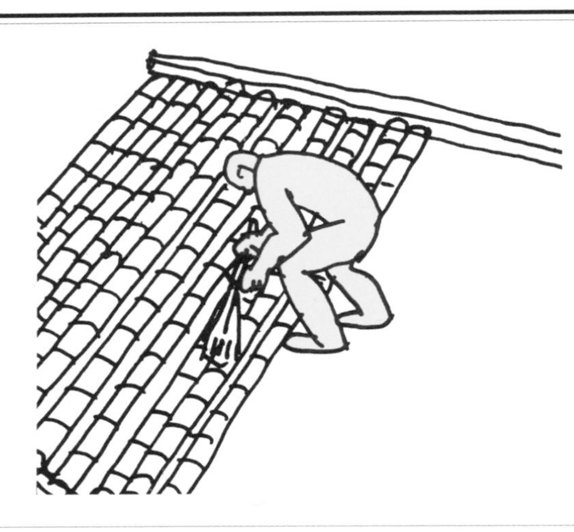

刷浆提色

宽完瓦后，整个屋面应刷浆提色。瓦面刷白灰浆，檐头、眉子、当沟刷烟子浆（内加适量胶水和青浆）。为保证滴水底部能刷严，可在宽瓦前沾瓦时就用烟子浆把滴子瓦沾好。

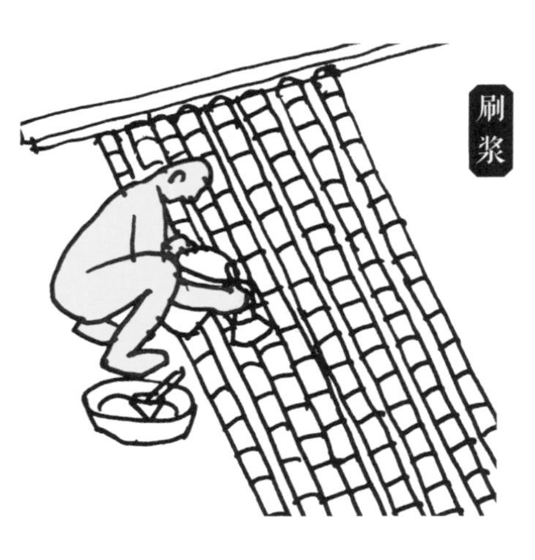

宽合瓦屋面的底瓦作法与筒瓦屋面的底瓦作法基本相同。

宽底瓦

1. 沾瓦。合瓦屋面的盖瓦也应沾浆，但应沾大头（露明面），也就是“底瓦沾小头，盖瓦沾大头”。除此之外，沾浆也略有区别。底瓦应沾稀白灰浆，而盖瓦应沾月白浆。

2. 冲垄。

3. 宽檐头瓦。合瓦屋面的檐头瓦叫作“花边瓦”，这同筒瓦的作法的檐头底瓦滴子瓦差别较大。另外，花边瓦之间不放遮心瓦。

4. 开线，宽底瓦。底瓦的搭接密度要注意做到“压六露四”（三搭头）；底瓦泥应饱满，瓦不得“侧偏”或“喝风”或偏歪；瓦翅要背严，蛐蜒当要“扎缝”，“瓦脸”要勾严。

宽盖瓦

合瓦屋面的盖瓦垄作法：

1. 拴好瓦刀线，在檐头打盖瓦泥，把花边瓦粘好“瓦头”。瓦头是事先预制的，它的作用是挡住蛐蜒当，若无预制的瓦头，可以用2~3块瓦圈在一起，放在两块底瓦花边瓦中间，前面用灰抹平。

2. 铺盖瓦泥，开始宽盖瓦。盖瓦与底瓦相反，要凸面向上，大头朝下。瓦与瓦的搭接密度也应做到“三搭头”。盖瓦的“睁眼”约为4厘米。瓦垄与脊根“老桩子瓦”搭接要严实。

3. 盖瓦宽完后在搭接处用素灰勾缝（“勾瓦脸”），并用水刷子蘸水勒刷（“打水槎子”）。

4. 夹腮。先用麻刀灰在盖瓦睁眼处糙刷一遍，然后再用夹垄灰细夹一遍。灰要堵严塞实，并用瓦刀拍实。夹腮灰要直顺，下脚应干净利落，无小孔洞，无多出的灰。下脚要与上口垂直，盖瓦上应尽量少沾灰，与瓦翅相交处要随瓦翅的形状用瓦刀背好，并用刷子蘸水勒刷，最后反复刷青浆和瓦刀轧实轧光。

5. 屋面刷青浆。檐头瓦不用烟子浆“绞脖”，也刷青浆。这与筒瓦屋面需在檐头绞脖的作法是不同的，应特别注意。

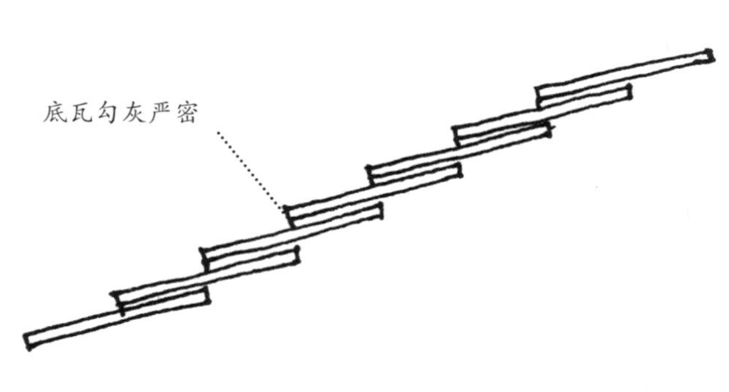

宽干槎瓦之前也应“审瓦”，但不“沾瓦”，此外还应加一道“套瓦”工序。干槎瓦屋面的分中、号垄、排瓦当比较简单，也不用在屋面上拴横线来控制瓦垄的高低。

套瓦

干槎瓦屋面所用的瓦料在规格上要求很严，因为它不像其他作法的底瓦垄之间有蛐蜒当而是紧密无间，所以如果同一垄中的瓦料规格不一样就无法操作。套瓦方法如下：将瓦料清点一遍，找出最有代表性的一种规格或几种规格的瓦件作为样板，再用样板瓦将所有的瓦件一一核对，和样板瓦规格误差在 0.2 厘米之内，就是可用的瓦料。可用的瓦料一定要分种分别堆放整齐并标明记号。如果经挑选，可用的瓦件总数仍然不够，可在被“淘汰”的瓦料中按上述方法重新挑选， 但应注意每种规格瓦料的数目最少不能少于一垄瓦的总数。在操作中，凡规格不一的瓦料，绝对不能在同一垄中使用，规格一样的应一次集中用，数量最多的，应用在最注目的地方。

背

干槎瓦屋顶苫背方法与普通瓦房的苫背作法基本相同，但应注意泥背应适当加厚，滑秸也应适当多加，以增强泥背的刚性。泥背坡度应适当加大，倾角一般应大于30度，操作中可以在脊上放扎肩瓦和抹扎肩泥。泥背囊要小，也可以不要囊。宽泥背应干透后再开始宽瓦。

分中、宽老桩子瓦

干槎瓦屋面的“分中”只需找出中间一趟瓦垄的中线，而不必找出边垄的中，也没有“号垄”和“排瓦当”这一程序，其瓦垄位置是通过宽老桩子瓦（脊上的两块）决定的。具体方法如下：

1. 在老桩子瓦的位置拴两道横线，作为老桩子瓦的高低标准，然后从屋面正中往两边宽，先放中间一垄的两块瓦，瓦下要放一块“枕头瓦”。中间一垄（第一垄）的两块老桩子瓦要大头朝下。

2. 放第二垄的两块瓦（不放枕头瓦）。先放一块大头朝下的，这块瓦应架在第三垄和第一垄的第一块瓦的瓦翅上。再放一块小头朝下的，这块瓦应盖住第一垄和第三垄的第二块。这一块小头朝下是为了使两垄瓦在脊上高低一致。除此而外，整个屋顶瓦垄的瓦都是大头朝下。

3. 第三垄和第一垄相同，第四垄和第二垄相同。以后如此循环。

4. 右边和左边对称，作法相同。第1、3、5、7……垄的瓦应在同一条横线上。第2、4、6、8……垄的瓦应在同一条横线上。相邻的两块瓦不在同一条横线上。宽好老桩子瓦以后，将各垄的中点平移至檐头木连檐或砖檐上。

宽瓦

干槎瓦宽瓦先拴“瓦刀线”，该线的上端以“老桩子瓦”的瓦翅为标准，下端以檐口瓦的瓦翅为标准，然后由下而上铺瓦泥灰宽瓦。檐口的第一块瓦叫“领头瓦”，设每垄的“领头瓦”为 A1、B1、C1、D1……其上的瓦为 A2、B2、C2、D2……要求 B1 架在 A1、C1 瓦翅上，B2 在 A2、C2 瓦翅上……瓦垄的搭叠，A2 应压住 A1 的 8/10，B2 应压住 B1 的 6/10，以上各瓦的前后搭接都按压住 6/10 进行搭叠。

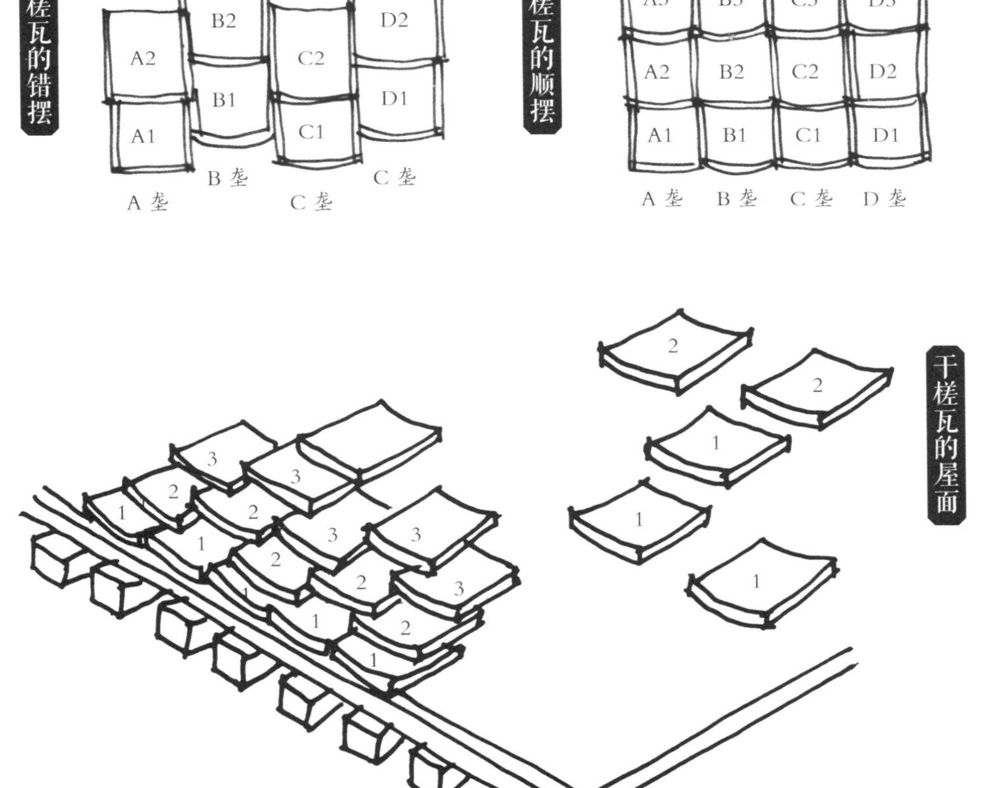

檐头捏嘴、堵燕窝

每垄领头瓦的瓦翅上要抹少许麻刀灰，做成三角接槎处。最后刷青浆、赶轧出亮。这一作法称为“捏嘴”。领头瓦下面的空隙要用麻刀灰堵严抹平，并刷青浆赶轧出亮，即“堵燕窝”。

正脊、垂脊

干槎瓦屋顶的正脊、垂脊是随宽瓦时一起做好的。正脊采用“扁担脊”，垂脊采用“披水梢垄”。

仰瓦灰梗

屋面不施盖瓦，以板瓦为底瓦，在两垄底瓦相交的瓦楞部位用灰堆抹出形似筒瓦垄、宽约 4 厘米的灰梗。

宽瓦

作法与合瓦或筒瓦屋面的底瓦作法基本相同，但瓦垄间的缝隙（“蛐蜒当”）应较小。

堆灰梗

用大麻刀月白灰顺着瓦垄之间的蛐蜒当从下至上堆抹出半圆形灰梗。堆抹出的半圆形灰梗宽约4厘米、高约5厘米。为确保质量，灰梗应分糙、细两次堆抹。第一次用泼浆灰“堆糙”并轧实，干至六七成时再用煮浆灰仔细地堆抹，堆出的灰梗应直顺，上圆下直。

刷浆赶轧

当灰梗表面干至六七成时，开始赶轧。每赶轧一次，都要先刷一遍青浆。赶轧时应将灰梗轧光、轧实、找顺，灰梗下脚应干净、利落、无“蛐蛐窝”和“嘟噜灰”，表面无露麻、开裂、翘边或虚软不实等现象。

屋面刷浆提色

先将整个屋面清扫干净，然后开始刷浆。整个屋面刷月白浆，檐头用烟子浆绞脖，脊部和砖檐也刷烟子浆。

屋脊的处理

仰瓦灰梗屋顶的屋脊作法一般都很简单，应在宽瓦和堆抹灰梗时一同做好。正脊可随屋面作法，前后坡的瓦面和灰梗在脊上相交。前后坡瓦的接缝处反扣一块板瓦盖住接缝，这块反扣的板瓦应删去四角，然后将脊上的灰梗堆成如筒瓦过垄脊的形状。正脊也可做成扁担脊。

正脊作法

正脊常见的作法有筒瓦过垄脊、鞍子脊、合瓦过垄脊、清水脊、皮条脊、扁担脊等。

筒瓦过垄脊

筒瓦过垄脊又称“元宝脊”，其作法如下：

1. 放“续折腰瓦”“梯子瓦”“枕头瓦”。根据扎肩灰上号好的盖瓦中，在每坡各垄底瓦位置各放一块“续折腰瓦”和两块底瓦，两块底瓦叫作“梯子瓦”，最下面的一块梯子瓦下面放一块凸面朝上横放的底瓦，而这块底瓦叫作“枕头瓦”（在宽瓦时撤去）。沿前、后坡各拴一道横线，横线要沿三块底瓦的中间通过，高度应比博缝上皮高一底瓦厚。然后以线作为标准检查每垄高低是否一致。

2. 将横线移至脊中开始“抱头”。将两坡最边上的底瓦（老桩子瓦）拿开，用麻刀灰放在两坡相交处，然后重新放好两块底瓦并用力一挤，使两块瓦碰头，并使灰从上边挤出来，即为“抱头”。抱头灰既可以增强两坡瓦的整体性，同时也可以增强正脊的防水性能。

3. 拴线铺灰，放“正折腰瓦”。沿脊中线在两坡相交的底瓦上再放一块“正折腰瓦”，用来挡住两坡底瓦之间的缝隙。

4. 拴线铺灰，宽“正罗锅”瓦沿脊中线在正折腰瓦之间（即筒瓦垄位置）宽“正罗锅”筒瓦。在“正罗锅”瓦的下面可接宽一块“续罗锅”瓦（前、后坡各一块）。

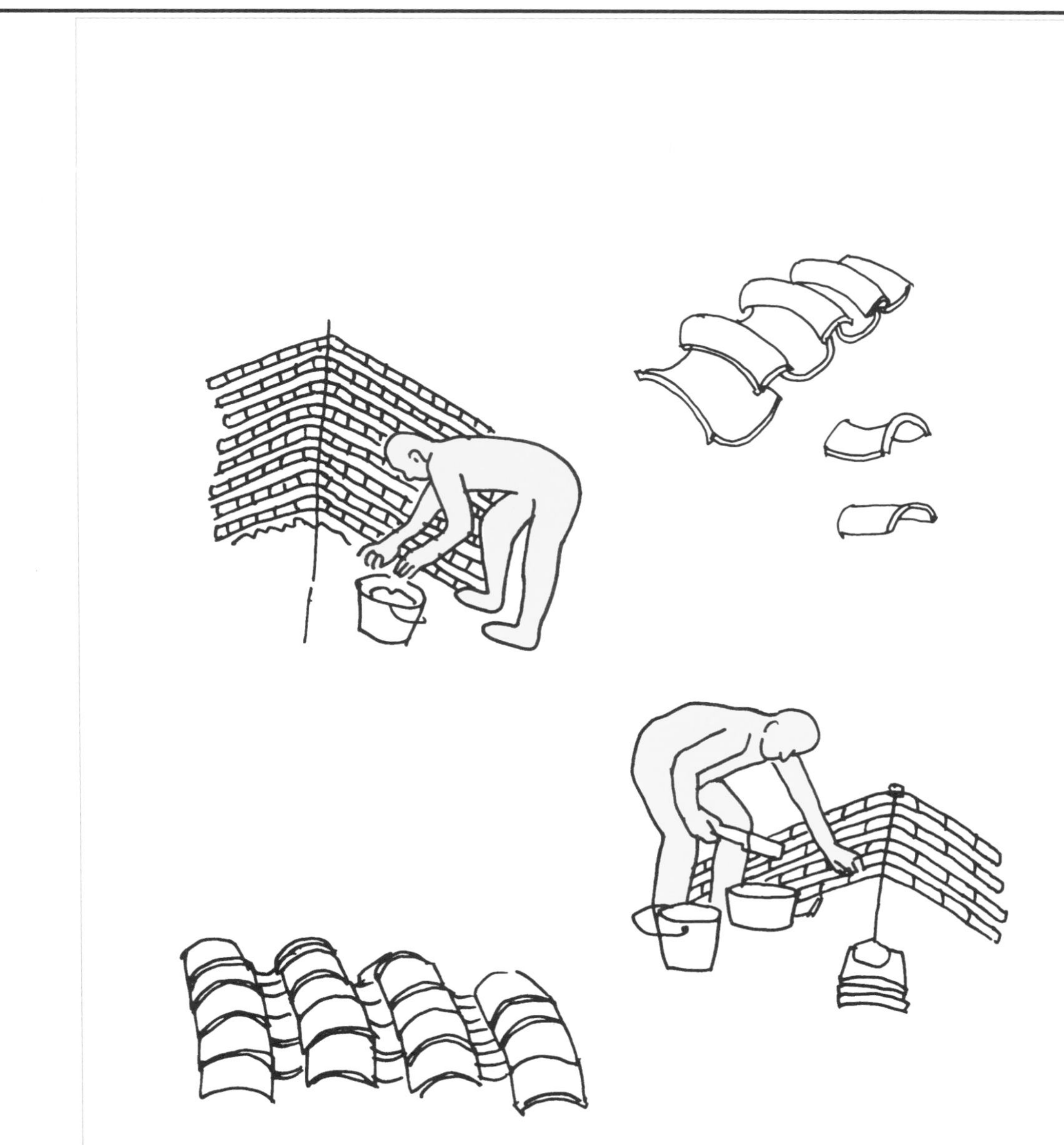

鞍子脊

鞍子脊仅用于合瓦（阴阳瓦）或局部合瓦（如棋盘心）屋面。其作法如下：

1. 在抹好的扎肩灰背上撒枕头瓦，摆梯子瓦。梯子瓦即每垄的底瓦，每坡用三块半。梯子瓦的高低位置依据拴好的横线控制，不合适时可挪动枕头瓦进行调整。横线的位置按两山博缝上皮再往上增加一块板瓦的厚度定位。梯子瓦的纵向位置应按照灰背上号好的盖瓦中确定。梯子瓦以后开始“抱头”，具体方法详见过垄脊作法。

2. 梯子瓦是摆放时的名称，做好后则叫作“底瓦老桩子瓦”。铺麻刀灰在两坡老桩子瓦相交处扣放“瓦圈”。瓦圈就是横向断开的弧形板瓦片。瓦圈不仅可以加强前、后坡底的整体性，还可以增强防水性能。

拴线铺灰，宽好盖瓦。每垄各宽两块，叫作“盖瓦老桩子瓦”。

3. 砌一块条头砖，卡在两边盖瓦中间，叫作小当沟条头砖，其上铺灰，放一块凹面向上的板瓦（小头朝前坡），这块瓦叫作仰面瓦。仰面瓦伸进两侧的脊帽子内。

4. 拴线铺灰，在两坡盖瓦相交处放一块盖瓦（大头朝前坡），这块瓦叫作“脊帽子”。

5. 在条头砖前后用麻刀灰堵严抹平，叫作“小当沟”。

6. 边垄与梢垄之间不做小当沟。两坡底瓦的接缝处可放一块折腰瓦，但习惯上只反扣一块普通板瓦，此瓦称为“螃蟹盖”。

7. 打点，赶轧，刷浆提色。

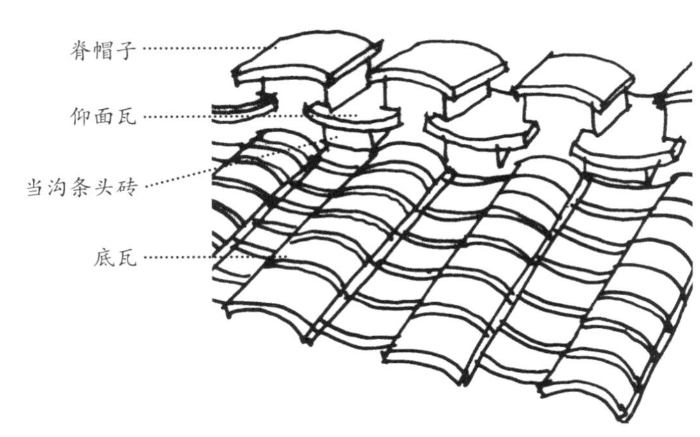

合瓦过垄脊

合瓦过垄脊作法与鞍子脊作法相似，但底瓦垄内不卡条头砖，也不作仰面瓦。前、后两坡的老桩子底瓦的交接处铺灰放一块折腰瓦。如果没有折腰瓦，可以用普通的板瓦代替。这块板瓦要横向反扣放置，为能与前、后坡的老桩子底瓦接缝严一些，这块反扣的板瓦要删掉四个角。因板瓦删掉四角后状如螃蟹的盖，故称为“螃蟹盖”。

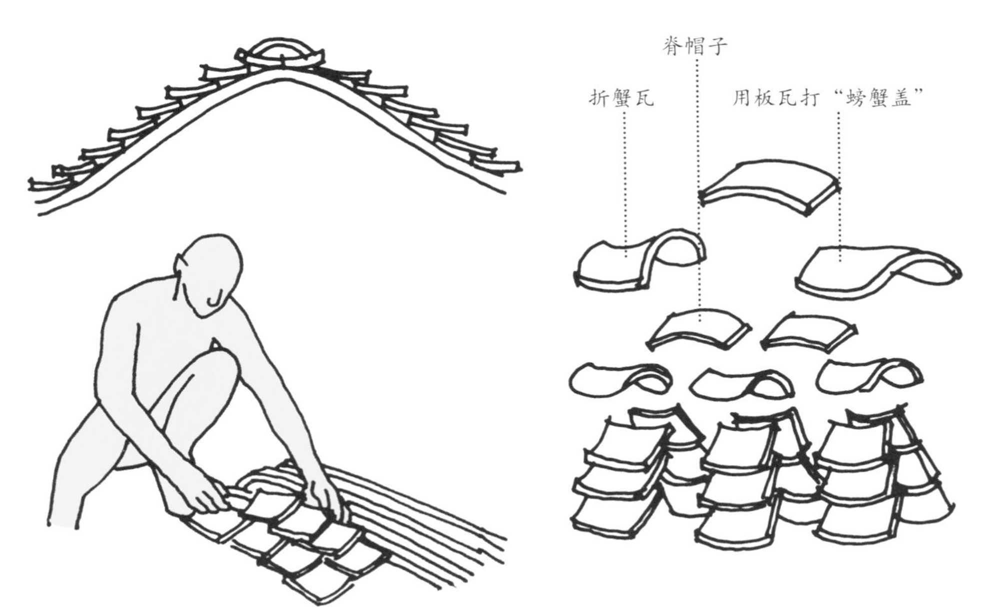

清水脊作法

清水脊主要是由砖瓦或砖的加工件堆砌而成，主要特点是将一条正脊分为高坡垄大脊和低坡垄小脊两个部分。具体作法如下：

1. 低坡垄小脊的作法

（1）将檐头两端分好的两垄底瓦和盖瓦的中点平移到脊上并画出标记。

（2）在两垄低瓦位置放三块“底瓦老桩子瓦”和一块“枕头瓦”，然后“抱头”，在抱头灰上安放瓦圈或者折腰瓦。

（3）在两垄盖瓦位置铺灰安放“盖瓦老桩子瓦”（梢垄用筒瓦）。

（4）在底瓦垄上砌条头砖与盖瓦找平，在盖瓦和条头砖上横着扣盖一层板瓦叫“蒙头瓦”，再在其上横扣一层蒙头瓦，两层蒙头瓦要错缝而砌，外端砌至梢垄外口。砌好后用麻刀灰将蒙头瓦与条头砖堵严抹平。

2. 高坡垄大脊的作法

（1）在脊尖上铺抹掺灰泥，并用两块瓦立着从前后坡相背挤压脊灰成“人”字形，这叫“扎肩瓦”。在扎肩瓦两边再铺灰扣一块瓦叫“压肩瓦”，然后在扎肩瓦和压肩瓦两侧抹一层扎肩灰，这就是宽高坡垄瓦的起点。

（2）在脊上找出屋面盖瓦的中心，并做出标记。

（3）由两端拴线，沿低垄小脊子中线靠里侧，砌放“鼻子”（或圭角）及盘子，这两者合称为“鼻子盘”或“规矩盘”。鼻子或圭角的外侧须与低坡垄里侧盖瓦中在一条垂直线上，盘子比鼻子再向外出檐半鼻子宽。

（4）在扎肩泥上安放底瓦老桩子瓦和枕头瓦，并用麻刀灰抱头，再用麻刀灰扣放瓦圈将两坡老桩子瓦卡住。

（5）在前后坡盖瓦垄上铺灰安放盖瓦老桩子瓦，用麻刀灰抱头。然后在底瓦垄的瓦圈上砌放一块条头砖卡在两垄盖瓦中间，在条头砖和盖瓦老桩子瓦上铺灰砌两层蒙头瓦，与盘子找平。蒙头瓦及条头砖的两侧用麻刀灰堵严抹平。

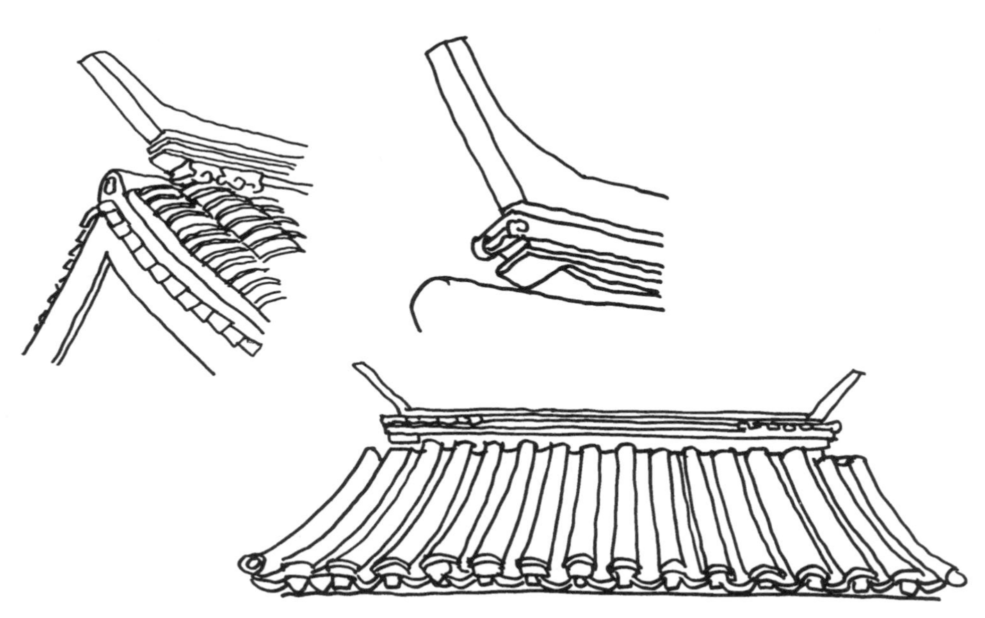

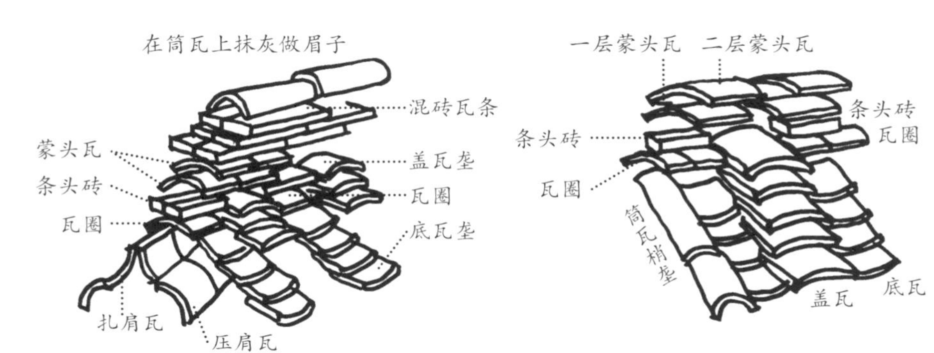

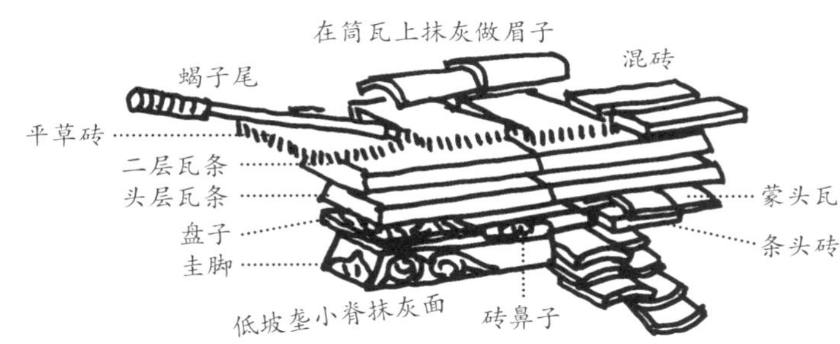

（6）在盘子和蒙头瓦上拴线砌两层“瓦条砖”，瓦条砖较盘子的出檐尺寸为本身厚度的1/2。如无瓦条砖可用板瓦代替。

（7）在高坡垄大脊两端的瓦条砖上，砌放“草砖”。平草砖两侧出檐为脊宽尺寸，端头出檐应至梢垄里侧底瓦中。

（8）在第三块平草砖之后拴线铺灰砌一层圆混砖，圆混砖与平草砖砌平。混砖出檐为其半径尺寸。

（9）最后在平草砖的方孔内插入蝎子尾，蝎子尾外端应与小脊子的吃水外皮处在一条垂直线上，蝎子尾与脊子水平线的角度一般为30°～45°，两端蝎子尾应在一条直线上，然后用砖和灰填塞洞口将蝎子尾压紧。在两端蝎子尾之间拴线，铺灰砌一层筒瓦，并用麻刀灰抹眉子。

（10）修理低坡垄小脊子和高坡垄当沟，在当沟与盘子相交处，从高坡垄至低坡垄用灰抹成“象鼻子”斜面。最后将眉子、当沟、小脊子刷烟子浆；檐头用烟子绞脖；混砖、盘子、圭角、草砖等刷月白浆。

皮条脊作法

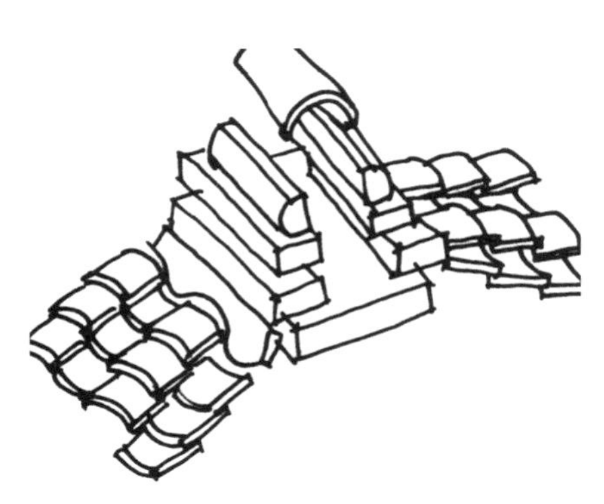

1. 在脊上瓦垄之间铺灰砌胎子砖，拽当沟。
2. 在胎子砖当沟上铺灰砌一层或两层瓦条，在瓦条上铺灰砌一层混砖。
3. 在混砖上坐灰扣放筒瓦，最后托眉子。

扁担脊作法

扁担脊是一种简单的正脊作法，多用于干搓瓦屋面、石板瓦屋面，也可用于仰瓦灰梗屋面。其作法如下：

1. 分中。底瓦坐中，往两山排垄。拉通线，按线坐灰摆放底瓦。如为干槎瓦或仰瓦灰梗，老桩子瓦即为扁担脊的底瓦。
2. 在两坡底瓦交接缝处坐灰扣放瓦圈。
3. 底瓦垄间坐灰扣放板瓦，这趟板瓦叫作“合目瓦”。由于“合目瓦”与底瓦一反一正相错放置，形同锁链图案，所以又叫作“锁链瓦”。锁链瓦的高低与出进均以线为标准进行安放。
4. 合瓦接缝处拴线坐灰扣放蒙头瓦。蒙头瓦之间，边与边紧贴，作法讲究做两层蒙头瓦。上层的一趟蒙头瓦接缝应与下面的一层接缝相错，成十字缝，这样可以增强脊的防水性能。
5. 最后在蒙头瓦上面和两侧抹大麻刀月白灰，勾“合目瓦”瓦脸，并刷青浆轧实轧光。

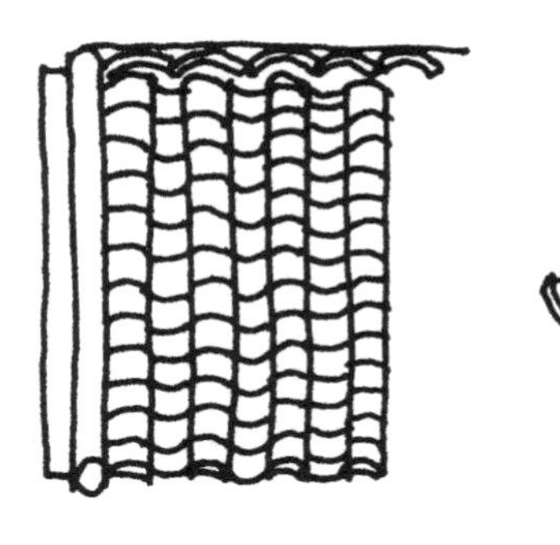

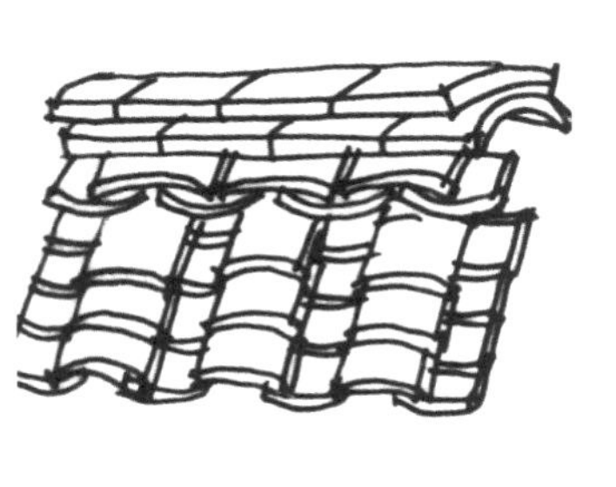

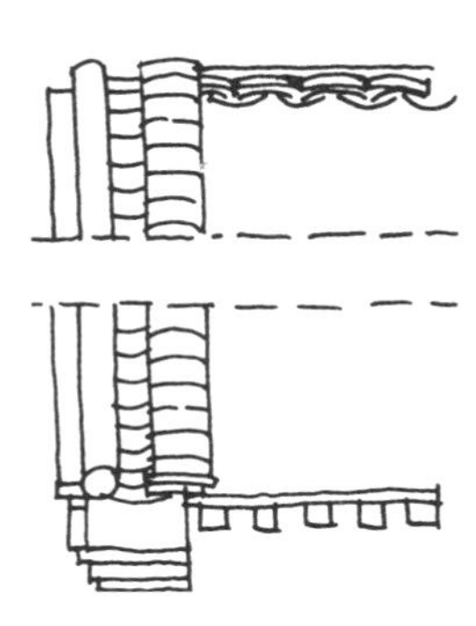

垂脊作法

铃铛排山脊作法

铃铛排山脊由排山勾滴（铃铛瓦）和排山脊两部分组成。具体作法如下：

1. 排山勾滴作法：先沿博缝赶排瓦口，拴线铺灰滴水瓦，拴线铺灰，铺砌勾头瓦。

2. 排山脊作法：当沟之上砌两层瓦条，瓦条之上砌混砖，混砖之上坐筒瓦，托眉子。排山脊做好后，要刷浆提色。

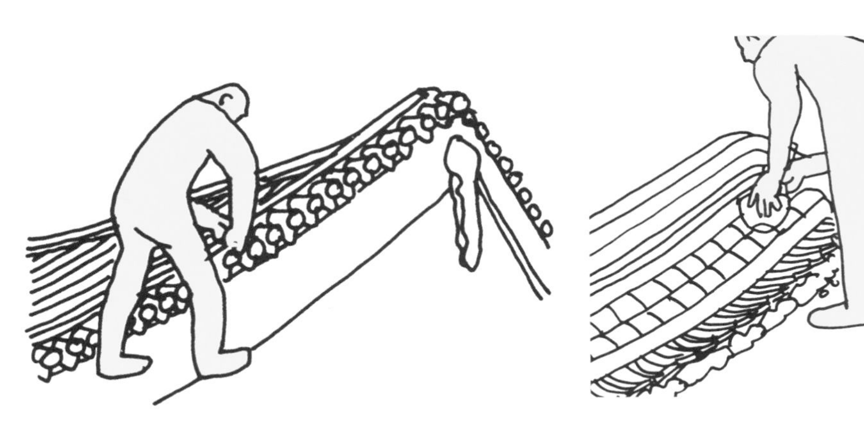

披水排山脊作法

披水排山脊是用披水砖取代铃铛瓦的一种箍头脊，它由披水砖檐和排山脊所组成。

1. 披水砖檐的作法。

先赶排披水砖，之后拴好披水砖的高低线和滴水线，砌披水砖，砌好后打点勾缝。

2. 排山脊的作法。

先将边垄与梢垄之间的底瓦垄用砖灰堵实填平，然后铺砌边垄盖瓦和梢垄筒瓦。铺灰砌胎子砖，砖两侧砌当沟，上口水平。之后在当沟之上用灰找平，砌里外两侧的头层瓦条，中间空隙用灰填满。再在圭角和头层瓦条上铺灰砌二层瓦条。在脊身二层瓦条上铺灰砌一层混砖，在脊端头二层瓦条上安放盘子。再在脊身混砖上铺灰扣放一块筒瓦，在脊端头安放斜猫头瓦，最后在其上托眉子，眉子两边做眉子沟。

披水梢垄作法

严格来讲，披水梢垄不能算是垂脊，而是位于垂脊位置，但又不做脊的作法。披水梢垄的具体作法是：在博缝砖上“下”披水砖，然后在边垄底瓦和披水砖之间宽一垄筒瓦。无论瓦面是何作法，这垄瓦都宽筒瓦，此垄筒瓦叫作梢垄。最后打点、赶轧、刷浆提色。

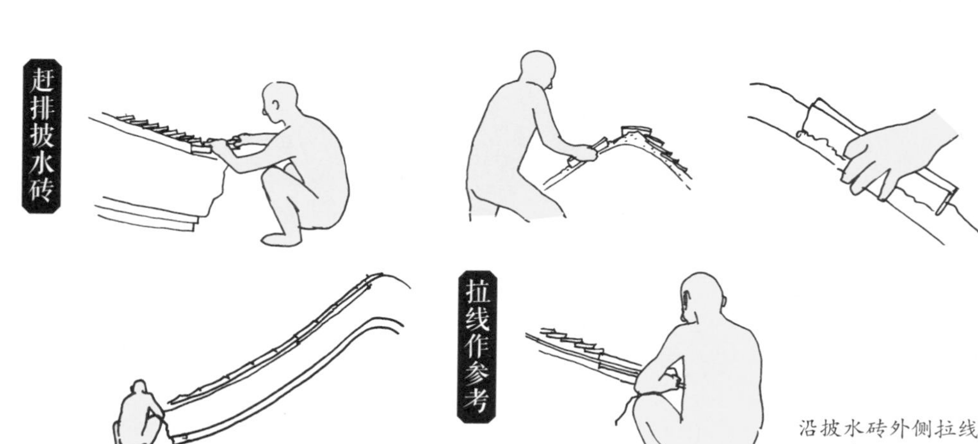

沿披水砖外侧拉线与垂脊平行

垂脊作法

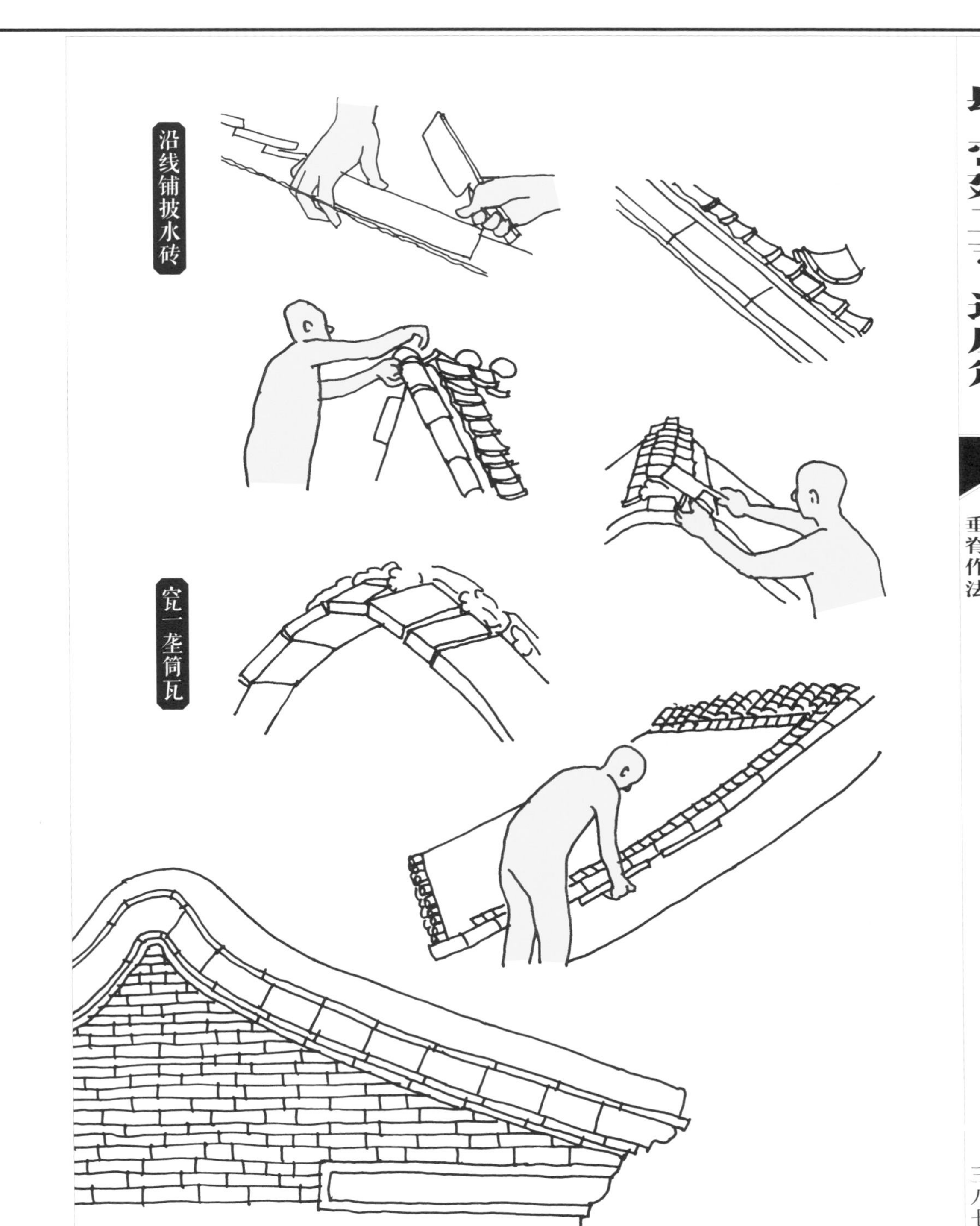

装修工艺

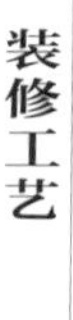

槛框安装

中国传统建筑的门窗都是安装在槛框里面的。槛框是古建门窗外框的总称，它的形式和作用，与现代建筑木制口框相类似。槛框的制作和安装，往往是交错进行的。一般是在槛框画线工作完成之后，先做出一端的榫卯，另一端将榫锯解出来，先不断肩，安装时，视误差情况再断肩。槛框的安装程序一般是先安装下槛(包括安装门枕石在内)，然后安装门框和抱框，然后依次安装中槛、上槛、短抱框、横披间框等件。槛框安装完毕后，可接着安装连楹、门簪等。

中槛、门框、门簪构造示意图

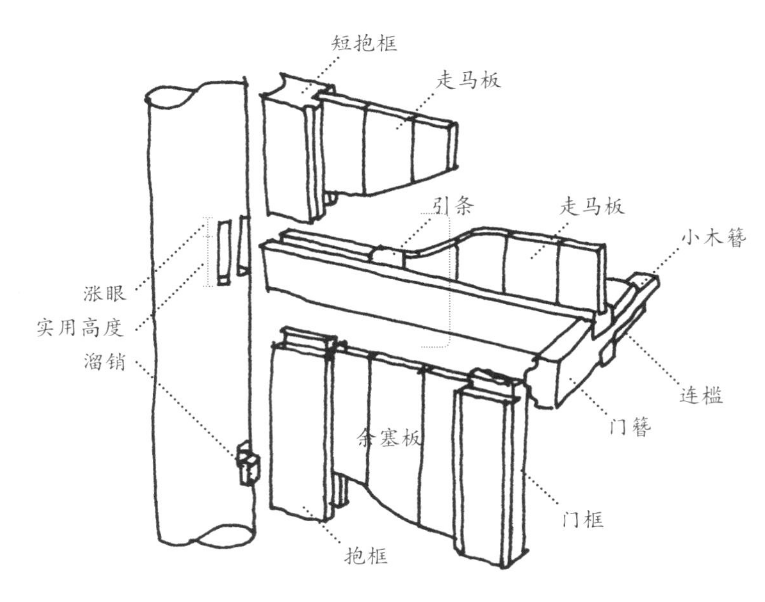

制作与安装下槛

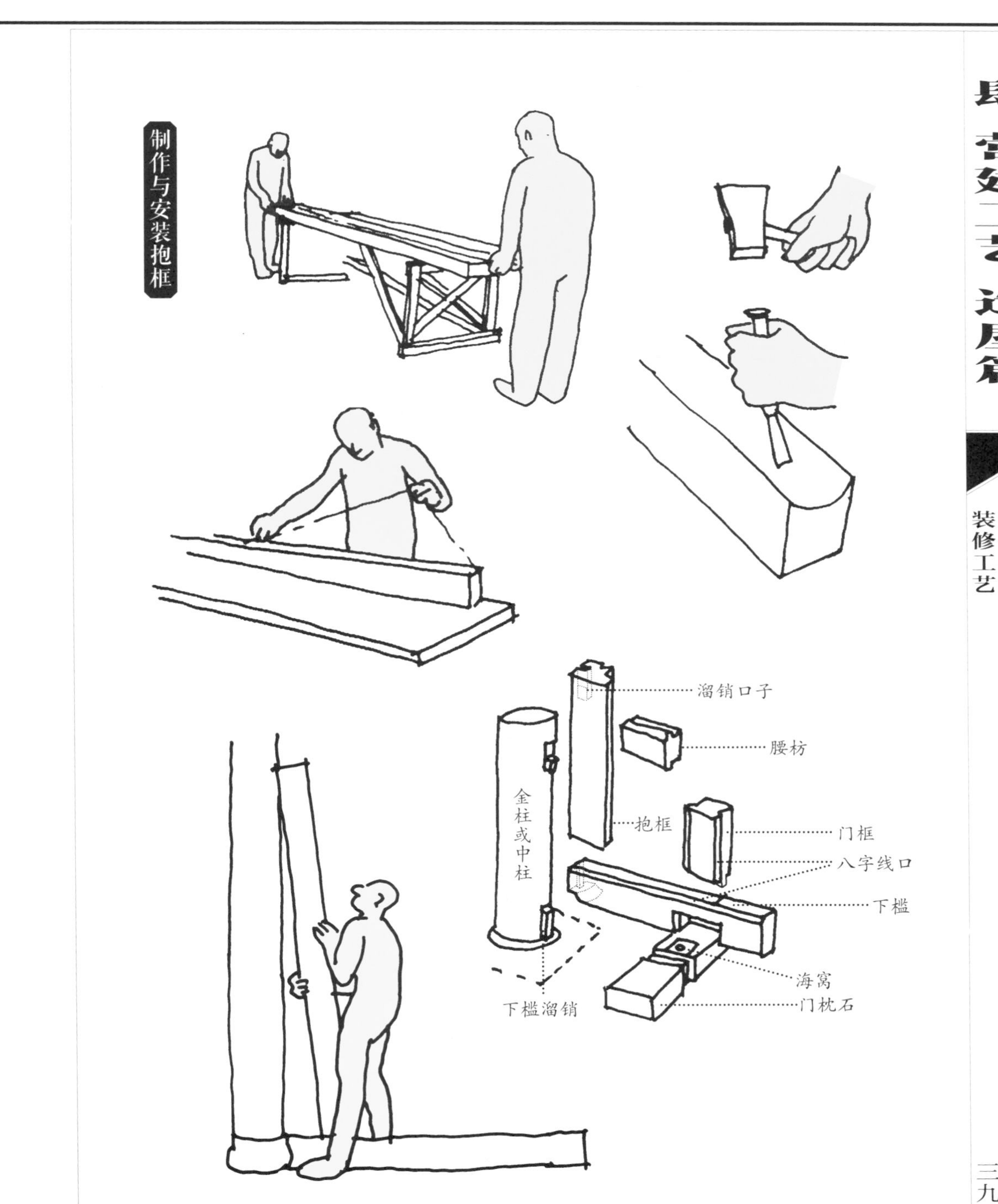
制作与安装抱框
溜销口子
腰枋
金柱或中柱
抱框
门框
八字线口
下槛
海窝
门枕石
下槛溜销

安装中槛

横槛倒拖法安装

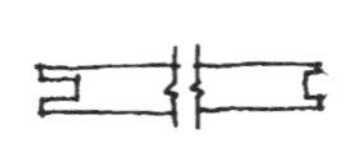

（1）横槛两端榫作法

（2）按榫头长分别在柱上凿眼

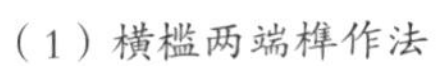

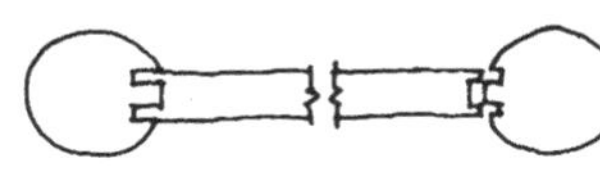

（3）安装时，先插入长榫一端

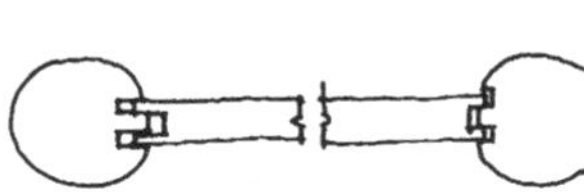

（4）向反向拖回，使短榫入卯长榫间空隙用木块塞严

安装短抱框

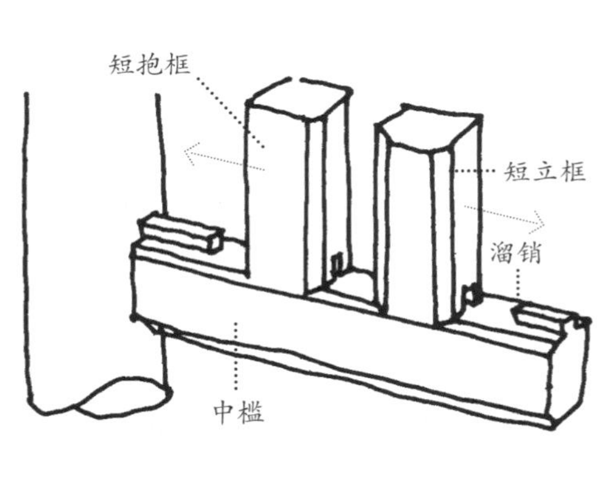

隔扇横披槛框构造示意图

实榻门

实榻门是用若干块厚木板拼攒起来，凭穿带锁合为一个整体的。板与板之间裁做龙凤榫或企口缝。常见的穿带方法有两种：一种为穿明带作法，即在板门的内一面穿带，所穿木带露明；另一种作法是在门板的小面居中打透眼，从两面穿抄手带，所穿木带不露明，板门正反两面都保持光平的镜面。

实榻门构造

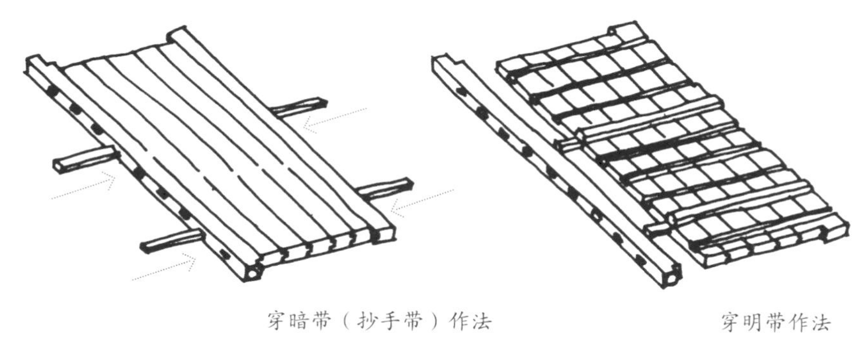

穿暗带（抄手带）作法　　穿明带作法

实榻门的制作

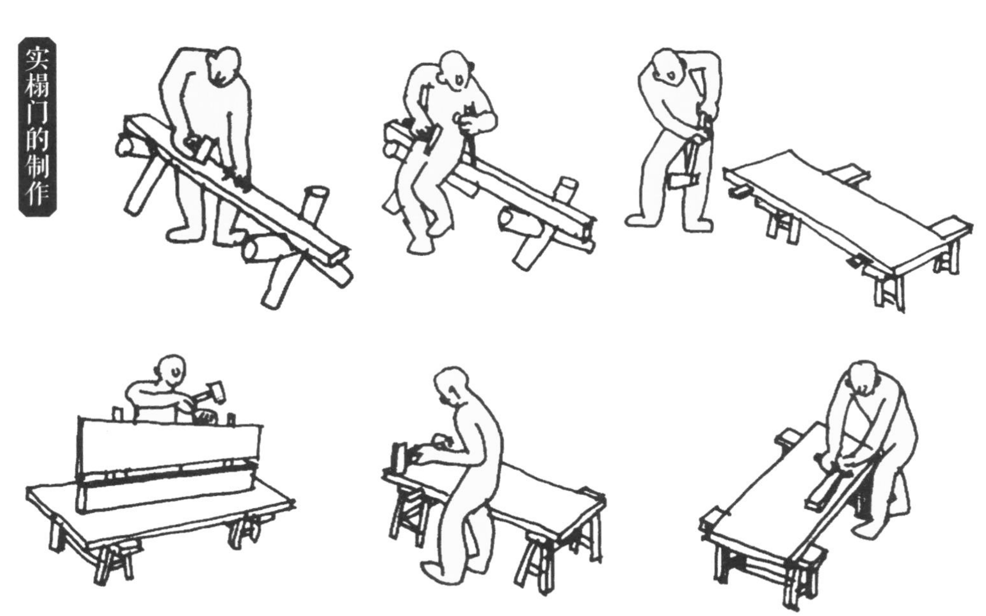

攒边门

制作攒边门时，应按门扇大小及边框尺寸画线，首先将门心板用穿带攒在一起，穿带两端做出透榫，在门边对应位置凿眼。门边四框的榫卯做大割角透榫。榫卯做好后，将门心板和边框一起安装成活。

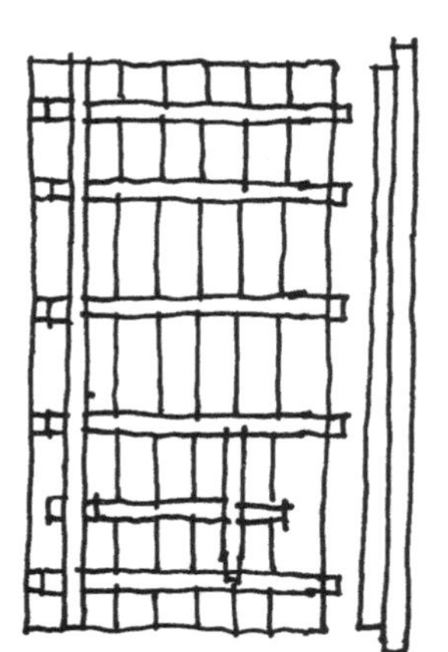

撒带门

撒带门的制作方法同攒边门，须留出上下掩缝及侧面掩缝，按尺寸统一画线后，先将门心板拼攒起来。与门边相交的一端穿带做出透榫，门边对应位置做透眼，分别做好后一次拼攒成活。

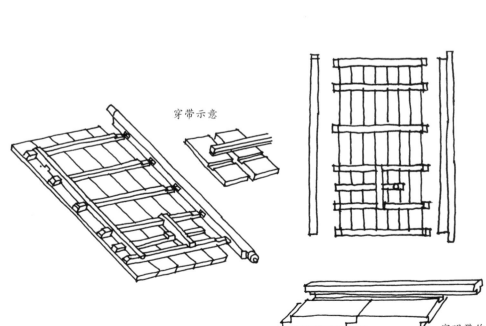

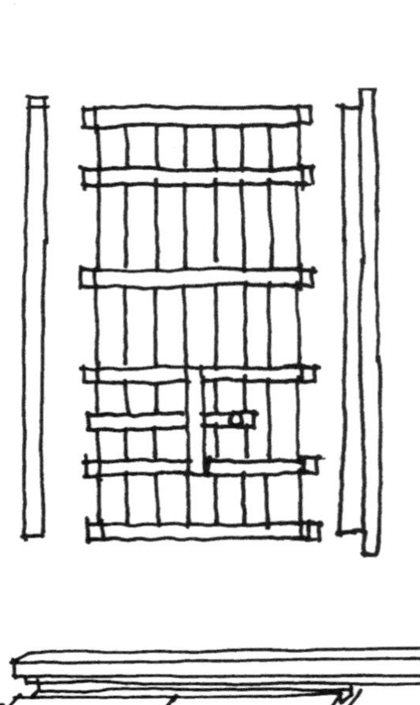

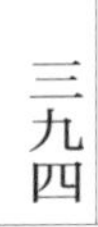

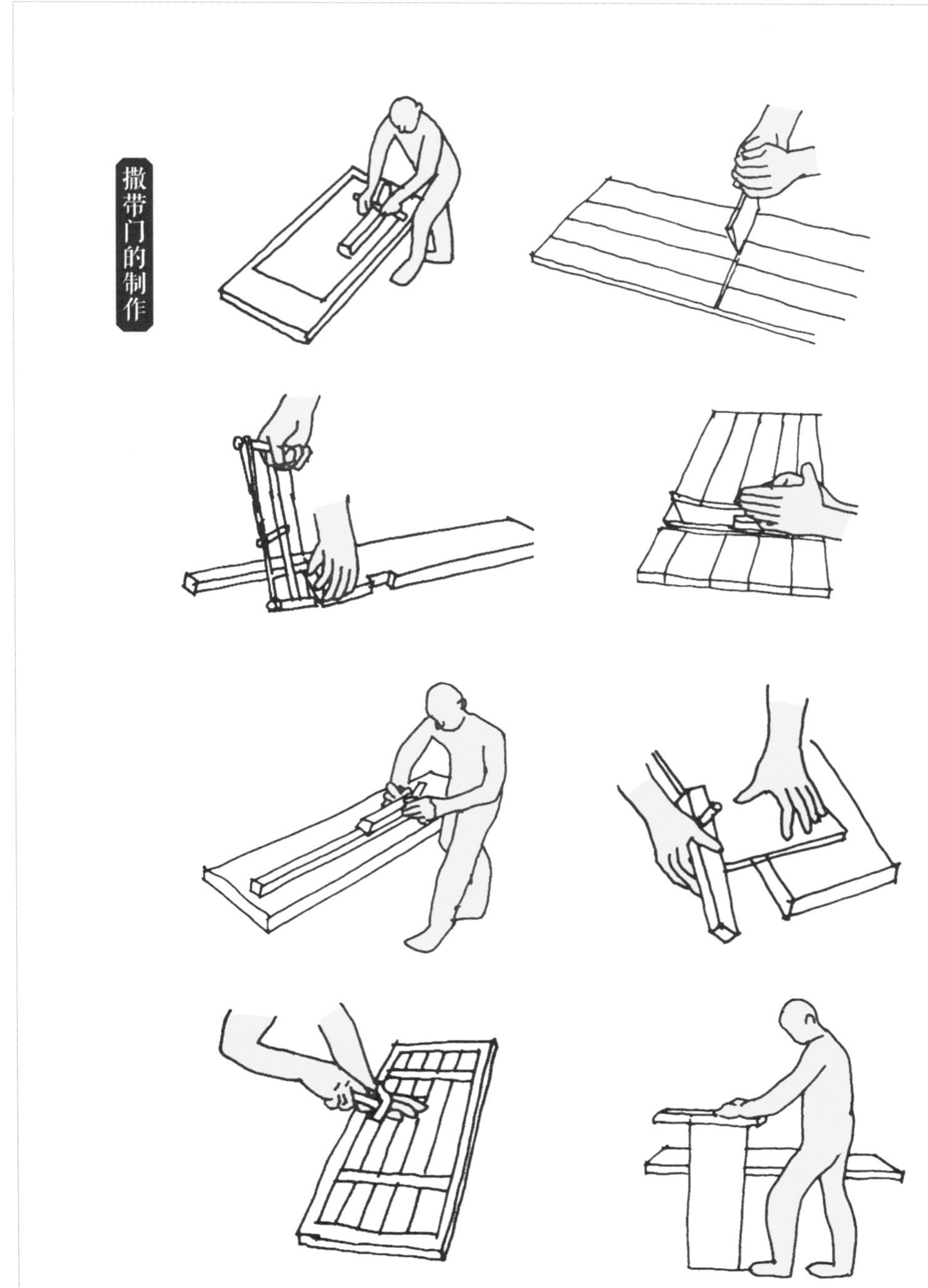

撒带门的制作

屏门

屏门通常是用一寸半厚的木板拼攒起来的，板缝拼接除应裁做企口缝外，还应辅以穿带。屏门一般穿明带，带穿好后，将木带高出门板部分刨平。屏门没有门边门轴，为固定门板不使散落，上下两端要贯装横带，称为"拍抹头"，作法是在门的上下两端做出透榫。按门扇宽备出抹头，以45度拉割角，在抹头对应位置凿眼，构件做好后拼攒安装。屏门的安装方式与前三种门不同，是在门口内安装，因此上下左右都不加掩缝。

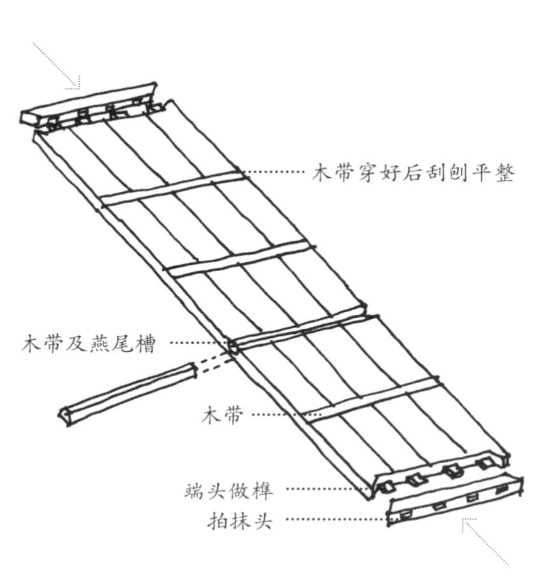

隔扇 槛窗

制作窗框

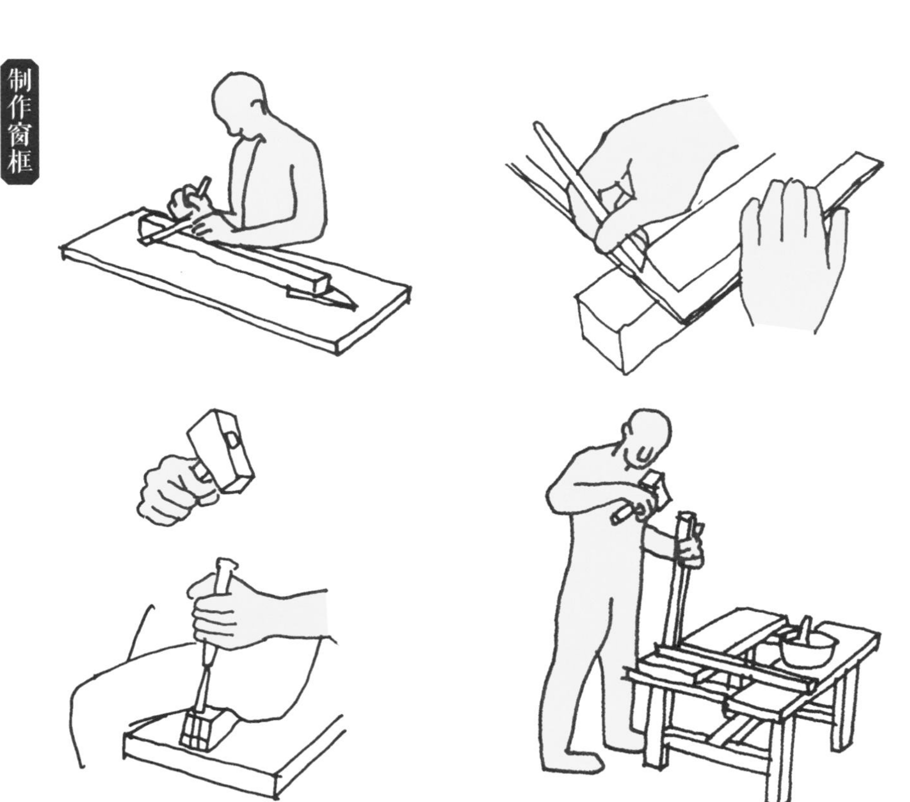

根据尺寸加工规格木料，木料长度应留出适当的余量，配好的木料分类码放待用。根据尺寸及样板在规格木料上画卯口、榫肩膀、裁口及造型线，按线进行加工。之后将净活后的散件按部位组装成型。裙板和绦环板的安装方法，是在边挺及抹头内面打槽，将板子做头缝榫装在槽内，制作边框时连同裙板、绦环板一并进行制作安装。隔扇槛窗边框内的隔心，是另外做成仔屉，凭头缝榫或销子榫安装在边框内的。一般的棂条隔心则是通过在仔屉边梃上栽木销的办法安装的。隔扇、槛窗都是凭转轴作转动枢纽的。转轴上端插入中楹的连楹内，下端插入单楹内，两扇隔扇或槛窗关闭以后，内一侧用拴杆拴住。

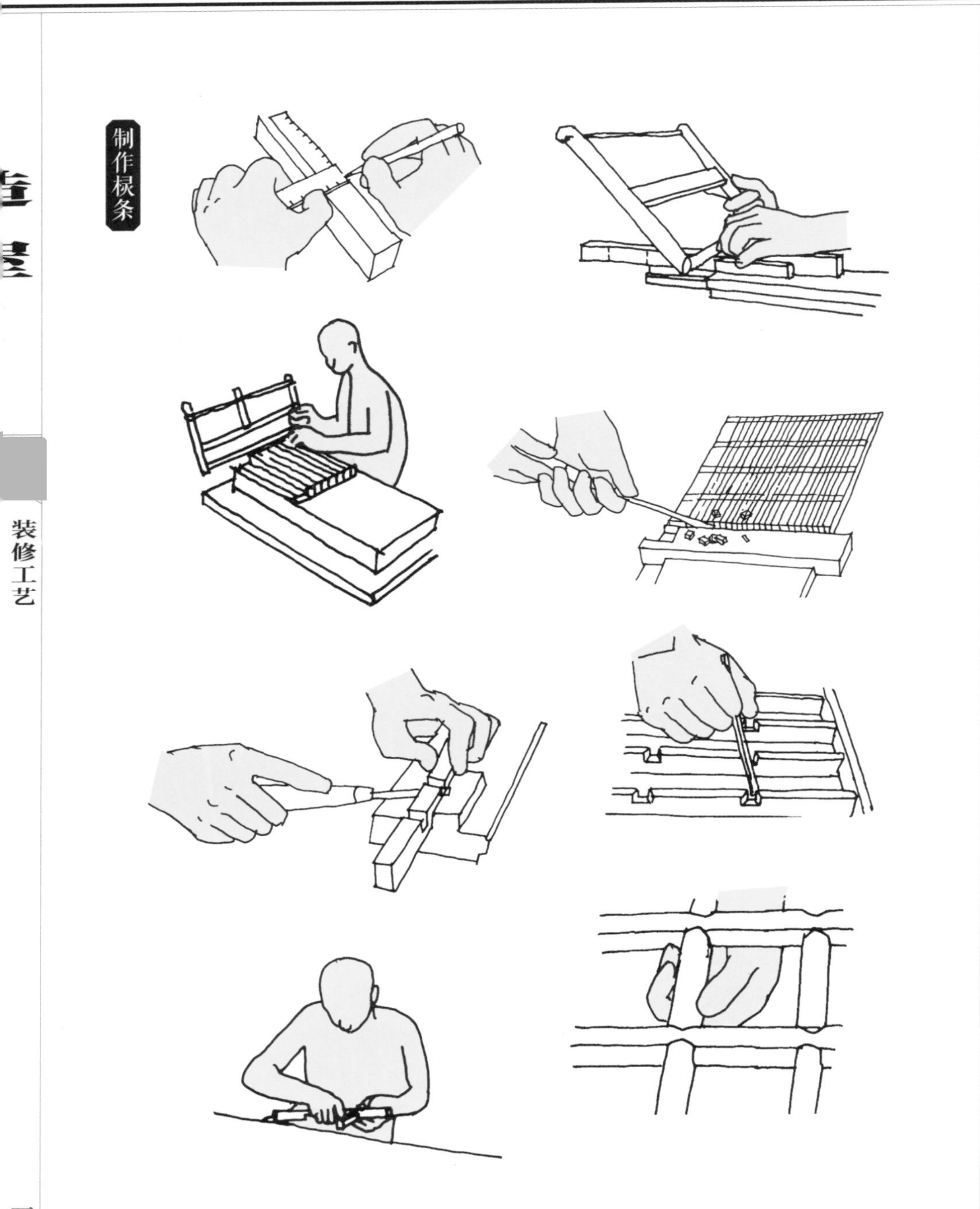
制作棂条

制作裙板

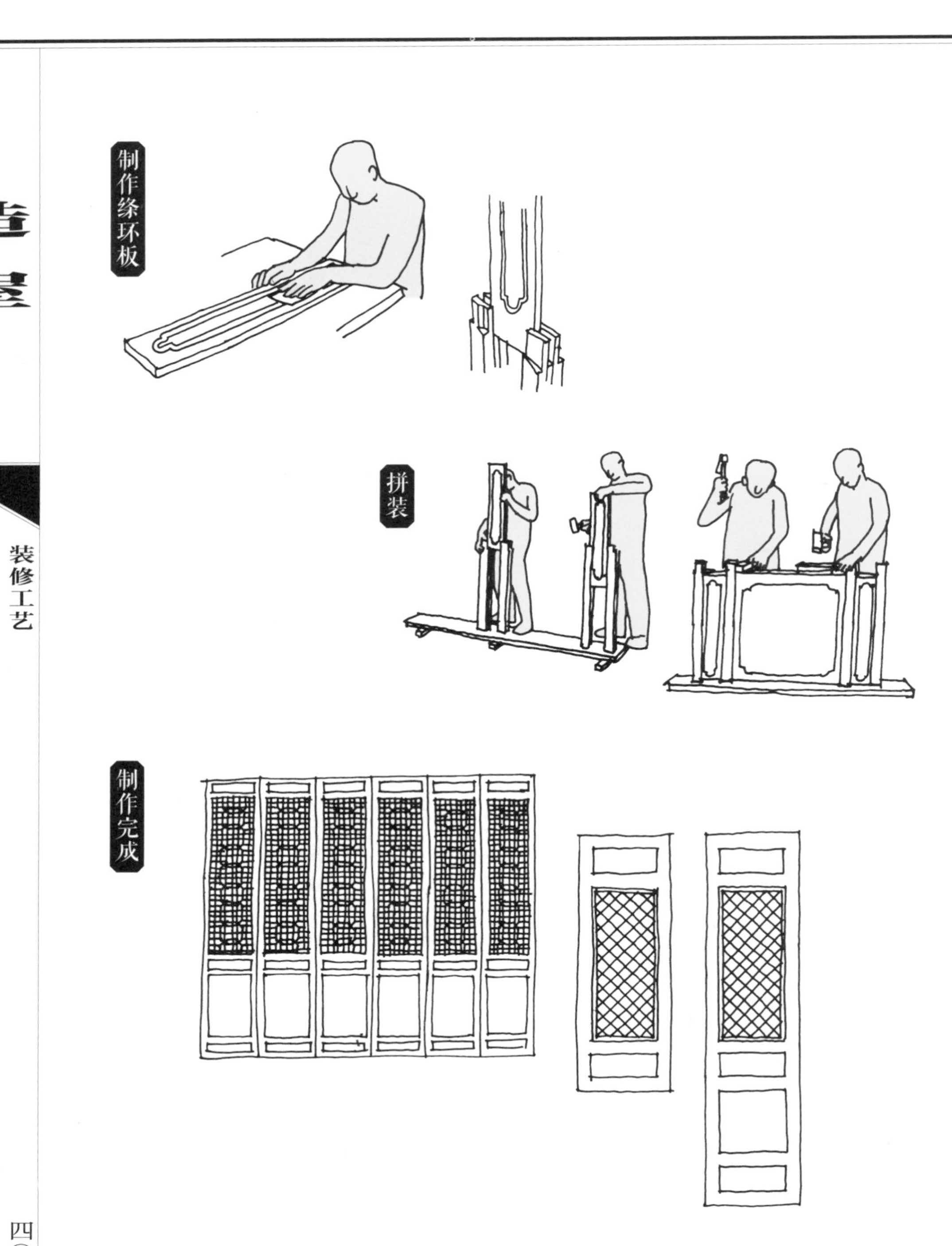
制作绦环板
拼装
制作完成

风门 支摘窗

风门作法与隔扇基本相同。

支摘窗一般体量较小，由边框和棂条花心组成。棂条花纹简单的支摘窗，可将棂条和边框安装在一起（如十字棂、豆腐块一类）。棂条比较复杂的（如冰裂纹、龟背锦等）可将棂条花心部分做成仔屉，凭木销安装在外框之内，以便棂条损坏后进行修整。风门、支摘窗的安装，应遵循古建木装修可任意拆安移动的原则，在一般情况下都不使用钉子，用木销或铁销安装固定窗扇。

牖窗 什锦窗

牖窗、什锦窗主要由筒子口、边框和仔屉三部分组成。筒子口是最外圈的口框。什锦窗的制作，首先应按照图样放出一比一足尺大样，按大样套出外框及仔屉的样板、按样板制作外框、筒子口框及仔屉，构件制成之后，将边框、筒子口与仔屉组装成整体待安。什锦窗的安装要在墙体砌到下碱以上时进行。各种形状的什锦窗在墙面上的高度，应以什锦窗的中心点为准，不能以窗上皮或下皮为准，窗间距离也应以中心点为准进行排列。

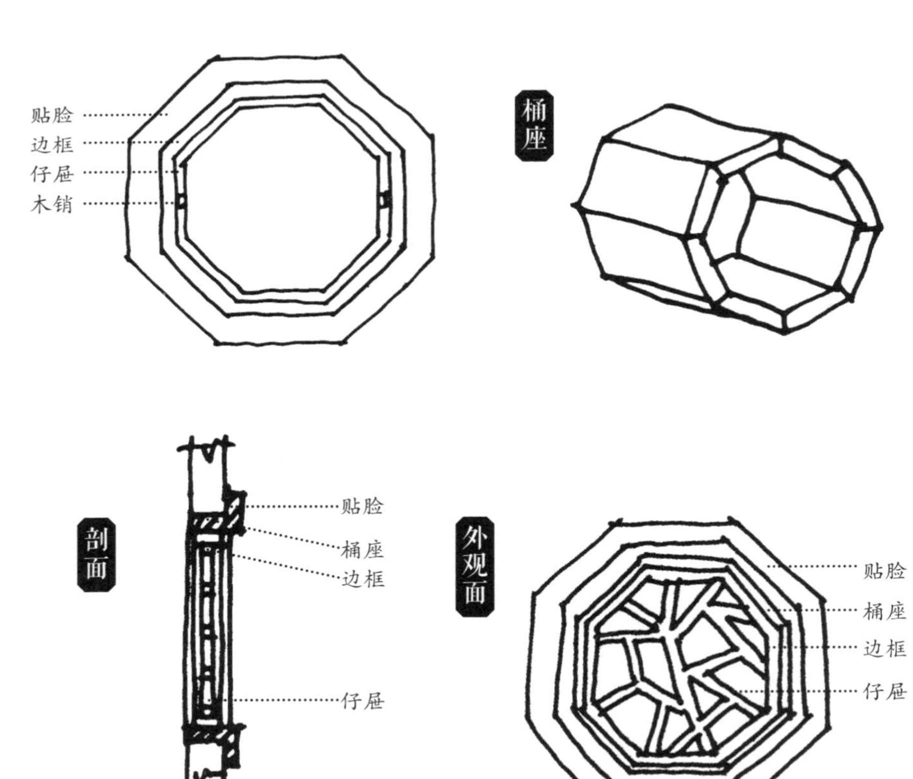

栏杆 楣子

在通常情况下是将栏杆、楣子做好以后整体进行安装的，但有时为了安装时操作方便，也可做成半成品。比如，栏杆的望柱与建筑檐柱间相结合的面是凹弧形面，安装时需要将栏杆的半成品运抵现场后，用长木杆掐量柱间实际尺寸画在栏杆上，以确定望柱外侧抱豁砍斫的深度。然后将望柱退下来，进行砍抱豁剔溜销槽等工序的操作。然后再将望柱与栏杆组装在一起，在柱子对应位置钉上或栽上溜销，用上起下落法安装入位。楣子与柱子接触面较小，不用此法，可直接掐量尺寸，过画到楣子上，稍加刨砍整修即可进行安装。

制作部件

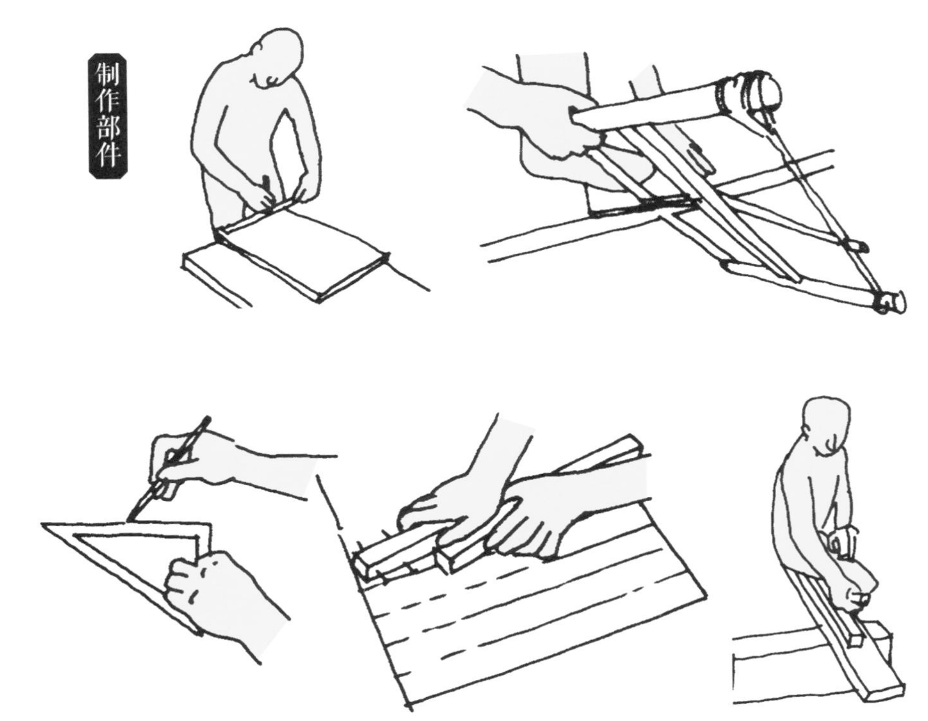

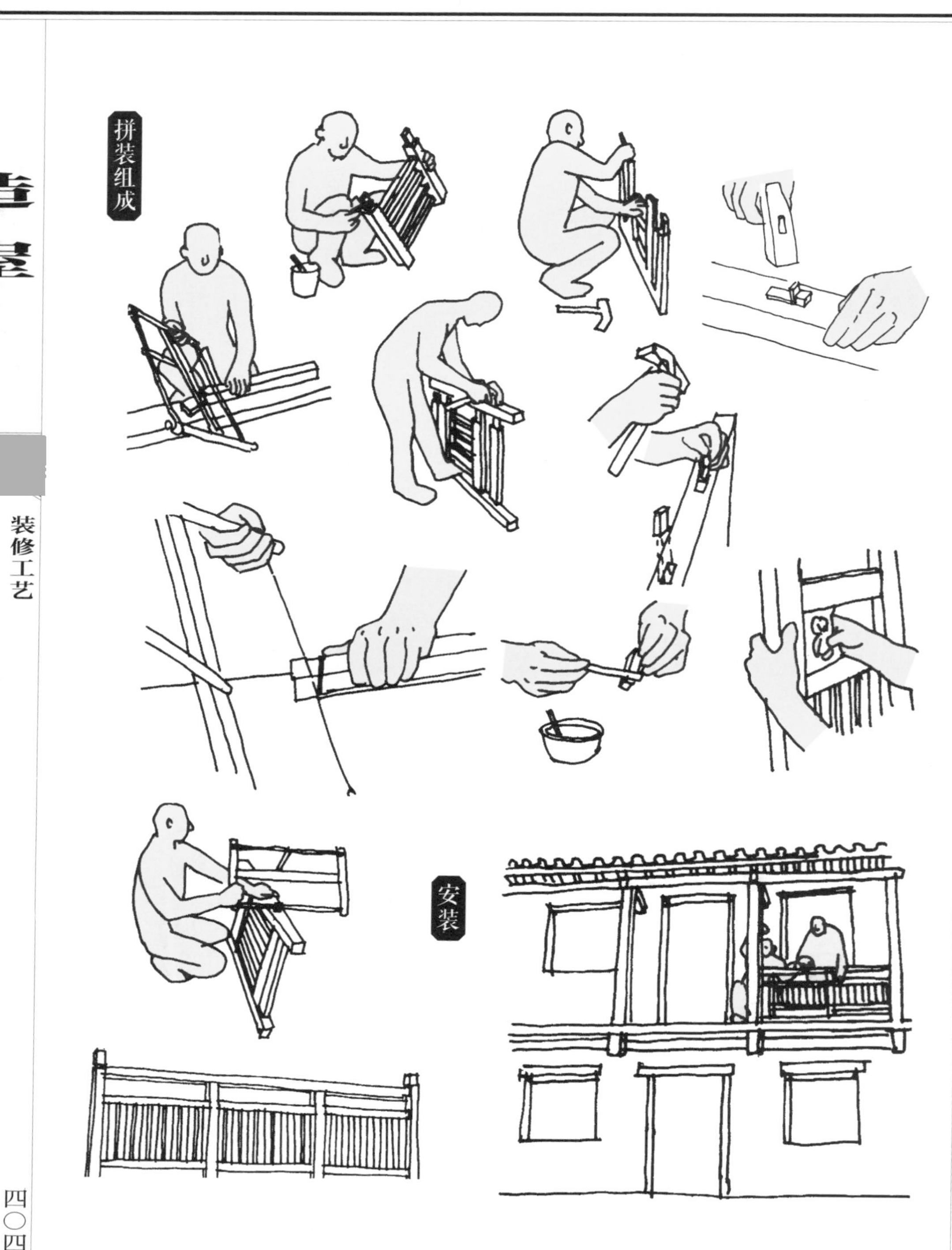
拼装组成
安装

由大框和木板构成。其构造是，在柱间立横竖大框，然后满装木板，两面刨光。木板壁表面或涂饰油漆，或施彩绘，也可在板面烫蜡，刻扫绿锓阳字。大面积安装板壁，容易出现翘曲、裂缝等弊病，因此，有些地方采取在板壁两面糊纸，或将大面积板面用木楞分为若干块的方法。

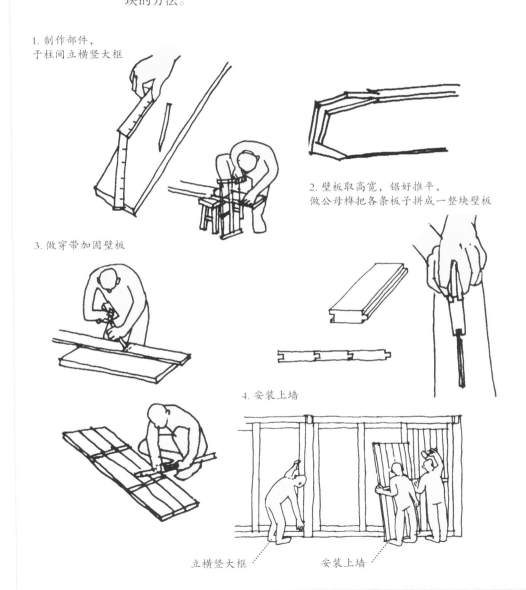

1. 制作部件，
于柱间立横竖大框

2. 壁板取高宽，锯好推平，
做公母榫把各条板子拼成一整块壁板

3. 做穿带加固壁板

4. 安装上墙

立横竖大框

安装上墙

花罩 碧纱橱

花罩、碧纱橱都是可以任意拆安移动的装修，因此它的构造、作法须符合这种构造要求。花罩、碧纱橱的边框榫卯作法，略同外檐的隔扇槛框，横槛与柱子之间用倒退榫或溜销榫，抱框与柱间用挂梢或溜销安装，以便于拆安移动。花罩本身是由大边和花罩心两部分组成的，花罩心由 1.5~2 寸厚的优质木板雕刻而成。周围留出仔边，仔边上做头缝榫或栽销与边框结合在一起。包括边框在内的整扇花罩，安装于槛框内时也是凭销子榫结合的，通常作法是在横边上栽销，在挂空槛对应位置凿做销子眼，立边下端安装带装饰的木销，穿透立边，将花罩销在槛框上。拆除时，只要拔下两立边上的插销，就可将花罩取下。

碧纱橱的固定隔扇与槛框之间，也凭销子榫结合在一起。常采用的作法是，在隔扇上、下抹头外侧打槽，在挂空槛和下槛的对应部分通长钉溜销，安装时，将隔扇沿溜销一扇一扇推入。在每扇与每扇之间，立边上也栽做销子榫，每根立边栽 2~3 个，可增强碧纱橱的整体性，并可防止隔扇边梃年久走形。也可在边梃上端做出销子榫进行安装。

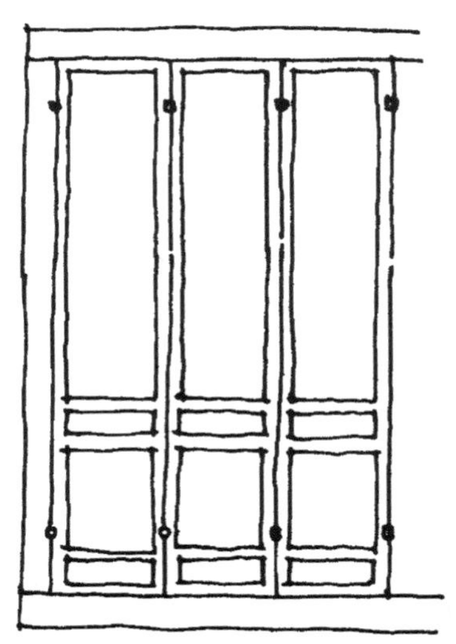

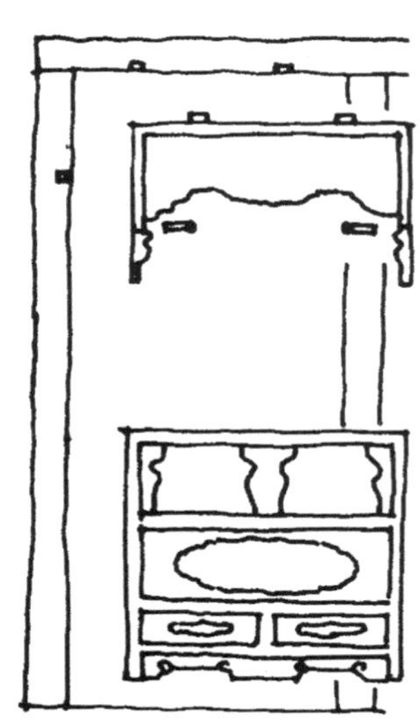

天花

制作：根据构件的尺寸、数量加工规格木料。配好的木料要求分类码放待用。根据调整后的实际尺寸用方尺在规格木料上画卯口、榫肩、卡腰线，要求准确、方正、不走形。之后依画的线进行加工，分别开榫凿卯、卡腰断肩。最后将净活后的散件按部位组装成形，其分工序依次为：榫卯、卡腰抹胶—组装成形—背楔严实—找平找方—成品净活。除在画线工序中应反复核对尺寸外，在“成品净活”后还须依照图纸核对成品尺寸，同时在隐蔽部位进行编号。选择干燥通风的场地码放成品待装。

安装：在天花梁上的天花安装位置水平画出贴梁下皮控制线。按梁内实际找方尺寸在贴梁上画出天花井数分当尺寸线，并按线分别凿单直半透卯口，做出实肩；依水平控制线在天花梁上贴梁，要求贴梁的里口垂直方正。帽儿梁沿建筑物面宽方向按每两井一根布置。通支条按井数分当尺寸线分别凿出支条单直半透卯口做出实肩及单直半透榫头后与通支条相应位置的卯口榫接并用铁钉斜向牵钉固定。单支条按每井空当净尺寸另加出单直半榫头。天花板按每井空当净尺寸另加出四周裁口量，浮搁于支条裁口内。

楼梯

先按样板制作楼梯斜梁，锯凿楼梯板台口及卯眼，刮刨锯截楼梯板，做出榫、槽。斜梁上口与楼梯平梁用榫卯连接，并用铁活加固。按分步台口安装踏步及踢脚板，上面立装栏杆。

装饰工艺

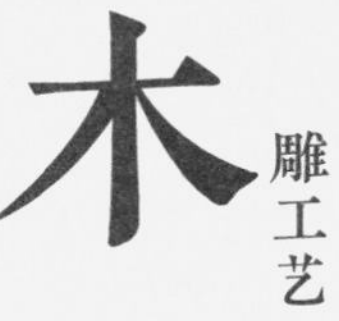

建筑木雕则始于对部分构件的装饰加工，使之符合于建筑审美的需要，久而久之，便成了建筑中不可缺少的部分。一般来说，传统民居建筑中根据不同木构件的形制和功能都有比较常见的雕刻内容和方法。

放样

按雕刻的目的进行绘画放大样，把人物、花草、动物、鱼虫等吉祥物描绘在宣纸上，放大后用毛笔或铅笔勾画到木料上去，或者做样板锯出，作为备用。

打粗坯

先打粗坯，这一步工作包括“平底”，即该留的留、该剔的剔，这时木料上具备了深浅不同的几道轮廓。立体雕刻则具备了一个大致的形状。

细雕

细雕就是刻画出画面的细部，例如树、花朵、枝干、人物形象、衣纹等。细坯雕一般要从下刻到上，先次要，后主体，以免在操作过程中把上面主要的物像碰坏。

修光

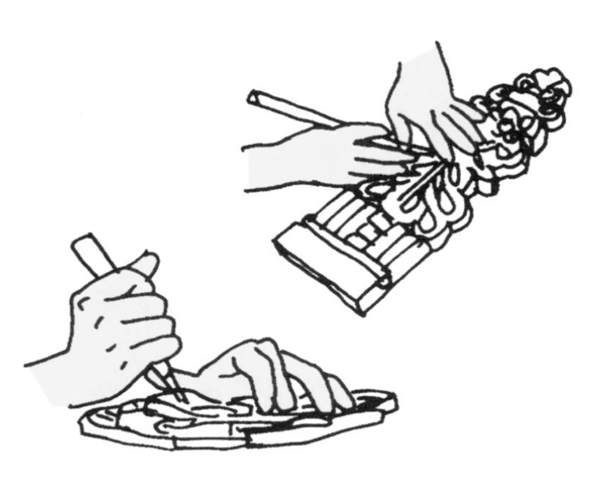

对作品的雕刻从整体到局部面面俱到地再雕刻，但又不是细雕的重复。与细雕类似，先从空地开始修光，从底下修到上面，因打坯时是用圆刀打的，质地不平、不光，修光必须用平刀进行，把洞孔中的刀疤、翘角用平刀进行修光。

磨

一般要用旧的零号木砂纸，顺木纹砂，不能横砂或逆砂。打砂纸是对修光工序的补充，但要掌握不能把具有刀工美的刀锋砂掉，要根据木雕作品的要求，有目的地去砂，砂过之后再用棕刷刷干净。

石雕工艺

一般分为“平活”“凿活”“透活”和“圆身”。平活即平雕，它既包括阴文雕刻，又包括那些虽略凸起但表面无凹凸变化的“阳活”。凿活即浮雕，属于阳活范畴。透活即透雕，是比凿活更真实、立体感更强的具有空透效果的一类石雕。“圆身”即立体雕刻，是指作品可以从前后左右几个角度都能得到欣赏。

平活工艺

图案简单的可直接把花纹画在用来加工的石料表面。图案复杂的，可使用“谱子”。画出纹样后，用錾子和锤子沿着图案线凿出浅沟，这道工序叫作“穿”。如为阴文雕刻，要用錾子顺着“穿”出的纹样进一步把图案雕刻清楚、美观。如果是阳活类的平活，应把“穿”出的线条以外的部分（即“地儿”）落下去，并用扁子把“地儿”扁光，再把“活儿”的边缘修整好。

谱子工艺

雕刻图案复杂的石雕、砖雕等，常使用“谱子”。把复杂的图案先画在较厚的纸上，叫作“起谱子”。然后用针顺着花纹在纸上扎出许多针眼来，叫作“扎谱子”，把纸贴在石面上，用棉花团等物沾红土粉在针眼位置不断地拍打，叫作“拍谱子”。经过拍谱子，花纹的痕迹就留在石面上了，为能使痕迹明显，可预先将石面用水洇湿。拍完谱子后，再用笔将花纹描画清楚，叫作“过谱子”。

凿活工艺

1. 画。无论用谱子还是直接画，往往都要分步进行，如果图案表面高低相差较大，低处图案应留待下一步再描画，图案中的细部也应以后再画。

2. 打糙。根据“穿”出的图案把形象的雏形雕凿出来就叫作打糙。

3. 见细。在已经雕凿“出槽”了的基础上用笔将图案的某些局部画出来，并用錾子或扁子雕刻出来。图案的细部也应在这时描画出来并“剔撕”出来，“见细”这道工序还包括将雕刻出来的形象的边缘用扁子扁净。在实际操作中，以上这三道工序不可能截然分清，而常常是交叉进行的，在雕刻过程中，应随画随雕，随雕随画。

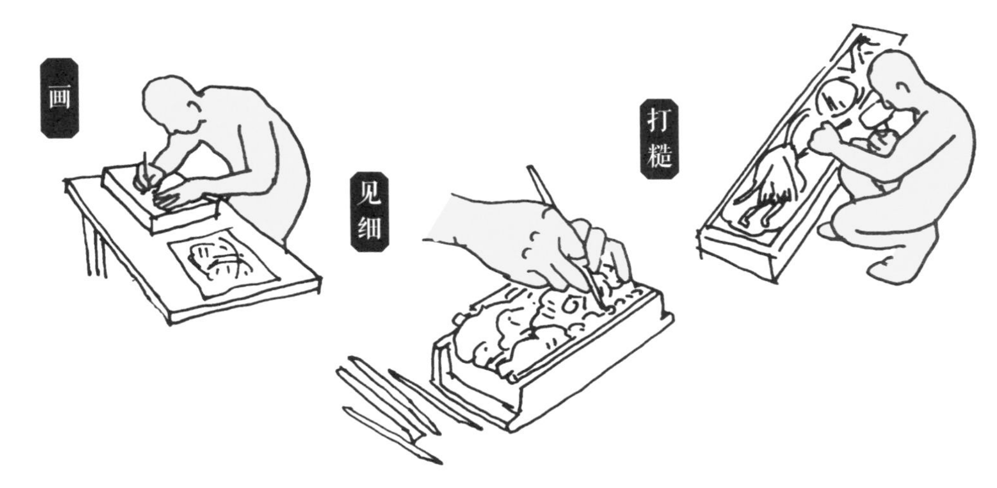

透活工艺

透活的操作程序与凿活近似，但“地儿”落得更深，“活儿”的凹凸起伏更大。许多部位要掏空挖透，花草图案要“穿枝过梗”。由于透活的层次较多，故“画”“穿”“凿”等程序应分层进行，反复操作。为了加强透活的真实感，细部的雕刻应更加深入细致。

圆身工艺

圆身的石雕作品由于形象的差异，手法和程序难以统一。这里仅以石狮子为例，描述一下圆身作法的操作过程。

1. 出坯子。根据设计要求选择石料（包括石料的品种、质量、规格）。如果要求相差较多，应将多余部分凿去。

2. 凿荒。又叫“出份儿”。根据上述各部比例关系，在石料上弹画出须弥座和狮子的大致轮廓，然后将多余部分凿去。

3. 打糙。画出狮子和须弥座的两侧轮廓线，并画出狮子的腿胯（画骨架），然后沿着侧面轮廓线把外形凿打出来，并凿出腿胯的基本轮廓。凿出侧面轮廓以后，接着画出前、后面的轮廓线，然后按线凿出（“分出”）头脸、眉眼、身腿、肢股、脊骨、牙爪、绣带、铃铛、尾巴及须弥座的基本轮廓。出坯子、凿荒和打糙时都应先从上部开始，以免凿下的碎石将下部碰伤。

4. 掏挖空当。进一步画出前、后腿（包括小狮子和绣球）的线条，并将前、后腿之间及腹部以下的空当掏挖出来，嘴部的空当也要在这时勾画和掏挖出来。

5. 打细。在打糙的基础上将细部线条全部勾画出来，如腹背、眉眼、口齿、舌头、毛发、胡子、铃铛、绣带、绣带扣、爪子、小狮子、绣球、尾巴、包袱上“做锦”以及须弥座上的花饰等。然后将这些细部雕凿清楚，如不能一次画出雕好的，可分几次进行。

6. 最后用磨头、剁斧、扁子等将需要修理的地方整修干净。

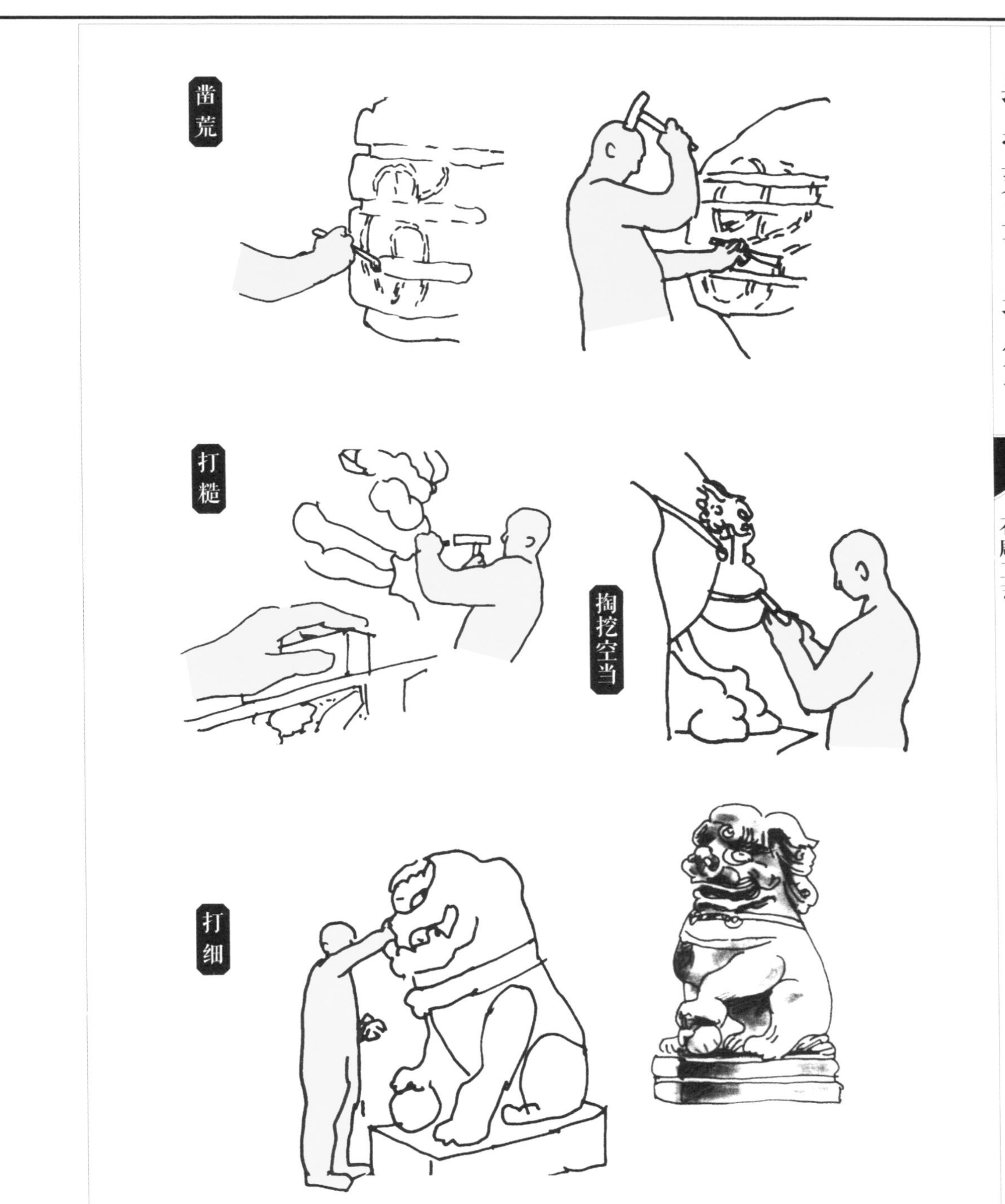
凿荒
打糙
掏挖空当
打细

砖雕工艺

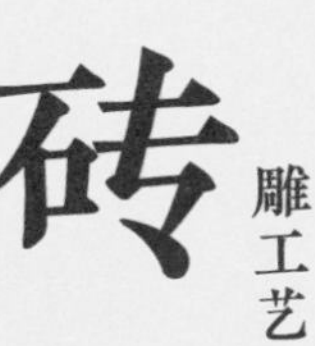

我国各地传统村落民居建筑装饰多有不同，但建筑砖雕被广泛使用。砖雕在传统民居建筑中的应用主要体现在大门的立面、影壁、墀头、墙心、屋脊等处，是古建筑雕刻中很重要的一种艺术形式。

画样

用笔在砖上画出所要雕刻的形象，有些地方若不能一下子全部画出，或是在雕的过程中有可能将线条雕去，则可以随画随雕，边雕边画。一般来说，要先画出图案的轮廓，待雕出形象后再进一步画出细部图样。

粗雕

将形象外多余的部分去掉，为下一步工序打下基础。

细雕

把轮廓线的外壁切齐，细刻出胡须，花心叶脉等，以增强立体感，达到设计意境。

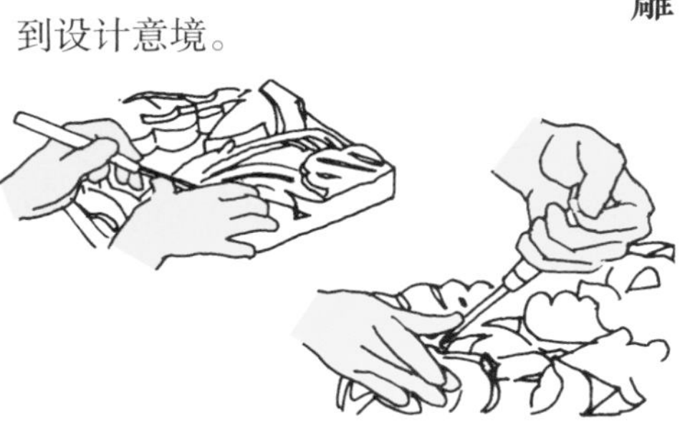

修光

“修光”有人称“出细”，就是把打成坯的作品进行更细致的加工，修光一般不用敲击，所以所用工具都要磨出锋，凿口要磨平。

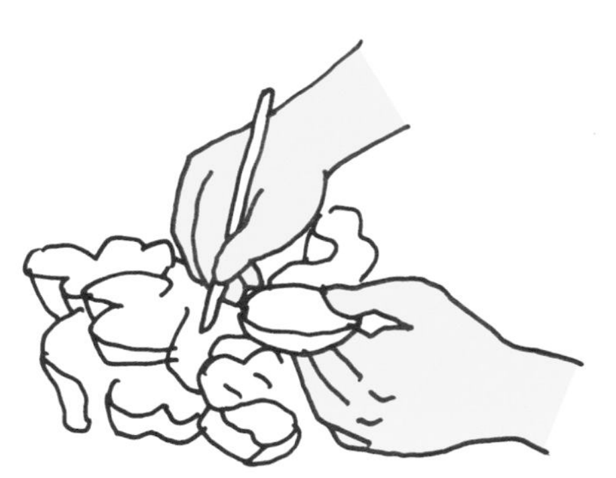

上药

把加工过程中损坏断裂的能粘的粘，能补的补，能修改的修改，特别是各砖的结合部，一定要交代合理，线条过渡流畅清晰。砖缝要用修补灰抿严。

打点

用砖面水将图案揉擦干净。

灰塑也叫堆塑，与泥塑一样同属软雕类工艺，也是建筑装饰中常用的手段之一。材料以石灰为主，作品依附于建筑墙壁上沿和屋脊上或其他建筑工艺上，其来源甚早，以明清两代最为盛行。

常见灰塑工具

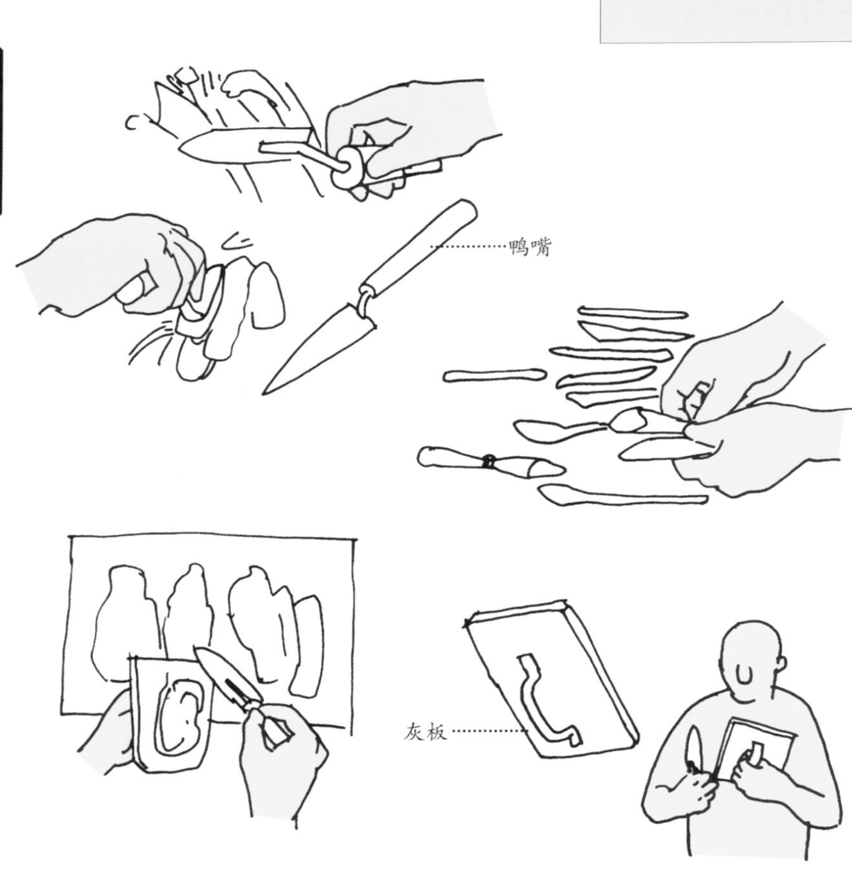

纸筋灰

灰塑材料常用到纸筋灰和稻草灰。

纸筋灰：石灰与水按 1:5 比例，发透稀释后用筛网过滤，定型成灰膏，加 20% 纸筋、5‰的黄糖（红糖）搅拌一次，待七成干后搅拌第二次，再经过 20 天后方可使用。向已经制作好的纸筋灰里加入需要的各种颜料，便成了用来为灰塑上色的色灰。

纸筋灰的制作

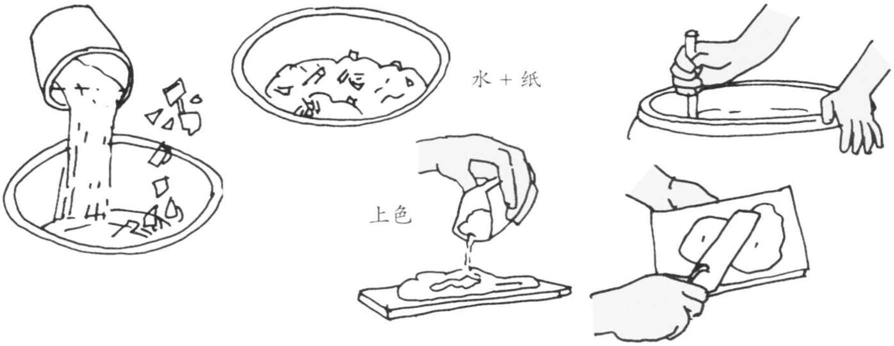

水＋纸

上色

稻草灰的制作

斩草

放容器

除水

灰刀灰泥

加石灰红糖

加石灰

稻草灰（草根灰）：将普通的稻草斩断为四五厘米 ，在水中打湿后放入容器中，再加入石灰膏，如此层层平铺，最后加水、将容器密封让其发酵。1~2 个月后打开，去除上层积水之后，需要根据每次用量与红糖拌匀才能使用。

设计构图

根据作品所处位置、周围景观、借景条件、主人的意愿等因素，确定主题内容，勾画图案布局。

扎骨架

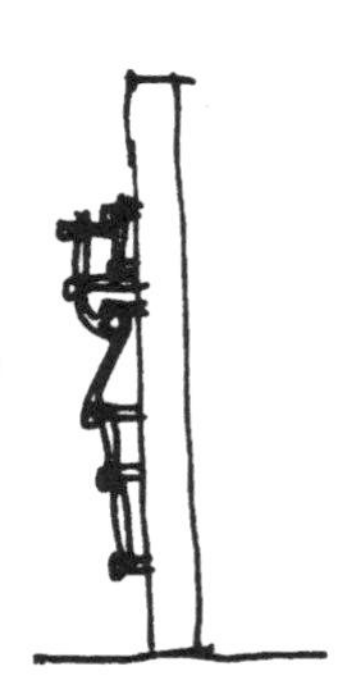

用钢钉、铜线捆绑成所需要的灰塑骨架形状与大小，固定在灰塑的位置上，骨架需小于所做灰塑的体积。

造型打底

在骨架周围用稻草灰（草根灰）进行初次灰塑形象打底，每次草根灰不超过5厘米厚，再加灰塑时需要隔一天。每制一层草根灰必须压紧，直至用草根灰将灰塑定型。要注意灰塑造型是否达到理想。

批灰

用纸筋灰在草根灰表面进行造型与神态批灰，使灰塑平滑、细腻、传神（使用纸筋灰时，可以加入所需要的颜料，搅拌再批）。

上彩

上彩和塑形必须在当天同时完成。因为灰塑有一定湿度，颜料才能渗到灰塑里，灰塑与颜料同步氧化，令灰塑颜色鲜艳，保持的时间长。

仗工艺

“地仗”是指在未刷油漆之前，木质基层与油膜之间的部分，这部分由多层灰料组成，并钻进生油，是一层非常坚固的灰壳。进行这部分工作便称为地仗工艺。

层工艺

在进行地仗工艺之前，还要对构件表面进行适当的处理，使之地仗更为坚固，符合功能要求，但由于构件表面的情况不同，所以采取的处理方法也各异，首先进行砍、洗、挠。

基层工艺包括剁斧迹、砍净挠白、撕缝、楦缝、下竹钉、支浆。

斧迹

用特制的小斧子，在新木件表面剁上无数斧迹，这样将有利于与地仗灰的接合。其方法与要求为：斧迹深约1~2毫米，斧迹距约10毫米，斧迹横切木丝，与木丝垂直，不能顺木丝进行。此项工作使地仗的粘合材料具有足够的黏结力，如传统中使用的净满调制的灰，则可不砍剁斧迹。

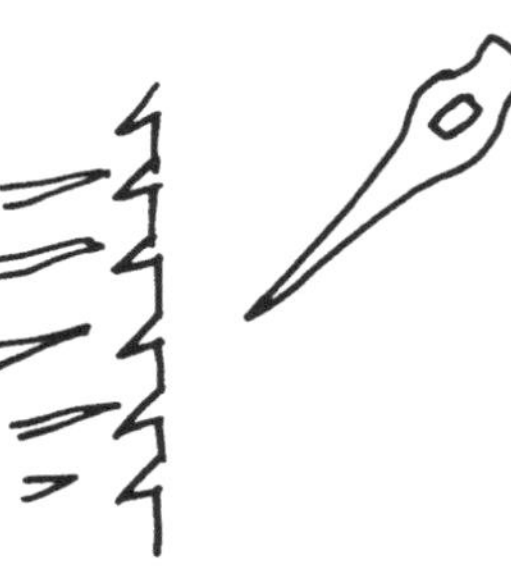

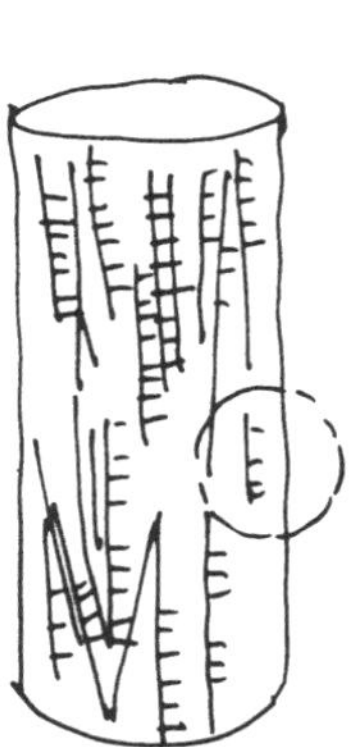

砍净挠白

旧木件表面存留有油灰皮地仗的部位，需将其酥裂不牢的地仗砍掉。在斩砍时要掌握“横砍、竖挠”，砍时要求仅限于砍掉旧地仗，不伤木骨，并排密均匀，用力适中，否则构件经几次修缮，断面尺寸会明显减少；砍工之后大部分皮层全部脱落，但并不能将灰迹全部砍干净，还要进一步挠掉。方法是先用水将欲挠的部分喷湿，不仅可以减少操作时的尘灰，还可以使灰迹变软，加快操作速度。砍、挠后的旧构件应洁白干净，俗称砍净挠白，这是对工艺和质量的要求。

对于无灰迹，已露出木面的部位，大多木筋及水锈明显，也应喷湿，通过挠子刮去水锈，露出新木面。

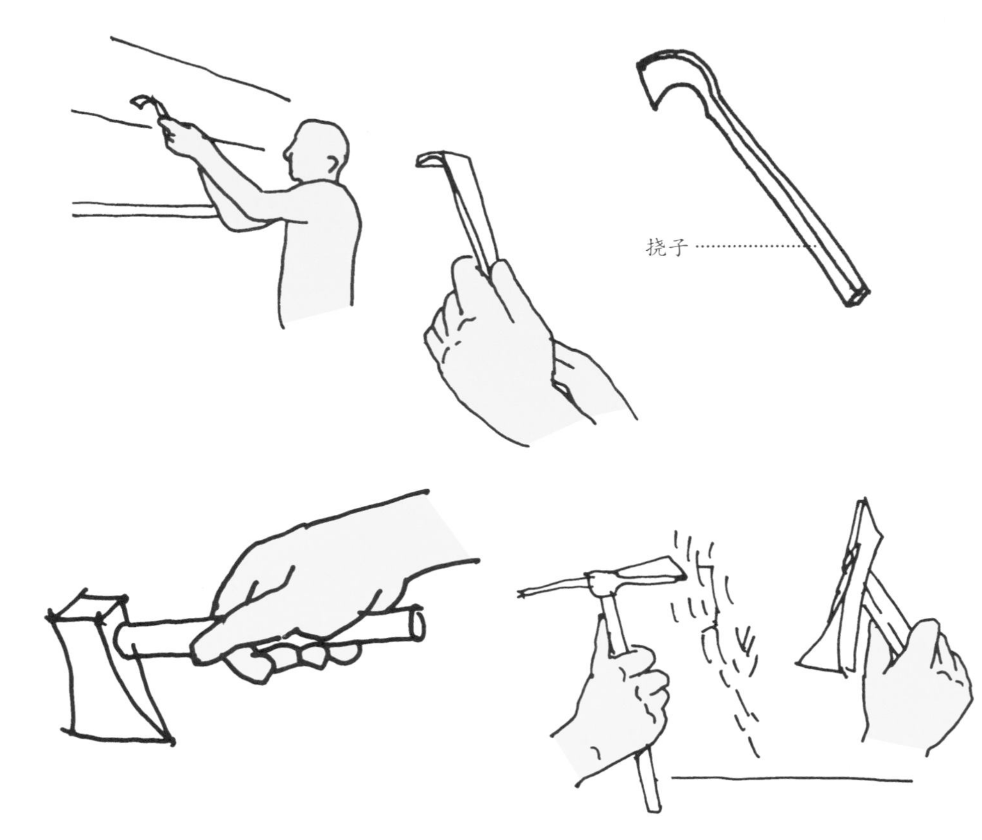

撕缝

将木材表面存有的缝口再扩大一些，以能使地仗灰容易压入缝隙内。撕缝时用专用铲刀，将缝口两边的直角铲成八字楞的坡口，大缝大撕，小缝小撕。铲完缝口后，还应把刀尖插入缝内，随缝隙来回划动几次，以使缝内两侧木面见新茬。最后用毛刷把缝内积尘清扫干净。

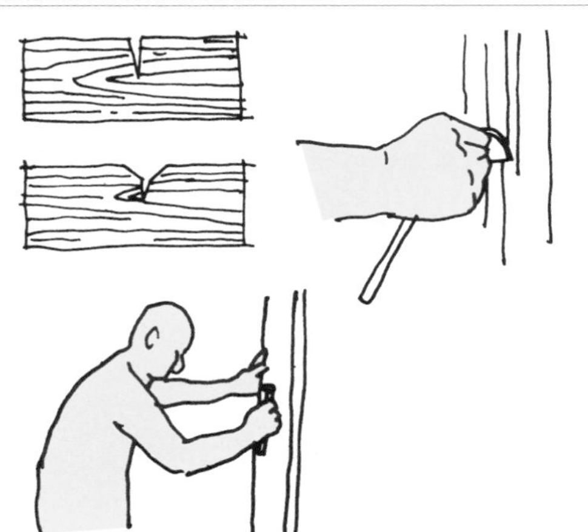

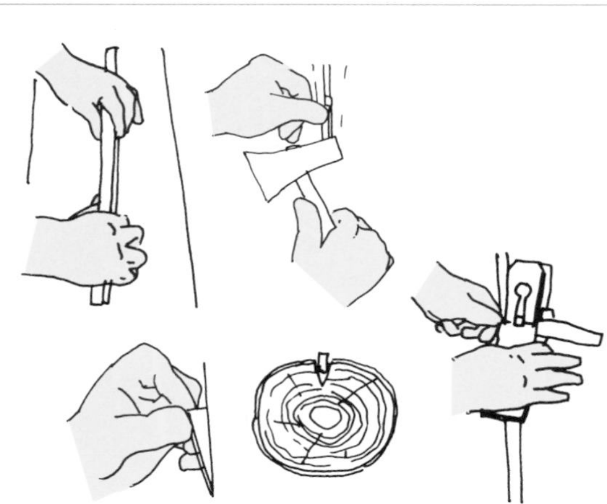

楦缝

木件缝撕开清理干净以后，较宽的缝要用木条填齐钉牢，这种作法叫作楦缝。一般缝宽度在 5 毫米以上时，多要楦缝，按缝口大小分段嵌塞木条，再用一寸至三寸的小钉钉牢，最后用刨子把木条刨到和木件表面齐平，嵌条两边的缝口则按撕缝处理。

下竹钉

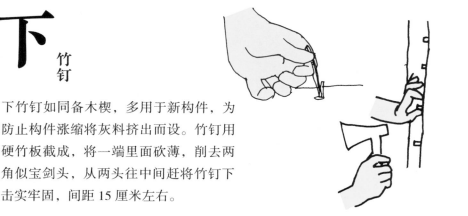

下竹钉如同备木楔，多用于新构件，为防止构件涨缩将灰料挤出而设。竹钉用硬竹板截成，将一端里面砍薄，削去两角似宝剑头，从两头往中间赶将竹钉下击实牢固，间距 15 厘米左右。

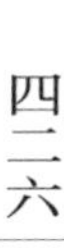

支浆

满、血料加水调成浆，用于地仗灰前，使地仗灰更易附于木面上。要求汁严汁到，不得遗漏，以增加附着力。

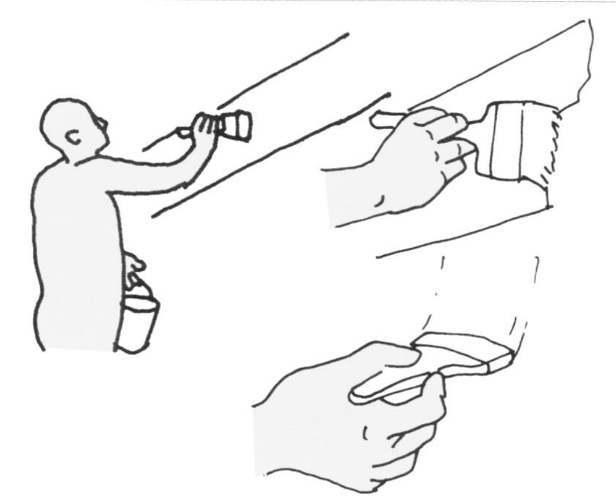

一麻五灰工艺，即地仗中包括一层麻和五层灰。古建油漆地仗不仅有一麻五灰工艺，还有一麻四灰、二麻六灰、三道灰、二道灰等工艺，都是一麻五灰工艺的增减，一麻五灰工艺具有广泛的代表性。

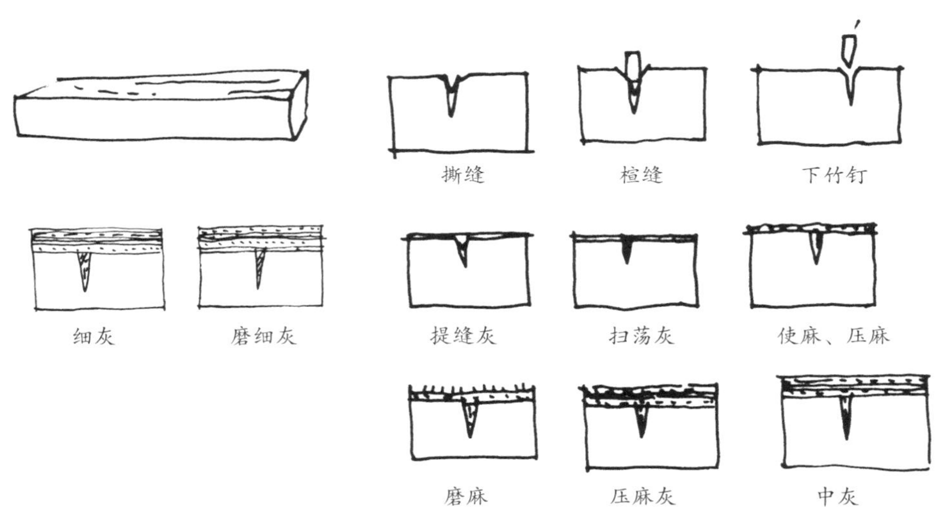

捉缝灰

油浆干后，用笤帚将表面打扫干净，以铁板捉灰，遇缝要掌握"横掖竖划"的要领，首先将灰抹至缝内，但实际上灰大部分浮于缝口表面，并未进入缝的深处；然后进一步将灰划入缝隙之内；最后将表面刮平收净。切忌蒙头灰（就是缝内无灰，缝外有灰，叫蒙头灰）。

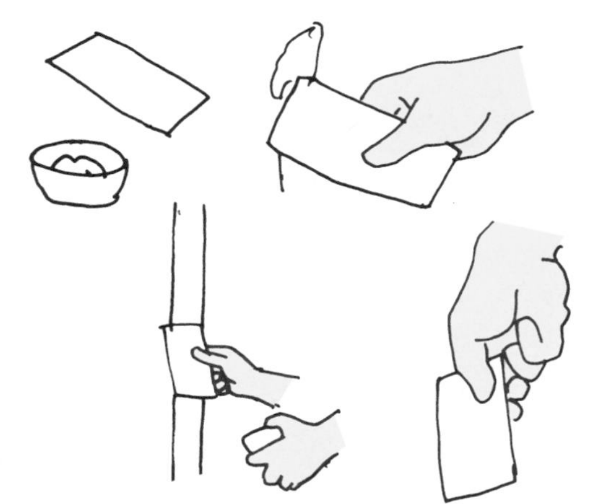

扫荡灰

扫荡灰又名通灰，作在捉缝灰上面，是使麻的基础，须衬平刮直，一人用皮子在前抹砂（名为叉灰），一人以板子刮平直圆（名为过板子），另一人以铁板修饰细部（名为捡灰），干后用金刚石或缸瓦片磨去飞翅及浮籽，再以笤帚打扫，用水布掸净。

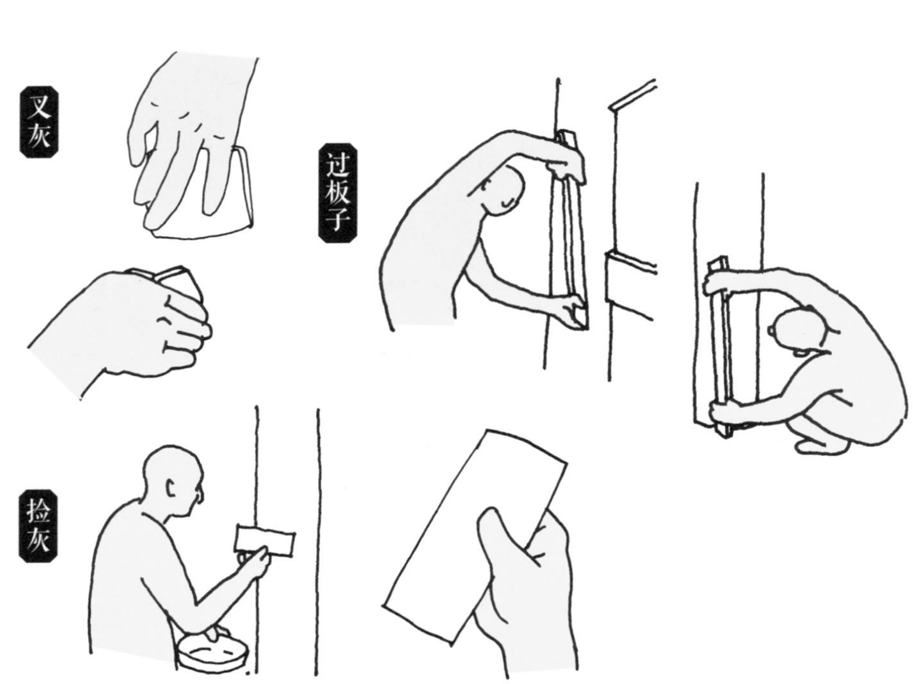

使麻

使麻是在地仗层上面粘上一层麻，起加固整体灰层，增强拉力，防止灰层开裂的作用。主要的步骤有开浆、粘麻、砸干轧、潲生、水轧、整理。

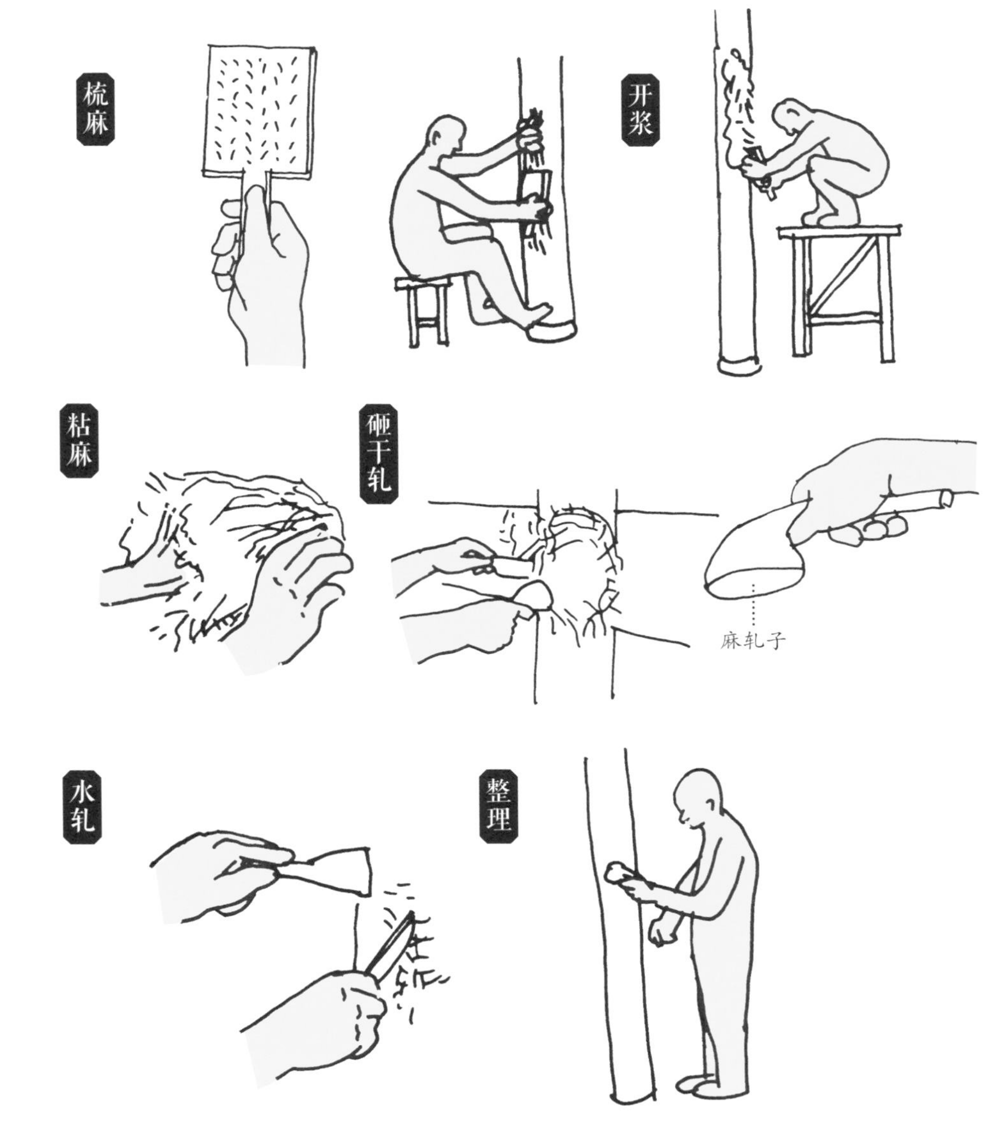

磨麻

粘在构件上的麻干固之后，用砂石打磨，使麻绒浮起（称为断斑），但不得将麻丝磨断。

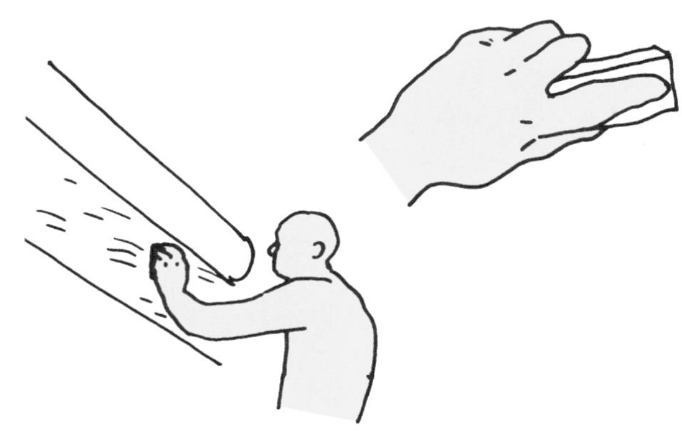

压麻灰

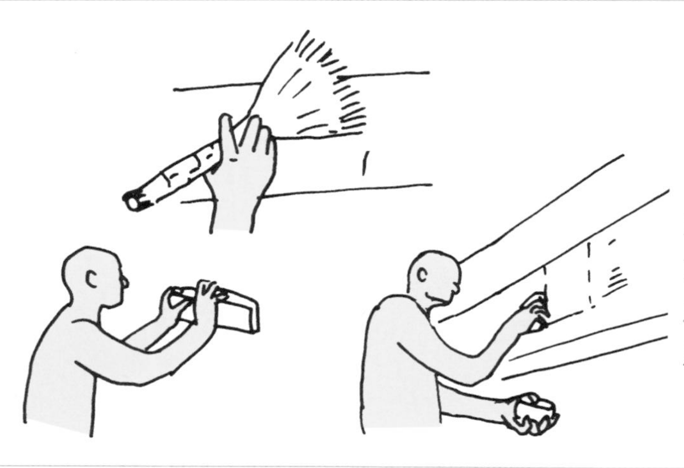

磨麻后打扫干净、掸去浮灰，先用手皮子将灰抹于麻上，来回轧实，后面紧跟着过板子。

轧线

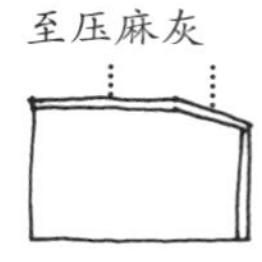

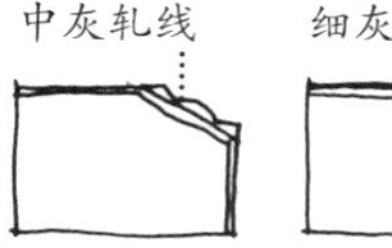

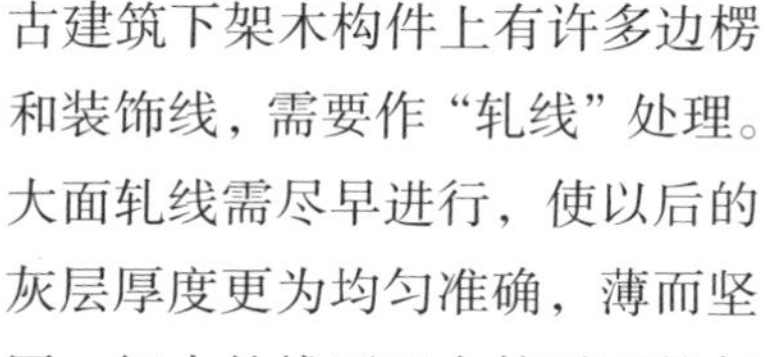

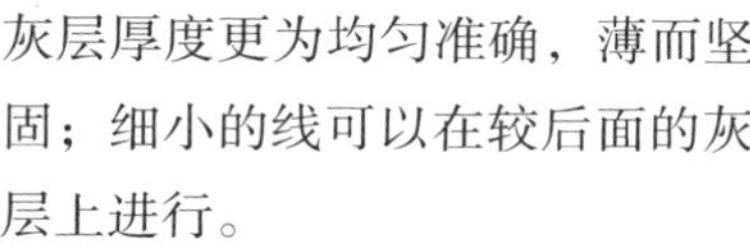

古建筑下架木构件上有许多边楞和装饰线，需要作“轧线”处理。大面轧线需尽早进行，使以后的灰层厚度更为均匀准确，薄而坚固；细小的线可以在较后面的灰层上进行。

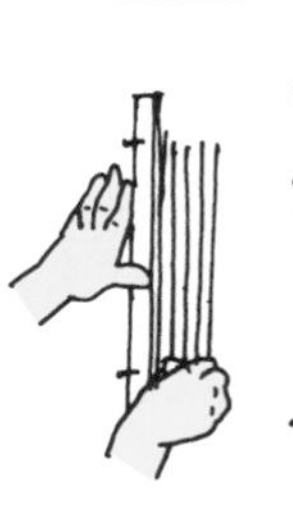

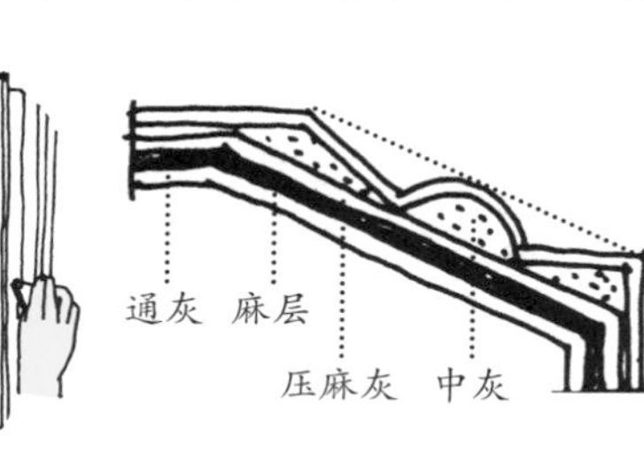

中灰

压麻灰干后以砂石磨之，要精心细磨，以笤帚打扫，以水布撣净，以铁板满刮靠骨灰一道，不宜过厚，能将灰料填补于亚麻灰籽粒之间即可。铁板的搭接处要与之前的亚麻灰和将要进行的细灰的搭接处错开。

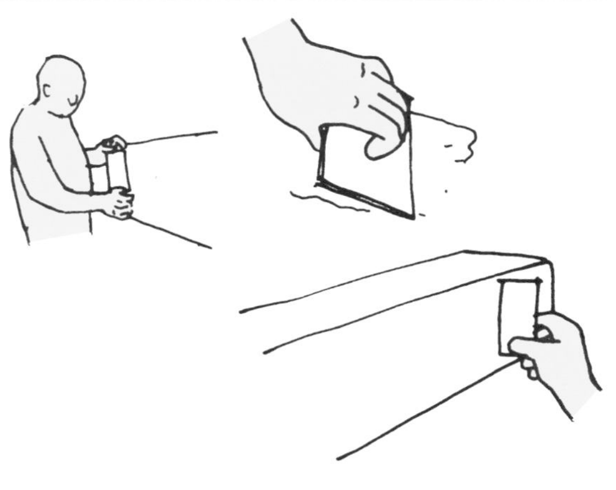

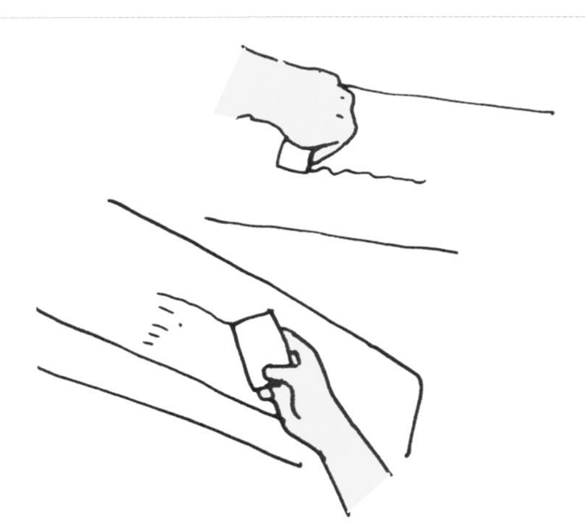

细灰

中灰干后要打磨并用湿布撣净，以使灰层之间密实结合。做大面积部位时，先用铁板准确地找出边角轮廓，然后填心。用铁板将鞅角、边框、上下围脖、框口、线口以及下不去皮子的地方详细找齐。细灰部分亦包括对原轧线部位的套轧。

磨细灰、钻生油

磨细灰和钻生油是一麻五灰地仗的最后一道工序，是为同一目的而设的两个不同步骤，这两个步骤具有极密切的联系。细灰中含有的胶结材料比前各层灰均少，其灰层组织极易酥裂，因此修磨后需要钻浸进生桐油，使其干后灰壳变得坚固耐久。

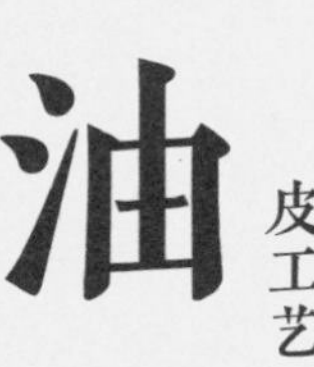

地仗完成后，下步工作将分两部分进行，一部分将进行彩画；另一部分则继续进行油漆工艺，即油皮工作。

攒刮血料腻子

腻子为白粉或滑石粉加血料调和而成，施工中可用皮子操作，也可用铁板操作，用皮子称“攒”，用铁板称“刮”，故工艺称“攒刮血料腻子”。施工前应清除表面的尘土和油污，并用砂纸打磨，要求磨光、磨平，并清理干净。

刷头道油漆

腻子干后即可进行油漆。因在头道油之后还有两道油，所以对环境要求不太严格。而且油中可适当加入些稀料，以提高施工速度。

刷二道油漆

在刷之前要先复找腻子，因物面在未涂刷之前有些问题不易显露，色彩均匀后问题即突出，故应对其修补。之后进行打磨、掸净，再涂刷第二道漆，并应少加稀料或不加。

刷三道油漆

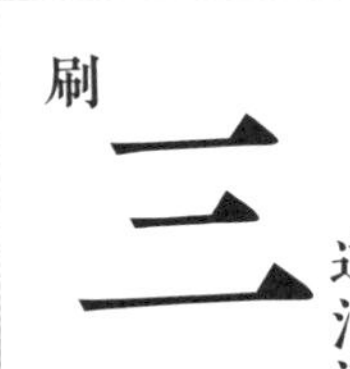

第二道油层干后即可刷第三道油，每道油层约 24 小时干燥，所以隔日即可进行下道油工作。刷第三道油层之前要对第二道油膜仔细打磨，除掉油粒（俗称油痱子）、杂物，用水布擦净，周围环境还需洒水扫净，以防尘土。

彩画基本工艺是指彩画在绘制程序上所使用的方法。由于彩画式样很多，工艺自然各有不同，但绝大部分图案都有其基本的表现方法，我们称为基本工艺。

磨生过水

生油地仗必须干透，用砂纸打磨地仗表层，使地仗表层形成细微的麻面，从而有利于彩画附着在地仗表面。过水即用净水布擦拭磨过灰油的施工面，彻底擦掉磨痕和浮尘并保持洁净。

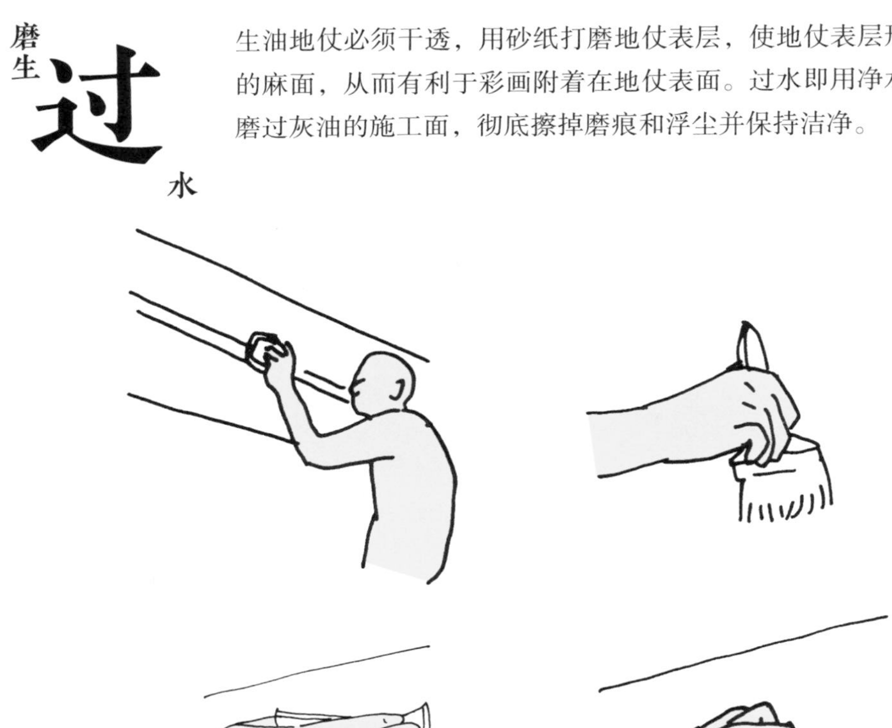

拍谱子 分中

分中是在构件上标示中分线，只要彩画图案左右对称，大木构件均需找出中线，用粉笔画清楚即可；将彩画图案画在牛皮纸上，定稿之后将牛皮纸上的图扎成若干排小孔制成谱子，然后将谱子按实于构件上，用色粉拍打，粉迹便透过针孔，附在大木之上。

分中

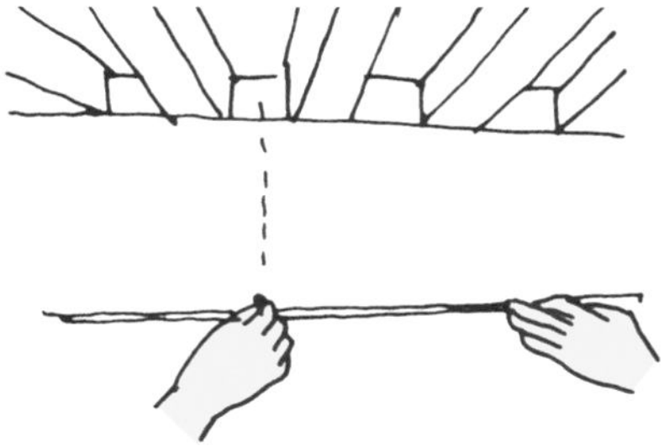

画图案

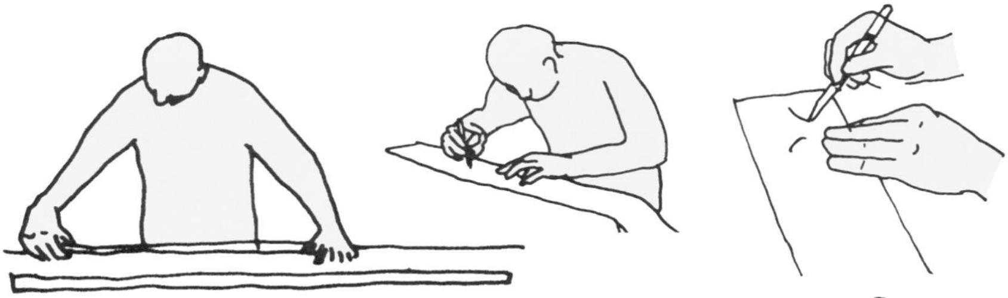

扎谱子

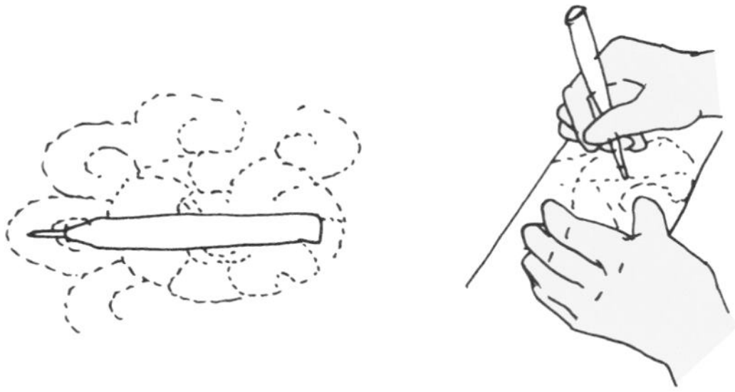

拍谱子

摊找零活

不起扎谱子的简单图案、粉迹不清楚之处或局部不对称的地方，用粉笔直接在构件上表示，描绘清楚，称为摊找零活。

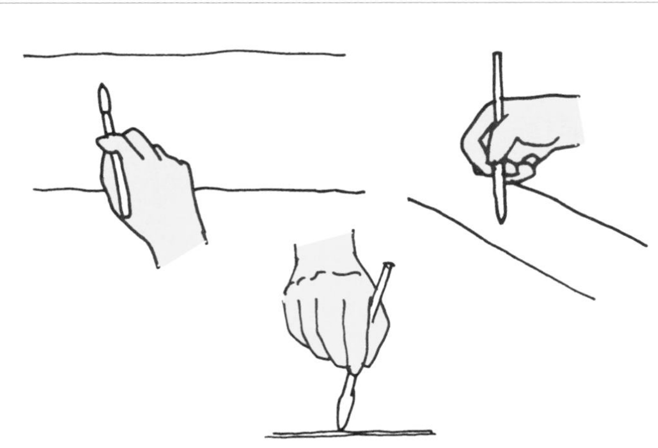

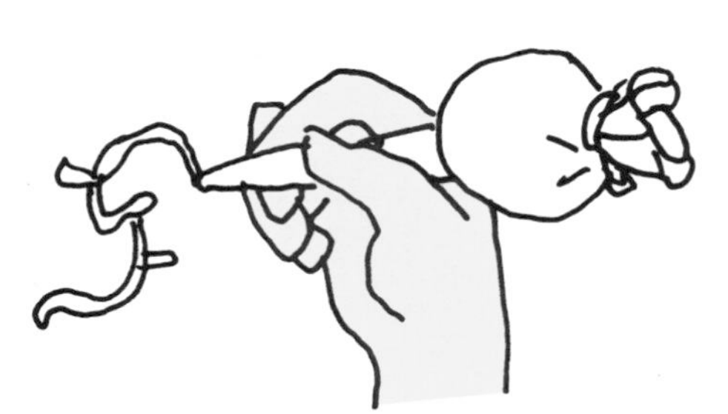

粉

彩画图案中凸起的线条，起突出图案轮廓的作用，截面呈半圆形。用沥粉工具将粉浆挤于线条和花纹部位上，该工艺称为沥粉。

色

沥粉干后，用刷子涂底色。

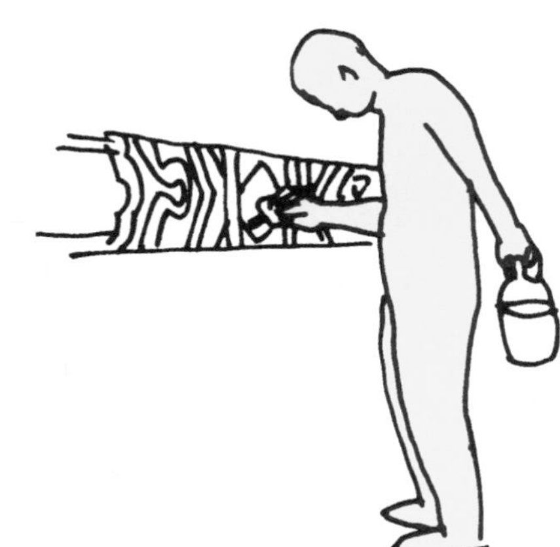

包胶

包胶可阻止基层对金胶油的吸收，使金胶油更为饱满，从而确保贴金质量。包胶还为贴金标示出准确部位。

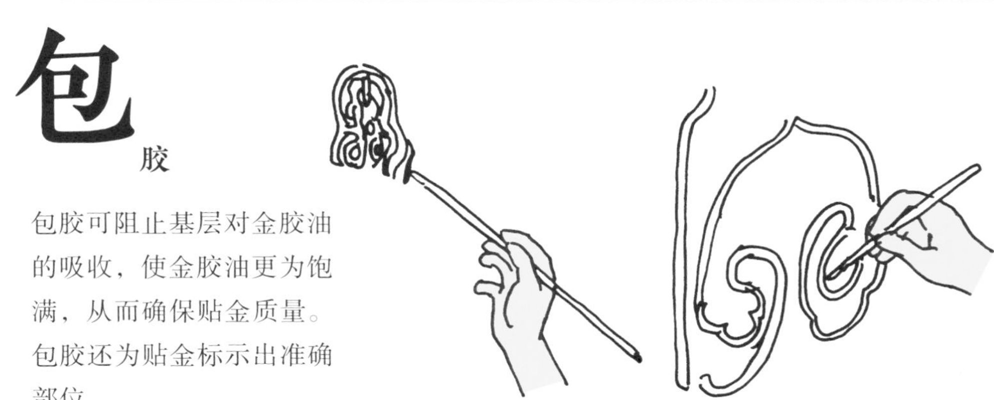

打金胶 贴金

包胶后沥粉线上打两道金胶油，以衬托贴金后的光泽。贴金要在金胶油未干时进行。

打金胶

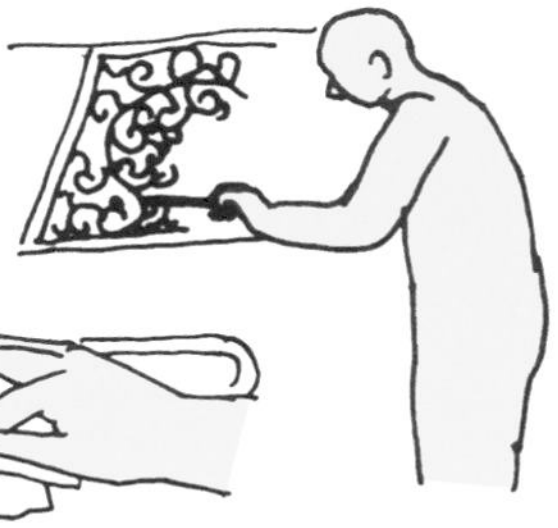

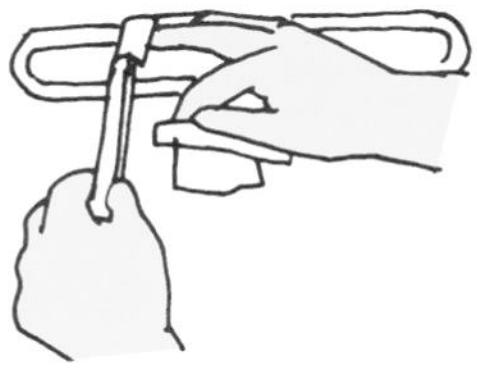

贴金

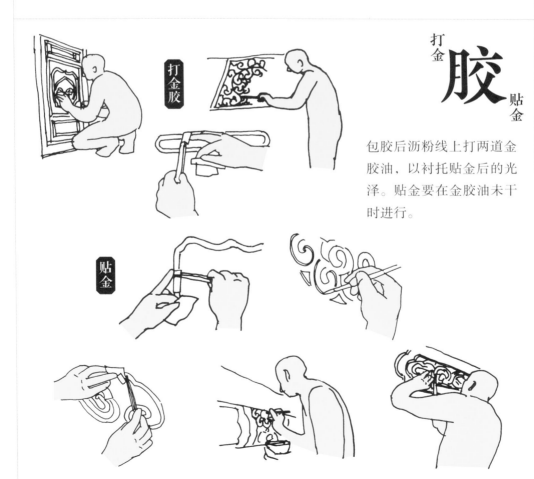

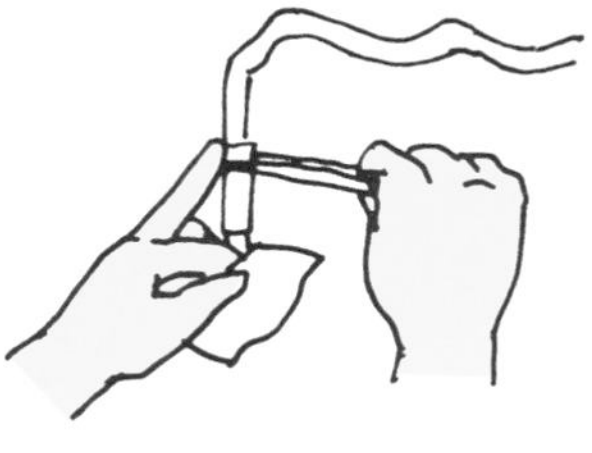

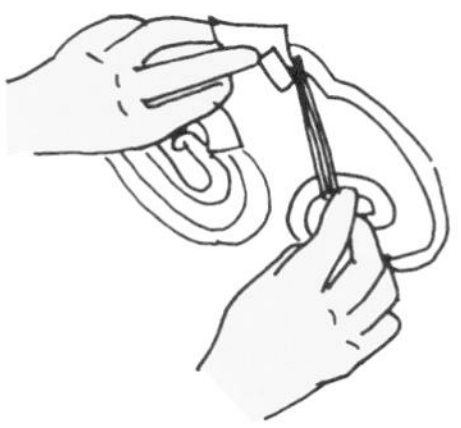

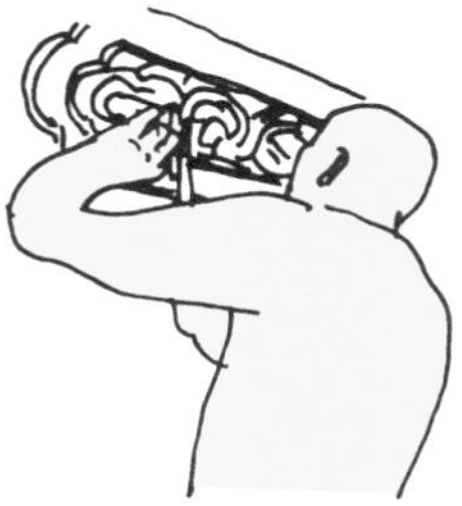

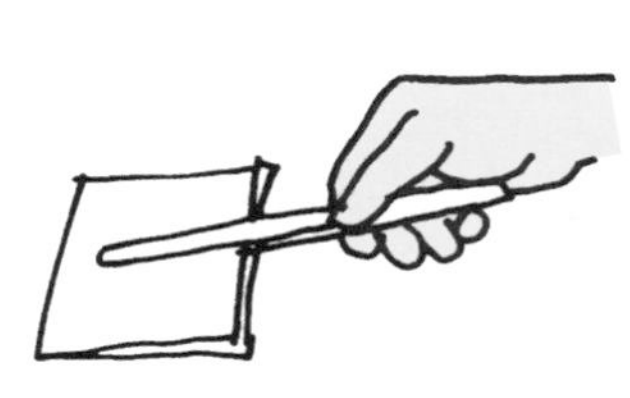

取一贴金（用金夹子）

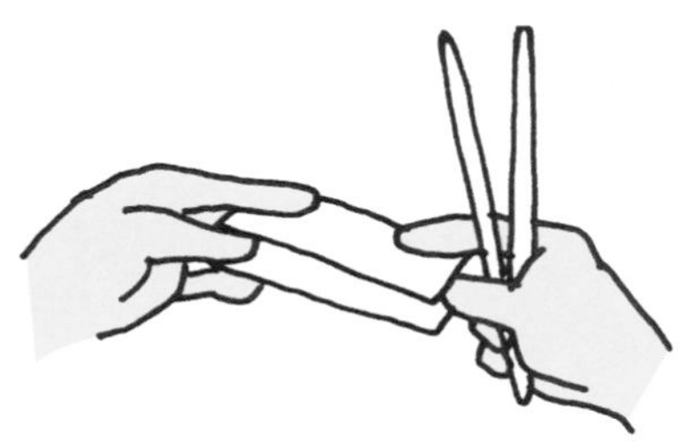

对叠（上短下长）

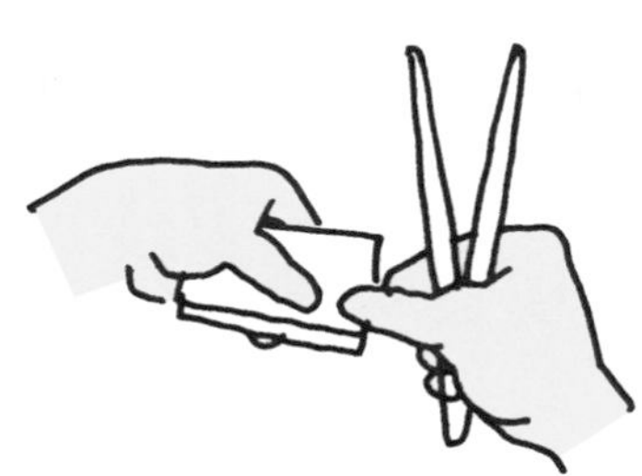

撕金（按图样宽窄定）

拿金手势（用夹子展开撕下的金）

划金

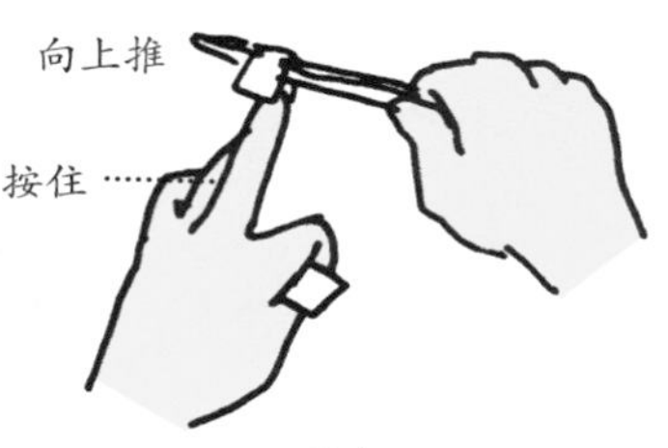

贴金

拉晕色

拉晕色就是在主要大线一侧或两侧，按所在的底色，用三青三绿等色画拉晕色带。

拉大粉

靠金线一侧拉白色线条称作拉大粉，它能使贴金边缘整齐，金线突出。

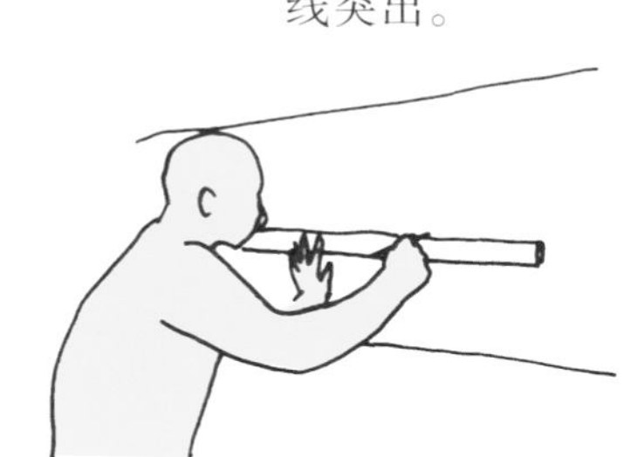

压老

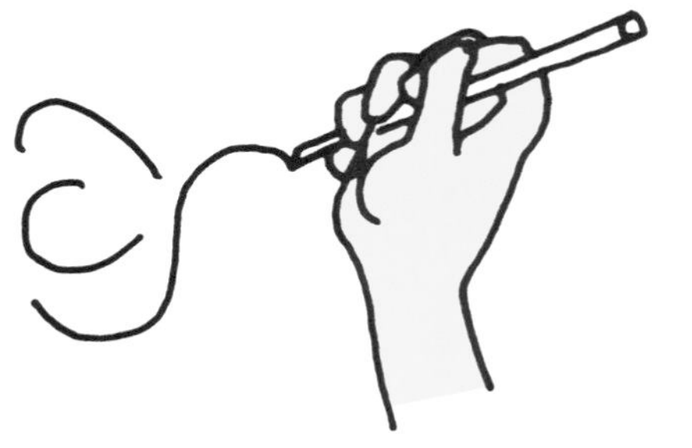

当彩画的各种颜色和部位都已描绘完毕，再用深色紧靠各色最深一侧的边缘用细画笔润描一下，齐一下边叫压老。

找补打点

彩画施工不可避免地会发生个别部位、个别图案、个别工艺遗漏的现象，同时图案上也有色彩、油迹、灰迹脏污的现象。这些均需要在施工完全结束前进行检查修补。

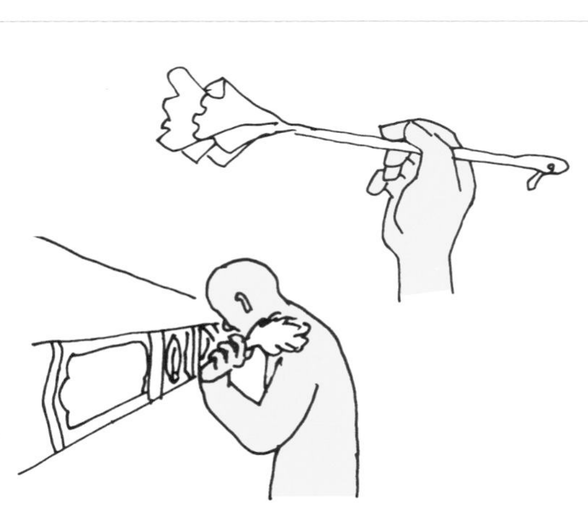

图书在版编目（CIP）数据

造屋：图说中国传统村落民居营建 / 郝大鹏，刘贺玮，杨逸舟绘编. —北京：
生活 · 读书 · 新知三联书店，2019.12
ISBN 978－7－108－06547－6

Ⅰ. ①造… Ⅱ. ①郝… ②刘… ③杨… Ⅲ. ①民居－建筑艺术－中国－图集
Ⅳ. ① TU241.5-64

中国版本图书馆 CIP 数据核字（2019）第 057627 号

责任编辑　王　竞　赵庆丰
装帧设计　薛　宇
责任校对　常高峰
责任印制　卢　岳
出版发行　生活 · 讀書 · 新知　三联书店
（北京市东城区美术馆东街 22 号　100010）
网　　址　www.sdxjpc.com
经　　销　新华书店
印　　刷　北京图文天地制版印刷有限公司
版　　次　2019 年 12 月北京第 1 版
2019 年 12 月北京第 1 次印刷
开　　本　720 毫米 × 1020 毫米　1/16　印张 28
印　　数　0,001－5,000 册
定　　价　126.00 元
（印装查询：01064002715；邮购查询：01084010542）